JN058083

立山の賦

― 地球科学から ―

川崎 一朗

桂書房

目　　次

はじめに

　初夏の頃，残雪の立山連峰を遠望していると立山が神々しく感じられる。それを，立山を見たことがない人々に伝えたい。それは，富山平野に住む人々が共有している感覚に違いない。その感覚を，古代の言葉で万葉集に遺したのが大伴家持の「立山の賦」と立山の歌々であろう。

　宇宙飛行士が宇宙船から見る地球の眺めが感動的であることは間違いない。テレビの画像を通して宇宙飛行士の感動はそのまま伝わってくる。富士山は実に美しい。晴れた日に東海道新幹線が富士川辺りを通過するたびに北側車窓に釘付けになる。それにもかかわらず，あるいはそれ以上に，立山連峰の眺望に心を奪われ，春になると市街地を流れる松川縁の桜と呉羽丘陵の梨の花に満ち足りた心地がするのはどうしてだろうかと考え込むことがある。

　立山連峰を地球科学の視点から伝えたいと思ったのが本書である。「立山の賦」を僭称するには勇気がいる。恥ずかしくて取り下げたいと何度も思った。しかし，考古学との境界領域なども巻き込んで多くの人々に立山の成り立ちと魅力を伝えようという試みは「立山の賦」そのものだと思ったので，あえて使わせて頂くことにした。

　筆者は，かねがね，「飛騨山脈を空間的な基軸とする大地と人の通史」を書きたいと思っていた。「すべての出来事には時がある」(旧約聖書)。そのときに起こったことには意味があり，その順に起こったことも意味があるはずである。したがって，通史，あるいは時間を追って考察することは理解の要であろう。本書はその様な意図を兼ねている。

　飛騨山脈を空間的な基軸と限定することは，グローバル化の時代において「地球の住人」として世界の歴史を理解しようとする『新しい世界史へ』(羽田正，2011，岩波新書) の方向性に反する様に見えるかも知れない。しかし，同書の要点は，非ヨーロッパ社会の文明の多彩さと豊かさの認識であり，ヨーロッパ中心史観への異議である。日本においては，古代の奈良や京都，近世以降では江戸・東京を中心とする都と地方との間にも同様の事が当てはまるのではないだろうか。論理は飛躍するが，飛騨山地を空間的な基軸として大地と人の歴史を語ることは都中心史観への異議の内容を豊かにする小さな貢献になるものと筆者は信じている。

　大地と人の通史は，地球科学から考古学と古代史などに架橋する試みである。そのような場合は文献依存型にならざるを得ない。とはいえ，他分野の論文や専門書を読み下すのは手にあまる。そのため，多くの新書レベルの書籍に学び，参考にさせていただいた。

　もちろん，通史とは言っても，筆者にはどの年代についても満遍なく充分に語ることなど出来ないし，目的ともしていない。筆者という語り手の存在を色濃く出した以下の四つの要点を除けば，基本は簡明な復習である。

　その要点では力が入って数字など細部に踏み込んでしまい，多くの一般書に比べて膨大になってしまった。そのため，キーワードが最初に出てくるときには「」を付けて読み手の注意を促し，重要な論点や成果は箇条書きにするなど，専門外の読み手の理解の助けになるように心掛けたつもりである。数字の細部は読み飛ばして頂いて差し支えない。

要点の第一は考古学と地球科学の境界領域の小竹貝塚の標高の謎である。

　それは縄文海進の最大期からやや後退して海水準が2.5m程であった6000年前頃の小竹貝塚（富山市呉羽町）上端の標高が1m程しかないことである。一方，氷見海岸北部の大境洞窟では，海水面高度が3m程であった7000年前頃の縄文海進の最盛期に形成された洞窟床面の現在の標高が5m程もある。両者は完全に矛盾しており，縄文海進の地域性では到底説明できない。

　科学研究で通常行われることは，一定の空間，一定の時間，特定の課題を切り出し，数値化し，解析手法に乗せ，結論を導く緻密な分析である。その様にして生み出された多くの個別的な研究成果が知的財産であることは間違いない。

　物理や化学などの分野では，その様な個別的研究が全体像と直結しやすい。しかし，地球科学という極端な複雑系の自然現象を対象とする研究分野では，個別的研究を積み上げるだけでは，時間的にも，空間的にも，課題的にも飛び飛びになりがちで，全体像を復元しにくい。しかし，個別的に緻密な研究を行う体制になったのは，本来は，出来上がった復元像の不具合をできるだけ少なくすることが目的だったはずである。かってのプレートテクトニクスの登場期などはそうであった。しかし，現在は，個別的な研究から全体像を復元しようという営みが乏しいような気がしてならない。

　1995年阪神淡路大震災の教訓を元に発足した文部科学省の地震調査研究推進本部は，主要な活断層の研究を推進し，それに基づいて地震発生確率の予測などの長期評価を行ってきた。それは優れた活断層データベースになっている。政策目標などというものから離れて地球科学としての視点から長期評価を見ていると，そこは素晴らしい木材が積み上げられているのに工事が始まらない建築現場のように見えた。そこで，長期評価の断層パラメーターを用いた累積地震性地殻変動の100万年の時間スケールにまでの外挿を基本に地殻変動の時空間復元像を組み立てる試みを行い，それによって初めて小竹貝塚の標高の謎の尻尾を捉えたのが第5章と第6章という言い方ができるだろう。

　第二は第13章の大伴家持と立山である。地球科学の研究者としての理解の範囲内では，伝統的な家持論は平城帰京後に佐保の邸で詠まれた「春愁三首」が中心になっており，立山の歌々への関心は希薄である。筆者は，気高く荘厳な立山の眺望に圧倒されてしまったのに，その希薄さが訝しい。飛騨山脈の構造とダイナミクスを考えている中で，立山への関心の希薄さについての筆者なりの考え方を文章化する試みをおこなった。

　第三は第16章の立山・黒部の第四紀隆起復元像である。地震学，測地学，地球化学など，地球物理的な観測・研究成果を総合することによって，ある程度の不確実さは避けられないにせよ，「深度50kmから20kmの深部低周波地震，深度15kmから10kmのマグマ溜まり，深度数kmの熱水岩石混合層などからなる立山・黒部マグマ溜まり」という構造の場において，「黒部峡谷を中軸に，最近100万年程の間に数100m／10万年もの高速で隆起してきた」という隆起像が復元できた。

　第四は，第17章から第21章の2011年東北地震以降に日本列島で生じた規格外の地震現象である。

　東北地震以降の日本列島は，東北地震が進行中に誘発されたM8.4スーパーサブ地震，最初の30分に誘発された新島・神津島，飛騨山脈，箱根などの活火山におけるM4クラスの地震とそれに続く群発地震，1時間半後から3.5時間後に地球を周回して日本列島に戻ってきた長周期表面波による東北沖のM6クラスの余震の誘発，日遅れの仙台大倉ダム周辺や会津盆地北部など非火山地域の群発地震など，1000年に一度程の地震現象の実験場になった観がある。1000年に一度程の超巨大波に席巻されたのな

ら，150年の地震学からは規格外の地震現象が起こっても不思議ではない。それらは，翻って，立山・黒部理解の新しい断片をもたらしてくれた。

　数式は使わず，データに語らせることに徹したつもりである。そのため，地震の発生年月日，マグニチュード，震源深度などの数値が頻出する。この様な書き方に躊躇も感じたが，飛騨山地と長野県北部，岐阜県，北陸一帯の地震活動と火山活動の行方に不安を感じるので，最小限にと心がけながらもある程度羅列的に書き残すことにした。飛騨山地の地震活動を検討する類書もないので，次の10年の議論の基礎にもなるだろう。

　なお，本書では飛騨山脈を空間的基軸と限定したため，筆者としても心残りではあるが，あえて，東北地震による被害の様相や原発事故，南海トラフ巨大地震などのプレート境界型の巨大地震にはほとんど触れなかった。それらについては既に出版されている多くの良書を参考にされたい。

　番外は「人」である。古生代や中生代など人がいない場合には，筆者の心に残っている文学作品に言及させてもらうことにした。

　筆を進めるに当たって，『空海の風景』（司馬遼太郎，1975，中央公論）を理想とした。歴史的事実に立脚しながら，欠落している部分については著者の小説家としての想像力によって補い，空海とその時代を力強く語ったのが『空海の風景』だと思っている。不遜にも『空海の風景』を持ち出すのは，考古学にせよ，飛騨山脈の構造とダイナミクスにせよ，データ的・史料的に欠けた断片は余りにも多く，推測や仮定に頼らざるを得ない場合が少なくなかったことである。「データが無いことは語らない」という科学者の節度は大切であるが，それでは，境界領域に架橋できないと思った。推測とはいっても，例えば，「卑弥呼の時代の越中の王たちが卑弥呼の葬礼に参加したであろう」というような，文献的な根拠や考古学的な物証はないが，状況から見て「そうであってもおかしくない」という範囲のものである。データ的・史料的に間違っているようなことは書いていないつもりである。

　本書は全21章からなるが，順に読む必要は無い。ただし，全21章を6部に分けたが，各部ごとにまとめて読んだ方が分かりやすいはずである。

　　　　補記
　年代は万年から億年に及ぶ。億や万とアラビア数字の3桁カンマ区切りが混在すると見苦しいので，本書では4桁区切りとした。

　下記のウェブサイトは本書を通して参照し，図を作成するのに利用させて頂いた。その場合は，図中または図の説明の最後に単に名称を書き入れ，説明は省略した。これらのデータベースの関係者には予め感謝の気持ちを表明しておきたい。

　　産業総合研究所の「地質図navi」https://gbank.gsj.jp/geonavi/geonavi.php
　　国土地理院の「地理院地図」https://maps.gsi.go.jp
　　国土地理院の「火山の活動による地形」https://www.gsi.go.jp/kikaku/tenkei_kazan.html
　　気象庁の「震度データベース検索」https://www.data.jma.go.jp/svd/eqdb/data/shindo/
　　東京大学地震研究所の「TSEIS」 http://evrrss.eri.u-tokyo.ac.jp/db/jma.deck/index-j.html
　　地震本部の「主要活断層帯の長期評価」
　　　https://www.jishin.go.jp/evaluation/long_term_evaluation/major_active_fault/

第1部　列島史

第1章　古生代　5.41億年前から2.52億年前

§1-1. 古生代

立山の賦は「古生代」（5.41億年前から2.52億年前）から始めよう。

時代名とその年代は，地質学会のホームページ（以下，ＨＰと略記）の「国際年代層序表」2020年による。時代名のほとんどは欧米語に由来するカタカナ表記であるが，中生代の三畳紀（英語のカタカナ表記ではトリアス紀）や白亜紀（同クレタ紀）が日本語表記なのは，日本人に馴染まれているからであろう。

地質学の慣習として，表1-1の様に，新しい年代は上に，古い年代は下に書く。なぜなら，ほとんどの場所の地層は浅いほど新しく，深いほど古いので，表1-1の様に書いた方が対照しやすいからである。

古生代の初めの頃，諸大陸の多くは，図1-1の様にゴンドワナ超大陸とローラシア大陸に集合していた。北中国大陸（現在の中国の北半分に対応）は，図の中央下端右に位置していた。日本列島の最も古い基盤である「飛騨帯」（次節）からなる原日本は中国大陸の縁辺部の一部であった。なお，本書では，2000万年前頃の日本海形成前に大陸縁に位置していた日本を「原日本」と呼ぶ。

「カンブリア紀」（5.41億年前から4.85億年前）は古生代初頭のほぼ5000万年である。

岩手県の北上川より東側の北上山地には，カンブリア紀の古い地層が分布している。北上山地は，古生代には，パシフィカ大陸の縁辺部に位置していたが，中生代ジュラ紀（2.01億年前から1.45億年前）に南中国大陸に付加し，原日本に加わった。ただし，パシフィカ大陸は，その後四分五裂し，その断片を多くの大陸に残しているに過ぎず，どの様な大陸だったのか，よく分かっていない。

新生代	
第四紀	
完新世	1.17万年前－現在
更新世	258万年前－1.17万年前
新第三紀	
鮮新世	533万年前－258万年前
中新世	2303万年前－533万年前
古第三紀	6600万年前－2303万年前
中生代	
白亜紀	1.45億年前－6600万年前
ジュラ紀	2.01億年前－1.45億年前
三畳紀	2.52億年前－2.01億年前
古生代	
ペルム紀	2.99億年前－2.52億年前
石炭紀	3.59億年前－2.99億年前
デボン紀	4.19億年前－3.59億年前
シルル紀	4.44億年前－4.19億年前
オルドビス紀	4.85億年前－4.44億年前
カンブリア紀	5.41億年前－4.85億年前
先カンブリア時代	46億年前－5.41億年前
地球誕生	46億年前

表1-1　年代層序区分。地質学会ホームページの国際年代層序表2020年による。

2016年，日本鉱物科学会は「ひすい」を「国石」に選び，日本地質学会は「県の石」（県の岩石，県の鉱物，県の化石）を選定した（地質学会ＨＰ）。

「県の石」（県の岩石，県の鉱物，県の化石）は美しさやお国自慢で選ばれたのかもしれないが，「全部を年代順に並べると，そのまま列島史になっているではないか！」と思った。そこで，本書では，適宜「県の石」を参照させて頂くことにした。それは，地質学に関しては門前の小僧に過ぎない筆者の知識不足・経験不足を補い，専門外の読み手にとっては理解の助けになり，現実感をもたらす効果があるに違いない思ったからである。県の化石に選ばれた岩石，鉱物，化石の名前は「」で括って示

した。

カンブリア紀は無脊椎動物の繁栄期と言うことができる。最初に眼を持った生物であり、炭酸カルシウムの外骨格を持つ節足動物の三葉虫や、分類系統も不明の奇妙な生き物アノマロカリスなどが現れ、生物は爆発的に進化した。眼を持つことによって外部認識能力が飛躍的に向上して補食活動が効果的になり、種の間の競争が激しくなり、それが進化を促した。

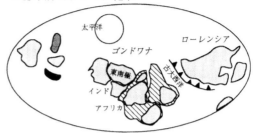

５億年前 カンブリア紀末

図1-1　５億年前頃（カンブリア紀末）のゴンドワナ大陸とローレンシア大陸の分布。日本列島の基盤である飛騨帯は、ゴンドワナ超大陸（中央下端右）の端に位置していた。相馬（1997）による。

眼を造るために必要なのは、均質で透明なタンパク質（クリスタリン）である。このタンパク質は酸素を必要としない代謝を行い、酸素ラジカルの影響を避けるので、長い間安定を保つことが出来る。進化とは、高度なタンパク質を作る能力を獲得することであると言うことができる。

「オルドビス紀」（4.85億年前から4.44億年前）には、三葉虫が多様化して繁栄すると共に、浅い海底にはサンゴが生え、海中には魚類が登場した。

上空数10kmのオゾンの濃度が高くなって地表まで紫外線がほとんど届かなくなり、細胞が紫外線で破壊されるリスクも小さくなったので、コケなどの最初の陸上植物があらわれた。

北上山地の「蛇紋岩」（岩手県釜石市）は、オルドビス紀唯一の県の岩石である。

日本で産出した最も古い年代の化石は、1980年に岐阜県高山市（発見当時は吉城郡上宝村）奥飛騨温泉郷福地で発見された貝形虫（甲殻類の1種）（Adachi and Igo, 1980）や、1996年に岐阜県高山市奥飛騨温泉郷（同）一重ヶ根で発見された無顎類（原始的脊椎動物）のコノドント（微小な歯状の微化石）（束田・小池, 1977）などのオルドビス紀の化石である。なお、無顎類とは、ヤツメウナギなど顎を持たない脊椎動物である。

オルドビス紀の末、最初の大絶滅が起こり、生物進化はリセットされた。

生物の大規模な絶滅は何度も起こったが、その中でも特に大規模なものは5大絶滅と呼ばれている。それは、オルドビス紀末（4.44億年前）、デボン紀後期（3.72億年前）、ペルム紀末（2.52億年前）、中生代三畳紀末（2.01億年前）、白亜紀末（6600万年前）に起こった。

「シルル紀」（4.44億年前から4.19億年前）には無顎類が繁栄し、動物は脊椎動物が多数派となった。小型の昆虫が陸上に進出した。

この時期の県の化石は、岩手県大船渡市樋口沢の「シルル紀サンゴ化石群」、高知県高岡郡越知町の「横倉山のシルル紀動物化石群」、宮崎県西臼杵郡五ヶ瀬町祇園山の石灰岩体の「シルル紀－デボン紀化石群」など、サンゴ、ウミユリ、三葉虫など、さまざまな海生動物の化石である。これらは最も古い県の化石である。

「デボン紀」（4.19億年前から3.59億年前）は、古生代以降では最も暖かい時期であった。海中では魚類が繁栄するようになり、その中から、ヒレが足に進化した最初の四肢動物である両生類が生まれ、陸上に進出した。植物ではシダ類など裸子植物が出現した。

北海道の化石に選ばれている「アンモナイト」は，デボン紀から中生代白亜紀末（6600万年前）まで繁栄した。アンモナイトはタコやイカなどの祖先である。

デボン後期（3.72億年前）に2回目の大絶滅が起こった。

「石炭紀」（3.59億年前から2.99億年前）は両生類の繁栄期で，それから爬虫類が進化した。酸素濃度が高かったので昆虫は大型化し，捕食者もいないので60cmを越えるトンボも出現した。シダ類植物が大型化して陸上を覆いつくし，その化石が石炭となった。ただし，日本の石炭は，新生代古第三紀（6600万年前から2300万年前）の若い石炭である。

石炭紀の終わりに大氷河期が訪れ，ゴンドワナ大陸の南極は氷河に覆われた。今日の南極，南アメリカ南部，アフリカ南部，インド，オーストリア南部にはこの時代の氷河堆積物の痕跡が残されており，それは，古生代には，それらの大陸が図1-1のように集結していた証拠とされている。

この時期の県の岩石としては，観光地としても名高い，山口県美祢市を中心とする秋吉台の「石灰岩」がある。石炭紀の熱帯の海の珊瑚礁が海溝から原日本の下に沈み込んだときに上盤側に剥ぎ取られ，次のペルム紀に石灰岩の塊として原日本に付加したものである。

「ペルム紀」（2.99億年前から2.52億年前）は古生代最後の紀である。陸上では，両生類，原始的爬虫類が幅をきかせるようになり，巨大昆虫が栄えた。岐阜県大垣市赤坂金生山の「ペルム紀化石群」はこの時期の県の化石である。

古生代から中生代に移り変わる時期（2.52億年前頃）は地球の激動の時代であった。ゴンドワナ大陸やローラシア大陸などが再び集合して図1-2のようにパンゲア超大陸となった。南中国大陸と北中国大陸は合体し，シベリアと共にパンゲア超大陸の一部となった。

その激動の中で，シベリヤで洪水玄武岩が地表に噴出し，それに伴って大量の二酸化炭素が空中に放出され，温室効果の暴走が起こり，3回目の大絶滅に至った。生物の属の95%が絶滅し，繁栄をほこった三葉虫も滅び，時代は中生代に入って行った。

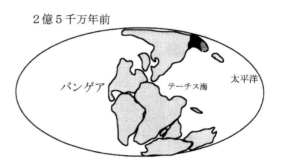

図1-2　2.5億年前頃のパンゲア超大陸。相馬（1997）による。

§1-2. 飛騨帯と飛騨外縁帯

富山県，石川県，福井県嶺北部，岐阜県北部地域の基盤である「飛騨帯」は古生代の地層が中生代三畳紀に変成作用を受けたもので，日本の古生代の最も重要なキーワードの一つである。隠岐島も同時期のものなので，「飛騨－隠岐帯」とも呼ばれている。

飛騨変成岩類は，図1-3に示すように，岐阜県飛騨市古川から富山県富山市猪谷や利賀の南北ほぼ15km，岐阜県跡津川から富山県金剛堂山まで東西ほぼ20kmの地域に分布している。それに，片貝川と黒部川の間の僧ヶ岳（1855m）と毛勝山（2415m）の領域（黒部川左岸），白山（2702m）西北麓手取湖東方，福井県勝山市西部，島根県隠岐島が加わる。

飛騨変成岩類のそもそもの生まれや育ちは明確ではないが，三畳紀（2.52億年前から2.01億年前）に諸大陸が集合して超大陸パンゲアとなった頃に，古生代の火山岩や堆積物が原日本に付加した後に海洋プレートの沈み込みに伴って深度15km程度まで下降し，高温中圧型の変成作用を受けて片麻岩になったのち，ジュラ紀のころに再び地表まで上昇してきたものと考えられている。

飛騨変成岩類の東端の宇奈月の中生代花崗岩からは37.5億年前のジルコンが発見された。日本で発見された最古の鉱物である。

写真1-1は，呉羽丘陵から立山連峰の眺望である。薬師岳の手前の鍬崎山（2090m）に加え，右枠外の岐阜県境の白木峰（1596m）や金剛堂山（1636m）などの1500mから

図1-3　飛騨帯と飛騨外縁帯の分布。原山・他（2000）に加筆。

2000m級の前衛の山々が飛騨変成岩類の山々である。ただし，山体全部が飛騨変成類という訳ではなく，山頂部に飛騨変成類が取り残されているという場合が多い。

山岳愛好家にファンが多い槍ヶ岳（3180m）は第四紀前半の巨大カルデラ噴火（§4-2）で生まれた山であるが，山頂部の一部には飛騨変成岩類の岩石が分布している。超巨大噴火の前は，槍・穂高・上高地地域は飛騨変成岩類に覆われていたことを示している。

写真1-1　呉羽丘陵からの立山連峰の眺望。左から剱岳（2999m），立山（3015m），薬師岳（2926m）。山体は主としてジュラ紀の船津花崗岩。弥陀ヶ原台地は溶岩や火砕流堆積物，前衛の鍬崎山（2090m）の山頂部は飛騨変成岩類。筆者撮影。

飛騨山脈というと富山県の海岸部まで含んでしまい，三俣蓮華岳，槍ヶ岳，穂高岳，焼岳，上高地，乗鞍岳など，岐阜と長野の県境部を限定して指す地名は特にない。ここでは，槍ヶ岳・穂高岳・上高地地域と呼ぶ。そこは高山市が中心となって推進している飛騨山脈ジオパークの核心部分である。

「飛騨外縁帯」は，中生代三畳紀に飛騨帯の東縁と南縁に付加したものである。それは，アンモナイトなどの化石を含む古生代海成堆積層や，「モホ不連続面」（マントルと地殻の境界。深度30km〜35km）あたりから地表に押し上げられた蛇紋岩体などを含む奇妙な混合岩体である。ただし，地表に露出している飛騨外縁帯は，糸魚川地域以外では，岐阜県高山市飛騨温泉郷福地，同清見町，福井県大野市の九頭竜湖周辺などの地域に限られ，ほかでは小岩体として見いだされるに過ぎない。

図1-4は，白亜紀から古第三紀の付加体「四万十帯」を加え，花崗岩体や流紋岩を取り除き，仮想的に，飛騨外縁帯や各付加体の分布の境界をなめらかに引いた古生代と中生代地体区分図である。外縁帯の全体的な分布が読み取れる。外縁帯の外側（南側）の美濃帯などの付加体については次章で述べる。ここでは図1-4を頭の片隅に置いて先に進もう。

飛騨外縁帯に属する新潟県の化石としては，新潟県糸魚川市を日本海に向かって流れる姫川西方の黒姫山（1221m）や明星山（1188m）の石灰岩体に含まれる「石炭紀−ペルム紀海生動物化石群」があり，フズリナ，三葉虫，巻貝，サンゴなど，パンゲアを取り巻いていた古代海洋パンサラサの赤道付近の暖かい海の動物の化石が産出する。明星山南側の岸壁はロッククライミングの名所である。なお，糸魚川は市の名前で，糸魚川という名の川はない。

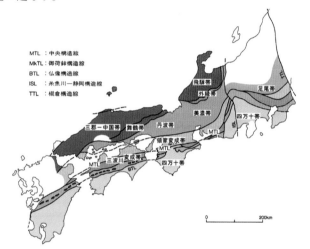

図1-4　中部地方の地体区分図。吉松（1999）に地質体名を加筆。

石灰岩体の縁の蛇紋岩に伴ってヒスイ（翡翠）が産出する。ここのヒスイは，古生代に，地球上のどこかのプレート沈み込み帯における変成作用によって生じ，蛇紋岩体に伴って浅部に上昇し，そののち，飛騨外縁帯の一部として飛騨帯に付加したものである。

ヒスイはナトリウムとアルミニウムを主成分の一部とする輝石の仲間で，微量の鉄やクロムを含んで緑色を帯びたものや，微量の鉄やチタンを含んで紫色を帯びたものを指す。ヒスイは鉱物名で，翡翠は宝石名である。輝石はカンラン石や長石と並んで，最も一般的な岩石を構成する鉱物である。

なお，以下では，岩石名や鉱物名は，漢字かカタカナで表記する。詳細は§1-6で述べるが，岩石は鉱物の集合体である。

糸魚川のヒスイは，後期旧石器時代から弥生時代，全国各地に運ばれた。三内丸山遺跡（青森県青森市）など当時の大規模集落の遺跡からは，大型で美しいヒスイが出土する。古事記における出雲の国譲り神話の中で，大国主命が糸魚川周辺を支配していた王族の奴奈川姫と結婚する話がでてくるが，

それは翡翠の産出地に支配権を拡大したかったからであろう。奴奈川は姫川の古代の名前である。ヒスイは，万葉集でもしばしば「玉」として詠まれている。美しく神秘的だけでなく，国の創生期に重要な役割を果たした翡翠（ヒスイ）は国の石にふさわしい。

富山側にも飛騨外縁帯の地層が分布している。立山連峰の北端，宮崎海岸もヒスイの産地として知られている。黒部峡谷の入り口である宇奈月の「十字石」は富山県の鉱物に選ばれている。それは泥岩が2.5億年前頃のパンゲア形成時期の変成作用によって変成岩となったものである。黒部峡谷の釣鐘温泉近くの東釣鐘（759m）は，釣鐘を逆さにして伏せたような形をしているが，糸魚川の明星山と同時期の古生代石灰岩体である。

そのほか，白馬岳（2932m）から朝日岳（2418m）に至る後立山連峰の山頂部（雄山（3003m）、大汝山（3015m）、富士ノ折立（2999m）），小谷（長野県北安曇郡小谷村）から新潟県糸魚川に至る姫川左岸一帯には堆積岩や蛇紋岩からなる外縁帯の地層が新しい時代の地層と入り交じって分布している。

我々にもっとも馴染みがある飛騨外縁帯は唐松岳東麓の八方尾根スキー場かもしれない。スキー場の上部はオルドビス紀の蛇紋岩層から成り立っている。それは，2014年長野県神城断層地震の被災地のほとんどの場所から印象深く眺望することが出来た。

「蛇紋岩」とは，沈み込んだプレート上面周辺の上部マントルの「カンラン（橄欖）岩」にプレートから染み出してきた水が加わって密度が低い結晶構造に変化し，何らかの大変動で地表に押し上げられた岩石である。蛇紋岩は，もとはマントルの岩石だったとは言え，花崗岩並みに軟らかく，白馬村などでは，加工品がお土産として売られている。

図1-4では飛騨外縁帯は円弧状であるが，付加した時から円弧状だったのだろうか？　それとも直線状だったのだろうか？　何億年も前のことが分かるはずがないと思うが，その謎を解いた研究者達がいた。富山大学で古地磁気学研究に生涯を捧げた広岡公夫（1938-2018）のグループである。

現在の地球磁場は，カナダの北極海沿岸部を北磁極，南極大陸のインド洋沿岸部のウイルクスランド（オーストラリア南方）を南磁極とする双極子磁場とみなすことができる。細長い鉄の針を支点で動きやすい様にしておくと自然に南北（正確には南磁極と北磁極）の方向を向く。それを利用して南北の方向が分かるように工夫したのが，登山などで欠かすことの出来ない方位磁針である。

地球の双極子磁場は，時々逆転する（南磁極と北磁極が入れ替わる）。現在の地球磁場と同じ時期を正磁極期，逆転していた時期を逆磁極期と呼ぶ。火山の溶岩や堆積岩が固化する時，岩石の磁気はその時点の磁場の方向に固定される。それを岩石の磁化という。広岡の研究グループが，新潟県，岐阜県，福井県に点在する飛騨外縁帯の分布域の白亜紀から古第三紀に変わる頃の火山岩を採集し，実験室でノイズを除去し，固化時の磁化の方向を求めると，図1-5の矢印のようになった。こ

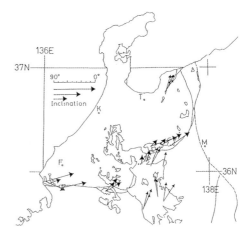

図1-5　矢印の方向は，飛騨外縁帯沿いの白亜紀末から古第三紀初頭の火山岩の古地磁気方位。矢印の長さは水平方向からのずれ（長い程水平に近い）。Miki and Hirooka（1990）による。

の図の飛騨外縁帯をまっすぐに引き延ばせば，すべての火山岩採集地点の磁化の方向がほぼ同じにな
る。逆に言うと，飛騨外縁帯は，大陸縁辺部に位置していた頃にはほぼ直線状だったということがで
きる。この様な研究が「古地磁気学」である。筆者は，初めて身近にこの様な研究に接した時，古地
磁気学がまるで魔法のようにみえた。

　舞鶴帯は，主として舞鶴（京都府）から中国山地を西南西に横断して福山（広島県東端）まで分布
する。古生代最後のペルム紀（2.99億年から2.52億年）の堆積層である舞鶴層群に，花崗岩，斑レイ
岩，カンラン岩（後述）などからなる夜久野複合岩類が貫入し，さらに中生代三畳紀（2.52億年から
2.01億年）の夜久野層群と呼ばれる浅海堆積層が加わったものである。飛騨外縁帯の双子とも言える
地層である。

　舞鶴帯の地層は，「糸魚川ジオパーク」のフォッサマグナパークや，福井県若狭地域の大島半島など
で見ることができる。若狭湾に突き出た大島半島は，カンラン岩，蛇紋岩，玄武岩の塊と言っても過
言ではない。半島の北半分は玄武岩を中心とする海洋地殻，南半分はマントルの岩石である。先端部
には大飯原発がある。

　大島半島の付け根部に若狭本郷の集落がある。水上勉（1919-2004）はここで生まれた。『停車場有
情』（1980）には，京都の相国寺に出たときのことが，「改札口の方を見すえると，母が，... 私の方を
見ていた。私が手をふると母は私の姿が見えもしないのにペコリと一つお辞儀した。... 私は母のみす
ぼらしい蓑を着たすがたにではなく，お辞儀がかなしくて，泣くのに耐えた。九歳であるから，小学
校三年の時だ。」と書かれている。

　貧しい農民達の暮らしの改善に人生を捧げた宮沢賢治（1896-1933）は子供の頃から石が大好きだっ
た。花巻（岩手県）には「虔十公園林」と彫ったカンラン岩の碑が建ち，「岩手軽便鉄道　七月（ジャ
ズ）」には「斑糲岩」とイリドスミン（白金）が出てくる。岩手軽便鉄道は，今は，花巻と釜石を結ぶ
ＪＲ東日本の釜石線である。従って，「斑糲岩」は遠野市宮森あたりに分布する古生代の斑レイ岩と思
われる。『春と修羅第二集』の「鉱染とネクタイ」には，岩手県の岩石である北上山地の「蛇紋岩」が
出てくる。賢治の童話や詩を読むと，石が好きな人は心が温かいことが分かる。

§1-3. 地球内部構造

　地球深部は，図1-6の様に，化学組成によって，地球の中心から順に，次のように分類されている。
　　地殻（地表からモホ不連続面。主要構成岩石は花崗岩と斑レイ岩）
　　上部マントル（モホ不連続面から深度670km。主要構成岩石はカンラン岩）
　　下部マントル（深度670kmから2891km。主要構成岩石は玄武岩の高圧相であるブリッジマナイ
　　　ト。以前はペロブスカイトと呼ばれていた。
　　外核（深度2891kmから5150km。主要構成物質は流体鉄）
　　内核（深度5150kmから6371km。同固体鉄）
　なお，モホ不連続面は，1909年にクロアチアのモホロビチッチによって発見された顕著な地震波速
度不連続面で，モホロビチッチ不連続面と名付けられているが，本書ではモホ不連続面と略称する。
　図1-7の概念図に示すように，モホ不連続面の深度は海洋と大陸で大きく異なり，海洋では5km〜

10km，大陸では20km～70kmである。日本列島では，30km～35kmである。

　沈み込み帯の上部マントル浅部（深度150kmから100km）でカンラン岩が溶ける時，融点の低い成分から溶け，液体の部分に軽いシリカ（SiO2）などが集まってや斑レイ岩と同様の化学組成の玄武岩質マグマになって上昇して行き，モホ不連続面に底付け固化して地殻を厚くする。なお，シリカ（§1-7参照）は，地球でもっとも多い化学成分で，マントルでほぼ48%，海洋地殻（玄武岩）でほぼ50%，陸の地殻でほぼ64%を占める。

　岩石の名前も，地球ダイナミクスを理解する上で特に必要と思われ場合（蛇紋岩など）を除いて，本書では図に示した「カンラン岩」，「斑レイ岩」，「花崗岩」と，溶岩が地殻浅部や地表で急冷された「玄武岩」と「流紋岩」，流紋岩と玄武岩の中間組成の「デイサイト」や「安山岩」など，もっとも基本的な7種類の岩石に限ることにする。蛇紋岩，変成岩，チャートなどはその都度説明を加え，それ以外の岩石名は，この7種類の中のもっとも近い岩石名に置き換えるか，その岩石名を添える。

　流紋岩，デイサイト，安山岩，玄武岩の順にシリカ（SiO2）の分量が多く，そのマグマは粘性が高い（ネバネバしている）。有珠山や雲仙普賢岳の噴火で溶岩円頂丘が生じたのは，噴出したデイサイト質や安山岩

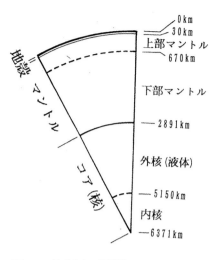

図1-6　地球内部の層構造。

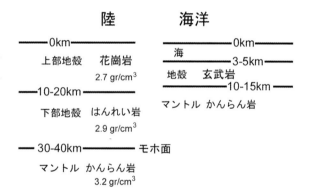

図1-7　陸と海洋の地殻・マントル構造。陸の上部地殻は基本的に花崗岩，下部地殻は斑レイ岩，海洋地殻は玄武岩から成り立っている。

質のマグマの粘性が高いからで，伊豆大島噴火のときに溶岩がカーテン状に噴き上げられたのは玄武岩質マグマの粘性が低い（サラサラしている）からである。

　図1-7で重要なことの一つは，陸の地殻構造と海の地殻構造の組み合わせは，地球ダイナミクスの基本原則の一つ「アイソスタシー」を満たすということである。

　アイソスタシーとは，海に浮かぶ氷河のように，相対的に軽い氷河が重い海水に浮かんでいると，海水面上よりも何倍も深い氷河の根が海面下にあり，全体として重力的バランスを保っていることを言う。陸の地殻の場合は，1km程の山地があると，モホ不連続面が3km～5km深くなって重力的バランスを保っている。

　特に事件がないと，地球表面は，すべて図1-7の陸と海洋のように重力的に安定した構造の組み合わせで埋め尽くされているはずである。逆に言うと，白馬岳の山頂部に分布するマントル起源の蛇紋岩，赤石山脈の北岳（3193m）山頂に分布する大洋底起源の玄武岩などは，それだけで，過去の激烈な地

殻変動を想起させる。

　地球の中心部も，火星や金星などの地球型惑星の中心部も鉄である。それは，鉄より重い元素は恒星内部の核融合では作れないからである。ニッケル（NI），銅（Cu），亜鉛（Zn），金（Au），ウラン（U）など鉄より重い元素は超新星爆発によって生じる。地球上に重い元素が存在するのは，現在の太陽系が超新星爆発の残りかすを再集結して出来たものであることを意味している。

§1-4.　マントル対流とプレートテクトニクス

　地球深部には，46億年前の地球誕生時の熱と，放射性元素の崩壊によって生まれた熱が存在する。マントル対流は，地球深部の熱を地表に向かって放出するために生じる固体の対流である。図1-8はマントル対流の概念図である。大陸が集合したり，分裂したりするのは，マントル対流のパターンが変わるからと解釈されている。

　「大陸移動説」は，ドイツの気象学者ヴェーゲナーが1915年に出版した『大陸と海洋の起源』の中で提唱したが，当時は大陸移動の駆動力とエネルギー源が不明確だったので強い抵抗に出会った。

　大陸移動説への最初の強力な支持は，1950年代の古地磁気学の研究からやってきた。アメリカ大陸，ヨーロッパ大陸，アフリカ大陸などの多くの場所の古地磁気方位の分布から，大西洋は1億年前にはほとんど閉じていて，その後に少しずつ拡大したことが分かった。

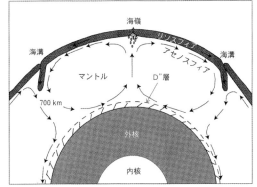

図1-8　マントル対流の模式図。大谷・掛川（2005）による。

　1960年代初め，アメリカのディーツ（Dietz, 1961）によって「海洋底拡大説」が提唱された。大陸が自ら移動するのではなく，拡大する海洋底に乗って移動するという考えである。それに続いて，イギリスのヴァインとマシューズ（Vine and Mtthews, 1963）が，アメリカ西海岸沖のファンデフーカ海嶺に平行な地磁気縞模様が過去の地磁気の逆転を記録していることを示した。これによって，海洋底拡大説は確固たる地歩を固めた。

　1960年代中頃，カナダのウィルソン（Wilson, 1965）によってプレートテクトニクス説が提唱された。「マントル対流の地表近い部分は厚さ50km〜100kmのプレートが剛体的に振る舞っている」と考えることによって，沈み込み帯の巨大地震の発生様式，中央海嶺のトランスフォーム断層，海底の地磁気縞模様のパターンなどが理解しやすくなった。

　中央海嶺で生まれた海洋プレートは，最初は数10kmの厚さしかないが，拡大して行くにつれて次第に厚さ70km〜100kmになって日本海溝のようなプレート収束帯で再びマントルの中に沈み込んで行き，マントルの底から再び中央海嶺に向かって上昇し，そこから再び海洋プレートとなって拡大して行く。

　この様にして，地球ダイナミクス理解のもっとも基本的なパラダイム「マントル対流−プレートテ

クトニクス説」が確立された。その研究史は，『新しい地球観』（上田誠也，1971）などに詳しい。

§1-5.　付加体とオフィオライト

　日本列島の多くは，過去数億年の付加体が固化し，隆起した地層から成り立っている。

　東太平洋で生まれた太平洋プレートが1億数1000万年掛けて日本列島に辿り着くまでの間に，500m
にも達する深海底堆積物層が形成される。プレートが日本海溝から沈み込んでいくとき，深海底堆積
物層や海底火山は剥ぎ取られて上盤側の大陸棚に次々に付加して行き，図1-9中央左の折り畳まれたよ
うな堆積層を形成する。それが付加体である。

　「オフィオライト（ophiolite）」と
いう用語も専門外の読み手には馴染
みはないかもしれないが，地球科学
としては重要で，しかも興味深いの
で，ここで手短に一つの事例を紹介
しておこう。

　ヨーロッパとアジアを分けるウラ
ル山脈は巨大なオフィオライトの例

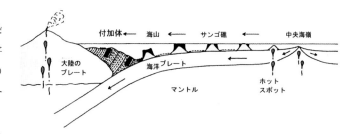

図1-9　付加体の概念図。秋吉台科学博物館による。

である。古生代末（2.52億年前頃），諸大陸が集まってパンゲア超大陸（図1-2）となった時，シベリ
アとヨーロッパが衝突して境界部は長大なウラル山脈となった。二つの超大陸の間にあった沈み込み
帯や中央海嶺が押し上げられ，海洋地殻から上部マントルまで連続した岩帯が大量に地表に露出する
オフィオライトとなった。

　地表でマントルや下部地殻の岩石を見ることができる場所は希なので，オフィオライトは多くの研
究者を惹きつけている。

　現在，アジア大陸と南アメリカ大陸は1万km以上も離れており，その間にはマントル対流の湧き出し
口である太平洋中央海嶺が南北に走っている。アジア大陸と南アメリカ大陸は年間数cmの速度で近
づいているので，1億年もたつと両大陸は衝突し，境界部は，日本列島を挟みこんだオフィオライトに
なるはずである。

　なお，広義には，大陸と大陸の衝突に限らず，一般に，何らかの大規模地殻変動でマントルから地
殻までの岩石が地表に露出する岩帯も含めてオフィオライトと呼ばれている。

§1-6.　年代名・地層名・鉱物名・岩石名

　地球科学関係の本を読んでいると，多数の岩石名，地層名，地質時代名が出てきて，専門外の読み
手はしばしば途方に暮れるか，最悪の場合は挫折する。専門外の読み手に，多数の岩石名，地層名，
地質時代名を覚えることを期待するのは求めすぎというものであろう。とは言え，岩石名や地層名に
は，過去の研究者達の汗と涙が込められており，それなりの意味があり，学問としては尊重されるべ
きものである。また，例えばジュラ紀と言われると恐竜を思い出すなど，専門用語にも人々の心をな

にがしか刺激する力もあるので無視することも出来ない。

　本書では，その点を考慮して，地質時代名は使うが表1-1のように最小限に制限し，少なくとも節が改まるたびに絶対年代（放射年代）を添えるようにした。

　地球の固体部分の主要元素は珪素（Si）である。岩石の基本的な構造単位は「鉱物」で，図1-10の様に珪素を中心とする消波ブロックのような正四面体（SiO4）を，O-Oの結合を共有するように単純に積み重ねた鉱物を石英と呼ぶ。石英のうち美しいものは水晶と呼ばれている宝石である。水晶が6角柱の形状をしているのは，水晶の結晶構造が6角柱の形状をしているからである。

　温度や圧力などの物理的条件によって，カンラン石，輝石，長石，ガーネットなど，正四面体を様々な形状に積み重ねた複雑な立体的分子構造の鉱物をつくる。ヒスイのように，少量の金属類が混じることによって鉱物はさらに多様になり，美しい色合いのものは宝石として扱われている。美しい緑色のカンラン石は8月の誕生石ペリドットである。

　鉱物の名前も，カンラン石，輝石，ザクロ石，ヒスイ，石英，長石など，基本的なものに限定し，それ以外は適宜説明を加えたい。

　「岩石」は様々な鉱物が集合したものである。

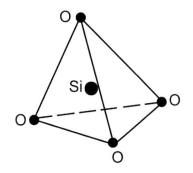

図1-10 珪素（Si）を中心とする正四面体（SiO4）構造。

　図1-6のように，マントルは深度660kmで上部マントルと下部マントルに分けられ，上部マントルはカンラン岩で満たされている。カンラン岩は，単純化すると，ほぼ59％のカンラン石と，ほぼ29％の輝石，ほぼ12％のザクロ石の鉱物集合体である。

　カンラン石とカンラン岩の橄欖はオリーブのことである。緑色を帯びているのでカンランと名付けられた。橄欖は常用漢字にないので，通常「カンラン」と表記されている。ややこしいが，カンラン岩の主要構成鉱物がカンラン石である。ただし，英語では，カンラン岩はperidotite，カンラン石はolivineとしっかり区別されている。外来語でないものをカタカナで書くのは日本語としてはルール違反であるが，分かりやすいので，岩石名に限らず，カタカナで書くことは多い。

　一方，結晶しない場合はガラス，難しく言うと非晶質固体である。非晶質固体のシリカは半導体の素材としても使われている。単純化して言うと，シリカが情報社会の下支えになっているのである。

　北海道浦河郡様似町の「アポイ岳ジオパーク」にいくと，北海道の岩石に選ばれている「カンラン岩」を手にとって見ることができる。アポイ岳全体が，4000万年前頃に，西北海道と東北海道の衝突に伴って地表にまで持ち上げられたカンラン岩体である。アポイ岳ジオパークから海岸沿いに足を少しのばすと襟裳岬にいたる。そこは同時期の付加体である。

　福井県若狭地域の大島半島でカンラン岩や玄武岩が手にとって見られることは既に述べた。

　地層名も，ほぼ同じ時代の地層に，地域ごとに異なる名前が付けられている。歴史的には，地質学の発展期に地域ごとに堆積層の研究が行われ，地域ごとに異なる名前が付けられた。そこから地域間の地層の対応に研究が発展し，それを基に日本列島史に発展してきた。とはいえ，同じ時代の地層の名前が地域によって異なると専門外の読み手は混乱するばかりである。そこで，例えば，北陸から岐阜県の手取層を典型とするジュラ紀（2.01億年前から1.45億年前）から白亜紀（1.45億年前から6600万

年前）の堆積層はまとめて手取層「群」という様な呼び方がされている。

§1-7. 地球と生物のダイナミクス

地球史と生物進化史は，相携えて発展の道をたどってきた。それに，地震や火山のダイナミクスと生命現象のダイナミクスを加え，「地球ダイナミクス」と「生命ダイナミクス」と呼ぶことにしよう。それらは，複雑で，多様で，気まぐれである。その意味を考えてみよう。

地球の岩石圏は，酸素（O），ケイ素（Si），アルミニウム（Al），鉄（O），カルシウム（Ca），ナトリウム（Na），カリウム（K），マグネシウム（Mg）の主要8元素でほぼ99%を占めており，生物の場合は，水素（H），酸素（O），炭素（C），窒素（N）の主要4元素だけでほぼ99%を占めている。構成元素からみると至って単純なのである。それにもかかわらず，地球ダイナミクスも生命ダイナミクスも多様で複雑なのは，それらの少種類の元素が，温度圧力条件によって様々な形状の立体構造を作り，立体構造の形状によって力学的化学的に多様な振る舞いをするからである。

例えば，タンパク質の主要構成要素の一つであるアミノ酸は，窒素（N），酸素（O），炭素（C），硫黄（S），水素（H）の5種類の原子のみでR-CH(NH2)COOHの基本構造をしており，Rの部分が様々なものと変わり，さらに立体的に重なり合うことによって多様で複雑な立体構造が生じる。

前述のように，鉱物の場合は，正四面体のSiO4を基本構造とし，温度や圧力などの物理的条件によって様々な形状の立体的分子構造の鉱物をつくる。異種の鉱物が混じり合って岩石が出来る。混じる割合によって，ますます多様な性質を示す。

注目したいのは，生物の場合に一番主要な炭素（C）と，鉱物・岩石の場合に一番主要な珪素（Si）は，周期律表上で同じ列に属することである。それは自由電子の数が同じで，原子や分子レベルではある意味で似た性質を持つことを意味している。地球ダイナミクスと生命ダイナミクスは従兄弟同士とも言えよう。ただし，原子量は一回りことなり，常温で，二酸化炭素（CO2）は気体で，シリカ（SiO2）は固体である。それが決定的な違いを作っている。

生物遺骸が地中に埋まると，長い時間をかけて炭素（C）がシリカ（Si）に置き換わり，生物遺骸は元の構造を変えないで石（つまり化石）になる。炭素（C）とシリカ（Si）は周期律表上で同じ列に属し，上記の意味で似ているので，炭素とシリカの置き換えが起こりやすいからである。

参考文献

Adachi, S. and Igo, H., A new Ordovician leperditiid ostracode from Japan. Proc. Japan Acad., Ser.B, 56, 504-507, 1980.

Dietz, R. S., Continent and oceanic basin evolution by spreading of the ocean floor, Nature, 190, 854-857, 1961.

原山智・高橋浩・中野俊・苅谷愛彦・駒澤正夫，立山地域の地質，5万分の1地質図幅「金沢」（10）第30号，NJ-53-6，地質調査所，2000.

Miki, D. and Hirooka, K., Deformation of The Central Part of The Honshu Island Inferred From Paleomagnetic Study, Rock Magnetism and Paleogeophysics,17, 51-56, 1990.

水上勉，『停車場有情』，朝日文芸文庫，1980.

大谷栄治・掛川武，『地球・生命　その起源と進化』，共立出版，2005.

相馬恒雄，『富山のジオロジー』シー・エー・ピー，1997.

束田和弘・小池敏夫，岐阜県上宝村一重ヶ根地域より産出したオルドビス紀コノドント化石について．地質学雑誌，103，171-174, 1977.

吉松敏隆，地帯区分と境界断層，特集＝紀伊半島の地質と温泉，アーバンクボタ，38，1999.

Vine, F. J. and D. H. Matthews, Magnetic anomalies over oceanic ridges, Nature, 199, 947-947, 1963.

Wilson, J. T., A new class of faults and their bearing on continental drift, Nature, 207, 343-347, 1965.

HP

日本地質学会，「県の石」，http://www.geosociety.jp/name/category0022.html

日本地質学会，「国際年代層序表2020」，
http://www.geosociety.jp/uploads/fckeditor/name/Chart/ChronostratChart2020-03jp.pdf

第2章　中生代　2.51億年前から6600万年前

§2-1. 三畳紀からジュラ紀の飛騨花崗岩類

　「三畳紀」（トリアス紀）（2.52億年前から2.01億年前）は，中生代のうちの最初の5000万年である。生物は進化を再開した。まず魚類が回復し，次第にそれを捕食する魚竜が進化し，陸上では森林が拡がり，恐竜や哺乳類が現れた。

　三畳紀の末（2.01億年前）に4回目の大絶滅が起こった。アンモナイトの多くの種が絶滅し，爬虫類も多くの種が滅んだ。この大絶滅の原因はカナダのマニクアガン・クレーターを作った隕石の衝突と考えられている。

　「ジュラ紀」（2.01億年前から1.45億年前）には，パンゲア超大陸は再び分裂をはじめ，世界各地で付加体の生産が加速された。動植物の大型化が進行し，10mを越える巨大恐竜が大陸を闊歩するようになった。始祖鳥があらわれた。

　映画『ジュラシックパーク』（1993）では2種類の恐竜が大きな役割を果たす。Ｔ-レックスのモデルは恐竜ファンに人気のある巨大肉食恐竜ティラノサウルスである。建物の中にまで侵入してきて人間を襲う悪役のラプトルのモデルは，動きは俊敏で高い知能を持っていたと推定されている大きさ2m程の小型恐竜デイノニクスである。

　ジュラ紀は日本列島史の中でも激動の時代の一つであった。付加体が次から次へと原日本に加わった。飛騨帯周辺では，三畳紀からジュラ紀にかけて，「飛騨花崗岩類」が大量に上昇してきた。「飛騨花崗岩類」は本書のキーワードの一つである。

　なお，以前は，飛騨帯の花崗岩は「船津花崗岩類」と総称され，1.8億年前頃（ジュラ紀）に一斉に貫入し，飛騨帯の変成作用をもたらしたものと考えられていた。しかし，研究が進むにつれ，複数回，少なくとも2.4億年前頃（三畳紀）と1.8億年前頃の2回に分けて貫入し，変成作用も複雑なプロセスを経たことが分かってきたので「飛騨花崗岩類」と総称されるようになり，1.8億年前に上昇してきた船津花崗岩は飛騨花崗岩類の一つのタイプという位置づけになった。

　飛騨花崗岩類は，富山県内では，図1-3の様に，宇奈月以北では黒部川右岸一帯，宇奈月から欅平までは黒部川左岸一帯，片貝川や早月川の源流域から大日山脊梁部，富山県西部の庄川上流の大牧から平あたり，石川県境の宝達山などに分布している。岐阜県内では，飛騨花崗岩類は，飛騨市神岡町の市街地の北側，東は笠ヶ岳（2898m）から西は河井まで，東西50km，南北10km〜20kmの大きな領域を占める。ジュラ紀の花崗岩がこれほど大量に分布しているのは日本では飛騨帯だけである。

　重要なのは，立山連峰の山体が主として飛騨花崗岩類だということである。なかでも，剱岳（2999m）から立山三山を経て竜王岳（2872m）に至る中心部はジュラ紀の船津花崗岩である。恐竜が闊歩した時代に立山の母体を大地が孕んだのである。

　飛騨花崗岩類は手でさわることができる。室堂から一ノ越までの登山道の周辺に転がっている羊背岩（写真2-1）は，山体表面の飛騨花崗岩類（船津花崗岩類）が氷河によって削り取られたものであ

る。

富山県の岩石には美しい紋様で知られる黒部市宇奈月町の「オニックスマーブル」が選ばれた。それは，1600万年前頃，温泉水が豊富な環境の中で生じた炭酸塩沈殿岩である。研磨すると美しい色合いの模様が現れるので，国会議事堂建築の階段壁と階段手摺りや，北陸新幹線黒部宇奈月温泉駅の待合室の壁などで装飾用に使われている。

オニックスマーブルが魅力的であることは間違いないが，筆者などは，飛騨花崗岩類が富山県の

写真2-1　立山室堂平近くの飛騨花崗岩類の羊背岩。諏訪浩撮影。

岩石に選ばれなかったのは残念な気がしている。他の県では，白亜紀末の広島県の岩石「広島花崗岩」（8600万年前），古第三紀の茨城県の岩石「花崗岩」（6000万年前頃），新第三紀の神奈川県の岩石「トーナル岩」（500万年前から400万年前）などが選ばれている。飛騨花崗岩類（特に船津花崗岩）が富山県の岩石に選ばれていれば，各時代を代表する花崗岩類の顔揃えになっただけに余計残念である。

旧神岡鉱山（岐阜県飛騨市神岡町）は，ジュラ紀に上昇してきた飛騨花崗岩類起源の熱水と接触して飛騨帯の岩石が高温型の変成岩である片麻岩になったとき，境界部に亜鉛，鉛，銀などが濃縮・沈殿した鉱床である。富山県神通川沿いのイタイイタイ病の原因となったカドミウムもこの時に旧神岡鉱山に沈殿したものと思われる。ただし，変成の時期は白亜紀から古第三紀に移る頃とする説もある。

2002年ノーベル賞を受賞した小柴昌俊（東京大学）の自然ニュートリノの観測と，2015年ノーベル賞を受賞した梶田隆章（同）のニュートリノ振動の研究を生み出したカミオカンデ／スーパーカミオカンデは旧神岡鉱山内に造られている。スーパーカミオカンデのような超精密な大型物理観測施設に不可欠なのは，しっかりした岩盤，少ないノイズ，不純物が少ない豊富な水である。冬の間に山体斜面に積もった雪は春から夏のかけてゆっくり溶けて飛騨片麻岩の山体に染みこんでいき，自然に濾過されて不純物の少ない水となり，さらに観測施設内の純水製造装置を通して超純水にして観測装置に継続的に供給される。純水製造装置に通すとはいえ，大量の超純水が必要なので，もともと不純物の少ない水が大量に必要なのである。それが得られる場所は日本ではここしかない。日本最古の地層である飛騨変成帯と飛騨花崗岩類は最新の科学に最適の場を準備したということが出来る。

§2-2. ジュラ紀と白亜紀の付加体

図1-4には，ジュラ紀に飛騨帯の南側に次から次へと付加した，中央構造線北側の「美濃帯」と「領家変成帯」，南側の「三波川変成帯」と「秩父帯」が示されている。付加体の巨大な平行縞状地質構造が中部地方の地質を理解する基本的枠組みである。

「美濃帯」は古生代石炭紀から中生代ジュラ紀（3.59億年前から1.45億年前）の深海底堆積岩や海底火山活動による玄武岩などに大陸起源の堆積物が混合した付加体である。同時期の付加体は，東日本では「足尾帯」，西日本では「丹波帯」と呼ばれている。

中部地方でもっとも面積が広いのは「美濃帯」である。その中でも，東は木曽谷，西は上高地から

乗鞍岳，北は常念岳 (2857m)，南は王滝で限られる区画は美濃帯が隆起した巨大な山体である。

　常念岳は松本盆地から写真2-2の様に美しく眺めることが出来る。常念岳の山体は白亜紀花崗岩 (後述) であるが，山頂部と南麓は美濃帯が覆っている。

　安曇野 (長野県安曇野市) で生まれ育った臼井吉見 (1905-1987) は，小説『安曇野』(1974) で新宿中村屋を創業した相馬愛蔵 (1870-1954) 夫妻と彫刻家荻原守衛 (1879-1910) の交流を描いた。

　1897年 (明治三十年)，守衛が常念岳のスケッチをしている時，安曇野の名家相馬愛蔵の元に嫁いでいた黒光 (1876-1955) が「こんにちは」と声を掛け，交流が始まった。

写真2-2　JR篠ノ井線の明科駅近くの車窓から望む4月の常念岳 (2857m)。筆者撮影。

　黒光から西洋の絵画への目を開かれた守衛は1901年に絵画の勉強のためにアメリカに渡ったが，1904年，パリでオーギュスト・ロダンの「考える人」を見て彫刻を志すようになった。ルーブル美術館では飛鳥時代と奈良時代の仏像に感動し，1908年に帰国して「文覚」を，1910年に「女」を制作した。守衛は黒光を慕いながら1910年に30才の短い生涯を閉じた。

　大糸線穂高駅の傍に荻原守衛の作品を集めた碌山美術館が静かにたっている。碌山は守衛の号である。筆者は学生時代に『安曇野』を読んで以来，松本を通るたびに常念岳を目で追い，ときには碌山美術館に立ち寄って「文覚」や「女」を見に行くようになった。

　岐阜県の岩石には「チャート」が選ばれている。美濃帯の中に分布しているチャートは，古生代のペルム紀から中生代三畳紀の放散中の遺骸を中心とする堆積物がジュラ紀に美濃帯の一部として原日本に付加した大変固い岩石である。ここではそれを美濃帯チャートと呼ぶ。

　木曽川沿い (各務原市鵜沼，加茂郡坂祝町) には，放散虫化石からなる層状の美濃帯チャートが見られる。高山線上麻生駅の少し下流に美濃帯の一部である上麻生礫岩が分布しており，その中からほぼ20億年前の片麻岩の礫が発見された (Adachi, 1791)。それは，先カンブリア時代にどこかの大陸で生まれ，ジュラ紀に原日本に美濃帯の一部として付加したものである。

　木曽川左岸の侵食から取り残された美濃帯チャート層の小高い丘に国宝犬山城天守閣 (愛知県犬山市) が建っている。1891年濃尾地震によって天守閣は半壊したが，その後修復された。永禄十年 (1567年)，信長が攻略し，天下布武の拠点とした岐阜城がある金華山も美濃帯チャートの丘である。天正十二年 (1584年) 小牧・長久手の戦いの時，家康が本陣を構えた小牧山も平野の中に取り残された美濃帯チャートの小丘である。関ヶ原より西では，滋賀県では彦根城が建っている彦根山，京都盆地では大文字山や双ヶ丘などである。清水寺もチャートの崖の上に立っている。美濃帯チャートは歴史的景観の主要要素と言えよう。

　濃尾平野西縁の養老山地は養老・桑名・四日市断層の活動で押し上げられた美濃帯である。

　興味深いのは伊吹山 (1377m) である。古生代末の海底火山がジュラ紀に美濃帯の一部として付加したもので，山腹で採掘されている石灰岩は海底火山であった頃の伊吹山の周辺を取りまいていた珊

瑚礁である。

　中央構造線北側の「領家変成帯」は，ジュラ紀の付加体が白亜紀に上昇してきた花崗岩体の熱によって高温低圧型の変成作用を受けたものである。中央構造線南側の「三波川変成帯」は，海洋プレートがある程度の深さまで沈み込み，変成作用を受けた後，再び上昇してきた低温高圧型の変成帯である。領家変成帯と三波川変成帯は同じジュラ紀に変成作用を受けたとはいえ，変成作用のメカニズムが異なっている。

　中央高速の松川ＩＣ（長野県下伊那郡松川町）から東に向かって天竜川を渡り，道標を頼りに狭い道を北方向に車で30分程上って行くと陣馬形山（1445m）山頂近くの展望台に至る。山体は領家変成帯に属する。展望台から西を向くと，写真2-3の様に，眼下に伊那谷（600mから700m）が拡がり，その向こう15km程に木曽駒ヶ岳（2956m）や空木岳など，白亜紀花崗岩の木曽山地（中央アルプス）の雄大な景色が迫ってくる。逆に東を向くと，20km程向こうに白亜紀付加体（後述）である四万十帯の赤石山地が望める。その中に，日本で2番目に高い北岳（3193m）が山頂部をのぞかせ

写真 2-3　陣馬形山（1445m）山頂近くの展望台から望む伊那谷と木曽駒ヶ岳（2956m）。筆者撮影。

ている。陣馬形山周辺から北方の諏訪湖あたりまで，伊那谷の両側の山体の多くが領家変成帯である。

　陣馬形山と赤石山地（南アルプス）の間の深い谷間に中央構造線が南北に走り，西から東に，蛇紋岩帯，ジュラ紀玄武岩帯，白亜紀花崗岩帯，領家変成帯，三波川変成岩帯，四万十帯の付加体堆積層などが狭い幅で不規則な平行縞状構造をなしている。そこが日本列島史の宝庫とも言える「南アルプスジオパーク」である。

　ジオパークの臍とも言える大鹿村には，地球科学的な魅力が満載の中央構造線博物館が建っている。そこから谷筋にそって東の方向に少し登って行くと福徳寺に至る。重要文化財の本堂は鎌倉時代に建てられた長野県最古の木造建築物である。

　関西にも領家変成帯は少なくない。奈良の春日山の奥山，斑鳩の裏山の松尾山，伊勢平野と上野盆地の間の布引山地などである。

　「四万十帯」は，中生代白亜紀から新生代古第三紀（1.45億年前から2300万年前）の砂岩や泥岩，チャート，玄武岩などが複雑に重なり合った付加体である。

　「ジオパーク秩父」の目玉である埼玉県秩父市長瀞（ながとろ）は三波川変成帯の代名詞のような場所である。秩父鉄道秩父線の長瀞と上長瀞の1km程の間の荒川左岸（この辺りでは荒川は北に向かって流れているので西岸）の岩畳とよばれる河床段丘面は，7000万年前頃に太平洋プレートと共に沈み込んだ付加体堆積物が深度30kmから20kmで変成作用を受けて平面の対称面を持つ変成岩の「片岩」（埼玉県の岩石）となり，その後地表まで上昇してきたものである。上長瀞駅から東に500m程の河岸の虎石は，埼玉県の鉱物に選ばれた「スチルプノメレン」が主成分の独特の岩石である。河岸段丘上

には，20才の宮沢賢治が1916年（大正五年）に盛岡高等農林学校（現岩手大学農学部）の地質調査で訪れたときの歌碑があり，その近くに埼玉県立自然の博物館がある。

　ジオパーク秩父のもう一つの目玉である武甲山（1304m）は秩父帯の顔である。それは，ジュラ紀の付加体の中の海底火山が地表に押し上げられたもので，山頂部は玄武岩，山頂北斜面の石灰岩は海底火山が海の中にあったときの珊瑚礁である。

§2-3.　白亜紀（1.45億年前から6600万年前）

　中生代の最後は白亜紀（クレタ紀）である。

　古生代から中生代に変わる頃には地球は寒冷化したが，白亜紀に入って全地球的に火成活動が再び盛んになり，中央海嶺から高速でプレートが拡大し，炭酸ガスを多く放出し，温室効果によって気温は今より10℃から15℃も高くなった。地球生成時を除けば例外的に高温の時期で，海水面は今より250m程高くなった。

　この頃になるとパンゲア超大陸の分裂は明確になり，大陸の分布が，図2-1の様に現在と似たものになった。中国縁辺部に位置していた原日本は，付加体を加えて面積を増大させながら，大陸と共に少しずつ北上して温帯に位置するようになった。

　海には首長竜やエイやサメなどの硬骨魚類などが現れた。浮遊性有孔虫のプランクトンが急速に増大し，その遺骸が世界各地の大規模な石灰岩層を形成するようになった。ただし，白亜紀の名称の由来になったドーバー海峡周辺の白亜の堆積層は主に円石藻と呼ばれる植物プランクトンである。

図2-1　1億年前頃（白亜紀）の大陸分布。相馬（1997）による。

　陸では恐竜などの爬虫類が支配的地位を占めるようになった。哺乳類は胎盤を持つようになり，有袋類が現れた。イチョウや蘇鉄などの裸子植物が減少し，被子植物が次第に多数派となった。スギなどの針葉樹類は現在と変わらないくらいにまで進化した。

　パンゲア超大陸の分裂が明確になるにつれて大陸ごとに生物進化が起こるようになった。北米大陸では，肉食恐竜ティラノサウルス，サイやカバの様なトリケラトプス，プテラノドン（翼竜）などが栄えた。

　アメリカ合衆国中西部のコロラド州とユタ州は恐竜化石の宝庫である。巨大肉食恐竜ティラノサウルスを初めとして多くの恐竜の化石が出土している。その一部は，屋根で覆った屋外型の博物館として出土したままの恐竜の化石が観察できるようになっている。筆者は，1985年の夏にコロラド州西部の恐竜国立モニュメントを訪れたが，大変見応えがあった。いつか日本にも屋外型の恐竜公園ができて欲しいものである。

　中部地方のジュラ紀から白亜紀前期の堆積層は手取層群と総称されている。もっとも代表的なのが

図2-2のように白山西から手取湖周辺に広がっている手取層群である。1990年代，福井県勝山の手取層群からジュラ紀に繁栄した大型肉食恐竜アロサウルスの仲間の全長4.2m程の「フクイラプトル・キタダニエンシス」（以下フクイラプトルと略称）の全身骨格化石が発見された。そこを中心に「恐竜渓谷ふくい勝山ジオパーク」が整備されている。

図2-2　北陸地方の手取層群の分布。紀野・三浦・藤井（1992）による。

全身骨格化石としては，2017年，北海道勇払郡むかわ町の後期白亜紀の海成層から全長8mの首長草食恐竜「むかわ竜」発見の報告があった。

全身骨格化石ではないが，福島県いわき市の「フタバスズキリュウ」，石川県白山市桑島の手取層で見つかった歯や足跡，富山市大山町亀谷で草食恐竜アンキロサウルス類の足跡や歯，兵庫県丹波市の巨大草食恐竜「丹波竜」（タンバティタニス）の歯や肋骨など，熊本県天草市の歯の化石が発見されている。これらの場所でも早い機会に全身骨格化石が発見されることを期待している。

§2-4. 中央構造線

ここで，日本列島の重要な地質区分と中央構造線（図1-4のMTL）の関係を整理しておこう。

中央構造線は，北側の領家変成帯と南側の三波川変成帯の間を，愛媛県佐多岬北側から，新居浜平野南縁，徳島県吉野川，和歌山県紀ノ川，愛知県豊川から長野県に入って赤石山地（東側）と伊那山地（西側）の間の深い谷筋に至る巨大な地質断層である。赤石山地と伊那山の間の谷筋には秋葉街道が通っており，そこは南アルプスジオパークである。

中央構造線北側の西日本内帯（九州北部，中国地方，近畿北部，中部地方の中部から北部）は，古生代に，古北中国大陸の縁辺部，沿海州で広い意味での飛騨帯として生まれ，美濃帯や領家変成帯を加えて面積を拡大させた。

中央構造線南側の西日本外帯（九州南部，四国，紀伊半島，東海）の三波川変成帯は，パンサラサ古海洋やパシフィカ古大陸の周辺で生まれ，ジュラ紀に古南中国大陸に付加したものである。

諸大陸が集合してパンゲア超大陸になった2.5億年前頃，西日本内帯が朝鮮半島より北，東北日本と西日本外帯が朝鮮半島より南という，現在とは逆の東西の位置関係で大陸の縁辺部を形成していた。

白亜紀の初め頃に中央構造線は活動を始め，白亜紀には，巨大な横ずれ断層に沿って西日本外帯と東北日本が大陸の縁に沿って北方に移動し，その結果，領家変成帯と三波川変成帯が中央構造線を境

に接するようになった。この時の巨大な横ずれ断層の一部が，地質断層としての中央構造線として残された。

§2-5. 白亜紀花崗岩・流紋岩の山々

　白亜紀の原日本にとって重要な要素は「白亜紀花崗岩」であろう（図2-3）。北は宇奈月から南は常念岳まで，東は糸魚川－静岡構造線から西は黒部川から薬師岳まで，白亜紀の花崗岩が広範に分布している。立山より南半分は「有明花崗岩」呼ばれている。図1-3の飛騨花崗岩類とは相補的な空間分布である。

　白亜紀のもう一つの重要な要素は，北陸で立山と双璧をなす白山（2702m）から，飛騨外縁帯をまたいで，高山，下呂，恵那や中津川に至る岐阜県中北部，面積で県の4分の1近くを覆う7000万年前頃の巨大な「濃飛流紋岩体」である。それは膨大な火砕流堆積物が巨大な陥没地形を埋めたような構造をしている。白山の山体は濃飛流紋体の西縁である。

　剱岳（2999m）（写真2-4）はなぜ美しく鋭角的なのであろうか？　原山・山本（2003）によれば，後期白亜紀に北西側の白萩川上流部に上昇して来た花崗岩による熱変成作用を受けて山体が固くなり，第四紀に東側から上昇してきた黒部川花崗岩体によって再度熱変成作用を受けてさらに固くなったからである。加えて，山頂部の斑レイ岩が山頂部を鋭角的に保っている。

図2-3　白亜紀花崗岩と濃飛流紋岩の分布。紺野・三浦・藤井（1992）による。

写真2-4　立山弥陀ヶ原から望む剣岳（2999m）。筆者撮影。

　相対的に重い斑レイ岩や玄武岩が軽い花崗岩の上にあるのは重力的な逆転である。そもそも，何事もなければ地下10数kmで静かに眠っていたはずの斑レイ岩がなぜ花崗岩の上に位置する様になったのか，不思議である。

　このような重力的逆転現象は意外と他の場所でも見られる。日本で2番目に高い赤石山地の北岳

（3193m）の山頂部は玄武岩である。神武天皇が橿原宮で即位して以来神の山とされている三輪山（467m）も大阪と奈良県境の生駒山（642m）も山体が白亜紀花崗岩で山頂部が白亜紀斑レイ岩である。いずれも過去の激しい地殻変動の痕跡であることは確かである。

　薬師岳（2926m）と笠ヶ岳は，白亜紀から古代三紀に変わる頃に単独の巨大カルデラ火山として噴火した流紋岩体である。原山・山本（2003）によれば，当時は，現在の赤牛岳あたりを中心に黒部川源流域から雲の平を覆う直径10kmを越える巨大なカルデラ火山であったが，今はかってのカルデラの西壁を薬師岳として残すに過ぎない。彼らによる噴出量の見積もり500km³が正しければ，山体を吹き飛ばした噴火は，第四紀で最大規模と思われる9万年前の阿蘇山のカルデラ噴火に匹敵する。なお，富士山山体の体積が500km³程である。

　笠ヶ岳の場合も，噴火量は薬師岳と同じ程度と見積もられている。笠ヶ岳は東西15km程の巨大な流紋岩体である。

　奥飛騨温泉郷の平湯温泉から焼岳を右手に見ながら国道471号線を10km程北に行くと栃尾温泉に出る。そこで東に曲がって蒲田川に沿って北東方向に10km程遡ると新穂高ロープウェイの新穂高温泉駅がある。車はここまでであるが，さらに奥に進むと世界で若さを競っている滝谷花崗岩で名前の元になった滝谷である。新穂高ロープウェイの山頂駅の展望台（2156m）も滝谷花崗岩体で，そこから西方には笠ヶ岳の巨大な流紋岩の山体が眺望できる。

　木曽山地（中央アルプス）南部には，美濃帯を押しのけて上昇してきた白亜紀花崗岩が大規模に分布する。美濃帯に南接する領家変成帯に変成作用をもたらしたのはこの白亜紀花崗岩体である。

　恵那山（2191m）は木曽山地の白亜紀花崗岩体のど真ん中に位置している。山体は白亜紀花崗岩で，山頂と北麓は新第三紀中新世の濃飛流紋岩，南麓は美濃帯が覆っている。

　島崎藤村（1872-1943）は中山道馬籠宿（岐阜県中津川市）で生まれ育った。そこは，恵那山の北10km程の白亜紀花崗岩上に位置している。藤村は，1881年（明治十四年），9歳の時に東京に移り，1887年，ミッション系の明治学院に入学し，翌年，キリスト教の洗礼を受けたが，生涯木曽谷を見つめ続けた。

　藤村は，よく知られている「初恋」などを収録する『若菜集』（1897），「千曲川旅情の歌」を収録する『落梅集』（1901）など，近代詩の先駆けとも言える詩集を世に出した30歳を過ぎてから詩と決別し，『破壊』（1904），『家』（1911），『新生』（1919），『夜明け前』（1929）などの自伝的小説を書いた。筆者は，若い頃，それらの故郷と自分を見つめる小説群に惹かれた。

　一度は馬籠を訪れたいと思いながらなかなか機会がなかったが，先年，宿願の馬籠宿訪問を果たし，『夜明け前』の主人公が幼い頃から繰り返し眺めた恵那山（2191m）を南10kmに望んだときには感慨深い思いをした。写真2-5は逆光で見づらいが，恵那山は馬籠から南に当たるので，逆光でない写真を撮るのは難しい。現在では，中央自動車道のトンネルが恵那山の山体を貫き，

写真2-5　木曽街道の馬籠宿からほぼ南方に望む恵那山（2191m）。筆者撮影。

リニア新幹線のトンネルは恵那山の山体を貫いた上に馬籠の真下を通ろうとしている。

　馬籠宿の一角にある藤村記念館の書庫を拝見したとき，大変驚いた。『明治文化全集』（1927-1932，日本評論社）と土岐善麿（1885-1980）の『万葉以後』（1926，アルス）に挟まれて，辻村太郎（1890-1983）の『地形学』（1923，古今書院）と『日本地形史』（1929，古今書院）が並んでいたのである。一連の自伝的小説を書き終えた晩年の藤村は木曽山地や恵那山の成り立ちを知りたいと想ったのだろうか。文豪の知的好奇心がそこにまで及んでいたのかと思うとうれしかった。

　宮沢賢治（1896-1933）は花巻で生まれ，1915年（大正4年）に盛岡高等農林学校（現・岩手大学農学部）に入学した前後から法華経に傾倒し，貧しい農民の生活の改善を生涯の目標とするようになった。賢治の童話や詩には，地殻や溶岩などの一般的な地球科学用語から，橄欖岩，流紋岩，蛇紋岩，片岩，輝石などの専門用語までが登場する。宮沢賢治が地質調査で長瀞を訪れたのは1916年（大正五年）であったし，『注文の多い料理店』が自費出版されたのは1923年（大正十二年）であった。

　西日本にも多くの白亜紀花崗岩がある。近畿地方では，鈴鹿山地，比叡山（848m），六甲山（931m），大阪・奈良県境の金剛山（1125m）などである。織田信長の安土城や羽柴秀次が居城とした近江八幡城は滋賀県の岩石である白亜紀の「湖東流紋岩」の山体の上に築かれている。

　美濃帯と同時期（ジュラ紀）の関ヶ原より西の付加体は丹波帯と呼ばれている。京都盆地と大阪平野の境界部に石清水八幡宮が祭られている男山が位置している。男山は元々は北摂山地と一体であったが，有馬高槻構造線断層帯が男山の北側を通るようになったので北摂山地と切り離されたはぐれ丹波帯である。

　大伴家持（718-785）は多感な青年期の何年かを恭仁京（くにきょう）で過ごし，都が平城京に戻った次の年（746）に越中国主となった。恭仁京から北は宇治に至るまで丹波帯で，平城京から東側の山地の多くは，領家変成帯から白亜紀花崗岩である。

　大伴家持が晩年（758-762）に国主として赴いた因幡の国府は山陰道が鳥取平野に入ったばかりの平坦な場所（現鳥取市国府）に位置している。この辺り一帯のほとんどは新生代に入ってからの地層であるが，白亜紀から古第三紀の流紋岩の小規模岩体が点在しており，基盤は白亜紀流紋岩なのであろう。

　中国地方には大量の白亜紀花崗岩が分布しており，半分近くが白亜紀花崗岩である。天空の城として知られる竹田城（兵庫県朝来市）も備中松山城（岡山県高梁市）も白亜紀花崗岩の上に築城されている。

　山口県中央部，山口市から西に10km程の美弥市に「Mine秋吉台ジオパーク」がある。中心は古生代石炭紀（3億4000万年前頃）の珊瑚礁の石灰岩体のカルスト台地で，石灰岩は山口県の岩石に選ばれている。その石灰岩体に白亜紀花崗岩が貫入し，境界部に生じたのが，山口県の鉱物，長登（ながのぼり）銅山の「銅鉱石」である。奈良時代の大仏造営にはここで採掘された銅が用いられた。

　関東では，筑波山（877m）は，関東平野のどこからでも見えるランドマークになっている。万葉集をはじめ多くの歌に詠まれてきたことは言うまでもあるまい。

　山頂部は白亜紀の斑レイ岩で，茨城県の岩石に選ばれた白亜紀から新生代初期の「花崗岩」が周辺に分布している。たまたま地殻浅部にいた斑レイ岩が，上昇してきた花崗岩に押し上げられ，さらに古第三紀に入って地表に顔を出すまで押し上げられたと考えられている。

三陸海岸の陸前高田市高田町は，2011年東北地震の時，15mを越える巨大津波によって人口7601人のうち1173人の犠牲者を出した。

　高田町の市街地の前面は高田の松原で，その前には広田湾が南南東の方向に広がっている。市街地の北側山体は白亜紀と古生代の花崗岩，西側山体は新潟県糸魚川の石灰岩と同時期のペルム紀の海成堆積岩である。

　石川啄木（1886-1912）の『一握の砂』（1910）の「頬につたふ　なみだのごはず　一握の砂を示しし人を忘れず」の場所がどこかは筆者は知らない。それが明治三陸津波の4年後の1990年，盛岡中学の3年生の時，担任の引率の元で訪れた陸前高田とするならば，その砂は高田の松原の北側の白亜紀花崗岩に由来するものであろう。

　ドイツ人，ハインリッヒ・エドモンド・ナウマン（1854-1927）は，1875年（明治八年）にお雇い学者として来日し，1876年（明治九年）には，軽井沢から蓼科山，塩尻，大町を経て，立山を越え，滑川から新潟まで調査旅行を行った。1877年（明治十年）に東京帝国大学（現東京大学）が創立されると地質学の初代教授となり，日本各地を踏破し，最初の日本列島の地質図を作成した。1885年（明治十八年）にドイツに帰国し，その直後に出版した論文で，フォッサマグナ（図3-9）が巨大な地溝であることを指摘した。中央構造線に初めて気がついたのもナウマンである。

　1880年（明治十三年）2月，横浜でM6程度の地震か発生した。それはお雇い外国人達を驚かせ，世界で最初の地震学会が設立された。ただし，それは1892年（明治二十五年）に一旦解散され，1929年（昭和四年）に現在に至る地震学会が設立された。

　1891年（明治二十四年），ウエストンは，松本市と上田市の境界部の中山道の保福寺峠からの飛騨山脈の壮麗さに驚嘆した。1905年には日本山岳会が設立された。西洋人が日本の自然の美しさに驚き，それが翻って日本人の自然美への認識を改めさせつつあった時代であった。

　島崎藤村が『破壊』を出版した1904年（明治三十七年），石川啄木が『一握の砂』，荻原守衛が彫刻『女』を残した1910年（明治四十三年），宮沢賢治が長瀞を訪れた1916年（大正五年）頃は，フォッサマグナなどの地質学の基礎知識は既に相当の一般的知識になり，飛騨山脈などの山岳美が広く日本人に認識されつつあった時代であった。

§2-6. 白亜紀の環境

　白亜紀の原日本の環境を，県の石によって復元してみよう。

　陸の環境にあったことを示す化石は，福島県の「フタバスズキ竜」（首長竜），福井県の「フクイラプトル」（アロサウルス），兵庫県の「丹波竜」（竜脚類），熊本県の「白亜紀恐竜化石群」，鹿児島県の「白亜紀動物化石群」などの恐竜化石に加えて，福岡県の「脇野魚類化石群」（淡水魚）などである。

　海の環境にあったことを示す化石は，北海道の「アンモナイト」，和歌山県の「白亜紀動物化石群」（アンモナイトなど海の動物），徳島県の「プテロトリゴニア」（三角貝），香川県の「コダイアマモ」（生痕化石），愛媛県の「イノセラムス」（二枚貝）などである。

　まとめると，西日本内帯は主として陸，外帯は主として海の環境であったことが分かる。

　白亜紀の花崗岩関連では，花崗岩そのものが県の岩石である広島県の岩石「広島花崗岩」，岡山の岩

石「万成石」（花崗岩の仲間），変成岩が県の岩石である福島県の岩石「片麻岩」，埼玉県の「片岩」，白亜紀花崗岩に由来する鉱物が県の鉱物である岩手県の鉱物「鉄鉱石」，福島県の「ペグマタイト鉱物」，佐賀県の「緑柱石」，京都府の鉱物「桜石」，山口の鉱物「銅鉱石」などがある。

　花崗岩質の火山岩である流紋岩関係では，福井県の鉱物「自形自然砒」（金平糖のような形をした砒素の結晶），滋賀県の岩石「湖東流紋岩」がある。

　県の岩石と鉱物は，白亜紀には，世界的な火成活動の高まりの中で，原日本でも火成活動が際だって活発だったことを教えてくれている。

　ここまで，花崗岩が「上昇してきた」という表現を何度も用いた。上昇した直接的証拠はない。しかし，特に事件もなく，大量の花崗岩が大量に生産されるようになったとは考えられない。岩体全体として上昇する造山運動があり，上昇した分を補うために地下深部で新たに花崗岩が生じたと考える方が分かりやすい。従って，白亜紀にも，飛騨山脈周辺は相当高い山地であったであろう。その周辺に平野や盆地があり，そこに恐竜たちが闊歩していたに違いない。

　白亜紀の末（6600万年前），小惑星がユカタン半島先端部に落下し，塵埃が太陽の光を遮って全地球規模で低温化し，5回目の大絶滅が起こった。大型の動物はことごとく死滅し，小型の動物や，卵を土の中に生む習性を持つような動物がかろうじて子孫を残した。

　以上の様に書いてくると，カミオカンデのみならず，飛鳥時代に大唐帝国侵攻の危機に際して日本防衛の盾として利用されようとした筑紫山地の白亜紀花崗岩体（§12-2），大仏の銅を供給した長登銅山など日本古代史の舞台や，高田の松原の白砂，『夜明け前』の恵那山，『安曇野』の常念岳など，日本近代史の舞台の多くが，恐竜が闊歩していたジュラ紀や白亜紀に準備されていたことに気づく。

　　引用文献

Adachi,M.(1971) Permian intraformational conglomerate at Kamiaso, Gifu Prefecture, central Japan. Jour.Geol. Soc.Japan, 77, 471-482.

相馬恒雄，『富山のジオロジー』，シー・エー・ピー，1997.

絈野義夫・三浦靜・藤井昭二，北陸の気象と地形・地質，特集＝北陸の丘陵と平野，アーバンクボタ，31，2-15，1992.

第3章 新生代第三紀 6600万年前から258万年前

§3-1. 古第三紀（6600万年前から2300万年前）

新生代に入って大西洋はますます拡大し，現在の大陸配置に近づいてきた。インド大陸は白亜紀に高速で北上を始め，白亜紀から古第三紀に変わる頃に大量の玄武岩を噴き出してデカン高原を作り，5000万年前頃にユーラシア大陸に衝突した。4200万年前頃には，太平洋プレートの運動方向が北西から西北西に変わり，西太平洋深海底をハワイからカムチャッカまで走る天皇海山の並びは北西から西北西に変わり，南西に凸のくの字型になった。

海水準は今より100m程高い水準で推移していたが，気温は次第に低下して行った。他のすべての大陸が離れて行った南極大陸は回りに海流が形成されて寒冷化し，3000万年前頃には氷河が現れた。

生物分類学では，基本的に，上から順に，界（動物界と植物界），類（哺乳類，鳥類，両生類，昆虫類），目，科，属と分類される。なお類は専門的には綱と呼ばれる。

動物では哺乳類と鳥類が進化し，多様化した。新生代の初めの頃には，哺乳類では，汎歯目と分類される大型草食哺乳類が繁栄し（その後絶滅した），カンガルー目（有袋類），ネズミ目，鹿や牛の祖先である有蹄目などが現れ，ハンターとして特化したネコ，ライオン，イヌ，クマなどの食肉目や，我々に馴染み深いクジラ目，ゾウ目，ウマ目（奇蹄目）などが進化して行った。

新生代に入って初期の霊長類が現れた。分類学上は霊長目あるいはサル目と呼ぶべきであるが，霊長類という呼び方が一般化しており，本書でも霊長類と呼ぶ。はじめは鼻孔が左右を向いているキツネザルの様な原始的な霊長類が樹上生活をしていた。

白亜紀末の大絶滅は霊長類への進化の道を開いた。それは単に捕食者が居なくなったというだけではない。イチョウ類やソテツ類のような裸子植物に取って代わり，被子植物が地球上で圧倒的に支配的になり，温暖なところは広葉樹に占められるようになった。栄養の豊富な被子植物の広葉樹の果実は霊長類の樹上生活に道を開いたのである。

イネ科植物は新生代のはじめ頃に現れ，新第三紀に繁栄するようになり，哺乳類の多様な展開を支えた。

霊長類の最大の身体的特徴は，眼が前にあり，立体視が可能だということである。樹上生活をはじめた霊長類にとって，樹上から樹上への跳躍するためにも，樹上での捕食活動のためにも，木や枝の位置関係を正確に把握する立体視能力は不可欠だった。立体視能力は，第四紀に人類が石器などを使いはじめ，工作物を作り，文化を発達させる為の大きな一歩でもあった。霊長類以外で眼が前にあるのは，ライオンや猫など，狩猟生活をする一部の哺乳類だけである。

霊長類の一部は人類に向かって次第に進化して行った。4000万年前から3500万年前，霊長類からヒト科（オランウータン属，ゴリラ属，チンパンジー属，ヒト属）の共通祖先が出現した。3000万年前から1000万年前の間にオランウータンやゴリラが分岐して行き，800万年前から500万年前にチンパンジーから分岐して最初のヒト科ヒト属の猿人が登場した。なお，ヒト科ヒト属を人類と呼ぶ。

　日本列島では中生代に比べると比較的平穏な時代が続いた。中国山地脊梁部を中心に分布する白亜紀－古第三紀初めの山陰帯の花崗岩体と白亜紀－古代三紀に着実に面積を増やし続けた四万十帯を除けば，古第三紀の地層は少ない。

　この時期の県の岩石には，茨城県の「花崗岩」（6000万年前頃），東京都小笠原諸島の「無人（むにん）岩」（安山岩の仲間。4800万年前頃），福岡県の「石炭」（4500万年前から3000万年前），県の化石には佐賀県の「唐津炭田の古第三紀化石群」（4000万年前から3000万年前）くらいしかない。古第三紀の長さ（4300万年）と白亜紀やジュラ紀の長さ（7900万年と5600万年）を比較しても古第三紀の県の石は少ない。

§3-2. 新第三紀中新世はじめの日本海拡大

　新第三紀（2300万年前から258万年前）は，中新世（2300万年前から533万年前）と鮮新世（533万年前から258万年前）に細分されている。

　中新世のはじめに驚愕の事件が起きた。原日本と大陸の間の亀裂が生まれ，急速に拡大して日本海となり，原日本は南東の方向に押し下げられて日本列島となった。この事件を「日本海拡大」と呼ぶ。

　日本海拡大の研究史を追って行こう。

　古地磁気の測定に基づいて「日本列島折れ曲がり説」を最初に提唱したのは，大阪大学を拠点に研究を進めていた川井直人（1921-1979）のグループであった。彼らは日本列島の白亜紀岩石を採集して古地磁気方位を測定した。その結果は，白亜紀の岩石の古地磁気方位（偏角）は東北日本は北西方向，西南日本は北東方向であった。彼らは，それを説明するために，「白亜紀以降，東北日本は反時計回りに，西南日本は時計回りに回転した」という画期的な「日本列島折れ曲がり説」を提唱した（Kawai et al.,1961）。プレートテクトニクス説登場前の時代だったので当初は無視されたが，1960年代後半にプレートテクトニクス説が登場すると共に「日本列島折れ曲がり説」も広く受け入れられるようになった。

　図3-1は日本海の海底地形図である。中央部に大和堆と呼ばれている高まり（最浅部は深度236m）があり，そこより北半分は日本海盆（深度3km程），南半分は大和海盆（深度2kmから3km）と呼ばれている。世界の海の平均水深は4km程，ハワイから日本までの北西太平洋の平均的深度は5kmから6kmである。日本海は世界の海の平均的水深より1km程浅く，北西太平洋より2kmから3km浅い。大変不思議である。

　1960年代後半，「マントル対流－プレートテクトニクス説」が地球ダイナミクスのパラダイムになったころ，「日本海は何故浅いのか？」という問題は研究者の関心を引きつけた。この謎を

図3-1　日本海海底地形。中央部に大和堆，その北側は日本海盆，南側は大和海盆。小林・中村（1985）による。

解くために，地球重力学，地震学，地球熱学，古地磁気学などの諸分野の研究が前後して行われた。

　重力異常を考えよう。重力は，地球による引力と自転による遠心力の和である。

　地球の中心から6371km程の地表にいる我々には980gal（cm/s^2）程の引力が及んでいる。地球は近似的には点対称の球なので，引力はニュートンの法則に従って地球の中心からの距離の自乗に反比例する。しかし，引力は観測点下の密度構造の変化によって微妙に揺らぐ。それは重力異常と呼ばれており，構造とダイナミクスについて重要な情報をもたらしてくれる。

　重力計による観測値に観測点の高度の補正を加え，平均海水面における重力に換算したものを「フリーエア重力異常」と呼ぶ。フリーエア重力異常には深部の密度構造がすべて反映されており，アイソスタシーが成り立っていれば，日本海程の広域的な空間的スケールで見るとあらましゼロのはずである。

　日本海域の地殻から上部マントルの構造が北西太平洋と同じとすると，2kmから3km浅いことは，アイソスタシーの状態から2kmから3km浮かび上がっていることを意味する。そうすると，説明は省くが，フリーエア重力異常が＋数100mgalであっても不思議ではない。なお，1mgal（ミリガル）は1gal（1cm/s^2）の1000分の1，従って100mgalは地球の引力の1万分の1である。

　1960年代，友田好文（1926-2007）は，東京大学海洋研究所でみずから船上重力計の開発を行い，日本周辺の海域で精力的に重力測定を行った。Tomoda et al., (1970)による図3-2は詳細なフリーエア重力異常分布図を著者自身が簡略化したもので，斜線部分が＋50mgal以上，縦点描部分が－50mgal以下であることを示す。全体として，日本海と日本列島のほとんどは＋0mgalから＋100mgalの間，太平洋側は，日本海溝では－100mgalより小さいく，そこよりハワイ側では－50mgalより大きい。要するに，日本海を含む図の範囲内ではフリーエア重力異常は±100mgal以内，つまり日本海はアイソスタシーに近い状態だということが分かったのである。

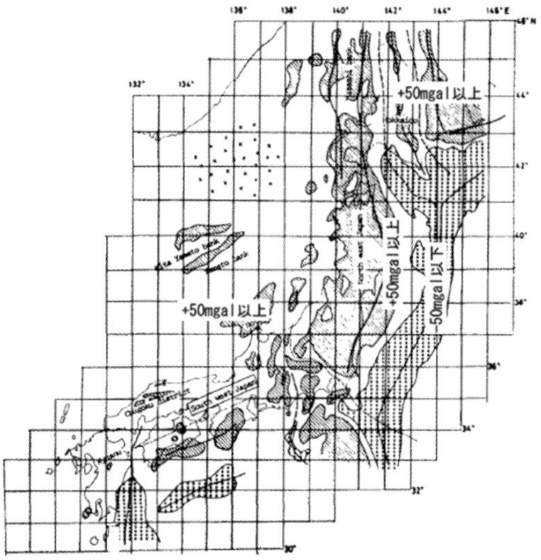

　アイソスタシーに近い状態という前提のもとで，海が浅い原因として考えられるのは日本海の地殻が平均的な海洋地殻（図1-7右）より陸の構造（同左）に近いことである。

図3-2　日本近海のフリーエア重力異常。Tomoda et al.（1970）による。

　1960年代から，国立博物館と千葉大学にいた村内必典などによって日本海で人工地震探査が行われた。次第にはっきりしたことは，図3-3の左半のように，地殻の主要部分のP波速度は6.6km/sから7.0km/s，モホ不連続面直下の最上部マントルのP波速度も8.0km/s前後であることであった（村内，1972）。つまり，地殻がやや厚いことを除けば，日本海の地殻は平均的な海洋地殻と基本的に変わらない。

　それなら，もっと深いところ，深度数10kmあたりの上部マントルに，熱くて密度が小さな（従って速度が小さい）層が分布していると考えるほかない。

　表面波とは，地球の浅い部分にトラップされ，S波の9割くらいの速度で地球の表面に沿って伝播する長周期の波群を指す。表面波は，周期が長いほど深いところまで含めて揺れ，そこまでの深度の地震波速度を反映した速度で伝播していく。周期によって伝播速度が異なる性質は専門的には「分散」と呼ばれている。専門的になるので詳細は省くが，逆に周期ごとの伝播速度を調べることによって，地震波速度の深度分布を推定することができる。周期20秒から80秒の表面波は，モホ不連続面当たりから深度200km

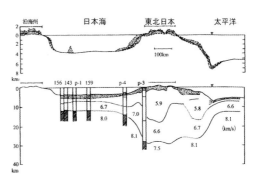

図3-3　日本海から日本列島の地殻構造断面図。吉井(1979)による。

程までの速度構造を反映しており，この周期の表面波伝播速度の解析からは，地殻から深度200km程までの速度分布を知ることが出来る。

　図3-4はこの様な方法で導かれた世界の平均的な海洋（8099）と日本海（ARC-1）のS波速度の深度分布である。8099モデルでは，海洋プレートの平均的厚さは70km程，そこでのS波速度は4.6km/s程，それより深部は「上部マントル低速度層」と呼ばれるS波速度が遅い（4.3km/s）層である。一方，日本海では，プレートに該当する部分の厚さは20km程しかなく，深度80kmから30kmまでは，「上部マントル低速度層」よりもさらにS波速度が遅く（4.2km/s），熱くて軽い層に占められていることが分かったのである（Abe and Kanamori, 1970）。

　日本列島では，東から厚さ70km程の太平洋プレートが東北日本の下に沈み込んで行く。プレートより深部（深度220kmから70km）には厚さ150km程の上部マン

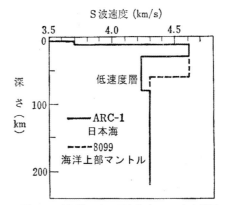

図3-4　表面波による日本海（ARC-1）と世界の海洋（8099）の平均的な地殻・上部マントル構造。Abe and Kanamori（1970）による。

トル低速度層がある。一方，日本海の下では，プレートに対応する層の厚さが20km程しかなく，深度80kmから30kmまでが顕著な低速度層という対照的な構造をしていることが明らかになったのである。

　次に熱について考えてみよう。熱いものと冷たいものが接していると，熱い側から冷たい側に向かって熱流が生じる。単位時間当たり・単位面積当たりに流れる熱量を熱流量と呼ぶ。

　人間の体温は37℃程なので，人体の表面から大気への流れ出て行く熱流量は100W（ワット）／m²程である。つまり，荒っぽくいうと，人体の表面積を1m²程として，人間1人は100Wの白熱灯1球程の熱量を放出している。

　地球でも，陸では地表から大気へ，海洋では海底から海に向かって熱が流れ出しており，「地殻熱流量」と呼ばれている。世界の海の平均的地殻熱流量は50mW／m²程，人体の2000分の1程度である。mW（ミリワット）はWの1000分の1である。

東京大学地震研究所でプレートテクトニクスの研究をリードしていた上田誠也，宝来帰一，渡部暉彦，安井正達のグループは，1960年代から海域の地殻熱流量の観測研究に取り組んでいた。その結果，大きく平均すると，日本海の地殻熱流量は100mW／m^{2}で，西太平洋より2倍以上大きい（図3-5）ことが分かった。つまり，日本海の上部マントルは，西太平洋の上部マントルより相当熱いことが分かったのである。

吉井（1977）は，地殻からマントルの構造を適当に仮定し，熱伝導の方程式を元に，地表における熱流量が生じるためには温度が1000℃になる深度が西太平洋ではほぼ70km，日本海ではほぼ30kmであることを導いた。1000℃という温度は重要である。何故なら，深度100kmから50kmのマントルのカンラン岩の融点は1300℃から1500℃程なので，1000℃ではカンラン岩は変形しやすくなるからである。

日本海では低速度層の上端が深度30km程と浅くなっており，そのことによって，海が浅くてもアイソスタシーを保っていることが明確になった。重力も，熱流量も，構造も，ぴたりと一つの枠組みに収まった。日本海が何故浅いのかが分かったのである！

筆者は1970年頃に大学院生になった。その頃，大学院生仲間や先生達との雑談の中で「2km程の違いなんて自然の揺らぎではないのですか？」とうっかり言ってしまった。研究者としてスタートしたばかりだったとは言え，一見ささいなことの中にある意義や重要性に気付くべき研究者としての洞察力の欠如をさらけ出してしまった。思い出すたびに恥ずかしくなる。

次は地磁気縞模様である。1970年代，伊勢崎修弘（当時神戸大学）のグループは，日本海一帯で地磁気観測をおこなった。その結果，西太平洋ほど明確ではないが，図3-6の矢印の部分を軸に，日本海盆で東北東－西南西の方向の対称的な縞模様が存在することを示した（Isezaki and Uyeda, 1973）。日本海で海洋プレート拡大が起こった可能性を示したのである。その後，多くの研究者の地磁気観測によってより精密な海底地磁気分布図が書かれるようになり，今では地磁気縞模様は疑いようがない。

最後の問題は，その地磁気縞模様を生み出した日本海

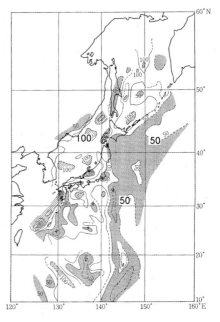

図3-5　日本近海の地殻熱流量分布。単位はmW（ミリワット）／m^2。水谷・渡部（1978）による。

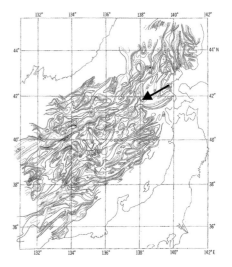

図3-6　地磁気縞模様。Isezaki and Uyeda（1973）の原図に地磁気縞模様の対称軸を示す矢印を加筆。

拡大が起こった時期である。それを解いたのが古地磁気学である。

　1980年代，乙藤洋一郎（神戸大学）のグループは，西南日本各地の数1000万年前の堆積層や火山岩のサンプルを集め，古地磁気の方向を測定したところ，1600万年前頃を境に，北40度東から北50度東方向からほぼ北方向に急激に変わったことを示した（Otofuji et al., 1985）。

　§1-2でも述べたように，富山大学の広岡公夫のグループは古地磁気の測定研究を精力的に行っていた。図3-7の上図は，彼らが得た地磁気の方位を年代ごとにプロットしたものである。一見ばらばらに

見えるが，磁化が生じたときには磁北を向いていたはずだと仮定し，各地域を磁化の方向が北になるように回転させたところ下図のようになった。他の証拠も考慮すれば，日本海の拡大が始まる前には「くの字型」で大陸にへばりついていた日本列島が，たった数100万年の間に，現在の「逆くの字型」に屈曲したことになる（広岡，1989）。

　東京大学海洋研究所で海域での地球磁場観測を行っていた玉木賢策は，自ら日本海における観測を

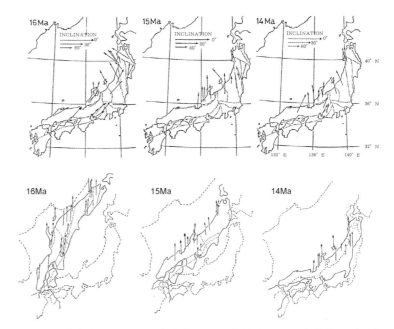

図3-7　（上）左から，1600万年前頃，1500万年前頃，1400万年前頃の西南日本の古地磁気方位。（下）帯磁したときは北を向いていたと仮定して日本列島の位置を復元したもの。広岡（1989）の並び方を変えた。

精力的に進めると同時に，日本海における観測研究を総合して，図3-8に様な拡大モデルを提出した。それは以下のようなシナリオである（Tamaki et al., 1992）。

　日本海拡大の主要プロセスは2800万年前から1800万年前の間に起こった。最初は，原日本と中国大陸の境界部の横ずれ断層で地殻から上部マントルに及ぶ分離が生じ，そこから次第に北北西－南南東の海洋底拡大が始まり，拡大軸が西へ伸延すると共に横ずれ断層と日本列島は東から南東へ移動し，日本海盆は面積を増大させた。1800万年前頃に，海洋底拡大が日本海の南半分に及ぶ前に終わり，南半分は，原日本の陸の地殻が引き延ばされて薄くなった状態で残った。

　日本海拡大の原因としては，沈み込む太平洋プレートの上盤で一時的な小規模対流が生じたという説や，もっと深いところから上昇してきたプルーム（暖かいマントル物質の上昇流）が大陸と原日本との間に割り込んだと考えられている。

　次のように整理することも出来る。

　原日本は，もともと，図3-7左端のように大陸縁辺部に位置していた。2800万年前頃，沈み込む太平洋プレートの上盤側で小規模マントル対流が生じ，図3-8のように現在の日本海海盆の中央部を拡大軸

として北北西ー南南東方向の海洋底拡大が起こった。それに乗って，1800万年前頃までには日本列島はほぼ現在の位置（図3-7右端）まで移動した。

　図3-2，図3-5，図3-6は，現在得られている同様の図に比べて相当粗い。しかし，科学研究にとってなにより重要なのは先進性と先見性である。「低速度層上端が浅い」，あるいは「急速な日本海拡大が起こった」という答えには，半世紀前の先進性と先見性に満ちた観測・研究の物語が込められているのである。

　なお，上述の乙藤，広岡，玉木の年代は互いに矛盾するように見えるが，それは，主として，研究が行われた時期の同位体年代決定の精度による。

　日本海拡大と日本列島の回転に要した年数には，Tamaki et al.（1992）の1000万年から古地磁気の研究による200万年まで，研究者によって大

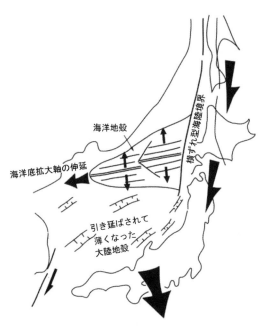

図3-8　Tamaki et al.（1992）による日本海拡大のモデル図。

きな幅がある。仮に500万年かけて1000km拡大したとすると，年間20cmという驚異的な拡大速度であった。現在の地球上でもっとも高速で拡大している太平洋中央海嶺なみの急速な拡大である。

　日本列島が年間20cmもの速度で南東に移動したのなら，太平洋プレートとの相対速度は年間30cm程だったはずである。見積もりの不確実さを考慮しても，日本海拡大期には，日本列島は巨大噴火も巨大地震も今より何倍も多い生活困難な環境だったであろう。次節で述べるグリーンタフはその確たる証拠である。

　なお，千島列島，日本列島，南西諸島，フィリピン諸島，スンダ列島（インドネシア）など，プレートが沈み込む海溝の上盤側の弧状の列島は「弧状列島」，あるいは「島弧」と呼ばれており，弧状列島の後ろ側のオホーツク海，日本海，東シナ海，南シナ海，ジャワ海などは「縁海」と呼ばれている。「島弧」や「縁海」は日本列島規模のダイナミクスを議論する場合のキーワードである。

§3-3. 新第三紀中新世（2300万年前から533万年前）

　日本海拡大は日本列島に大きな痕跡を残した。「フォッサマグナ」と「グリーンタフ」である。図3-9のフォッサマグナの概念図にはフォッサマグナの要点が直感的にわかりやすいように示されている。

　フォッサマグナの西側境界は糸魚川ー静岡構造線である。東側境界は，新潟県上越市直江津から神奈川県平塚まで，長野県のほとんどを含む。ただし，新潟県柏崎から，群馬県高崎を経て千葉県銚子を結ぶ柏崎ー銚子構造船を東側境界とする考えもある。

　フォッサマグナを日本語に訳すと大きな溝である。フォッサマグナは，単純化すれば，日本海拡大の時に生じた東日本と西日本の間の空隙と言えよう。フォッサマグナの西側も東側も3億年前から1億年前の古い地層が広い面積を占めるが，フォッサマグナ地域の基盤は深く，数km掘っても基盤（中性代以前の古い地層）に達しない。基盤より浅い部分は日本海拡大期以降の新しい地層で占められており，顕著な対比をなしている。

　中新世から鮮新世に隆起してきた山梨・長野県境部の花崗岩体は，甲武信ヶ岳（2475m）を中心とする関東山地を押し上げ，フォッサマグナを長野県側と関東地方側に分けた。そのため，フォッサマグナは長野県側のみを指す場合も多い。

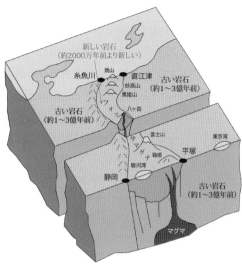

図3-9　フォッサマグナの概念図。フォッサマグナミュージアムによる。

　JR糸魚川駅から2km程南の高位段丘面（標高120m程）の美山公園の中に，「糸魚川ジオパーク」の頭脳ともいえる「フォッサマグナミュージアム」が建っている。筆者のような地球科学の専門家の目からも魅力ある多くの展示を見ることが出来る。

　「フォッサマグナミュージアム」から南に10km程，根知川が姫川に合流するところにフォッサマグナパークがあり，糸魚川－静岡構造線の断層露頭を見ることが出来る。断層破砕帯をはさんで西側は舞鶴帯（主として京都府北部から兵庫県北部に分布する古生代から中生代の付加体）に属する斑レイ岩である。東側はフォッサマグナで，1600万年前から1400万年前の火山活動による玄武岩である。数億年前にはどこかの大陸の地殻深部で眠っていた斑レイ岩と1桁若い火山岩が顔をつきあわせている露頭は激動の大地の歴史を想起させる。

　日本海拡大のもう一つの痕跡は「グリーンタフ」と総称されている淡く緑がかった凝灰岩である。それは，狭義には海底火山から放出された膨大な火山砕屑物が堆積して固まったものであるが，広義には安山岩などの火山岩を多く含む日本海拡大期の地層を指す。本書では広義の意味で使う。

　日本列島では，北海道の渡島地域，東北地方の下北半島，北上川より西側，新潟県，フォッサマグナ，山陰海岸部などは，グリーンタフで占められている。この様な空間的拡がりは日本海拡大期の火成活動の激しさを物語っている。

　「山陰海岸ジオパーク」は，東は丹後半島の先端部の経ヶ岬（京都府）から西は鳥取市西端の青谷までを含む。その過半はグリーンタフと同時期の火成岩で覆われており，山陰海岸ジオパークはグリーンタフジオパークと言っても過言ではない程である。

　北陸では，富山県砺波の金屋石，福井県福井市足羽山の笏谷（しゃくだに）石，栃木県の岩石「大谷石」などがその例である。松本清張（1909-1992）の『ゼロの焦点』（1958）には，能登半島の西海岸，能登金剛の美しい光景が巧みに取り入れられている。ここは，日本海拡大時に噴出した安山岩の溶岩台地である。

　県の鉱物では，グリーンタフの中に生じた火山活動による秋田県の鉱物「黒鉱」（北鹿地域），富山

県の岩石「オニックスマーブル」，奈良県の鉱物「ザクロ石」（二上山），長崎県の鉱物「日本式双晶水晶」（五島列島）などがある。

　佐渡島にもグリーンタフが厚く堆積している。新潟県の鉱物「自然金」の金銀鉱脈は，グリーンタフの中に生じた鉱床である。新潟平野の石油は，中新世の海成泥岩中の有機物の熱分解によって生じたものである。

　時代は飛ぶが，奈良時代中頃，東大寺の大仏が造営された。表面にメッキする金が不足して工事が行き詰まっていた天平二十一年（749年），陸奥国小田郡（宮城県遠田郡涌谷町）で砂金鉱床が発見され，13キロもの金が都に届けられた。それは，1500万年前頃の熱水鉱床の宮城県の鉱物「箟岳山（のだけ），涌谷（わくや）の砂金」である。

　日本古代史として重要なのは，日本が初めて砂金から純度の高い金をえる技術を体得したことであろう。日本人は古墳時代から精巧な金細工の技術を持っていたが，鉱物から純度の高い金を取り出すのは難易度が一つ高い。

　東大寺の大仏に関連する県の石は次のようになる。石炭紀（3.59億年前から2.99億年前）の石灰岩体に白亜紀（1.45億年前から6600万年前）に花崗岩が貫入して生じた長登銅山の「銅鉱石」（山口県の鉱物。§2-5参照）によって身体が作られ，中新世中期（1500万年前頃）の「涌谷の砂金」（宮城県の鉱物）で表面が覆われた。大仏が大地の歴史を一身に背負っていると言えば擬人化が過ぎると言えようか。

　県の岩石では，1500万年前頃の巨大カルデラ火山の痕跡である和歌山県の岩石「珪長質火成岩類」と熊野灘沿岸の三重県の岩石「熊野酸性岩類」がある。なお，珪長質も酸性質も，花崗岩や流紋岩などのシリカ成分の多い岩石を意味する。1300万年前頃には，足摺岬先端部の高知県の岩石「花崗岩類（閃長岩）」がある。

　そのころ，愛知県東部の鳳来寺山，奈良県と大阪府の県境の二上山，香川県坂出，大分県国東半島などで瀬戸内火山帯と呼ばれている火山活動が起こった。叩くとカーンカーンという澄んだ音で響くことで知られている香川県の岩石「讃岐石」（別名サヌカイト）はこの頃の火山活動で生まれた安山岩の仲間である。讃岐石は，後期旧石器時代から縄文時代にかけて石器の材料として用いられたことでもよく知られている。

　新第三紀前期の県の化石は多い。富山県の「八尾層群中の中新世貝化石群」（富山市八尾町）は，フォッサマグナが海であった中新世を通して貝の化石を産出し，中新世の古環境の研究に貢献した。それによると，1650万年前から1600万年前には熱帯から亜熱帯の気候であった。1600万年前から1500万年前には暖流系の暖かい海になり，1350万年前から500万年前には寒流の流れる寒い海になった。岐阜県境に近い八尾の奥の桐谷の化石資料館「海韻館」では，これらの化石を見ることが出来る。

　富山市八尾町桐谷の手取層群（白亜紀）ではアンモナイトの化石も発見されている。北東数kmには，恐竜の足跡化石が見つかった富山市大山町の手取層群が延びてきている。八尾でも恐竜の全身化石が見つかってほしいものである。

　日本列島各地では，青森県の「アオモリムカシクジラウオ」（1500万年前頃），神奈川県の「丹沢層群のサンゴ化石群」（1500万年前頃），愛知県（南知多町）の「師崎層群の中期中新世海成化石群」（1700万年前頃），京都府の「綴喜層群中の中新世貝化石群」（中期中新世），鳥取県（鳥取市国府町）

の「中新世魚類化石群」（1680万年前頃），広島県（庄原市）の「アツガキ」（2000万年前から1200万年前）など，海生動物が役者揃いである。海生動物でない例外は，埼玉県（小鹿野町，秩父市）の海辺の動物の化石「パレオパラドキシア」（1700万年前頃）であろう。

　日本海拡大に続く時期，中新世中期（1600万年前から1200万年前）は，比較的安定してきたとはいえ，まだ日本海拡大の余波が続いていた時代だったことが分かる。

　中新世の後期に移ろう。

　人形峠の岡山県の鉱物「ウラン鉱」（700万年前頃），宮崎県の岩石「鬼の洗濯岩」（700万年前頃）などがある。芭蕉の「閑さや岩にしみ入る蝉の声」の句で有名な山寺は，山形県の岩石「デイサイト凝灰岩」（中新世末）の上に立てられている。

　中新世の飛騨山脈の状態はどうであったのであろうか。飛騨山脈の白亜紀花崗岩体は，白亜紀にはそれなりに高い山であったと思われるが，花崗岩は侵食を受けやすいので，新生代に入ってから数1000万年の間に平野に近くなっていたであろうという程度のことは推測できる。しかし，それ以上のことはさっぱり分からない。最近数100万年にわたって急速に隆起する過程で，生物化石を含む地表堆積層がきれいさっぱり侵食され，地質時代の状態を復元する資料がないからである。

　せめて想像したいと思うが，富山県の「八尾層群中の中新世貝化石群」（1600万年前から533万年前）の産出地の標高が120m程，1600万年前頃のステゴロフォドン（ゾウの1種。200万年前頃に絶滅。茨城県の化石）やサイやシカの足跡の化石が2000年に発見された岩峅寺の立山橋より常願寺川上流側2km程の川原の標高は200m程など，富山平野と日本海拡大期直後の地層の標高が高くて数100m程というくらいのヒントしかない。

　いくら何でもヒントが少なすぎるので，同じ年代の似たような地質の場所を参考にしよう。名古屋から中央本線に乗ると，途中で岐阜県に入り，多治見，土岐，瑞浪，恵那，中津川と落ち着いた地方都市が続く。かつて美濃源氏が支配した歴史に彩られた地域である。その中で，瑞浪市を中心に分布する瑞浪層群は日本海拡大期の低地から浅海性の堆積層で，デスモスチルス（カバに似た半海棲の哺乳動物。1300万年前頃に絶滅。ゾウやジュゴンの近縁種）や，貝類化石，サメ・エイ類の化石，植物化石などを多く産出する。瑞浪市化石博物館ではパレオパラドキシア（デスモスチルスの仲間）の迫力のある全身骨格化石のレプリカを見ることが出来る。

　中新世の飛騨山脈地域はグリーンタフを基層として，ブナ，クリ，ケヤキ，カエデ，トチノキなど，現在の照葉樹林と余り変わらないような林に覆われ，その中を，デスモスチルスやパレオパラドキシア，ステゴロフォドンなどが歩き回っていた穏やかな平原だったという瑞浪層群（ただし浅い海の堆積層）からの類推くらいは許されるであろう。なお，八尾や能登でも，デスモスチルスやパレオパラドキシアの歯の化石が見つかっている。

§3-4.　新第三紀鮮新世（533万年前から258万年前）の世界

　800万年前から500万年前，地球は寒冷化した。アフリカ大陸は次第に乾燥化し，密林にサバンナ（熱帯地域の草原）が侵入してきて，多くの動物がサバンナに適応して行った。

　その頃，アフリカ大陸では，チンパンジーと共通の祖先から分かれたグループは，直立二足歩行を

始めて地上生活に適応する方向に進化し，最初の人類である猿人が誕生した。最古の化石は，中央アフリカのチャド共和国の湖底堆積層で見つかった700万年前から600万年前のサヘラントロプスである。身長は120cm程で，脳は320cm³から380cm³であった。

　700万年前頃，地中海は大西洋と断絶し，次第に塩湖になり，600万年前頃には干上がった。530万年前頃には再び大西洋の海水が浸入し，地中海は再び海になった。地中海地域が陸であった頃，猿人がヨーロッパに生息圏を広げたとしても不思議でないと思うのだが，200万年以前の猿人の化石はアフリカ以外では見つかっていない。

　400万年前頃から200万年前頃の猿人はアウストラロピテクスと名付けられている。この頃には，草原における地上生活を主とするようになった。直立二足歩行によって移動しながら狩猟が出来るようなり，次第に消化効率のよい肉食に重心を移すようになった。草食の為に必要だった巨大な腸は次第に小さくなり，体型はスマートになった。1974年にエチオピア見つかった「ルーシー」と呼ばれる有名な化石はこの時期のものである。ルーシーは，身長150cm程，体重30キロ程と推定されている。

　エチオピアで見つかった250万年前頃のアウストラロピテクスの化石の周辺の動物化石に，石で肉を剥ぎ取ったと見られる切り傷があった。それは人類が石を使って動物の死体を解体した最初の証拠となっている。

　350万年前から300万年前に，北アメリカ大陸と南アメリカ大陸が地続きになった。そのため，北アメリカ大陸から大型肉食哺乳類が南アメリカに流入してきた。数1000万年ものあいだ海に囲まれていた南アメリカ大陸で進化をとげていた中生代鳥類の生き残りの大型恐鳥類や，サーベルタイガーそっくりの有袋類，巨大なナマケモノやアルマジロなどが北アメリカから流入してきた大型肉食哺乳類などとの生存競争に負けて絶滅した。

§3-5. 新第三紀鮮新世の日本

　この時期になると，ほとんど海であった東北日本が次第に陸化した。フォッサマグナは次第に南から堆積物に埋められて行った。

　この頃，現在立山がある場所の高さ3000mから周囲を眺めたとしたら，どのような景色が見えるだろうか？

　東にはほとんど海に覆われているフォッサマグナが見えるが，浅間山も，八ヶ岳も，富士山，槍ヶ岳も，乗鞍岳もない。関東平野も海であるが，筑波山や房総丘陵など，点々と島が見える。本州南方500km程に放生しつつあった伊豆島が見えるかもしれない。南西の方向には，現在の濃尾平野の部分に古東海湖が望めるかもしれない。

　鮮新世（533万年前から258万年前）に入って長野盆地から上越地域も陸化した。戸隠山（1904m）は400万年前から300万年前の海底火山であるが，麓からホタテなどの化石が出るので，その頃は浅海であったことが分かる。

　鮮新世の頃は，瀬戸内海と濃尾平野は，古瀬戸内湖と古東海湖と呼ばれている内海か湖であった。二つの間に位置する京都盆地と奈良盆地も，多くの期間は湖だった。それらが太平洋とつながるのは第四紀に入ってからである。

参考文献

Abe, Katsuyuki and Kanamori, Hiroo, Mantle Structure beneath the Japan Sea as Revealed by Surface Waves, Bulletin of the Earthquake Research Institute, 48, 1011-1021, 1970.

広岡公夫, 中新世の中・東日本の古地磁気学, 月刊地球, 123, 539-543, 1989.

Isezaki, N. and S. Uyeda, Geomagnetic anomaly pattern of the Japan Sea, Marine Geophysical Researches, 2, 51-59, 1973.

Kawai, N, Ito, H. and Kume, S., Deformation of the Japanese Islands as inferred from rock magnetism, Geophysical Journal International, 6, 124-130, 1961.

小林和男・中村一明, 1983, 縁海拡大のテクトニクス - 日本梅 - オホーツク海沖縄トラフなど, 科学, 53, 448-455, 1985.

水谷仁・渡部輝彦, 地球熱学, 岩波講座地球科学1地球, 岩波書店, 1978.

村内必典, 人工地震探査による日本海の地殻構造, 科学, 42, 367-375, 1972

Otofuji, Y., T. Matsuda and S. Nohda, Opening mode of the Japan Sea inferred from the paleomagnetism, Nature, 317, 603-604, 1985.

Tamaki, K., Suyehiro, K., Allan, J., Ingle, J. C. Jr. and Pisciotto, K. A., Tectonic synthesis and implications of Japan Sea ODP drilling. In Proceedings of the Ocean Drilling Program, Scientific Results (eds. Tamaki, K., Suyehiro, K., Allan, J., McWilliams, M. et al.), 127/128, Pt. 2, 1333–1348, 1992.

Tomoda, Y., J. Segawa, and A. Tokuhiro, Free Air Gravity Anomalies at Sea around Japan measured by the Tokyo Surface Ship Gravity Meter (1961.1969), Proc. Japan Acad., 46, 1006-1010, 1970.

吉井敏尅・伊藤敬祐・宇井忠英, 海洋プレートの構造, 岩波講座, 地球科学, 第11巻, 1-47, 1979.

第2部　第四紀

第4章　第四紀更新世前期から中期

§4-1. 更新世前期（258万年前から77万年前）の概要

第四紀は「更新世」（258万年前から1.17万年前）と「完新世」（1.17万年前から現在）に分けられている。それらは以前は洪積世と沖積世と呼ばれていた。本節の題名の「更新世前期」は258万年前から77万年前までを指す。

2020年1月の国際地質科学連合総会に於いて「更新世中期」（77万年前から12万9000年前まで）を「チバニアン期」と名付けようという日本からの提案が承認された。日本の地名が初めて地質時代を示す学術用語となった。

第四紀を特徴付けるのは人類の進化と寒冷化である。

240万年前頃，最初の原人「ホモ・ハビリス」が誕生し，脳の容積が増大して600cm^{3}にも達するようになった。これ以降，脳の容積は拡大の一途をたどった。ただし，「ホモ・ハビリス」は猿人とする考えもある。確実な最初の原人は180万年前頃に誕生した「ホモ・エレクトス」である。ホモ・エレクトスには北京原人やジャワ原人も含まれる。

ホモ・エレクトスは身長も脳の大きさも現生人類とあまり変わらず，石器を使い，火を使い，調理をして軟らかい食事をするようなったので顎と歯は小さくなった。穀類やイモ類などのデンプンの消化は難しいが，水を加えて加熱すると消化が容易になる。調理によって人類は良質のデンプンを食料とすることが可能になった。石器と火を使うことによって，ドングリなど非常に固い殻に守られている木の実や地中深く伸びる根や地下茎など，いっそう栄養価の高い植物を食べることが可能になった。

ただし，脳が大きくなることは良いことばかりではない。母体にいる時と新生児の時にはエネルギー資源の過半が脳の形成に向けられ，脳以外の体の形成は後回しにされるので，オランウータン，ゴリラ，チンパンジー，人類などヒト科のいずれも妊娠期間は7ヶ月から9ヶ月と長い。妊娠期間が長いもかかわらず自立できる前に生まれてくるのは，頭蓋骨が大きくなった胎児は産道を通れなくなる前に出てこなければならないからである。しかも生まれてもすぐには自立できず，母乳を飲む授乳期間も，オランウータンは7年程，ゴリラは4年程，チンパンジーは5年程と長い。授乳期間が長くなると次の妊娠までの期間が長くなり人口増加率を高くすることはむつかしい。

人類は，脳の生長のために大量のエネルギーを要する幼児に調理によって消化効率を良くした食事を安定的に与え，授乳期間を1年程にまで短縮し，人口増加率を高め，多くなった子供は祖父母を含めた家族で養う様になった。祖父母が加わることによって子供期間を長くすることが可能になり，学習によって知識や技術を獲得できるようになった。それは家族間の愛情など心の営みを育み，脳の発達をさらに促した。家族の起源である。

チバニアン期に入って旧人が誕生した。ホモ・ネアンデルタンシス（ネアンデルタール人）は，30万年前から20万年前に現れてヨーロッパから西アジアに展開し，3万年前頃に滅んだ。遺体を埋葬した最初の人類と思われている。

次は氷期の話題に移る。

酸素は元素記号O，原子番号7（陽子の数），原子量（陽子と中性子の合計）16の元素である。酸素の原子量の基本は16で，ここでは酸素16と表記する。同位体とは，原子核の中の陽子の数は同じであるが，中性子の数が異なるものを指す。酸素には幾つかの同位体が存在するが，一番多いのは酸素18である。酸素16と酸素18の存在比を酸素同位体比16/18と呼ぶ。同位対比は環境によって異なる。様々な試料の同位体の割合を測定して地球の歴史や火山噴火のプロセスなどを研究する学問分野は同位体地球化学と呼ばれている。

間氷期には海水中の酸素16の方が酸素18に比べて比較的多く水蒸気に含まれて大気中に逃げて行き，逆に氷河期には氷河中に固定されるため海水中の酸素同位体比（酸素16／酸素18）が増加し，海水を使って作られる石灰質有孔虫の殻が酸素18に富むようになる。そのため，深海底堆積物の同位体比の年代変化は大気の温度の年代変化に換算することができる。それによると，新第三紀鮮新世（533万年前から258万年前）には，気温は今よりおよそ数度高く，海水準は20m程高かった。新第三紀末から寒冷化が徐々に進行し，4万年程の周期で氷期と間氷期を繰り返すようになった。80万年前頃以降は繰り返し間隔は11万年〜12万年程になり，温度変化の幅は6℃〜8℃と大きくなった。

現在の地球磁場は，カナダの北極海沿岸部を北磁極，南極大陸のインド洋沿岸部を南磁極とする双極子磁場である。地球の双極子磁場の南北は時々逆転してきた。現在の磁極と同じ時期を正磁極期，逆の時期を逆磁極期と呼ぶ。鮮新世（533万年前から258万年前）には正磁極期の方が長かった。更新世前期（258万年前から77万年前まで）は逆磁極期の方が長かったが，77万年前頃から現在まではずっと正磁極期である。

1926年，京都大学の松山基範（1884-1958）は玄武洞（兵庫県豊岡市城崎）の160万年前頃の玄武岩が逆向きに磁化していることに気がついた。1929年に各地の磁場逆転を示す測定例も含めて論文にまとめたが，当時は常識外れとして否定的意見が圧倒的であった。しかし，その後，次第に地球の磁場の逆転は広く認識され，地球史の研究に重要な役割を果たしてきた。この様な研究は古地磁気学と呼ばれる様になり，1950年代には大陸移動説の確立に決定的な役割を果たすようになった。松山基範の業績を讃えて258万年前から77万年前までは松山逆磁極期と呼ばれている。

更新世中期（77万年前から12.9万年前）がチバニアン期と名付けられたのは，千葉市市原の山中に，77万年前頃に地球磁場の逆転が起こったことを示す貴重な地層があることによる。

図4-1はチバニアン期の酸素同位体比の年代変化である。チバニアン期に入って寒冷化が一層進行し，厳しい時期には気温は6℃〜8℃にも低下するようになった。一方，11万年〜12万年間隔で訪れるよう

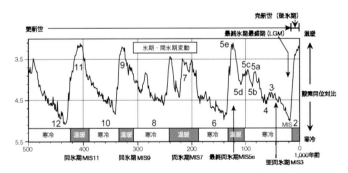

図4-1　50万年前頃以降の深海底有孔虫化石の酸素同位対比の年代変動。左縦軸は酸素同位対比。単位はパーミル（1000万分の1）。右縦軸は，酸素同位対比から換算した気温。横軸は年代。同位対比のピークに付けられた数字は酸素同位体ステージMIS（表4-1（表5-1））。高原光（2011）による。元は，Lisiecki and Raymo（2005）。

になった間氷期には暖かい時期が1万年〜2万年続いた。なかでも，41万年前頃，33万年前頃，24万年から20万年前，13万年前から12万年前，1万年前頃から現在の4つの間氷期が顕著で，平野部に多くの段丘面を形成した。ただし，段丘面の議論は§4-7で行う。

　飛騨山脈以外の第四紀更新世の大事件は琉球列島が隆起してきたことであろう。海面近くまで隆起してくると珊瑚礁が生まれ，隆起するにつれて周辺に面積を拡大してきた。現在の琉球諸島の多くは珊瑚礁による石灰岩に覆われており，それは「琉球石灰岩」として沖縄県の岩石に選ばれている。

　その他，この時期の県の石には小規模だが人間社会に深く関るものが多い。更新世前期（258万年前から77万年前）の県の石を挙げよう。

　中山道で江戸に下る場合，下諏訪宿の次が和田宿である。現在では近くの和田峠で中山道が霧ヶ峰と美ヶ原を結ぶビーナスラインと交差する。和田峠は長野県の岩石「黒曜石」と鉱物「ざくろ石」の産地である。黒曜石は噴火に伴って流紋岩が噴出したとき溶岩や火砕流の中に生じたガラス質の塊である。均質な黒曜石は石器時代や縄文時代に石器として活用された（第8章）。ざくろ石は黒曜石同様の環境で地表に噴き出してきた結晶鉱物で，1月の誕生石ガーネットである。

　ほかには，島根県太田市の石見銀山の鉱物「自然銀」（100万年前頃），鹿児島県の鉱物「菱刈鉱山の金鉱石」（100万年前頃以降），兵庫県の岩石「アルカリ玄武岩」（160万年前頃。豊岡の玄武洞はその一部）などがある。

　県の化石には，石川県の「大桑（おんま）層の前期更新世貝化石群」（170万年前頃から80万年前頃），静岡県の「掛川層群（大日層）の貝化石群」（200万年前頃）などがある。

§4-2. 更新世前期の巨大カルデラ噴火

　176万年前頃と175万年前頃，槍ヶ岳・穂高岳で2回の超巨大カルデラ噴火が起こった。噴火と同時にカルデラは数km も陥没し，そこに大量の火山噴出物が降下して数km の厚さの溶結凝灰岩体となった。溶結とは熱と圧力で固まったという意味である。火砕流は飛騨と長野県北部を覆い，40km 離れた高山で100m 近い厚さの火砕流堆積層を残し，250km 離れた房総半島にも1m 程もの厚さの火山灰堆積層を残した。噴出量は300km^{3}から400km^{3}と見積もられている。

　穂高岳の「滝谷花崗岩体」からは140万年前頃の花崗岩が発見された（原山，1994）。花崗岩が固まるのは深度5km から3km なので，仮に4km とすると滝谷花崗岩体は500m/10万年程の速度で上昇してきたことになる。

　新穂高温泉の新穂高ロープウェイは通年営業している。厳冬期には山頂駅の展望台（2156m）から北東方向正面に西穂高ヶ岳（2909m）の素晴らしい雪景色を眺めることができる（写真4-1）。山体は滝谷花崗岩で，

写真4-1　新穂高ロープウェイの西穂高口駅（2156m）の展望台から眼前3km 程に望む冬の西穂高岳山頂部（2909m）。筆者撮影。

山頂部は175万年前頃の溶結凝灰岩である。ここは飛騨上宝群発地震（§15-8，§19-6）の舞台となった場所である。

　北西5km程には笠ヶ岳の白亜紀から古第三紀の巨大な流紋岩山体を望むことができる。

　超巨大噴火のあと，槍・穂高・上高地地域では，図4-2の傾斜構造の様に，東側の美濃帯と凝結凝灰岩体は西上方に押し上げられ，現在見られる傾斜構造になった。溶結凝灰岩体のほとんどは侵食で消失したが，かろうじて残ったのが上高地から蒲田川まで山頂部を挟んで東西5km程，北は槍ヶ岳・大天井岳から南は焼岳（2455m）まで15km程の尾根部である。図4-2では傾きが誇張されているが，槍ヶ岳・穂高岳の脊梁部には東に向かって緩やかに傾く凝灰岩体の平行成層構造の縞模様として残されている（原山・山本，2004）。

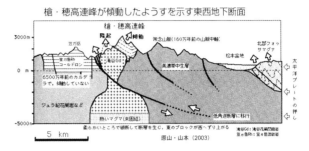

図4-2　176万年前頃と175万年前頃の2回の巨大カルデラ噴火のあとに生じた槍・穂高の傾斜構造。原山・山本（2004）による。

　図4-3は，地質図naviから立山・黒部地域を取り出したものである。中央上部にジュラ紀の船津花崗岩体（図1-3），同下部に白亜紀の有明花崗岩体（図2-3），左下に手取層群（図2-2）が分布している。中央部右の「黒部川花崗岩体」は，東は後立山連峰の唐松岳（2696m），鹿島槍ヶ岳（2889m），爺ヶ岳（2670m）から西は黒部別山まで東西10km程，北は欅平や祖母谷から南は黒部ダム（1455m）あたりまで南北20km程に分布している。第四紀に急速に隆起していた若い岩体である。黒部川花崗岩体は本書を通して核心的なキーワードの一つである。

　165万年前～160万年前の間には爺ヶ岳（2670m）で超巨大カルデラ噴火が起こった。カルデラの

図4-3　立山・黒部地域の表層地質図。中央部右に黒部川花崗岩体。地質図naviによる。

範囲は後立山連峰の尾根部の鉢ノ木岳（2821m）から五竜岳周辺まで南北17km程である。噴火の時には，巨大な大峰火砕流は長野県北部から新潟平野までを襲い，大峰帯と呼ばれる地層を広範に残した。爺ヶ岳から噴出した火砕流なのに大峰火砕流と呼ぶのは，大町東方の大峰高原で最初に気づかれたからである。

　ＪＲ大糸線の大町駅から北東4km程の高台に大町山岳博物館があり，飛騨山脈の生い立ちを示す多くの展示物がある。博物館から北西方向には爺ヶ岳の山体を望むことが出来る。

　伊藤・他（2013）によれば，世界で一番若い80万年前頃の花崗岩が，仙人峡から阿曽原に向かう登

山道から発見された。単純化すれば，それは，過去80万年間，黒部川花崗岩体が750m〜1000m/10万年程の速度で上昇してきたことを意味している（第16章）。

　黒部川花崗岩体の上昇に伴って，爺ヶ岳周辺に堆積した膨大な溶結凝灰岩体は槍ヶ岳・穂高岳地域の溶結凝灰岩体と同様の運命をたどった。図4-4の傾斜構造断面図の様に東側の白亜紀の有明花崗岩体が立山側のジュラ紀の飛騨花崗岩体の上にのし上がる傾動が生じ，溶結凝灰岩体の大半は侵食で失われた。現在残っている溶結凝灰岩体の地層（図4-3の火砕流堆積物）は70度から80度もの高角で東に向かって傾斜している。

　世界の超巨大噴火に言及しておこう。

　「ホット・スポット」は，コアとマントルの境界（深さ2900km程）からの巨大上昇流が地表にあふれ出した場所である。そこは，プレートよりも深部に巨大マグマ溜まりがある不動点になっており，プレートが通り過ぎて行くにつ

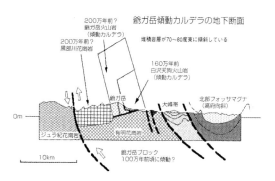

図4-4　爺ヶ岳の165万年前〜160万年前の巨大カルデラ噴火のあとに生じた傾斜構造。原山・山本（2004）による。

れて順次ホットスポットの上に新しい火山が生じ，ハワイからカムチャッカ半島に至る天皇海山列を一例とする海底火山列が生まれ，それはプレートの移動方向や速度，移動方向の変化などを教えてくれる。

　アメリカ合衆国中西部のワイオミング州北西端のイエローストーン・カルデラも巨大ホット・スポットである。ここは，206万年前頃，127万年前頃，66万年前頃と，60万年〜80万年の間隔で超巨大噴火を繰り返してきた世界最大級のスーパー火山である。その規模は9万年前頃の阿蘇山の巨大カルデラ噴火の噴出量を何倍も上まわる。前回の噴火から66万年が経過したので既に警戒期に入っていると言えよう。もしイエローストーンで超巨大噴火が再来すれば，アメリカが大打撃を受けるだけではなく人間社会そのものが深刻な打撃を受けるものと危惧されている。

　火山の規模を表すのは火山岩や火砕流の総噴出量であろう。しかし400km³という表現は分かりにくいので，早川由紀夫（1993）は総噴出量の対数を基本にする噴火マグニチュードを提唱した。対数なので，噴火マグニチュードが1大きいと総噴出量は10倍になる。早川の定義によると，イエローストーン噴火はマグニチュード8.7程，槍ヶ岳・穂高岳巨大カルデラ噴火と爺ヶ岳巨大カルデラ噴火の噴火マグニチュードは8程，9万年前頃の阿蘇カルデラ噴火は8.4，2万9000年〜2万6000年前の始良カルデラ噴火は8.3，7300年前頃の鬼界カルデラ噴火は8.1である。一般に，カルデラ噴火の場合は噴火マグニチュードは6より大きく，焼岳，乗鞍岳，御嶽山などの複成火山の噴火の場合は7より小さい。ただし，噴出量の見積もりは難しく，噴火マグニチュードを決めることができない場合も多いので，必ずしも一般化していない。なお，複成火山とは，数10万年の噴火活動の後に活動を休止し，数10万年の後に再び噴火活動を繰り返す乗鞍岳や御嶽山のような我々にとって馴染みの深い火山である。

§4-3. チバニアン期（77.4万年前から12.9万年前）の中部日本の火山活動

　チバニアン期（更新世中期）に入って，飛騨山脈とその周辺では御嶽山（3067m）や乗鞍岳（3026m）などの複成火山の活動が盛んになった。

　南から順に手短に説明していこう。なお，火山の活動年代は，他の文献に言及しない限り，産業技術総合研究所のデータベース「日本の火山」による。

　御嶽山（3067m）は中部地方のほぼど真ん中に位置している。御嶽山は山奥なので木曾街道（国道19号線）や飛騨街道（国道41号線）など主要な街道筋からは分かりにくいが，東海道新幹線が濃尾平野を走っているときに北東方向の山並みの中から頭一つ抜け出しているのが御嶽山である。日本の火山では富士山に次いで2番目に高い巨大な火山体なのである。

　御嶽山の火山活動は，75万年前頃から42万年前頃に活動した古期御嶽火山と，9万年前頃に活動を再開してからの新期御嶽火山に分けられる。新期御嶽火山は，活動初期に大量の流紋岩質の火砕流を噴き出して山頂カルデラを形成した。その後は何度かの噴火によってカルデラは次第に埋められ，8万年前頃には現在の御嶽山の基本が形成された。

　5万年前頃には御嶽山北東斜面で大規模な岩屑なだれが発生し，安政飛越地震に伴って富山平野に流れ下った大土石流の10倍程の泥流が木曽川を流れ下り，愛知県の犬山にまで堆積物を残した（小林，2017）。それは木曽川泥流と呼ばれている。岩屑なだれを発生させた原因は特定されていない。

　乗鞍岳（3026m）は御嶽山から20km程北に聳えている。中央線松本駅から松本電鉄上高地線で新島々に行き，そこからバスで2時間半程で乗鞍岳山頂（3026m）近くの畳平に着く。西側のJR高山線の高山駅からは奥飛騨温泉郷の平湯温泉に行き，そこでシャトルバスに乗り換えて畳平まで1時間程である。

　乗鞍岳は，130万年前頃から86万年前頃の古期乗鞍火山と32万年前頃以降の新期乗鞍火山に分けられている。

　古期乗鞍火山は現在の山頂部南端の権現池（2840m程）付近を中心に既に高度3000mを越える山体を形成していた。

　50万年以上の活動休止ののち，32万年前頃，こんどは山頂北端部の烏帽子岳（2692m）を中心に火山活動が起こり，12万年前頃にかけて山体は成長した。その後，山頂中央部の四ッ岳（4万年前頃）や恵比須岳（2万年前頃）などで噴火を繰り返しながら，9000年前頃の噴火でほぼ現在の姿になり，その後は小規模な水蒸気噴火を繰り返してきた。

　乗鞍火山は，火砕流や降下火山灰などの火山堆積物より，安山岩の溶岩流を主体とした東西になだらかな山体をしている。写真4-2は御嶽山ロープウェイ飯森高原駅の展望台（2150m）からの乗鞍岳の眺望である。山腹が東西になだらかに広がっている様子がよく分かる。乗鞍岳の右奥には，穂高岳，常念岳の山頂が見える。

　北陸線のサンダーバードが金沢平野を走る頃，車窓南方の山並みの上に富山・石川県境の白山（2702m）の山頂部が抜け出している。それは「白山・手取川ジオパーク」の核心である。

　白山の山体の基本は白亜紀の濃飛流紋岩で，西側を北に向かって流れ下る手取川の谷筋を中心にジュラ紀から白亜紀の化石を産出する手取層群が分布している。

白山の山頂部は，火山噴出物が東西3km，南北10kmに分布している。白山の最初の火山活動は40万年前頃から30万年前頃，古白山の活動は20万年前頃から10万年前頃，新白山火山は2万年前頃以降と分類されている（東野，2014）。

福井・岐阜県境周辺には，西から，経ヶ岳

写真4-2　御嶽山ロープウェイ終点の飯森高原駅の展望台（2150m）から望む25km程北方の乗鞍岳（3026m）。右奥に，穂高岳（3190m），常念岳（2857m）。筆者撮影。

（1625m。140万年前から70万年前），大日ヶ山（1709m。110万年前から90万年前），鷲ヶ岳（1671m）・烏帽子岳（1625m。160万年前から110万年前）の第四紀火山山体が東西に並んでいる。ただし，現在では，これらの火山は火口の形も残っておらず，火砕流や溶岩流の痕跡も侵食で失われてしまっている。なお，第四紀火山とは，第四紀に活動したが，最近1万年以内に噴火した証拠は見いだされていない火山を指す。

富山から北陸新幹線の東京行きに乗ると，新潟県の上越妙高駅辺りから南西の方向に妙高山（2454m）が望める。標高は2500m程とはいえ，平地から聳え立つ孤立峰なので3000m級の山々に劣らないくらい気高く見える。最初の噴火活動が始まったのは30万年前頃で，何度も活動期と休止期を繰り返し，2万年前頃の噴火活動によって今のような山体を形成するようになった。4200年前頃のマグマ噴火では火砕流が山麓にまで達した。有史に残る噴火記録はない。

§4-4.　地質学からの飛騨山脈隆起論

飛騨山脈の隆起の時期は明確でない。原因は隆起の過程で侵食によって手掛かりとなる堆積層や生物化石がきれいさっぱり失われてしまったからである。また，研究が進むにつれて新しい同位体データによって地層の年代が更新され，しかもそれが単発的に出てくるので全体をまとめにくいことも原因の一つと言えるかもしれない。例えば，2000年以前は，ほとんどの関係論文で，大峰火砕流の年代は230万年前〜250万年前とされていたが，最近では§4-2で述べたように165万年前〜160万年前頃とされるようになった。

この様な状況のもとでは，状況証拠を積み上げていく次の二つのアプローチしかない。

一つ目は，各年代の堆積層や生物化石などの物的証拠が残っていないのなら，標高の高いところから供給されたと思われる礫が周辺のどのような年代の堆積層に残されているかを調べ，逆に隆起の年代を推測するアプローチである。

藤井（1991）は，富山平野東縁の標高200mから400mの高位段丘面に立山に由来と思われる礫層が

残されていることなどから「80万年前頃に立山は急速隆起した」とみなした。

　しかし，富山平野では，上市市の中心部から2 km程南東に位置する丸山運動公園（標高90m程）で，河川の環境で堆積したと思われる大きな礫を含む礫層から250万年前頃の広域テフラが発見された（田村・他，2010）。この発見から，250万年前頃には立山は既に相当高かったと考えられるようになった。250万年前と言えば中央構造線が再活性化した時期である。

　このようなことから，竹内（1993）は，「300万年前頃に隆起が始まり，200万年前頃にはピークに達し，その後は山頂部の侵食に見合った分だけ隆起し，平均的な標高は基本的に変わっていない」と推定した。

　二つ目は，「山地の形成時期と火成活動の活発期の間には関連があるはず」（及川，2003）と考え，火成活動の活発期から隆起の時間的プロセスを推測することである。

　176万年前頃と175万年前頃に槍ヶ岳・穂高岳で，165万年前～160万年前の間には爺ヶ岳で巨大カルデラ噴火が起こった。チバニアン期以降は，白馬大池（2379m。80万年前頃から50万年前頃，20万年前頃以降），雲ノ平（2500mから2700m。90万年前頃，30万年前頃から10万年前頃），焼岳（2455m。12万年前頃から7万年前頃，2.6年前頃から現在まで），乗鞍岳（3026m。130万前から86万年前，32万年前頃以降），御嶽山（3067m。75万年前頃から42万年前頃，9万年前頃から2万年前頃）などの複成火山の活動に変化した。

　原山（1999）は，他の証拠も踏まえ，「250万年前頃に隆起が始まり，後立山連峰から常念岳を中軸に1000m程の山地になった。150万年前頃に，10km程西側の槍ヶ岳・乗鞍岳を中軸に滝谷花崗岩体の上昇と共に隆起が加速した。80万年前頃，高度3000m程の山地になり，現在に続いている」という2段階隆起説を提起した。

　図4-5は地質学的視点から見た飛騨山脈隆起説の極端に単純化した概念図である。第一段階は250万年前前後に始まった後立山から常念岳にかけての隆起である。第二段階は150万年前前後に始まり，100万年程かけて3000m級の山地になった槍ヶ岳・穂高岳の隆起である。

　筆者としては，第16章で，地殻構造，重力異常，自己閉塞層，花崗岩の同位体年代，高位段丘の高速隆起，立山黒部アルペンルートのGPSデータなどを一つの枠組みに置いて，80万年前以降に急速に隆起してきたとする新しい隆起像を提起する予定である。それが図の第三段階である。

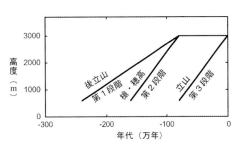

図4-5　飛騨山脈の3段階隆起の単純化した概念図。

§4-5. 中部三角帯の提唱

　図4-6は吉川・他（1973）よる第四紀隆起の分布図である。第三紀鮮新世から第四紀に入る頃から，日本列島は全体的に隆起するようになり，第三紀の間は多くが海であった東北日本も陸になった。中部地方内陸部では飛騨高原が1km以上隆起し，飛騨山脈は2km程隆起した。

図4-7は，中部地方の接峰面図である。接峰面図とは，山頂部を包絡面でつないで緩やかに均した仮想的な面である。それは，ほぼ，山地が隆起する前の平坦面だと考えることができる。

図中の三角形の頂点は，「糸魚川ジオパーク」，「恐竜渓谷ふくい勝山ジオパーク」，「南アルプスジオパーク」である。本章では，頂点を結ぶ3辺を「糸魚川－勝山境界」，「勝山－大鹿境界」，「糸魚川－大鹿境界」と呼ぶ。大鹿村は「南アルプスジオパーク」の臍にあたる美しい谷間の村である。

本書では，この三角形の部分を「中部三角帯」と呼ぶことを提唱したい。目安は標高500m程である。地質学的には明らかに飛騨外縁帯が重要な区切りであるが，第四紀の隆起と接峰面図，活断層の分布，重力異常分布などからは，中部三角帯の様に区切ることに大きな意味があると思うのである。

1970年代から30年以上，金沢大学で重力異常の研究に取り組んだ故河野芳輝（1938-2010）は，立山，白山，御嶽山を結んだ三角形を先駆的に「飛騨三角帯」と呼んだが，中部三角帯はその拡張と言えよう。

どのように中部三角帯が形成されたのか不思議である。

中部地方の深度100kmから30km，M2以上の地震分布を見ると，勝山－大鹿境界は深度40km前後の地震分布に対応している。それは，駿河トラフから沈み込むフィリピン海プレート上面と上盤陸側の地殻底辺が接触している境界に対応しているものと考えることができる。

図4-6　日本列島の第四紀隆起図。吉川・他（1973）よる。

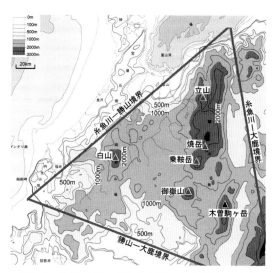

図4-7　絎野・三浦・藤井（1992）の接峰面図に，本文で提唱した中部三角帯や高度を加筆。接峰面図の元は岡山（1988）。

池田（1999）は，図4-8のように「鮮新世（530万年前から258万年前）に中部地方の下でフィリピン海プレートが上盤から剥離し始め，次第に高角で落下するようになった」というデラミネーション（剥がれ落ち）説を提唱した。池田（1999）は，中部地方の上部マントルの地震波速度が他地域に比べて小さいのはその証拠であり，フィリピン海プレートから上昇してきたマグマが地殻に底付けし，地殻を厚くしたと考えれば飛騨高原の第四紀隆起も説明できるとみなした。

単純化すると，「勝山－大鹿境界」は，沈み込むフィリピン海プレートの力学的影響が変化する境界

ということができる。

　以上で言及しなかった要素も含めて，中部三角帯の要点は次の9点と言えよう。

①糸魚川—大鹿境界の多くは糸魚川静岡構造線，つまりフォッサマグナ西縁。

②糸魚川—勝山境界周辺は，日本海拡大期のグリーンタフの分布域。

③勝山—大鹿境界は沈み込むフィリピン海プレートの力学的影響が変化する境界部。

④飛騨帯（図1-3）と飛騨外縁帯（図1-5）の分布域のほとんどが含まれる。

⑤飛騨山脈の白亜紀花崗岩体の分布域と木曽山脈の白亜紀花崗岩体の分布域の北半分（図2-3）が含まれる。

⑥濃飛流紋岩の分布域（図2-3）のほとんどが含まれる。

⑦新第三紀層は境界部以外にはほとんど分布しない。

⑧第四紀に，三角帯が全体的に1km以上隆起した（図4-6）。

⑨内部に大規模活断層が密に分布する（図5-10）。

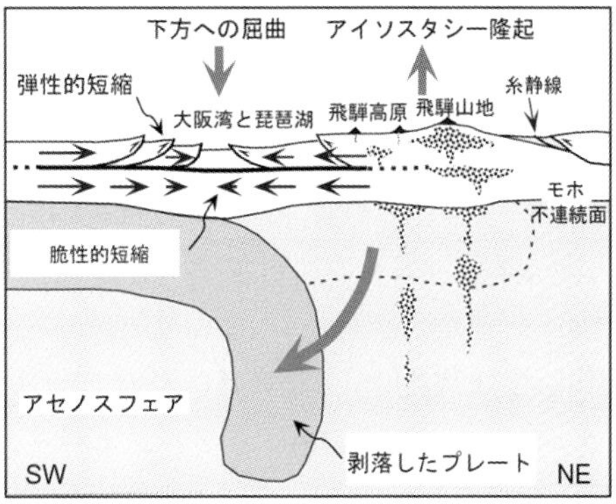

図4-8　池田（1999）によるフィリピン海プレートのデラミネーション（剥がれ落ち）仮説の概念図。

　図4-9は古応力の分布図である（Takeuchi, 1986）。これでは30万年前頃に飛騨山脈が東西圧縮地殻応力に変わったことになる。一方，中部地方の多くの大規模活断層が活動を始めたのは30万年前頃より古く，100万年前頃に遡ると考えられている（例えば，池田（1999））。

　第5章，第6章，第16章などの結論も先取りすれば，チバニアン期に入った77万年前頃から50万年前頃の間のどこかに第四紀地殻変動の転換期があったように思われる。

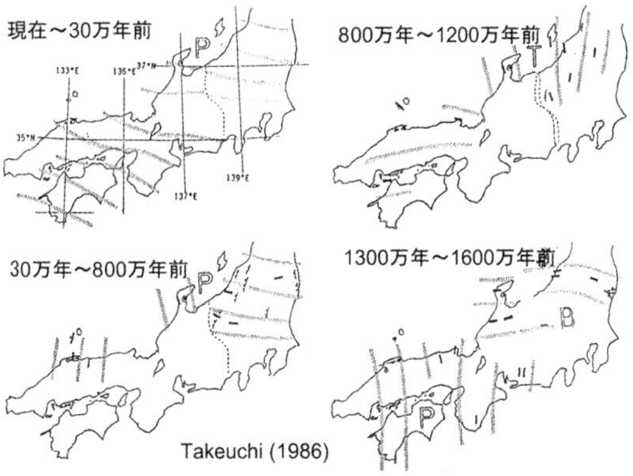

図4-9　岩脈の走向などから推定した古応力の圧縮力方向。Takeuchi（1986）による。

§4-6. 近畿地方中央部の大阪層群

　近畿中央部における第四紀地殻変動の核心は，「近畿三角帯」，「中央構造線」，「間氷期」，「第四紀層基底深度分布」，「大阪層群」の5要素である。

　近畿地方は活断層の分布密度が高く，山地と平野が複雑に分布している。大阪市立大学を拠点に近畿地方の活断層とテクトニクスの研究で大きな足跡を残した藤田和夫（1919-2008）は，図4-10のように，淡路島南縁から伊勢湾南部までの中央構造線，淡路島から敦賀半島，敦賀半島から伊勢で囲まれる地域を「近畿三角帯」と名付けた。

　近畿三角帯は中部三角帯と並んで日本で最も活断層の分布密度が大きい地域である。かって河野芳

輝（1938-2010）が飛騨山脈から飛騨高原に至る地域を飛騨三角帯と呼び，筆者が図4-7の中部三角帯を提唱したのも，近畿三角帯にならったものである。

　地質構造として近畿地方の地質を大きく区分する中央構造線は，図1-4のMTLの様に，愛媛県佐田岬北側から，徳島県吉野川，和歌山県紀ノ川，三重県櫛田川，愛知県豊川から長野県に入って赤石山地の「南アルプス（中央構造線エリア）ジオパーク」を通り，諏訪湖周辺でフォッサマグナの厚い堆積物や火山岩層の下に隠れ，関東に入って「下仁田ジオパーク」で顔を出し，そこから銚子周辺に至る。それは，白亜紀には右横ずれの活動によって日本列島の東日本と西日本の東西関係を入れ替えるという驚きの役割を果たした（§2-4）。

　なお，横ずれ断層の場合，どちらかのブロックに立って他方のブロックを見て，他方が右方向に動けば「右横ずれ断層」，左方向に動けば「左横ずれ断層」と呼ぶ。

図4-10　藤田和夫（1976）によって提唱された近畿三角帯内の活断層分布。藤田（1985）による。

　新第三紀の末頃から四国や近畿で中央構造線は左横ずれの活断層として再活性化した。ただし，近畿地方では活断層としては場所が移動し，鳴門海峡付近で北に折れて近畿三角帯の西縁を区切る六甲・淡路島断層帯から有馬－高槻断層帯，琵琶湖西岸断層帯，新潟－神戸歪み集中帯（§14-2）から日本海東縁（図14-4）につながって行く。

　六甲山や和泉山脈の山体は白亜紀花崗岩である。生駒山の中央部の山体は白亜紀の斑レイ岩である。大和笠置山地（笠置山地のうち奈良県内の部分），斑鳩の裏山の松尾山などには領家変成帯が分布する。これらの基盤の岩石は，新第三紀末，近畿地方一帯が次第に隆起して準平原化すると共に地表に姿を現すようになった。

　180万年前頃は，瀬戸内海から，近畿中央部，濃尾平野に至るまでなだらかな起伏の地形が続いていた。その頃に多くの大規模活断層が活動を始め，近畿中央部の六甲山（931m），生駒山（642m），比良山（1214m）などは次第に高くなって行った。

　チバニアン期に入って始まった「六甲変動」は，狭くは「六甲山が上昇して山地になり，大阪湾が沈降して湾になった地殻変動」を指し，広くは「近畿中央部で広範な地殻変動が生じ，近畿地方から中国地方に連続的に拡がっていた古瀬戸海を分断し，現在見られるような南北走向の数列の山地と盆地の地形を生み出した広域的な地殻変動」を指す。

　図4-1のように，チバニアン期に入ってからは11万年～12万年間隔で間氷期が訪れるようになった。氷期と間氷期の酸素同位体のピークには，表4-1（表5-1）のB列のように，77万年前頃は酸素同位体ステージMIS19（MISはMarine Isotopic Stageの頭文字），33万年前頃はMIS9のように名前が付けられている。図4-1の酸素同位対比のピークに付けられた数字はこのステージである。

氷期と間氷期の海水準は『日本海成段丘アトラス』の記載による。それに記載されていない場合は，図4-1の酸素同位体比を適宜海水準に換算するか，あるいは高度0mとする。

大阪層群の中には，間氷期ごとに浅海で形成された特徴的な厚さ10m程度の浅海性の海成粘土層が含まれており，深い順に表4-1C列のようにMa（marineの最初の2文字）と番号の組み合わせで名前が付けられている。

なお，本章では，「平均海水面からの高さや深さ」と「地表面からの高さや深さ」など複数の高さや深さが現れる。それによる混乱を避けるため，次の様に決めておく。

「高さ」と「深さ」：検討対象としている各時点の海水準や地表面からの高さと深さ。

「高度」と「深度」：同じく現在の平均海水面からの高さと深さ。

「標高」：現在の平均海水面からの現在の高さ。

以下は本節の本題の大阪層群の話である。

近畿中央部の地形発達史の道標となるのは，第四紀更新世に広範に堆積した大阪層群である。年代は基本的には180万年前頃から70万年前頃までとされることが多いが，場所によって，研究者によって，50万年前頃までの地層を含めたり，まれには最終氷期までも含めたりしている場合もある。

『変動する日本列島』（藤田和夫，1985），『大地のおいたち』（地学団体研究会大阪支部，1999），『京都自然史』（横山卓雄，2004）などの大阪層群の研究史を読んで筆者はわくわくした。本章では，その成果の一部を利用させて頂く。

ただし，本章では，近畿三角帯の中でも，大阪平野，奈良盆地，京都盆地，琵琶湖南部のみを検討の対象とし，そこを「近畿中央部」と呼ぶ。京都盆地の中で京都市街地を含む宇治川以北は「京都盆地北部」と呼ぶ。

図4-11は，活断層の地表断層線と地表に残されている大阪層群の分布である。大阪層群は，地表には，大阪平野の千里丘陵（大阪大学豊中キャンパスや万博公園），枚方丘陵，京都盆地北部の伏見丘陵（豊臣秀吉の伏見城），宇治丘陵，奈良・京都県境部の平城山丘陵（京阪奈学園都市），奈良盆地の馬見丘陵（斑鳩から南に5km程），滋賀

A	B	C
12万年前	MIS 5	Ma12
20-24万年前	MIS 7	Ma11
33万年前	MIS 9	Ma10
41万年前	MIS 11	Ma9
49万年前	MIS 13	Ma8
58万年前		Ma7
	MIS 15	
61万年前		Ma6
70万年前	MIS 17	Ma5
77万年前	MIS 19	Ma4
86万年前	MIS 21	Ma3
95万年前	MIS 25	Ma2
102万年前	MIS 29	
		Ma1
107万年前	MIS 31	
130万年前		Ma0

表4-1　Aの列はLisiecki et al.（2005）のFigure 4によるおよその年代，Bの列は酸素同位体ステージ名，Cの列は大阪層群の各年代の海成粘土層の名称。

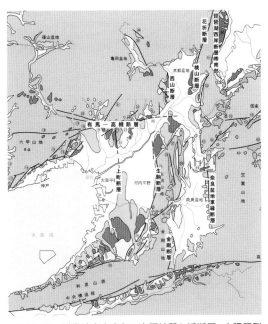

図4-11　近畿地方中央部の表層地質と活断層。大阪層群は黄色。市原（1991）に地名を加筆。

県の田上丘陵（立命館大理工学部キャンパス）などが山地の縁の標高50mから100m程に残されている。

　大阪層群と同じ時期の県の化石をあげると，大阪大学豊中キャンパス（大阪府豊中市。標高50m程）の大阪層群から産出した「マチカネワニ」（50万年前頃）の全身骨格化石は大阪府の化石に，馬見丘陵（標高70m程）から産出したアケボノゾウは他の化石と共に「前期更新世動物化石」として奈良県の化石に選ばれた。近畿地方以外では，栃木県の「木の葉石（植物化石）」（30万年前頃），群馬県の「ヤベオオツノジカ」（中期更新世から後期更新世），長野県の「ナウマンゾウ」（35万年前から3万年前），東京都の「トウキョウホタテ」（50万年前から10万年前）などがある。

　大阪層群と同時期に形成された堆積層には，富山・石川県境の大桑（おんま）層群，富山平野中央部の呉羽山礫層，新潟県信濃川中流域の魚沼層群，濃尾平野の東海層群，東京・神奈川県境の多摩丘陵の上総層群などがある。

§4-7. 高位段丘面・中位段丘面・低位段丘面

　ここでは，段丘面について説明しておきたい。

　沿岸部では主として間氷期に段丘面が形成された。それは，沿岸部では，海水準が上昇すると高度差が小さくなって堆積作用が卓越し，汀線近くで堆積面が発達するからである。

　「高位段丘面」は，主として，33万年前頃（酸素同位体MIS9）と24万年前から20万年前（MIS7）の間氷期とその前後に形成され，おおむね標高40m程以高に残されている段丘面である。

　近畿地方では，京都府宇治市の平尾台（70m程），奈良市東大寺の三月堂や法華堂のある段丘面（140m程）などである。

　富山では，黒部市の十二貫野（標高60mから400m），東福寺野（60mから300m），高岡市伏木の気多神社周辺（65m程），県外では，新潟県糸魚川市の美山公園のフォッサマグナミュージアム周辺（115m程），能登半島先端部（80mから120m），静岡県静岡市の日本平（300m程）などである。

　高位段丘面の例を写真で示そう。写真4-3は，富山市役所展望塔（地上70m程）から35km程北東方向に遠望した十二貫野台地（図6-1参照）である。宮野運動公園の向こう側が北陸新幹線の黒部宇奈月温泉駅である。第16章で議論するが，この遠望には，立山隆起が平野部に波及し，西に向かって傾くように傾動しながら隆起してきた十二貫野の数10万年の歴史が込め

写真4-3　富山市役所展望塔から北東方向の遠望。赤矢印の間が十二貫野台地。台地面右上端の標高は400m程，黒菱山の標高は1043m。十二貫野の城山も黒菱山も朝日町。筆者撮影。

られている。

「中位段丘面」は，主として12万年前頃（MIS5）の間氷期とその前後に形成され，標高10m以高に残されている段丘面である。近畿中央部では上町台地，奈良公園，富山平野では越中国府があった伏木台地，射水市の太閤山，金沢城と兼六園がある小立野台地，大伴旅人が帥として赴いた太宰府（福岡県）などは家持が目にしたであろう中位段丘面である。それ以外では，名古屋市中心市街地一帯の熱田台地，東京都区部の皇居から新宿周辺（神田川と目黒川の間）の淀橋台，千葉県北部一帯の下総丘陵などがある。

「低位段丘面」氷期の末から縄文海進の時期（1万3000年前頃から7000年前頃）に汀線で形成された標高3m以高に分布している段丘面である。大阪府堺市の仁徳天皇陵（大仙陵古墳）周辺などである。富山平野では，高岡市中心市街地，県外では石川県金沢市の中心市街地など，各地に分布する。

海岸近くの段丘面は汀線近くで形成された海成段丘面である。汀線とは，満潮の時には海水が進入し，干潮の時には陸になる部分を指す。

『日本の海成段丘アトラス』（小池一之・町田洋編，2001）は，多くの地形学研究者による海成段丘研究の集大成である。図4-12は，「第四紀層基底深度分布」（大阪層群の最下部，または基盤の白亜紀花崗岩体などの最上面）である。図中央部の等深線が密な部分は，大阪平野の中央部を南北に走る上町断層帯である。その西側（御堂筋など中心市街地側）でも東側の東大阪でも最深1km程と深い。

本章の検討作業を進めた過程で「第四紀層基底深度分布」に情報を重ね書きすることによって多くのインスピレーションを得たので，以下では，多くの場合に基図として使わせて頂く。

「沖積面」は，縄文海進の極大期（7000年前頃）以降に，海岸近くでは極大期には海であったところに形成された最も新しい堆積面

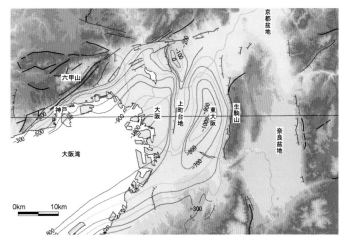

図4-12 大阪層群の深度分布。『日本の海成段丘アトラス』（小池・町田編，2001）の「第四紀基底深度分布図」に地名を加筆。

である。河川の氾濫原や山地ではもっと高いところにも分布する。

河川が山地から平野に出てくると順番に粗粒（サイズが比較的大きい）の砂礫から落とし，海岸近くで微粒の砂や泥を落とす。比較的大きなサイズの砂礫で占められている山地に近い部分を「扇状地」と呼ぶ。扇状地の中でも特に縄文海進以降に形成されたものを「沖積扇状地」と呼ぶ。

日本列島では，市街地や耕作地のほとんどは，高位段丘面，中位段丘面，低位段丘面，沖積面，扇状地など，50万年前頃以降の間氷期に形成された堆積面で営まれてきた。戦後になって千里ニュータウンや多摩ニュータウンなど，50万年前頃以前に形成された標高の高い段丘面にもニュータウンを作り，人々が住むようになった。今では，国民の80%程は標高100m以下の場所に住んでいる。

高位段丘面，中位段丘面，低位段丘面は，その順で形成時から時間がたっており，それだけ固い。

また，それらの堆積面が段丘面としての特徴を保っているのは，現在に至るまで洪水などの災害を受けたことが少なかったことを意味する。その様な意味で，地震動にも強く，洪水などのリスクも小さい場所とされている。ただし，2016年熊本地震の時の益城町のように，すぐ近く（目安としては2km程以内）を走る活断層で大地震が発生すると，中位段丘面であっても強い地震動に襲われて激甚な被害が生じる。いずれにせよ，段丘面は自然災害の議論をする時のキーワードの一つである。

参考文献

地学団体研究会大阪支部編著，『大地のおいたち』，築地書館，1999.

原山智，世界一若い露出プルトンの冷却史—北アルプス，滝谷花崗閃緑岩の年代と冷却モデル—，地質学論集，43，87-97，1994.

原山智，飛騨山脈の多段階隆起とテクトニクスの変遷，月刊地球，21，603-607，1999.

原山智・山本明，『超火山「槍・穂高」』，山と渓谷社，2004.

早川由紀夫，噴火マグニチュードの提唱，火山，38 巻，6 号，1993年.

藤井昭二，河岸段丘および火山地質からみた飛騨山脈の隆起の時期，平成2年度科学研究費補助金研究成果報告書，1991.

藤田和夫，日本の山地形成論，『今西錦司博士古希記念論文集．I』，中央公論社，85-140，1976.

藤田和夫，『変動する日本列島』，岩波新書306，岩波書店，1985.

池田安隆，飛騨高原と近畿三角帯の鮮新世以降のテクトニクスはマントルリッドのデラミネーションで説明できるか?，月刊地球，21，137-144，1999.

伊藤久敏・山田隆二・田村明弘・荒井章司・堀江憲路・外田智千，黒部川花崗岩のU-Pb年代とネオテクトニクス，フィッション・トラック　ニュースレター，26，29-31，2013

絈野義夫・三浦静・藤井昭二，北陸の気象と地形・地質，特集「北陸の丘陵と平野」，URBAN KUBOTA，2-15，1992.

小林武彦，王滝村と周辺の地形・地質，村誌王瀧村自然編，王滝村，106，2017.

小池一之・町田洋編，『日本の海成段丘アトラス』，東京大学出版会，2001,

Lisiecki, L. E. and M. E. Raymo, A Pliocene-Pleistocene stack of 57 globally distributed benthic $\delta 18 O$ records, Paleoceanography, 20, PA1003, 2005, doi:10.1029/2004PA001071.

及川輝樹，飛騨山脈の隆起と火成活動の時空間的関連，第四紀研究，42，141-156，2003.

岡山俊雄，『日本列島接峰面図』，古今書院，1988.

高原光，日本列島とその周辺域における最終氷期以降の植生史．「日本列島の三万五千年 - 人と自然の環境史6 環境史をとらえる技法」，湯本貴和編，文一総合出版，2011.

竹内章，立山は隆起したか，富山県地学地理学論集，10号，59-62，1993.

竹内章，日本列島のネオテクトニクスと構造区，月刊地球，21(9), 537-542, 1999.

Takeuchi. A, Pacific swing: Cenozoic episodicity of tectonism and volcanism in northeastern Japan, Mem. Geol. Soc. China, 7, 233-248, 1986.

田村糸子・山崎靖雄・中村洋介，富山積成盆地，北陸層群の広域テフラと第四紀テクトニクス，地質学雑誌，116, 1-20, 2010.

東野登志男，『新編「白山火山」』，石川県，2014.

横山卓雄，『京都の自然史』，三学出版，2004.

吉川虎雄，『新編日本地形論』東京大学出版会、1973.

第5章　第四紀後半　大阪層群の時代

§5-1. 第四紀地殻変動の背景

　本章では，「主要活断層帯の長期評価（§5-3）に基づいてモデル計算した累積地震性地殻変動上下成分」（後述）と「浅海性の海成粘土層の堆積構造や山地の高度など」を比較検討し，近畿中央部の第四紀地殻変動の未知の要素を抽出する試みを行いたい。

　筆者がこの様な試みを始めた切っ掛けは，富山平野の考古学と地球科学の境界領域の「小竹（おだけ）貝塚の標高の謎」であった。2010年と2011年の発掘調査によって，呉羽丘陵西側の小竹貝塚（富山市呉羽町）の上端部に埋葬された91体の人骨が見つかった。貝塚の年代は縄文時代前期後葉の6000年前前後である（町田，2018）。しかし，縄文海進の最大期からやや後退して海水準が2.5m程であった時期にもかかわらず小竹貝塚上端の標高が1m程しかなく，当時の海水準より1.5m程も低いことは発掘にかかわった研究者達を困惑させた。

　それと対極的なのが「大境洞窟の標高の謎」である。縄文時代の最盛期（7000年前頃）に形成された大境洞窟（氷見市宇波大境）の床面の標高が5m程もあり，当時の海水準と考えられている3m程より2m程も高い。

　もちろん，「地殻変動が原因」以外の答えは想像できない。しかし，単にそう答えただけでは，別の分野の専門用語に置き換えたに過ぎない。科学的な答えとして誰でも思いつくのは地震性地殻変動をモデル計算してみることであろう。しかし，主要活断層帯の長期評価帯の断層パラメーターと活動度に基づいてモデル計算をしても小竹貝塚は隆起するばかりで到底沈降させることはできない。たとえ呉羽断層上盤側に東に向かって傾斜する様な副断層を仮定しても，東西圧縮応力場である限り，本体の呉羽山断層の地震性地殻変動の隆起を上回る沈降を作り出すことは無理である。

　個別的な活断層の検討ではこの謎は解けそうもない。それにもかかわらず「地殻変動が原因」と答える場合には，「富山平野の各地の地球科学的データから富山平野の地殻変動の時空間像の骨組みがこの様に復元できる。それからは，6000年の間に大境洞窟は2m程の隆起，小竹貝塚は1.5m程の沈降が生じたと推測できる」と時空間像と共にも示さなければならない。それは地球科学側の責任だと思ったのであった。

　とはいえ，富山平野は地形と地質が複雑にもかかわらず地震波探査などによる堆積層構造のデータは乏しいので，まず本章において，大阪層群の堆積層構造のデータが蓄積されている近畿中央部の議論を行い，それを踏まえて，第6章で富山平野の議論に進む。

　1970年代，活断層学が急速に発展しつつあった頃，第四紀における活断層の活動の等速性が強調された。「活断層の活動」とは，「繰り返し大地震を発生させ，断層ずれと地震性地殻変動を累積して行く」ことである。

　図5-1は，松田（1975）によって，近畿・中部地方の6ヶ所の大規模活断層の成長速度（地震性断層ずれの累積速度）をプロットしたものである。御嶽山の西側を北西–南東に走る阿寺断層（同図の2）

の100万年程の左横ずれ量は10km程，富山・岐阜県境を立山から白山まで伸びる跡津川断層（同図の3）の70万年前から80万年の右横ずれ量は2km程である。この様な大規模な活断層の場合，活動の履歴は100万年前頃まで遡ることができて，しかも，図中の斜線が示すようにほぼ等速であると考えられていた。

　一方，岡田（1980）は，六甲山周辺の活断層の断層ずれの増加（藤田，1976）や，海成段丘の隆起の加速（太田・成瀬，1976）などの例を挙げ，「数10万年前以降の等速性は第一近似として成立しても，100万年前頃までの等速性が明言できる例はない」としている。

　尊敬する先達の間に大きな矛盾があるのである。それを理解する手掛かりを得たい，実はそれが2つめの動機であった。

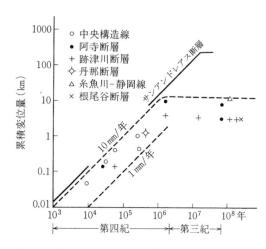

図5-1　松田（1977）による大規模活断層の累積地震性断層ずれ（縦軸）と年代（横軸）。

　さて，近畿中央部の地形発達史については多くの優れた先行研究が存在するが，それにもかかわらず，それらが時空間的にどのような構造をしているのか，よく分かっていない。

　筆者には，主たる原因は氷期の情報が乏しいことであるように思われた。重要な情報である化石が残るのは，マチカネワニやアケボノゾウの化石などのように，11万年〜12万年の間隔で訪れる比較的温暖な間氷期に当時の汀線（満潮時の海岸線と干潮時の海岸線の中間）に近い浅海や低地である。時間的にははるかに長い氷河期には平野部では侵食が卓越し，化石などの物証を含む地層が形成されにくい。形成されたとしても今や多くは厚い堆積層の下である。そのため，物証のある話だけを聞いていると，あたかも第四紀後半は一貫して温暖な時期であったような錯覚に陥りそうになるくらいである。物証に基づいて議論するのが科学研究の基本なので，氷河期の地殻変動の議論が乏しいのもやむを得ないが，もやもや感がいつまでも残る。

　一方，1995年以降，文部科学省の地震調査研究推進本部などによって主要活断層の研究が強力に推進されてきた。その成果は，うまく使えば，氷河期の欠落を埋める可能性があるはずである。

　しかし現状は，「はじめに」でも述べた様に，設計図の過半が虫食いのためいつまで経っても工事が始まらない建築現場の様に見えた。

　本章は，この虫食いの部分を，主要活断層帯の長期評価を単に外挿することによって補い，時空間像の骨組みを復元することを試みる。筆者自身，単に外挿するだけでは大阪層群の堆積構造と調和的な復元像が得られる見通しはなかったが，定常的沈降を介在にして意外とそれが得られたというのが本章である。

§5-2. 反射法地震探査と海成粘土層堆積構造

　次に反射法地震探査によって得られた海成粘土層堆積構造を示す。

　反射法地震探査とは，簡単に言うと，トラックなどに載せた専用のバイブレイターなどで地表面を叩いて振動を地中に送り出し，地表面に数100mから数kmにわたって並べた地震計で反射波を記録し，それを解析して地下構造を推定することである。

　図5-2は，JR環状線の京橋駅（都島区）近くから中央市場（福島区野田）近くまで（図右下），東西約3.5kmの反射法地震探査による地下深部の地質断面解釈図である。ボーリングデータなども参考にすれば，上町断層帯の地表断層線の西側では，深度1.5km程に白亜紀花崗岩の基盤，深度410m程に86万年前頃の海成粘土層Ma3面，深度270m程に61万年前頃のMa6面，深度110m程に33万年前頃のMa10面の堆積面が分布している。なお，海成粘土層の各面の厚さは10m程なので，図5-2の様な断面図では線の太さ程度である。

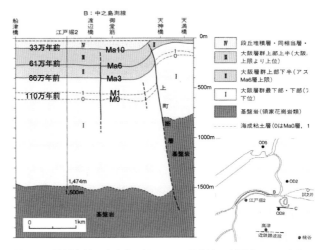

図5-2　淀川大川の中之島に沿ってJR環状線の京橋近くから中央市場近くまで，上町断層帯を横断して東西3.5km程の測線で行われた反射法地震探査に基づく地質断面解釈図。上下方向は水平方向に対して2倍大きく拡大されている。市原（2001）による。もとは吉川・他（1987）。

　ここで地層面落差を定義しよう。図5-2のMa3面（86万年前）の深度は全体として上盤と下盤で370m程の深度差がある。これが「地層面落差（86）」である。ただし，断層線すぐ近くでは図5-8（D）の様に崖崩れ堆積物などによって見かけ上地層が変形しているので，本章では断層から適宜離れた地点間の地層面の深度差をとった。

　図5-3は，大阪平野中央部の東西25km程の反射法地震探査によるP波速度構造である（堀家・他，1996）。第四紀層基底深度は上町断層帯周辺は図5-2とほぼ同じで，大阪平野と生駒山の境界部では1.6km程である。図5-2と図5-3の第四紀層基底深度は図4-11と0.5km程の違いがあるが，ここでは，図5-2と図5-3に従って上町断層帯西側は1.5km程，東大阪（上町台地と生駒山の間）は1.6km程とする。

　生駒山側の基底深度として生駒山山頂の標高642mを代用すると基底の地層面落差（180）は2040m程ということになる。

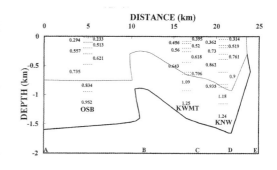

図5-3　反射法地震探査による大阪平野のP波速度構造。上下方向は水平方向に対して約7倍大きく拡大されている。堀家・他（1996）による。

　大分県西部にある猪牟田（ししむた）カルデラの100万年前〜95万年前の巨大噴火に由来する火山灰（鎌田，1996）は独特のピンク色からピンク火山灰，86万年前頃のMa3面に挟まれた火山灰は同様にアズキ火山灰と呼ばれ，地層の年代決定に大きな役割を果たしてきた。

図5-4は，1996年に奈良盆地北部（奈良市と天理市の境界部）で行われた東西4km程の測線の反射法地震探査に基づく地質断面解釈図である。図左端の支断層の一つ，帯解断層の付近で深度100m辺りにピンク火山灰層が含まれている。基底深度は帯解断層近傍で430m程である。奈良盆地の反射法地震探査はこれしかないので，この構造で奈良盆地の構造を代表させることにする。

　不思議なことに，近畿地方の多くの場所で見いだされているチバニアン期以降の海成粘土層は見られない。この事実は，奈良盆地ではチバニアン期の前の地殻変動は沈降が卓越していたが，チバニアン期以降に隆起に転じたことを示唆している。

　チバニアン期に入って地殻変動に変化が生じたことは，図5-2の上町断層帯地質断面解釈図からも読み取れる。チバニアン期以降の地

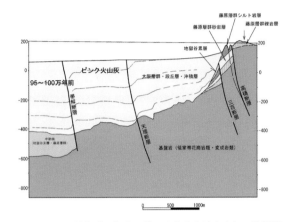

図5-4　反射法地震探査に基づく奈良盆地中央部の地質断面解釈図。上下方向は水平方向に対して約5倍大きく拡大されている。奈良市のHPの図に加筆。元は奥村（1997）。

層の厚さは400m（50m/10万年）程である。それより前100万年の厚さは1km（100m/10万年）程と2倍程異なり，上盤側にはチバニアン期以降の堆積層は無い。

　奈良盆地東縁断層の場合も大和笠置山地側に対比すべき大阪層群が無い。上盤側の第四紀層基底の高度を天理市東方の高峰山の標高633mで代用すると，基底の地層面落差（180）は1063m程ということになる。

　京都市は，1998年，図5-5の様に，南は巨椋池干拓地（久御山町）から北は丸太町通（中京区）まで，南北15km程の反射法地震探査と3本のボーリング掘削を行った。反射法地震探査の測線は，中心市街地では堀川通を通る。その結果，86万年前頃のMa3面から41万年前頃のMa9面まで5枚の海成粘土層が認識された（京都市，1999）。

　表5-1には，図5-2から図5-5による近畿中央部各地域の海成粘土層の深度を整理した。多くの不確実さを含むとはいえ，表5-1が本章の検討の対象である。

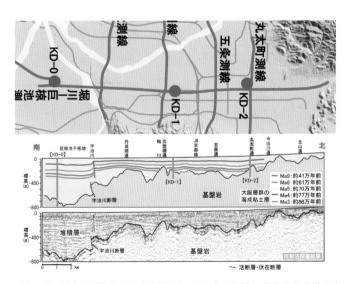

図5-5　（上）反射法地震探査（京都市，1999）の測線と（下）京都盆地の南北地質断面解釈図。上下方向は水平方向に対して約4倍大きく拡大されている。市原（2001）による。もとは平成10年度京都盆地の地下構造に関する調査報告書（概要版）

年代	61万年前	86万年前	基底面	文献
海成粘土層	Ma6	Ma3		
同位体ステージ	15	21		
上町断層下盤側			－1000m	(1)
上町断層下盤側	－270m	－410m	－1500m	(2)
上町断層上盤側		－40m	－800m	(2)
東大阪			－1600m	(3)
奈良盆地中央部			－430m	(4)
琵琶湖南部			－810m	(1)

年代	41万年前	78万年前	基底面	文献
海成粘土層	Ma9	Ma4		
同位体ステージ	11	19		
京都盆地北部	（－75m，－110m）	（－130m，－210m）	（－200m，－240m）	(5)
京都盆地南部	－200m	－350m	－700m	(5)

表5-1　図5-2から図5-5の断面解釈図から読みとった大阪層群の各年代の海成粘土層のおよその深度。空欄はデータなし。引用は次の通り。(1) 小池一之・町田洋 (2001)，(2) 市原実 (2001)，(3) 堀家正則・他 (1996)，(4) 奥村晃史・他 (1997) (5) 京都市 (1999)。

§5-3. 活断層学の研究方法

　よく知られているように，断層とは地下における地層面に相対的なずれを生じさせている不連続面である。相対的なずれの大きさを「断層ずれ」と呼ぶ。断層面のうち，地震の時に断層ずれが生じた部分を，その地震の「震源断層」とよぶ。

　なお，単に「断層」と言った場合，断層が地表に出ている部分を指す場合と，地下の断層面全体を指す場合とがある。混乱を避けるために，本書では，断層が地表に出ている部分を「地表断層線」，あるいは単に「断層線」と呼び，地中の断層を「断層面」と呼ぶ。

　図5-6は縦ずれ断層と横ずれ断層の概念図である。第4章でも述べたが，横ずれ断層の場合，どちらかのブロックに立って他方のブロックを見て，他方が右方向に動けば「右横ずれ断層」，左方向に動けば「左横ずれ断層」と呼ぶ。

　図5-6右のように「断層ずれ」は向かい合うブロックの食い違いの大きさＤｏを指し，「断層ずれ上下成分」はDUDを指す。横ずれ断層の場合は断層ずれ上下成分DUDはゼロである。断層ずれそのものではなく，上下成分DUDを検討対象とするのは，断層発掘調査や反射法地震探査などでは断層ずれの水平成分は認識しにくく，上下成分のみが検討対象にされる場合がほとんどだからである。

　「活断層」とは少なくとも最近数10万年前以降は確実に活動してきた証拠がある断層である。活断層の研究が重要なのは，「最近数10万年前以

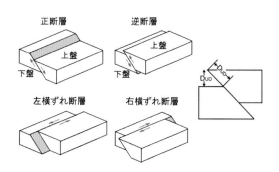

図5-6　（左）縦ずれ断層と横ずれ断層の概念図。（右）断層ずれDoと断層ずれ上下成分DUDの関係を示す。

降に大地震が発生したのなら，今後も大地震が発生して人間社会に災いをもたらす」と考えられるからである。

　歴史的には，活断層の研究は地形判読から始まった。図5-7のように山地の裾を活断層が走っていると，尾根の末端部が刃物で切り取られたような三角形の斜面（三角末端面）になり，尾根の平野側は右か左にずれて，谷筋はＳ字型か逆Ｓ字型に屈曲する。空中写真などを丹念に調べて，何本もの平行する尾根筋や谷筋が同じ方向にずれていれば，そこに断層が走っていると判断し，そこから上流の源流域までの距離が長いほど断層が生じた年代が古いと推定する。

　断層発掘調査は過去に大地震が発生した年代を教えてくれる。地表断層線の直交方向に幅数ｍ，深さ数ｍ，長さ数ｍから十数ｍの溝を掘り，断層両側の地層面を露出させ，様々な年代の地層の重なり方や生物遺骸の炭素14による年代決定値などから活断層の活動歴を推理する。

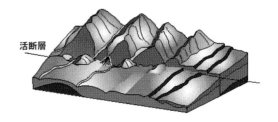

活断層のずれによってできた地形，

図中の活断層を境に，向こう側が右上方向にずれている。活断層のずれの累積により，段丘や尾根のずれ，河川の屈曲など，さまざまな地形が認められる。

活断層

図5-7　活断層の研究における地形判読の原理図。地震本部のＨＰによる。

　基本原理を簡明に紹介しておこう。図5-8は，地層線周囲の地層面形成プロセスを単純化した模式図である。大地震が発生しない平穏な時期が数1000年も続くと，Ａの様に地表全体を土壌層が覆う。突然地震が発生する（Ｂ）と，Ｃの様に上盤側の堆積物が下盤側に崩れ落ちてきて，レンズ状の地層が崖下に形成される。再び地震が発生しない平穏な時期が何1000年も続くとＤの様に全体を覆う新たな土壌層が形成される。ＡからＤの様なサイクルは数1000年に一度の間隔で繰り返す。言うまでもないが，図5-8は極端に単純化されおり，実際の地層の重なりは大変複雑である。

　その中でも比較的分かりやすい例を図5-9に示す。1982年夏に，岐阜県飛騨市宮川町（吉城郡宮川村）野首の河岸段丘面で行われた跡津川断層の発掘調査に

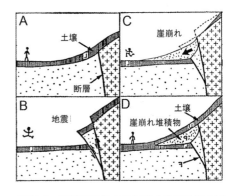

図5-8　活断層近傍の地層形成過程の概念図。跡津川断層トレンチ発掘調査団・他（1990）による。

よる壁面のスケッチ図である。図中の4桁の数字は植物遺骸の炭素同位体比や土器などの編年などから得られた年代である。それらの資料と地層の重なり方から，その後の研究成果も含めて，1858年飛越地震，4300年前〜1858年，5300年前〜4000年前，8100年前〜7500年前，11000年前〜9300年前，11000年前頃以前の6回の大地震が認識された。ほぼ2500年間隔である。

　断層発掘調査では，幸運にも多くの地層から多数の木片や土器の破片などが出土し，炭素14法で年代が決まった場合は，過去の大地震の発生時期や発生間隔が狭い幅で決まり，不運にもあまり見つからなかった場合は推定の幅が広くなる。主要活断層の長期評価において，活断層によっては活動歴の評価が不能とされていたり，非常に幅が広い評価だったりするのは不運だった場合である。

事前調査でその様なサンプルが多く見つかりそうな場所を探すが，なにしろ地下のことなので運の要素が大きい。むしろ，筆者は，1982年に初めて上記の跡津川断層の調査に同行したとき，活断層の研究者達が，図5-9の様な地層の重なりについて議論しながら結論を導いて行くのをみて，これは芸術だと思ったものである。

ただし，この様な原理で過去の大地震発生時期を求めることが出来るのは1万年前頃までである。なぜなら，氷河期には堆積作用よりも侵食作用が卓越するので化石を含むような堆積層は乏しく，氷河期の植物遺骸を含む地層が連続的に堆積している発掘適地は望めないからである。

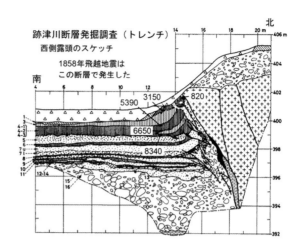

図5-9　跡津川断層発掘調査によって得られたトレンチ壁面のスケッチに加筆。跡津川断層トレンチ発掘調査団（1990）による。

1995年阪神淡路大震災の教訓に基づいて，文部科学省の地震調査研究推進本部（以下では地震本部と略称する）が設けられた。それは主要活断層（図5-10）ごとに断層発掘調査や反射法地震探査などの研究を推進し，断層の規模，断層パラメーター（走向，傾斜，幅など），過去1万年程の平均的な断層ずれ累積速度，前回の地震活動，平均地震地震発生間隔，地震の規模（マグニチュード），地震時の断層ずれの大きさなどをまとめ，それに基づく地震発生確率の評価などの「主要活断層帯の長期評価」を行ってきた。それは優れた活断層データベースになっている。本章ではその一部を用いる。

主要活断層帯の長期評価は単に長期評価と略称する。なお，長期評価では地震性断層ずれが累積していく速度は，「平均的なずれの速度」と呼ばれているが，意味を明確にするために，本章と次章に限って，「平均的な断層ずれ累積速度」と呼ぶ。上町断層帯の「帯」は適宜省略する。

ただし，長期評価には発生年代以外にも問題点は残っている。

反射法地震探査から深度数100m（場

図5-10　地震本部で活動的と判断された110の活断層帯の分布。内閣府のＨＰの「防災情報」による。

合によっては数1000m）までの地殻浅部の傾斜は何とか推測できても，それより深い部分の断層の傾斜は知ることがほとんどできない。地殻浅部には細かな堆積層が多くあり，反射法地震探査によって地層面落差も認識しやすいが，深部の断層面からの反射波はほとんど観測にかからず，深部の断層面を認識するのは困難だからである。したがって，断層面の幅（あるいは断層面下端の深度）も分からない。とは言え，M7クラスの多くの内陸型地震の場合，震源断層の下端の深度は15km程なので，長期評価の多くでは，下端の深度が15kmになるように調整されたものになっている場合が多い。

§5-4. 地震と地殻変動

「弾性反発説」に沿って「地震性地殻変動」の概念を説明しよう。

図5-11は鉛直断層面の左横ずれ断層を上から見た概念図である。最初の状態（T1）の時に，地表に引かれた断層線に直交する直線を引いたと仮定しよう。地殻歪みが増大して，上側のブロックが左側に動き，下側のブロックが右側に動いたとすると直線は（T2）の様に変形する。歪みが限界に達して，突発的に断層滑りが生じ，地震波を四方に放出しながら，（T2）から（T3）に一気に飛ぶ現象を「地震」と呼ぶ。このような考えを弾性反発説と呼ぶ。

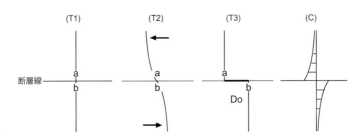

図5-11　弾性反発説による地震と地震性地殻変動の概念図。鉛直断層面の左横ずれ断層を真上から見たもの。(T3)のDoが地震性断層ずれ，(C)が地震性地殻変動。

（T2）から（T3）まで，断層面のずれが進行する現象が「断層滑り」である。その後に残されたaとbの距離が「地震性断層ずれ」である。（T3）と（T2）の差（C）が「地震性地殻変動」である。

地震性断層ずれは目で見ることが出来る。1891年濃尾地震の時に岐阜県本巣市根尾水鳥（みどり）に出現した6m程の上下変位は根尾谷地震断層観察館，1995年兵庫県南部地震の時に淡路島の淡路市（当時は津名郡北淡町）に出現した1m程の右横ずれ逆断層は野島断層保存館で保存されている。それらは，震源断層面の上端が地表に突き抜けた場所である。この様に震源断層が地表に突き抜けた部分を「地表地震断層」とよぶ。

さて，地震学では，弾性体力学によってどのような地震波が放出され，どのような地震性地殻変動が残るかをモデル計算する。弾性体力学に基づくモデル計算が不可欠な理由は次の2点である。

（1）断層上盤と下盤の地殻変動の非対称性。

（2）地震性地殻変動の空間的拡がり。

地殻が均質で地表面以外に不連続面が無い場合は，図5-11の概念図のように地震時の断層面の両側の動きの方向は逆で，断層面の両側が断層ずれを半分ずつ等分に受け持つ。しかし地表面が存在すると，断層面と地表面の関係によって断層面の両側の動きは異なる。

生駒断層帯の場合の例を示そう。長期評価では平均的断層ずれの累積速度は0.5m/1000年から

1.0m/1000年である。大きい方を採ると80万年分の累積地震性断層ずれ上下成分（80）は800mとなる。断層面の傾斜は35度である。図5-12は，それによる累積地震性地殻変動上下成分（80）の断層直交方向の距離変化である。断層線上盤側（同図（下）の(a)）は740m程の隆起，下盤側（同図(b)）は60m程の沈降となり，累積地殻変動上下成分（80）の90％以上は上盤側が受け持っている。逆断層の場合，下盤側の沈降は小さく，上盤側の隆起が圧倒的に大きく，顕著に非対称になることが分かる。

　表5-2に，活断層の断層面の傾斜角による断層線上盤側の隆起と下盤側の沈降との割合の変化を示す。断層の傾斜角が低角（水平に近い）であるほど，上盤側の隆起の割合が大きくなることなどがよくわかる。

　図5-12と表5-2が定常的沈降が存在したことを明快に示している。次節の一部を先取りするが，表5-4の180万年分累積地震性地殻変動（180）を見ると東大阪が＋25m程，奈良盆地中央部が＋600m程で，図5-3や図5-4と到底調和的ではない。第四紀始めから近畿中央部が1kmレベルの深い海でなかった限り，定常的沈降が存在したことは確かである。

　理由の（2）は，地震性地殻変動の空間的拡がり，つまり断層線から離れた場所の地殻変動がどのくらいかは，計算してみないと分からないことである。図5-12からは，80万年分の累積地震性地殻変動上下成分（80）は，生駒山山頂部で700m程の隆起，15km離れた奈良盆地中央部（目安として国道24号線辺り）で400m程の隆起，25km程離れた大和笠置山中でようやく0m程となることが分かる。一方，奈良盆地東縁断層の活動による奈良盆地中央部の累積地震性地殻変動上下成分（80）は50mから100mの沈降である。つまり，生駒断層帯の活動を考慮に入れると奈良盆地中央部は隆起する一方なのである。奈良盆地の運命には奈良盆地東縁断層より生駒断層帯の方が大きな影響を与えて来たのである。

　これらのことを明確に認識させてくれることがモデル計算が不可欠である理由（1）である。

　なお，地震性地殻変動は，Okada（1985）のプログラムによって計算した。その際，断層面は単一の平面で，地表に突き抜けているものとした。チバニアン期の始まりは77万年前頃の間氷期（MIS19）であるが，次節の図5-13から図5-15の80万年分の累積地震性地殻変動上下成分（80）の計算においては，計算上の簡明のため，80万年を区切りとした。数字は，特に必要のない限り適宜2桁程度に丸めた。

　近畿中央部には多数の活断層帯が走っているが，本章では，上町断層帯，生駒断層帯，京都盆地−

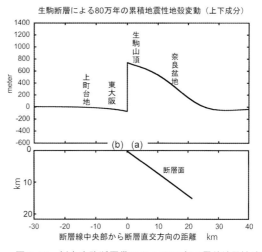

図5-12　（上）生駒断層帯による80万年の累積地震性地殻変動上下成分（80）の地表断層線に直交方向の分布。地名はおよその位置。（下）断層面の断面。(a)は地表断層線上盤，(b)は地表断層線下盤。

断層名	傾斜角	上盤	下盤
邑知潟断層	30	96	4
生駒断層	35	93	7
呉羽山断層	45	86	14
奈良盆地東縁断層	55	78	22
上町断層	67.5	68	32

表5-2　逆断層の傾斜角と断層直近の上盤と下盤の変位上下成分量の割合。

奈良盆地断層帯の奈良盆地東縁断層，花折断層帯南部の桃山断層，京都西山断層帯の西山断層，琵琶湖西岸断層帯南部のみを検討の対象とする。

表5-3は，これらの活断層の長期評価の平均的な断層ずれ上下成分の累積速度を10万年，50万年，80万年，180万年まで外挿して求めた累積地震性断層ずれ上下成分である。なお，大阪層群の始まりが180万年前頃とされることが多いので，地殻変動の始まりも180万年前にとった。

伏見城を倒壊させ，豊臣秀吉を震え上がらせた1596年の慶長伏見地震は，有馬－高槻断層と六甲・淡路島断層が連動して発生したM7.25〜7.5の大地震であった。有馬－高槻断層は京阪神の防災を考える場合にはきわめて重要であるが，基本的に横ずれ断層で地震性地殻変動上下成分は小さく，本章では検討の対象に含めない。1995年兵庫県南部地震が発生した六甲・淡路島断層帯の主要部の活動度は右横ずれ200m/10万年程，北上がりの縦ずれ40m/10万年程であるが，大阪平野から奈良盆地の地殻変動上下成分への影響は小さいので，やはりここでは検討の対象に含めない。

本章では，様々な年代の累積地震性地殻変動，累積定常的地殻変動，累積地殻変動な

活断層名	10万年	50万年	80万年	180万年	傾き
上町	40m	200m	320m	720m	67.5
生駒	50-100m	250-500m	400-800m	900-1800m	35
奈良盆地東縁	60m	300m	480m	1080m	55
桃山	30m	150m	240m	540m	50
西山	10-40m	50-200m	80-320m	180-720m	45
琵琶湖西岸	140m	700m	1120m	2520m	35

表5-3　各活断層帯の各年代の累積地震性断層ずれ上下成分。主要活断層帯の長期評価に基づく。

どの似た用語が出てくる。ここで，上町断層帯を例にとって説明しておきたい。

長期評価によれば，上町断層帯で地震が発生した場合の断層ずれ上下成分は3m程度，平均活動間隔は8000年程度である。すると80万年に100回程地震が発生し，100回分の断層ずれ上下成分を足し合わせると300mになる。これが80万年の累積地震性断層ずれ上下成分である。つまり，累積地震性地殻変動上下成分の断層線の部分が累積地震性断層ずれ上下成分である。

ただし，長期評価では，平均的な断層ずれの累積速度を約0.4m/1000年としており，80万年に換算すると約320mとなる。本書ではこちらの方を用いる。いちいち「80万年の」と書くのは煩瑣なので，累積地震性断層ずれ上下成分（80）と略記する。

あらためて書くと，「累積地震性地殻変動（80）」は，地震性断層ずれの代わりに累積地震性断層ずれ上下成分（80），他は長期評価の断層パラメーターを用いてモデル計算した図5-13の地殻変動である。

「定常的地殻変動」は，ここでは，活断層の活動に依らない，広域的に絶え間なくゆっくりと定速度で進行する地殻変動の上下成分を意味する。ただし，水平成分は対象としないので，本書では上下成分は省略する。80万年分の「累積定常的地殻変動」も累積定常的地殻変動（80）と略記する。

式として書くと次の関係である。いずれも上下成分である。

累積地殻変動（80）＝累積地震性地殻変動（80）＋累積定常的地殻変動（80）

それらを速度に換算したものは，「累積」を除いて，「平均的地震性地殻変動（速度）」，「定常的地殻変動（速度）」，「地殻変動（速度）」と表示する。「平均的地震性地殻変動（速度）」の平均的が省けないのは，単に地震性地殻変動と書くと，大地震が発生した時に生じた地殻変動を指してしまうからで

64

ある。この場合も次のように式で書いておく。

地殻変動（80）＝平均的地震性地殻変動（80）＋定常的地殻変動（80）

　地殻変動と言う場合，符号は時間が進行する場合のものである。時間を遡る場合は沈降と隆起も符号は逆になる。念を押しておきたい。なお，本章以下と次章で，隆起と沈降が入り交じって出現するので，直感的に分かりやすいように，例えば「隆起100m」は単に「＋100m」，「沈降100m」は「－100m」と符号で表す。速度も同様である。

　次節以下における論理の立て方は複雑なので，見通しを良くするために，ここで，本章の議論の方針［1］から［4］と［結論］をあらかじめ明示しておきたい。

　［1］先行研究の成果は基本的に正しいと考える。

　［2］第四紀後半の地殻変動は地震性地殻変動と定常的地殻変動から成り立っているとする。

　［3］累積地震性地殻変動の計算には，地震本部の主要活断層帯の長期評価を180万年前まで外挿する。

　［4］定常的地殻変動は180万年前から等速で進行してきたものとして検討を始める。大阪層群の堆積層構造と大きな矛盾が生じたら1回の屈曲点を探す。

　［結論］大阪平野から奈良盆地では，50万年前頃までは70m/10万年程の定常的沈降が存在していたが，50万年前頃には停止した。

　なお，議論の中の数値は基本的に「概数」であることをお断りしておく。大地のダイナミクスのような複雑な現象の場合は，空間的には「程」，時間的には「頃」，加えて，「だいたい一致」，「おおむね調和的」などがつきまとう。これらの文字を省略することも多いが，常に「概数」であることを忘れないようにお願いしたい。

　次節では，各活断層について，定常的地殻変動に左右されない地層面落差と累積地震性断層ずれ上下成分を比較しながら，各活断層による累積地震性地殻変動の概要を述べる。次々節で，定常的地殻変動を組み込んで，各地域の海成粘土層堆積構造との比較検討を行うことにする。

　次節とそれ以下では細かな数字の比較検討を行うことになる。「地球物理学の一分野としての地震学から地質学や活断層学の研究成果を解きほぐし，地殻変動の時空間像の骨組みを復元する」ためにはどのような作業が必要かを示すために煩わしい検討の経緯をある程度示す。そのため，論理構造は煩瑣である。小竹貝塚の標高の謎に迫るためには，どうしてもこの様な論理鯉造の組み立てが必要であった。数字に倦んだ場合には【　】で示す年代順に整理した地殻変動の復元像を拾い読みして頂きたい。

§5-5. 累積地震性断層ずれ上下成分と地層面落差

　上町断層帯は，地表断層線が大阪府豊中市から大阪市中心部を縦断して岸和田市に至る長さ約42km，東側が西側に乗り上げる逆断層である。前述のように図5-2のMa3面の地層面落差（86）は370m程である。

　長期評価では，断層面の傾斜は65度～70度とされているので，平均をとって67.5度とする。図5-13は上町断層帯の累積地震性地殻変動（80）である。地表断層線（赤実線）の上に付けられた二つの数

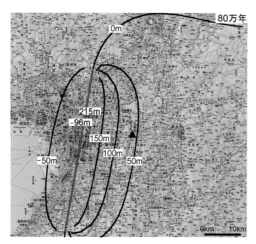

図5-13 上町断層帯における累積地震時地殻変動
（80）上下成分。赤色は地表断層線のおよその位置。
中央の▲は生駒山。基図はカシミール3D。以下同様。

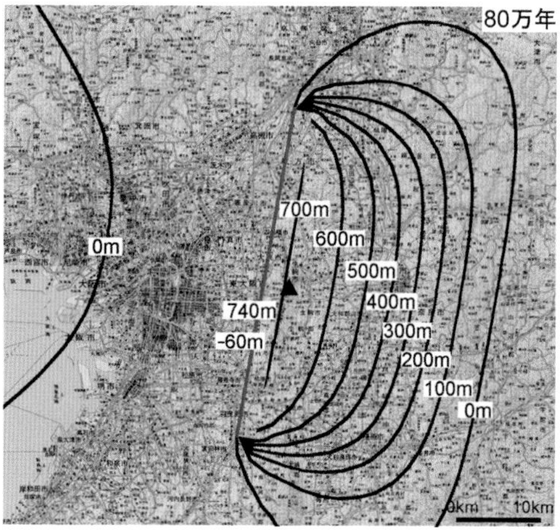

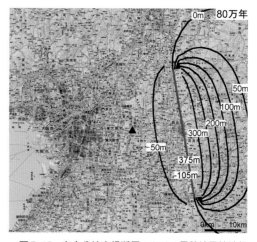

図5-14 生駒断層帯における累積地震性地殻変動上
下成分（80）。

値は，地表断層線上盤側（上町台地で215mの隆起）と下盤側（大阪中心市街地で105mの沈降）の累積地震性地殻変動（80）である。その差320m（東上がり）が累積地震性断層ずれ上下成分（80）である。それを86万年に換算すると344m程となり，地層面落差（86）370m程とおおむね調和的である。

上町断層帯による累積地震性地殻変動（80）は東に10km程離れた東大阪で100mの隆起，生駒山で60m程の隆起である。生駒山隆起の原因の1割程は15km程離れた上町断層帯なのである。

次は生駒断層帯である。前述の様に地層面落差（180）は2040m（東上がり）である。

図5-15 奈良盆地東縁断層における累積地震性地殻
変動上下成分（80）。

図5-14の様に，地表断層線は，生駒山と大阪平野の境界部を南北に走っており，長さは38km程である。平均的な断層ずれ累積速度上下成分は0.5m～1.0m/1000年と0.5m/1000年の幅で評価されている。しかし，その平均値をとると，累積地震性断層ずれ上下成分（80）は600m，同（180）は1350mにしかならず，地層面落差（180）2040mと有意に異なる。ここでは，生駒断層帯の平均的な断層ずれ累積速度上下成分は上限の1.0m/1000年を採用することにする。すると，累積地震性断層ずれ上下成分（80）は800mになり，それに対して計算した累積地震性地殻変動（80）が図5-14である。累積地震性断層ずれ上下成分（180）は1800mになり，地層面落差（180）2040mに大きく近づいた。残りの240m程のギャップの原因は180万年前の生駒山の高度と180万年前頃以前の堆積層と思われる。

次は奈良盆地東縁断層である。地層面落差（180）は1063m程である。

奈良盆地東縁断層は，地表断層線が京都府の城陽市から奈良県の桜井市まで南北に走る，長さ約35kmの東傾斜の逆断層である。図5-15は累積地震性地殻変動（80）である。奈良盆地中央部で50mか

ら100mの沈降，大和笠置山地で200mから300mの隆起である。累積地震性断層ずれ上下成分（80）は480m（東上がり），同（180）は1080mになり，地層面落差（180）1063m程とおおむね調和的である。

　ここまで検討した範囲では，上町断層帯，生駒断層帯，奈良盆地東縁断層の断層線における累積地震性断層ずれ上下成分と地層面落差とはおおむね調和的であった。実は，この言い方は公平ではない。反射法地震探査による研究結果は長期評価の中で参考にされており，調和的という結論は，ある程度予想されていたことだからである。最初のチェックと言うべきであった。

§5-6. 近畿中央部の累積地殻変動

　幾つかの地点について，図5-13から図5-15に示された累積地震性地殻変動（80）を足し合わせたのが表5-4の80万年の列である。それを10万年，50万年，180万年に換算したのが他の列である。5列の累積地震性地殻変動（180）を地図上にプロットしたのが図5-16，さらに速度（10万年当たりの地殻変動）に換算したのが図5-17である。

場所		10万年前	50万年前	80万年前	180万年前
上町断層下盤		−18m	−88m	−140m	−315m
上町断層上盤		23m	113m	180m	405m
東大阪		10m	50m	80m	180m
生駒山山頂部		70m	350m	560m	1260m
奈良盆地中央部		35m	175m	280m	630m
大和笠置山地		69m	344m	550m	1237m
低角	比良山地	113m	563m	900m	2025m
	琵琶湖南部	−5m	−25m	−40m	−90m
高角	比良山	88m	438m	700m	1575m
	琵琶湖南部	−13m	−63m	−100m	−225m

表5-4　第4列は，上町断層帯（図5-13），生駒断層帯（図5-14），奈良盆地東縁断層（図5-15）の累積地震性地殻変動上下成分（80）を足し合わせたもの。他は，第4列から10万年，50万年，180万年に換算したもの。

　さて，前述のように，累積地震性地殻変動上下成分だけでは図5-3の様な東大阪の−1.5km程，図5-4の様な奈良盆地中央部の−0.4km程の基底深度をとうてい説明出来ない。そこで筆者は，年代は10万年間隔，定常的地殻変動（速度）は5m/10万年の間隔で変化させ，多くの試行錯誤を行い，前述の［結論］のような単純な「2段階定常的地殻変動説」にたどり着いた。

　図5-16に定常的沈降−70m/10万年を加え，180万年前から50万年前までの地殻変動（速度）にしたのが図5-18である。この場合，図5-17は，50万年前頃から現在までの地殻変動（速度）ということになる。

　以下に，2段階定常的地殻変動説を組み込んだ各地点の地殻変動の復元像を示す。チェックポイントは次の（Ⅰ）と（Ⅱ）である。

　（Ⅰ）ピンク火山灰層やアズキ火山灰層の堆積時の高度／深度が堆積時の海水準以上

　（Ⅱ）Ma3面，Ma6面，Ma9面などの海成粘土層の堆積時期の深度は堆積時の海水準以下

　なお，海成粘土層各面の堆積時の深度は，「堆積時の海成粘土層と基底との深度差＝現時点の海成粘土層と基底との深度差」となるように推定した。

　上町断層帯下盤側基底の場合，180万年前頃から50万年前頃までの平均的地震性地殻変動（−18m/10万年）に定常的地殻変動（−70m/10万年）を加えた地殻変動は−88m/10万年となる。50万年前頃から現在までの地殻変動は平均的地震性地殻変動と同じで−18m/10万年である。

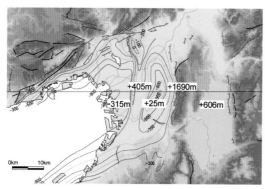

図5-16 近畿中央部の累積地震性地殻変動上下成分（180）（表5-4の180万年の列）。基図は「第四紀層基底深度分布」。

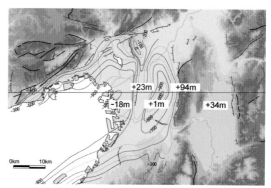

図5-17 図5-16の数値を平均的地震性地殻変動上下成分（速度）（単位は／10万年）に換算したもの。 50万年前から現在までの地殻変動（速度）でもある。

そうすると，「上町断層帯下盤側基底」の地殻変動の復元像は次のようになる。図5-17と図5-18を参照しながら読み進められたい。なお，＜＞で括った部分は，上記のチェックポイント（Ⅰ）と（Ⅱ）に有意に矛盾する場合である。

【180万年前頃】 −275m程。

【100万年前頃】 −975m程。表層部−35m程でピンク火山灰が堆積。

【86万年前頃】 −1098m程。表層部（−8m程）でMa3面とアズキ火山灰が堆積。

【80万年前頃】 −1150m程。

【61万年前頃】 −1317m程。表層部（−87m程）でMa6面が堆積。

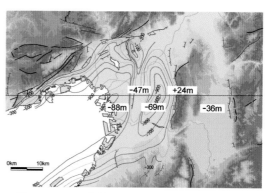

図5-18 180万年前から50万年前の地殻変動上下成分（速度）。図5-17の平均的地震性地殻変動（速度）（単位は／10万年）に，定常的地殻変動（速度）−70m/10万年を加えたもの。

【50万年前頃】 −1413m程。沈降速度は大幅に低下。

【33万年前頃】 −1442m程。表層部（−52m程）でMa10面が堆積。

【現在】 −1500m程。ピンク火山灰層（100万年前頃〜95万年前頃）は−560m，Ma3面（86万年前）は−410m，Ma6面（61万年前頃）は−270m，Ma10面（33万年前頃）は−110m程。

上町断層帯上盤側（上町台地）の地殻変動は180万年前頃から50万年前頃まで−47m/10万年であったが，50万年前頃以降は＋23m/10万年に逆転した。

「上町断層帯上盤側基底」の地殻変動の復元像は現在の深度800mから遡らせて次のようになる。

【180万年前頃】 −295m程。

【100万年前頃】 −675m程。表層部（−25m程）でピンク火山灰が堆積。

【86万年前頃】 −742m程。表層部＜＋28m程＞でMa3面とアズキ火山灰層が堆積。

【80万年前頃】 −770m程。

【50万年前頃】 −913m程。地殻変動は逆転して隆起に転じた。それ以降，海水準より高くなったMa4面やMa6面などは侵食によって失われた。

【12万年前頃】　−827m程。現在の上町台地表層部は深度2m程になり，浅海性の生物遺骸が堆積。

【現在】　　　　−800m。表層部は＋25m程の中位段丘。ピンク火山灰層は−150m，アズキ火山灰層は−30m。

　条件（Ⅰ）と（Ⅱ）から外れるものも散見されるが，おおむね満たしていると言えよう。一割や二割ほどずれていても「おおむね満たしている」，あるいは「おおむね調和的」とみなすのは随分乱暴に見えるかも知れない。もちろん，定常的地殻変動の年代変化の回数など，パラメーターの数を増やして行けばいくらでも堆積面深度に合わせることはできる。しかし，ここでは，データの少なさ，不確実さを考慮して，最小限の自由度に限定することにした。

　上町断層帯上盤側（上町台地）に焦点を合わせてチェックをしよう。表5-5はMa3面（86万年前）の深度，累積地震性地殻変動（86），累積地殻変動（86）の比較である。表5-4の累積地震性地殻変動（86）だけだと（上盤側＋194m，下盤側−150m）程となり，図5-2のMa3面の（上盤側−50m，下盤側−410m）

場所	Ma3層深度	累積地震性 地殻変動	累積 地殻変動
上町断層 下盤側	−410m	−150m	−402m
上町断層 上盤側	−50m	194m	−58m

表5-5　上町断層帯上盤側と下盤側のMa3面（86万年前）の深度と，累積地震性地殻変動上下成分（86）と累積地殻変動上下成分（86）の比較。

程とまったく合わない。累積定常的沈降（86）＋252mを加えると，地殻変動（86）は（上盤側−58m，下盤側−402m）程となり，Ma3面の深度との適合度は大幅に改善される。

　東大阪の場合，海成粘土層堆積構造のデータに欠けるが，ボーリングデータ（市原，2001）から180万年以前の第四紀堆積層の厚さは300m程とされているので，180万年前頃の第四紀基底深度は0.3kmとする。地殻変動（速度）は，180万年前から50万年前まで−69m/10万年，50万年前から現在まで＋1m/10万年である。

　すると，「生駒断層帯下盤（東大阪）側」の基底の地殻変動の復元像は次のようになる。

【180万年前頃】　−300m程。

【100万年前頃】　−850m程。

【80万年前頃】　−990m程。

【50万年前頃】　−1195m程。

【現在】　　　　−1200m程。

　生駒山山頂部の地殻変動上下成分（速度）は，180万年前から50万年前まで＋24m/10万年，50万年前から現在までは＋94m/10万年の隆起である。

　「生駒山山頂部」の地殻変動の復元像は次のようになる。

【180万年前頃】　−140m程。

【100万年前頃】　＋52m程。

【80万年前頃】　＋100m程。

【50万年前頃】　＋172m程。　　　＋69m/10万年程の高速隆起に転じた。

【20万年前頃】　＋454m程。

【12万年前頃】　＋530m程。

【現在】　　　　＋642m。

§5-7. 奈良盆地中央部の累積地殻変動

奈良盆地は，繰り返し，氷河期には激しい削剥の場になった。そのため盆地内の地表部にはチバニアン期以降の海成粘土層はほとんど残っておらず，地質学的に最近数十万年の変遷を追うことは困難である。本章のような累積地殻変動のモデル計算による検討は貴重な補助的手段であろう。

要点は2点である。

一点目は，長期評価に基づけば，奈良盆地東縁断層における累積地震性断層ずれ上下成分（80）は480mであるが，それに対応する単一の地層面落差は存在しないことである。図5-3には，帯解断層，天理断層，三百断層，高樋断層と活動的な支断層が存在する。大きな単一の地層面落差が存在しない原因は，活動的な断層が，西側から東に，帯解断層，天理断層，三百断層，高樋断層と移動して行き，帯解断層で200m程，他の断層で数10mの落差が生じ，全体として480m程の落差を分かち持ってきたからと解釈されている。

二点目は，50万年前以降，生駒断層帯の活動によって全体として図5-14のようなパターンで300m程持ち上げられ，若い堆積物の流出が一層促されたことである。

奈良盆地中央部の場合，地殻変動（速度）は，180万年前から50万年前までは－36m/10万年，50万年前から現在までは＋34m/10万年になる。「奈良盆地中央部第四紀基底」の地殻変動の復元像は次のようになる。

【180万年前頃】 －130m程。

【140万年前頃】 －275m程。現在の馬見丘陵に当たる部分は＋225m程。

【100万年前頃】 －420m程。表層部＜－90m程＞にピンク火山灰層が堆積。馬見丘陵は＋80m程。

【80万年前頃】 －490m程。以降の間氷期には海が進入して来て，Ma4面（77万年前頃），Ma5面（70万年前頃），Ma9面（41万年前頃）などが表層部で形成。

【50万年前頃】 －600m程。地殻変動は隆起に逆転。隆起の過程で，Ma4面からMa9面は高度0m以高になり，侵食で失われた。

【22万年前頃】 －505m程。奈良公園は－3m程になって後に高位段丘となる堆積層が形成。馬見丘陵も再び高度0m以上に。

【12万年前頃】 －471m程。斑鳩は＋5mから＋15mとなり，後に低位段丘と呼ばれる堆積面が形成。馬見丘陵は＋30m程。

【現在】 －430m。ピンク火山灰層は－100m程。斑鳩は＋45mから＋55m，奈良公園は＋70mから＋80m。馬見丘陵は＋70m程。

生駒山と奈良盆地中央部の地殻変動の復元像を別の視点で整理すると興味深い知見が得られる。

100万年前頃，生駒山から馬見丘陵（奈良県北葛城郡。現在の標高70m程）は＋50mから＋100mの一続きの丘陵であった。そこにはアケボノゾウなどが闊歩していた。

その後，奈良盆地中央部は36m/10万年程の速度で沈降し続けたが，50万年前頃に＋34m/10万年程の速度の隆起に転じた。

24万年前から20万年前の間氷期には生駒山は現在より200m程低かった。奈良・大阪県境部の古大和

川流出部は当時の海水準より低くなり，海水は楽々と奈良盆地に流入していたであろう。奈良盆地中央部は現在より75m程低かった。奈良公園（現在の標高70mから90m）や纒向（同70mから80m）などの現在の高位段丘面は当時の汀線近くで形成された。

12万年前頃の間氷期には生駒山は現在より110m程低く，この時期も海水は容易に奈良盆地に流入したであろう。奈良盆地中央部の基底は今より40m程低く，斑鳩周辺は当時の海水面からの高さが0mから20mであった。汀線近くでは現在中位段丘面とされている段丘面が形成された。

奈良盆地のような内陸部では，最終氷期に凍結融解による礫生産が卓越して堆積層の形成が進行し，奈良公園の高位段丘面は6万年前頃から10万年前頃，斑鳩の中位段丘面は2万年前頃とされてきた。しかし，生駒山と奈良盆地中央部基底の上記の復元像に従うと，奈良公園の中位段丘面は24万年前から20万年前の間氷期に，斑鳩の低位段丘面は12万年前頃の間氷期に当時の汀線近くで形成され，その後の氷期に凍結融解によって生産された礫の堆積層が覆ったと考えることができる。つまり，奈良公園も斑鳩も海成段丘の可能性があるのである。

もし馬見丘陵が100万年間ずっと地表に曝されていたら，生物化石などはとっくに侵食で失われてしまったに違いない。定常的地殻変動によって地下深くに封印されていたため，貴重な地質史的資料である「前期更新世動物化石」が現在の我々の手元に残されたと言えよう。

逆に言うと，侵食の大きな地域で100万年前の生物化石が地表近くで発見されているという事実自体が沈降と隆起の激しい地殻変動を示唆しているということであろう。

§5-8.　琵琶湖西岸断層帯南部と琵琶湖

琵琶湖地域の基盤は丹波帯（中部地方の美濃帯と同じ古生代石炭紀から中生代ジュラ紀の付加体）である。それより南部は有明花崗岩と同じ白亜紀から古第三紀初めの花崗岩や領家変成帯などが大きな面積を占めている。白亜紀後期に滋賀県南部に流れ出た「湖東流紋岩」は滋賀県の岩石に選ばれた。織田信長が安土城を建てた安土山や豊臣秀次の居城となった八幡山城が建てられた八幡山の山体は湖東流紋岩である。

1988年，野洲でアケボノゾウの足跡化石が大量に発見され，後に，滋賀県の「古琵琶湖層群の足跡化石」に選ばれた。その後，ワニ類，鳥類，サイ類などの足跡化石も発見された。300万年前から200万年前には，それらの動物がこの辺りを闊歩していたことが分かる。

『琵琶湖はいつできたか』（里口，2018）には，地質学の研究成果を踏まえ，多くの簡明な模式図を添えて，琵琶湖地域の第三紀末から現在までの時間的変遷がわかりやすく示されている。図5-19によると，400万年前頃には古東海湖の一部として古琵琶湖は伊賀平野に位置していた。300万年前頃には北上して滋賀県内の甲賀地域に移り，第四紀の初め頃には鈴鹿山地の西麓，日野，近江八幡，草津あたりに拡がった。「古琵琶湖層群の足跡化石」はこの時期の動物化石である。現在の琵琶湖南部は低湿地であった。

100万年前頃には，現在の琵琶湖南部が琵琶湖になった。その後，琵琶湖は次第に北に向かって拡大し，50万年前頃には現在の琵琶湖北部にまで拡がり，次第に今のような形になって行った。

現在の湖水面の標高は84m程である。琵琶湖は西岸に向かって深くなり，安曇川河口沖の最深点の

深さは104m（深度20m）程である。

　琵琶湖の変遷に関係したと思われる活断層は，滋賀・三重県境部の鈴鹿東縁断層帯，鈴鹿西縁断層帯，木津川断層，琵琶湖西岸断層帯である。

　琵琶湖西岸断層帯は，北は福井県境から南は大津まで，全長60km程の大断層である。それは北部と南部に分けられ，南部の地表断層線は，高島市南方から大津市国分付近まで38km程，湖岸に沿って北北東－南南西方向に走っている。

　琵琶湖東側では，鈴鹿東縁断層帯や鈴鹿西縁断層帯の活動によって鈴鹿山地と彦根から日野の湖東が隆起し，木津川断層の活動によって滋賀県南部の湖南が隆起した。琵琶湖西側では，琵琶湖西岸断層帯南部で大地震が発生するたびに比良山地は隆起して現在の琵琶湖南部地域は沈降し，古琵琶湖は次第に比良山地寄りに引き寄せられて行

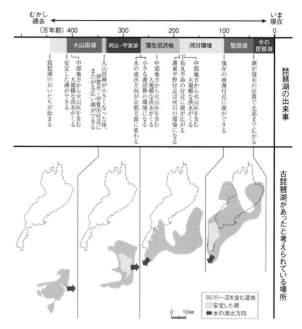

図5-19　第三紀末から現在までの琵琶湖の変遷。里口（2018）による。

った。

　それに加えて，琵琶湖西岸断層帯南部における地震によって県境部の湖水の流出部が上昇すると琵琶湖は規模を拡大し，侵食などで低下すると縮小し，それを繰り返していたであろう。

　琵琶湖西岸断層帯南部の西側には比良山地が南北に延びており，主峰の武奈ヶ岳（以下では単に比良山と呼ぶ）の標高は1214m，比叡山（図5-20の▲）の標高は848mである。以下では，比良山地の標高は1214m/848mと表示する。

　比良山は，西側が丹波帯，東側が白亜紀花崗岩，比叡山は北側の丹波帯，南側の白亜紀花崗岩の境界部に位置する。いずれも，白亜紀に貫入してきた花崗岩による熱変成を受けて固くなった丹波帯の変成岩である。そのため侵食を受けにくく，相対的に周囲より高い山となった。

　琵琶湖南部東岸から琵琶湖に突き出す烏丸半島の琵琶湖博物館（草津市の湖岸部。図5-20の■）の建設に伴って1991年から1992年にかけて深層ボーリング調査が行われた。それによると，標高90m程の建設予定地から深さ904m程（深度814m程）で花崗岩の

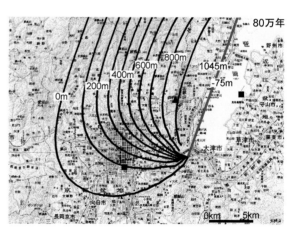

図5-20　琵琶湖西岸断層帯南部における80万年の累積震性地殻変動上下成分（80）。断層の傾きは35度。累積地震性断層ずれ上下成分（80）は1120m。コンター間隔は100m。

基盤に達し，180万年前頃から現在と同様な堆積環境であることなどが分かった。琵琶湖西岸断層帯南部の活動も180万年前頃から現在と同様だったと仮定していいだろう。

　従って，上盤側の基底として比良山地の標高を代用すると，基底の地層面落差（180）は2024m/1658m程（西上がり）ということになる。

　長期評価では，琵琶湖西岸断層帯南部の傾斜角は「地下約3kmまでは40度，約3-5kmまでは35度，約5km以深は不明」とされているので，断層下端まで西傾斜の35度と低角にとり，累積地震性断層ずれ上下成分（80）1120m（表5-3）に対して計算した累積地震性地殻変動（80）が図5-20である。

　図5-22の桃山断層による隆起も含めて，比良山の累積地震性地殻変動（80）は＋900m程，琵琶湖南部東岸部の累積地震性地殻変動（80）は－40m程，累積地震性断層ずれ上下成分（80）は940m程となる。これをさらに外挿すると累積地震性断層ずれ上下成分（180）は2115m程となる。

　図5-21は，琵琶湖西岸断層帯南部の傾斜を55度と高角にとり，断層面の幅を18kmとした場合の累積地震性地殻変動（80）である。比良山地は＋700m程，琵琶湖南部は－100m程，累積地震性断層ずれ上下成分（80）は800m程，さらに外挿すると累積地震性断層ずれ上下成分（180）は1800m程になる。

　隆起の過程で山頂部は侵食も受けたことも考慮すれば，累積地震性断層ずれ上下成分（180）の2115mと1800mは，いずれも，基底の地層面落差（180）の2170m/1670m程とおおむね矛盾はない。

　次節の京都盆地北部の議論を参考に，こ

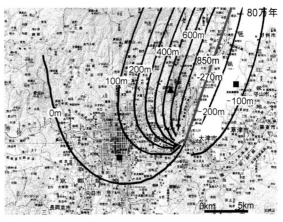

図5-21　断層の傾きを55度とした場合の琵琶湖西岸断層帯南部における累積地震性地殻変動上下成分（80）。累積地震性断層ずれ上下成分（80）は1120m。

こでは，断層面の傾斜を55度とした図5-21に基づき，上町断層帯や生駒断層帯と同じ枠組みで試行錯誤を行い，以下のような復元像を得た。それは，地震学や活断層学からの『琵琶湖はいつできたか』への補足である。

　琵琶湖に関しては50万年前に地殻変動（速度）が変わったことを示すようなデータはないが，近畿中央部に倣っても50万年前に定常的沈降はなくなったとし，180万年前から50万年前まで，－45m/10万年の定常的地殻変動（図5-17）が存在したと仮定しよう。

　累積地震性地殻変動（180）（比良山地で＋1575m，琵琶湖南部で－225m）に累積定常的地殻変動（180）（－585m）を加えると，累積地殻変動（180）は比良山地で＋990m程，琵琶湖南部で－810m程となり，実際の＋1214m/814mと－814mとおおむね調和的である。従って，180万年前頃から50万年前頃までの定常的地殻変動は－45m/10万年と仮定して差し支えないだろう。

　「比良山地」の地殻変動の復元像は現在の標高1214m/848mを出発点として遡って次のようになる。

　　【180万年前頃】＋224m/－142m程。

　　【140万年前頃】＋394m/＋28m程。

　　【100万年前頃】＋564m/＋198m程。

【80万年前頃】　＋649m／＋283m程。

【50万年前頃】　＋776m／＋410m程。比良山地は高速隆起に転じた。

【現在】　　　　＋1214m／＋848m。

「琵琶湖南部」の基底の地殻変動の復元像は，現在の深度810mから遡って次のようなる。

【180万年前頃】　－4m程。

【140万年前頃】　－234m程。

【100万年前頃】　－464m程。琵琶湖の主要部は今の琵琶湖南部地域に移った。

【80万年前頃】　－579m程。

【50万年前頃】　－752m程。沈降速度は小さくなった。

【現在】　　　　－814m程。

　繰り返すが，日本列島では，地表部での侵食と堆積は激しく，基底の変化は地表面の変化と直結せず，従って湖の位置や規模に必ずしも直結しない。その点を考慮しても，『琵琶湖はいつできたか』（里口，2018）による琵琶湖の変遷（図5-19）と大きな矛盾はないと言えよう。

　世界のどこでも，大規模な湖の寿命は一般に短い。流出部が侵食で削られてしまい，湖水が流出してしまうからである。琵琶湖は，海と繋がることもなく，淡水の湖として長寿を保っている。

　その主因は，流出部の滋賀県南部の県境周辺が堅固なジュラ紀の付加体（丹波帯）で占められていて侵食を受けにくく，加えて，琵琶湖西岸断層帯南部の活動によって琵琶湖の出口の県境部が絶え間なく隆起してきたことであろう。

　言い換えると，琵琶湖形成と長寿の主役は3枚看板ではないだろうか。1枚目は琵琶湖の基底の600mに及ぶ沈降をもたらした定常的沈降，2枚目は琵琶湖の基底の200m程の沈降をもたらし，大津市と京都市の境界部を持ち上げて湖水の流失を防いだ琵琶湖西岸断層帯南部の活動，3枚目は大津市南部と宇治市の境界部を長年にわたって塞ぐ役割を担った丹波帯である。

§5-9. 京都盆地北部の地殻変動

　京都盆地北部は，大阪平野や奈良盆地とは様相が異なる。

　京都市（1999）は，図5-5のように，市街地中央部の堀川通を一部に含む南北主測線で反射法地震探査を行い，86万年前頃のMa3面から41万年前頃のMa9面まで5枚の海成粘土層が認識された。測線上の各地点の標高は，丹波橋通（伏見区）14m程，京都駅（下京区）29m程，丸太町通（中央区。京都御所南縁を東西に通る）44m程である。丹波橋通と丸太町通の間の傾斜は30m/9km程，富山県の庄川扇状地と同じ程度である。

　ただし，海成粘土層が折れ曲がっているので解釈は単純ではない。巨椋池と丸太町通の15kmの両端だけ見ると，41万年前頃のMa9面も77万年前頃のMa4面もほとんど同じ高度である。一方，丹波橋通（伏見区）と丸太町通の間の9km程に限ると，41万年前頃のMa9面に15m程，77万年前頃のMa4面には50m程の北下がり（地表面の傾斜とは逆）の傾斜が存在する。

　それらを併せて，丹波橋通と丸太町通の間の9km程に限ると要点は①から④のように箇条書き出来る。なお，丹波橋通と丸太町通の深度や高度は（丹波橋通，丸太町通）の様に対で表記する。

①41万年前頃の海成粘土層Ma9面の（丹波橋通，丸太町通）は（−25m，−40m）程の北下がりの傾斜。

②77万年前頃の海成粘土層Ma4面は（−120m，−180m）程の北下がりの傾斜。

③基底の起伏は大きいが，大きく均して（−200m，−240m）程の北下がりの傾斜。

④宇治川沿いに，北上がりの宇治川断層が伏在する。宇治川断層は，有馬−高槻断層の東北東への延長線が京都盆地を横切る部分に当たる（京都市地域活断層調査委員会，2004）。

次に累積地震性地殻変動を検討しよう。京都盆地北部に大きな影響を与えるのは，京都盆地北部東縁の桃山断層（三方・花折断層帯南端の東下がりの支断層），同西縁の西山断層（三峠・京都西山断層帯の南端の西下がりの支断層），滋賀県側の琵琶湖西岸断層帯南部の3活断層である（位置は図4-12）。

その中で，京都盆地北部に1番大きな影響を与えるのは，実は府外の琵琶湖西岸断層帯南部である。それによる累積地震性地殻変動（80）は，図5-20の低角断層モデルの場合は（+0m，+220m），図5-21の高角断層モデルの場合は（+0m，+100m）の北上がりの隆起である。低角モデルによる大きな北下がりでは京都盆地北部の海成粘土層の堆積構造を説明することは困難なので，琵琶湖西岸断層帯南部の断層としては高角モデル（図5-21）に依ることにする。

図5-22は，西山断層による累積地震性地殻変動（80）である。京都大学工学部桂キャンパス（標高90mから120m）が位置する西山は+100m程，測線一帯では−10mから−15mである。図5-23は，桃山断層の累積地震性断層ずれ上下成分（80）240mによる累積地震性地殻変動（80）で，東山は+130mから+150m，測線一帯では−25mから−30mである。桃山断層と西山断層の寄与を合わせて測線一帯の累積地震性地殻変動上下成分（80）は−40m程となる。

3活断層からの寄与を加えると，（丹波橋通，丸太町通）の累積地震性地殻変動上下成分（80）は（−40m，+60m）と明確に北上がりになり，①や②とは有意に矛盾する。琵琶湖西岸断層帯南部，桃山断層，西山断層の3活断層だけで考える限り，平均的地震性地殻変動はどうしても北上がりになり，この矛盾は解決できない。

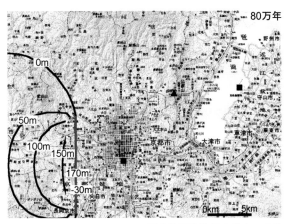

図5-22　西山断層における累積地震性地殻変動上下成分（80）。累積地震性断層ずれ上下成分（80）は200m（断層ずれは283m）。断層の傾きは45度。

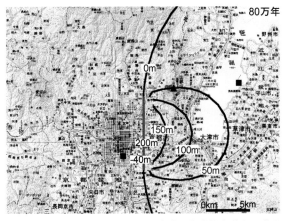

図5-23　桃山断層における累積地震性地殻変動上下成分（80）。累積地震性断層ずれ上下成分（80）は240m（断層ずれは313m）。断層の傾きは50度。

この矛盾を解決する可能性があるのは宇治川断層である。しかし，何しろ地下に埋没しているので活動度は分からない。反射法地震探査の結果（図5-5）では，断層線を挟む南側と北側の海成粘土層Ma9面（41万年前頃）に60m程，Ma4面（77万年前頃）に120m程の地層面落差（北上がり）が存在する。断層線から北に2.5km程離れた丹波橋辺りを比較の対象にすると，Ma9面が80m程，Ma4面が200m程の北上がりの地層面落差になる。

断層面の傾斜も分からない。きわめて乱暴であるが，西山断層の場合と同様に，断層面の傾斜角を45度北傾斜とし，累積地震性断層ずれ上下成分（80）を200mと仮定すると，（丹波橋通，丸太町通）の累積地震性地殻変動（80）は北下がりに（+160m，+50m）程となる。これを加えると，77万年前頃の間氷期のMa4面はほぼ水平（−24m，−23m）程だったことになる。これだと，Ma4面が浅海性の堆積層であることと大きな矛盾は無い。

二つ目の可能性は，京都盆地北縁に，活動度の高い未知の北下がりの逆断層型の活断層が存在することである。

三つ目の可能性は北下がりの定常的地殻変動である。

ここでは，これ以上仮定の議論に深入りすることは止め，表5-6の5列目のように，単に原因不明の地殻変動としておく。それを加えると，累積地殻変動（80）上下成分は（丹波橋通，丸太町通）で（+120m，+180m）程になり，Ma4面の北下がりの標高差60mと調和的になる。地殻変動（速度）は（+15m，+22.5m）/10万年程である。

	場所	琵琶湖西岸断層帯南部	西山断層＋桃山断層	原因不明の地殻変動	計
低角	丸太町 丹波橋	220m 0m	−40m −40m	−120m 160m	60m 120m
高角	丸太町 丹波橋	100m 0m	−40m −40m	0m 160m	60m 120m

表5-6　第3列と第4列は，図5-5の測線の丹波橋通と丸太町通における，琵琶湖西岸断層帯南部，西山断層，桃山断層による累積地震性地殻変動上下成分（80）。第5列は仮定した原因不明の地殻変動上下成分（80）。第6列は第3列から第5列の和。

モデル計算した累積地震性地殻変動による海成粘土層堆積構造の解釈はここまでとする。

180万年前頃から50万年前頃までの定常的地殻変動−30m/10万年（沈降）を加えると，地殻変動（速度）は，180万年前から50万年前までは（−30m，−37.5m）/10万年程，50万年前から現在までは（0m，−7.5m）/10万年程になる。

すると，原因不明の地殻変動（0m/10万年，−20m/10万年）を前提として，次のような（丹波橋通，丸太町通）の基底の地殻変動の復元像が得られる。

【180万年前頃】（+190m，+285m）程の北上がりに傾斜した丘陵だった。

【100万年前頃】（−50m，−15m）程。

【77万年前頃】（−110m，−90m）程。表層部（−24m，−238m）程でMa4面が堆積。

【61万年前頃】（−167m，−161m）程。

【50万年前頃】（−200m，−202m）程。

【41万年前頃】（−200m，−208m）程。表層部（−25m，−10m）程でMa9面が堆積。

【現在】（−200m，−240m）程，Ma4面面は（−120m，−180m）程，Ma9面は（−25m，−40m）程の北下がりの傾斜になった。

京都盆地北部で，20万年以降の海成粘土層が形成されなくなったのは，50万年前頃に，定常的沈降が停止した上，比良山地の地殻変動上下成分が＋90m/10万年と大きくなり，比良山地や北山からの土砂供給が急増し，地表面の高度が上昇したからと思われる。

話題を転じるが，「紅もゆる丘の花」で始まる「逍遥の歌」は，「我は湖の子さすらひの」で始まる「琵琶湖周航の歌」と並んで旧制三高の代表的な寮歌である。逍遥の場所は，京都大学総合人間学部（もとは教養部，その前身は旧制三高）キャンパスの東に隣接する吉田山である。

吉田山は，南北800m程，東西300m程，標高125m（比高60m）程の規模の丘である。西縁を花折断層が南北に走っており，吉田山は断層南端の末端膨隆丘とされている。岡田（2007）は，具体的な年代を示す化石や火山灰層は無いとしながらも，稜線部を高位段丘面に相当すると見なし，吉田山の隆起が始まったのは数10万年前頃とした。

吉田山は丸太町通より北へ1km程，堀川通より東に3km程である。ここの地殻変動が丸太町と同じとすると，180万年前頃から50万年以前頃は－37.5m/10万年程（50万年前頃から現在までは－7.5m/10万年程）（沈降）だったはずである。従って，「吉田山を花折断層の末端膨隆丘として局所的に隆起させる活動は50万年以前から進行していたが，広域的な地殻変動の沈降の方が上まわっていた。50万年前頃以降になって吉田山の膨張丘としての隆起の方が上まわる様になり，地表を突き抜けて隆起するようになった」ということなのかもしれない。

ただし，北下がりの原因不明の地殻変動の素性が分からないので，京都盆地北部の問題は本質的に未解決という言うべきであろう。

§5-10. 近畿地方中央部の第四紀後半の風景と不確実さ

本章では，「180万年前から50万年前まで，大阪平野から奈良盆地では70m/10万年程，琵琶湖南部と比良山地では45m/10万年程の広域的定常的沈降が存在した」という「2段階定常的地殻変動説」を提出した。

あくまで本章で検討した範囲内であるが，現在，最も高いのは比良山の＋1214m程，最も低いのは上町断層帯下盤側と東大阪の－1300m程である。80万年前は比良山の＋649mと東大阪の－990m程の差1640m程であった。180万年前は比良山の＋224m程と東大阪の－300m程になる。つまり，高低差は年代が遡る程小さくなる。

それらは，別の表現をする次のようになる。

第四紀のはじめ頃，近畿三角帯の中央部から琵琶湖周辺はなだらかな丘陵や浅海が拡がっていた。

180万年前頃から50万年前頃，大阪平野から奈良盆地で－70m/10万年（130万年で－910m）程，琵琶湖南部で－45m/10万年（130万年で－585m）程の広域的な定常的な地殻変動（沈降）が進行した。その時空間の枠組みの中で，上町断層帯，生駒断層帯，奈良盆地東縁断層，琵琶湖西岸断層帯南部などが活動して基底分布の大きな地層面落差を作りだし，上町台地，生駒山，奈良盆地，琵琶湖，比良山地など，近畿中央部の多彩な地形が形成された。その中で絶え間なく大阪層群が堆積し，図5-2から図5-7のような堆積層構造を作り出した。

50万年前頃，広域的な定常的沈降は停止し，生駒山や比良山地が急速に上昇するようになった。奈

良盆地も隆起に転じ，海になったり陸になったりを繰り返した。

　多くの問題点が残っているとは言え，上記の復元像は先行研究（例えば『京都自然史』（横山卓雄，2004））によって推定された古地理とあらまし調和的である。このことは，「２段階定常的地殻変動説」を媒介として，「大阪層群の堆積層構造，第四紀層基底深度分布，主要活断層帯の長期評価などは互いに調和的」であること，「活断層の活動は，第四紀後半，近似的には驚くほど定常的（定速度）的」であったことなどを示している。

　本章の始めに述べた尊敬する２人の先達，松田（1975）による「活断層の活動の第四紀後半の等速性」と，岡田（1980）による「地殻変動の等速性は数10万年前以降」との一見矛盾する考えが実は両立することが分かったのである。

　とはいえ，各地の復元像は，あくまでデータがある場所とその周辺だけのものである。また，繰り返しになるが，各地の復元像には，累積地殻変動と大阪層群の海成粘土層堆積構造の検討から演繹的に導かれたものから単に仮定したものなどが混在しており，不確実性は大きい。断層面の傾斜角，同幅，白亜紀花崗岩や丹波帯の基盤岩の上の新第三紀末から180万年前頃までの堆積層の厚さなど，多くの不確定要素がある。

　矛盾が生じた点も少なくない。例えば，86万年前頃にMa3面が堆積したときに，上町断層帯下盤側が−28m程，上盤側が＋46m程という計算になり，海水準以高になったことなどである。

　逆に，本章の議論にはこれらの不確実さや矛盾が含まれているにもかかわらず，「定常的沈降が存在しなかったとすれば大阪平野の深度1.6km程を越える深い基底深度構造は作れないし，「琵琶湖も作れない」し，「２段階定常的地殻変動説を導入しなければ，第四紀層基底深度や海成粘土層堆積構造を到底説明できない」ことを強調しておきたい。

　改めて地殻変動の復元像に含まれる不確実さ，問題点などを箇条書きにしておく。

　　①最近1万年のデータから得られた平均的な断層ずれ累積速度を80万年前頃や180万年前頃に外挿したこと，

　　②定常的地殻変動（速度）が50万年前頃に変化したのなら，活断層の活動度，従って平均的地震性地殻変動上下成分も変化した可能性があること，

　　③断層面の幅と深部の傾斜が不明の場合は適宜仮定したこと，

　　④地殻変動をモデル計算したとき，断層ずれは断層面上で均一としたが，実際には揺らぎがあり，特に断層帯末端では不確定性が大きいと考えられること，

　　⑤断層面の幅が30kmで，累積地震性断層ずれが1000mだと，弾性歪み0.03になる。こんな大きな歪みは通常の線形弾性体力学の適用限界から外れること，

　　⑥堆積層底部における地層の圧密は考慮していないこと，

　　⑦図5-2などの反射法地震探査による地下断面解釈図などにも現れているように，地表断層線の上盤側の深さ数100m程の柔らかい地層は局所的に変形しやすく，長期評価に影響を及ぼしている可能性があること，

などである。

　検討した活断層以外の活断層の活動も影響を及ぼしている可能性も否定できない。

　その一つは，琵琶湖西岸断層帯南部と琵琶湖博物館の間にある琵琶湖湖底断層と，比良山地の西を

並走する花折断層である。長期評価によれば，琵琶湖西岸断層帯南部の西側の花折断層は横ずれ断層型なので，上下方向の累積地震性地殻変動には基本的に寄与しない。とはいえ，長さ40kmを越える大規模活断層がたった5kmから10kmしか離れていないのに，断層面の位置関係，とくに断層面の深部延長がどのような関係にあるのかがよく分からないのも大きな不確定要因である。とはいえ，2004年中越地震の余震分布（図16-18）の様に余震分布が明確に複数の交差する面から成り立っている様に，震源断層面が交差する事例もあるので，ここでは，活断層の断層面が地下深部で交差しても特に考察はしない。

琵琶湖湖底断層の詳細はまったく分かっていないので本章では無視した。

また，筆者は「50万年前頃」に突然定常的沈降が停止したと主張している訳ではない。実際は，チバニアン期に入った頃に変化が始まり，次第に小さくなっていったのであろう。

とはいえ，六甲変動が始まった時期はこの頃である。近畿中央部は，50万年前以前は図5-18の様に生駒山を除いて沈降の場であったが，50万年前頃以降は図5-19の様に上町断層帯下盤側を除いて隆起の場となった。50万年前以前は逆断層型の活断層の活動によって生じた地形変化は堆積層に埋もれて失われて行ったであろう。50万年前以降は活断層の活動による地形形成が見かけ上顕著になったということを意味しているものと思われる。

何故，50万年前頃に広域的応力場の変化が生じたのだろうか？　§4-5の中部三角帯形成の原因と重複するが，この頃に日本列島で起こった関連ありそうな候補は三つである。

第一は，100万年前から60万年前の伊豆半島の本州への衝突である。衝突に伴って伊豆半島は隆起し，火山活動が活発になり，衝突された側では丹沢山地が隆起し，箱根火山が誕生した。ただし，伊豆半島が衝突すると何故日本列島全域の東西圧縮の地殻応力が高まるのかは未解決の問題である。

第二は，北アメリカプレートとユーラシアプレートのプレート境界は大西洋中央海嶺から北極に入ってシベリア東端を通り，間宮海峡（ユーラシア大陸とサハリンの間）を通り，日本に至る。もう一つの出来事は，この境界線が，北海道に上陸して石狩平野から胆振を経て太平洋に抜けていたが，50万年前に日本海東縁を東北地方西方沖から新潟平野を通って中央構造線に至るように移った（Seno, 1985）からという考えもある。

第三は，図4-8の様なフィリピン海プレートのデラミネーション（剥落）が加速したことである。地殻が密着していた沈み込むプレートが剥がれ落ちていくと，上盤の地殻は隆起に転じる可能性があることである。

参考文献

跡津川断層トレンチ発掘調査団・岡田篤正・竹内章・佃為成・池田安隆・渡辺満久・平野信一・升本真二・竹花康夫・奥村晃史・神嶋利夫・小林武彦・安藤雅孝，岐阜県宮川村野首における跡津川断層のトレンチ発掘調査，地学雑誌，98，440-463，1989.

藤田和夫，日本の山地形成論，『今西錦司博士古希記念論文集．Ⅰ』，中央公論社，85-140，1976.

堀家正則・竹内吉弘・今井智士・藤田崇・横田裕・野田利一・井川猛，大阪平野東部における地下構造探査，地震第2輯，第49巻，193-203，1996.

市原実，『大阪平野の周辺地域の第四紀地質図』，アーバンクボタ30，1-14，1991.

市原実，大阪堆積盆地，『特集＝続・大阪層群ー古瀬戸内河湖水系ー』，アーバンクボタ39，2-13，2001.

鎌田浩毅，大阪層群アズキ火山灰の噴出源の決定―九州，近畿，関東にわたる広域テフラ対比―，地質ニュース，503，32-38，1996.

小池一之・町田洋編，『日本の海成段丘アトラス』，東京大学出版会，2001.

京都市，平成10年度京都盆地の地下構造に関する調査報告書（概要版），1999.

京都市地域活断層調査委員会（尾池和夫・岡田篤正・竹村恵二・植村善博・吉岡敏和・松井和夫・古沢明・園田玉紀・杉森辰次・梅田孝行・斉藤勝），京都盆地の地下構造を南北に分ける宇治川断層の第四紀断層活動，活断層研究，24，129-156，2004.

町田賢一，『日本海側最大級の縄文貝塚　小竹貝塚』，シリーズ「遺跡を学ぶ」129，新泉社，2018.

松田時彦，『活断層』，岩波新書，岩波書店，1995.

岡田篤正，中央日本南部の第四紀地殻変動，第四紀研究，19，3，263-276，1980.

岡田篤正，花折断層南部における諸性質と吉田山周辺の地形発達，歴史都市防災論文集，1，37-44，2007.

Okada,Y., Surface deformation due to shear and tensile faults in a half-space, Bulletin of Seismological Society of America, 75, 1135-1154, 1985.

奥村晃史・寒川　旭・須貝俊彦・高田将志・相馬秀廣，奈良盆地東縁断層系の総合調査，『平成8年度活断層調査概要報告書（地質調査所研究資料集 No.303）』，地質調査所，51-62，1997.

太田陽子・成瀬洋，日本の海岸段丘－環太平洋地域の海面変化・地殻変動の中での位置づけ，科学，47，281-292，1977.

Seno, T., Northern Honshu microplate" hypothesis and tectonics in the surrounding regions - When did the plate boundary Jump from central Hokkaido to the eastern margin of the Japan Sea？-, Journal of the Geodetic Society, 31, 106-123, 1985.

吉川宗治・町田義之・寺本光雄・横田　裕・長尾英孝・梶原正章，大阪市内における反射法地震探査，物理探査学会第77回講演論文集，114-117，1987.

横山卓雄，『京都の自然史』，三学出版，2004.

　　以下はＨＰ

内閣府の防災情報の「地震災害」　http://www.bousai.go.jp/kyoiku/hokenkyousai/jishin.html

奈良市のＨＰ　http://www.city.nara.lg.jp/www/contents/1462841404968/files/sankoshiryo3.pdf

地震本部の「主要活断層帯の長期評価」をまとめて示す。

　　https://www.jishin.go.jp/evaluation/long_term_evaluation/major_active_fault/

　　「琵琶湖西岸断層帯の長期評価（一部改訂）」（2009），

　　「京都盆地－奈良盆地断層帯南部（奈良盆地東縁断層帯）の評価」（2001），

　　「生駒断層帯の評価」（2001），

　　「上町断層帯の長期評価」（2004），

　　「三峠・京都西山断層帯の長期評価」（2005），

　　「京都盆地－奈良盆地断層帯南部（奈良盆地東縁断層帯）の評価」（2005），

　　「三方・花折断層帯の長期評価」（2003）

第6章　第四紀後半　富山平野

§6-1. 富山平野の地質学的枠組み

　地球科学と考古学の境界領域に横たわる「小竹貝塚の標高の謎」以外にも地球科学に内在する謎も存在する。一つの事例を挙げよう。

　小矢部市田川の三島神社の100万年前頃の浅海性の化石を産出する大桑層の標高（60m程）と，すぐ東側を走る石動断層の活動度の矛盾である。長期評価を参考に平均的な断層ずれ累積速度上下成分を0.35m/1000年（後述）とすると100万年に換算して350m程，それによる田川の化石産出層の隆起をモデル計算すると290m程になり，浅海性の化石産出層の標高と矛盾する。金沢市大桑町の大桑層の模式地でも同様のことが言える。大桑層の謎である。

　これらの謎を解くために，前章と同様の指針で議論を進める。ただし，富山平野では，「主要活断層帯の長期評価」，「第四紀層基底深度分布」に加えて，「音川層」，「呉羽山礫層」，「高位段丘面」，「火山テフラ堆積層高度」などが主要要素に加わる。

　本章の地質学的側面の多くは藤井（1992）による。図6-1は富山の表層地質の基本的な分類である。山地の縁辺部に日本海拡大期の火成岩や堆積岩（グリーンタフ）が分布し，大規模河川の下流には扇状地が拡がっており，その間に，高位段丘面，中位段丘面，低位段丘面が分布している。

　富山平野は，広義には富山県内の平野部全体を指す。狭義には呉羽丘陵より東側を指し，西側を砺波平野と呼ぶ。本章では広義の意味で用い，狭義に呉羽丘陵より東側の平野部を指すときは富山平野東部と呼ぶ。

　図6-2は富山県内の活断層分布である。ただし，長期評価では，魚津周辺では，黒菱山断層に代わって数

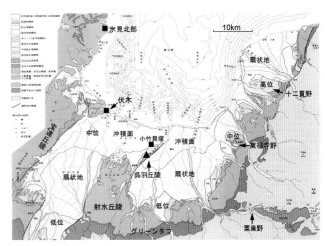

図6-1　富山の第四紀地質図。低位，中位，高位は低位段丘面，中位段丘面，高位段丘面。▲は呉羽丘陵山頂部（城山），■は小竹貝塚遺跡，高岡市伏木，氷見北部海岸。藤井（1992）の図に本章における主要地点を加筆。

km程北側を走る魚津断層帯が取り上げられており，他の活断層も竹村・藤井（1984）の認定とは部分的に異なる。長期評価（図6-3）は，竹村・藤井（1984）の現地の観察に基づく地道な先行研究を参考にしながらも，主に国土地理院が撮影した空中写真を元に判読されたものであり，互いに矛盾するという性質のものではない。

　富山平野に大きな影響を与える地震を起こす可能性のある活断層として，長期評価では，魚津断層

図6-2　富山県内の活断層の分布。竹村・藤井（1984）による。

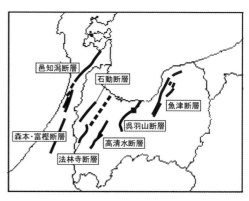

図6-3地震本部の主要活断層帯の長期評価の対象となっている富山県内の活断層。法林寺断層の北方延長の破線部は筆者が加筆した高岡断層。地震本部のHPの図に加筆。

帯，呉羽山断層帯，砺波平野断層帯，邑知潟断層帯，森本・富樫断層帯が評価の対象とされている。以下では，砺波平野断層帯を構成する高清水断層，法林寺断層，石動断層は独立に扱う（図6-3参照）。富山・岐阜県境部の大規模活断層，庄川断層帯，牛首断層帯，跡津川断層帯は横ずれ断層型なので，ここでは検討対象に含めない。本章で仮定する高岡－法林寺断層については§6-7で述べる。

『日本海成段丘アトラス』（小池・町田編，2001）の図6.1（藤原治，2001）では，平均速度1m/1000年以上の異常沈降域として，熊本平野，大阪平野（大阪湾），砺波平野，新潟平野，荒川河口域，勇払低地，石狩川河口域，斜里の8ヶ所が示されている。図6-4は，同書の「第四紀層基底深度分布図」から富山県と周辺を切り出したものである。異常沈降域の一カ所である砺波平野では第四紀層基底は深度2000mを越える。富山平野の地盤構造の要所の一つである。

それに加え，第四紀層基底面が北に向かって急傾斜していることも重要な点である。図6-4に加えて，海岸近くで呉羽丘陵の尾根部が地下に潜ってしまっていること，地表の音川層が富山湾に向かって傾斜していることなどを併せ考慮すれば，全体として富山湾に向かって傾斜する定常的地殻変動が存在することは間違いない。

本章では，富山平野の第四紀層基底面は新第三紀後半から第四紀前期に堆積した泥岩の音川層の上面，あるいは呉羽山

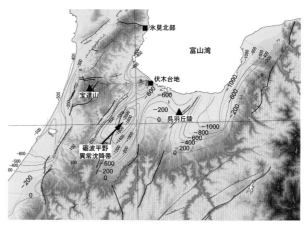

図6-4　富山と周辺の第四紀基底深度分布。基図の「第四紀層基底深度分布図」に，等深線深度と呉羽丘陵山頂部（城山）（▲），高岡市伏木（■），氷見北部海岸（■）を加筆。この3点は本章の図に共通。基図は『日本海成段丘アトラス』（小池・町田編，2001）による。

礫層や大桑（おんま）層などの第四紀層の底面を指す。

　なお，第三紀層には年代に応じて多くの堆積層が存在し，それらが傾いて第四紀層基底面に斜めに接しているので，第四紀層基底面の年代は専門的には複雑である。しかし，本章では，第三紀末の地層は音川層と総称し，専門的な議論には立ち入らない。

　近畿中央部の大阪層群に対応するのは，飛騨山脈が隆起し，侵食で生じた砂礫が大量に流れ下って堆積した「呉羽山礫層」と石川・富山県境に分布する「大桑層」である。富山平野には幾つもの名称の第四紀堆積層が存在するが，本章では，それらを呉羽山礫層と総称する。なお，呉羽山礫層は名称のように砂礫を多く含んでいるが，基盤の音川層は泥岩なので明確な違いがある。

§6-2. 呉羽丘陵と呉羽山断層帯

　富山平野の中央部には最大標高145mの呉羽丘陵が北東から南西に走っている。単に呉羽山と呼ぶ場合は県道富山－高岡線（旧北国街道）より北側を指し，最大標高は71mである。南側の最大標高は城山の145mである。両者を併せて呉羽丘陵と呼ぶ。

　大伴家持が伏木台地にあった国府から立山を見たとき，手前に呉羽丘陵という小さな丘があった。家持は生駒山の手前の矢田丘陵を思い出したに違いない。

　富山では，呉羽の「呉」をとって，呉羽丘陵の東を「呉東」（富山市，滑川市，魚津市，黒部市など），西を「呉西」（射水市，高岡市，砺波市，氷見市，小矢部市など）と呼んでいる。

　図6-5は呉羽丘陵の地質図である。東側急斜面には音川層上部（図では西富山砂岩層）や，第四紀層である安養坊砂泥互層・長慶寺砂層・呉羽山礫層が山頂部まで分布する。音川層上面は地表まで押し上げられた第四紀層基底面である。地質断面図（Fujii and Yamamoto, 1979）などを参考にすれば標高は130m程度である。

　呉羽丘陵の西側斜面には峠茶屋礫層と呼ばれるなだらかな中位段丘面が拡がっている。そこからは，下から上に向かって，マツやツガなどの氷期の針葉樹，ブナなどの広葉落葉樹，カラス貝などが出土している。それは，12万年前頃の間氷期に，中位段丘面が，氷期の森，間氷期の森，海に急速に変遷して行ったことを示している。

図6-5　藤井（1992）による呉羽丘陵地質図に地名と地層名を加筆。

　写真6-1は富山平野中央部の太閤山（富山県射水市）にある富山県立大学の校舎の7階から東方向の眺めである。呉羽丘陵が北（左手）に向かって傾いている様子がうかがえる。この傾きが地下の地層面の傾きを反映している。呉羽丘陵の奥の白雪の山々が立山連峰である。

　呉羽丘陵には，外部の事件の痕跡が残されている。標高103m程のところには，65万年前頃の上宝火山の噴火（§7-4）による上宝テフラが狭在されている（田村・他，2010）。

　呉羽山断層帯は富山平野の大きな災害要因なので最近の研究史を簡略にたどっておこう。

歴史的には，『新編日本の活断層』（活断層研究会編，1991）を一例とするように，呉羽山断層帯の地表断層線は呉羽丘陵東崖と平野部の境界部（図6-6では呉羽トンネル東口の辺り）を走っている確実度の高い断層とされていた。

1996年，富山県の活断層調査の一環として，神通川から杉谷丘陵の北側で呉羽トンネルを通って栃谷周辺まで東西6.6km程の測線で呉羽山断層

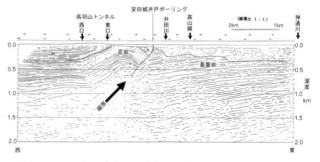

写真6-1　富山県立大学校舎の7階から北西方向を望む。手前が呉羽丘陵，矢印は呉羽丘陵山頂部。奥が立山連峰。左から毛勝山，剱岳，立山。古谷元撮影。

帯の反射法地震探査（富山県，1997）が行われた。図6-6は，それによって得られた深度2km程までの地下断面図である。驚いたことに，断層線と想定されていた呉羽丘陵東崖（呉羽山トンネルの東口）の地下に地層面の不連続は見えず，そこから1.5km程東の安田城址直下に明瞭な地層面の不連続（図中の矢印）が見えたのである。伏在断層の存在が浮かび上がり，呉羽丘陵の東崖は断層崖ではなく侵食崖だということになった。

図6-6　1996年に富山県の活断層調査の一環として行われた呉羽山断層の反射法地震波探査による深度2kmまでの地下断面図。矢印は地層の不連続面を示す。富山県（1997）の原図に地名などを加筆。

その後，中村・他（2003）によって，微地形の段差などから呉羽山断層帯の地表断層線を追跡する試みが行われ，安田城址から北東に延び，富山大学五福キャンパスを縦断し，富山赤十字病院と富山県美術館の西脇を通り，米田から岩瀬沖に抜ける地表断層線の位置が明らかになった。

2006年には，産業技術総合研究所（つくば市）の地質調査総合センター（昔の地質調査所）によって丘の夢牧場（富山市婦中町）で断層発掘調査が行われ，過去の大地震の発生時期，発生間隔など，年代に関する資料が得られた（産業技術総合研究所，2007）。

2011年と2012年，富山大学と富山市によって海岸近くで反射法地震探査が行われた。海域での反射法地震探査の成果（竹内・他，2011）も加え，村尾・他（2012）は，地表断層線は岩瀬から海域に出て魚津沖まで15km程延びていることを明らかにした（図6-7）。

このような研究から呉羽山断層帯の全容が明らかになった。長期評価の「砺波平野断層帯・呉羽山断層帯の長期評価の一部改訂について」（2008）などによると，海域の部分も含めて断層の長さ約35km，断層面は西傾斜，一回の地震時による地震性断層ずれ上下成分2m程，前回の大地震発生時期

は3500年前頃〜7世紀，平均地震発生間隔3000年〜5000年，30年発生確率は0%〜5%である。

　前回の大地震の発生時期は広い幅で与えられているが，基礎となった参考資料の年代分布から，単純化して3000年前頃と言い切ってもいいであろう。本章では，呉羽山断層帯の前回の大地震発生時期は3000年前頃で通す。

§6-3. 富山平野の活断層による累積地震性地殻変動

　以下では，§5-4で述べた［1］から［3］と同じ方針で検討を行う。要所は，（1）呉羽山断

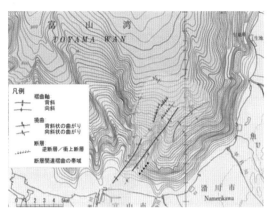

図6-7　海域での反射法地震波探査に基づき，竹内・他（2011）と村尾・他（2012）によって推定された呉羽山断層帯の海域延長部の位置図。

層帯の長期評価の活動度を当てはめると海面下で堆積したことになってしまう呉羽丘陵山頂近くの65万年前の上宝テフラ挟在層，（2）森本・富樫断層帯の長期評価による活動度は大きいのに標高が50m程しかない上盤側の大桑層，（3）チバニアン期以降に急上昇した富山平野東縁の高位段丘，（4）深度2000mにも達する砺波平野異常沈降帯（図6-4）である。

　ただし，近畿中央部では，巨大都市の防災上の必要もあって研究が進んでおり，図5-2から図5-5のように，深度1500mを越える大阪層群の海成粘土層堆積構造と活断層の活動による地層面落差が認識されている。しかし，富山平野の堆積層についてはその様な堆積面構造のデータはない。しかも，富山平野は第四紀層基底面の東西方向の起伏が激しく，同時に北方向に傾斜する複雑な構造をしているので議論がむつかしい。そのため，本章では，第5章以上に多くの仮定や外挿を行わざるを得ず，検討結果にはどうしても近畿中央部以上に大きな曖昧さがつきまとう。あらかじめ御承知置き頂きたい。

　表6-1は長期評価による各活断層の平均的な断層ずれ累積速度を各年代にまで外挿した累積地震性断層ずれ上下成分である。表の累積地震性断層ずれ上下成分（80）に対してモデル計算した累積地震性

断層	10万年	50万年	80万年	180万年	傾き	
魚津断層	30m	150m	240m	540m	45	南東
呉羽山断層	40−60m	200−300m	320−480m	720−1080m	45	北西
高清水断層	30−40m	150−200m	240−320m	540−720m	45	南東
石動断層	30−40m	150−200m	240−320m	540− 720m	47.5	北西
邑知潟断層	40−80m	200−400m	320−640m	720−1440m	30	南東
森本・富樫断層	100m	500m	800m	1800m	50	南東

表6-1　主要活断層帯の長期評価による富山平野と石川県境の縦ずれ型活断層の累積地震性断層ずれ上下成分。傾きの列は断層の傾きと方向。

地殻変動（80）が図6-8から図6-14である。ただし，表6-1の数値に幅がある場合は平均を用いた。高岡-法林寺断層の図6-11と石動断層の図6-12については§6-7で改めて述べる。

　図6-15と表6-2の80万年の列は，図6-8から図6-14の各断層による累積地震性地殻変動を足し合わせた各地点の累積地震性地殻変動（80）である。表6-2の10万年，50万年，180万年前の列の数値は，80万年の列の数値から按分比例で計算した各年代の累積地震性地殻変動である。細かい数字は換算の時

に生じたものである。

定常的地殻変動に話が進む前に，§5-5と同様に，定常的地殻変動を導入しなくても議論が可能な

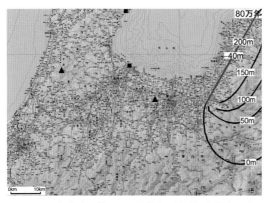

図6-8　魚津断層帯による累積地震性地殻変動上下成
　　　分（80）。基図はカシミール３Ｄで作成。以下同じ。

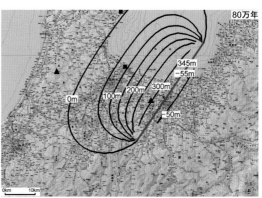

図6-9　呉羽山断層帯による累積地震性地殻変動上下成
　　　分（80）。

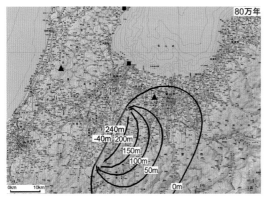

図6-10　高清水断層による累積地震性地殻変動上下
　　　成分（80）。

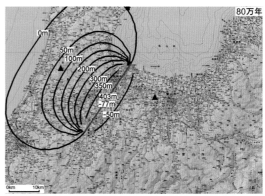

図6-11　高岡－法林寺断層による累積地震性地殻変動
　　　上下成分（80）。高岡－法林寺断層については§6-7を参
　　　照。

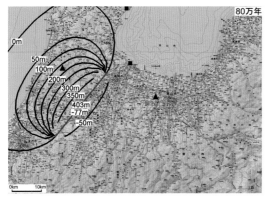

図6-12　石動断層による累積地震性地殻変動上下成
　　　分（80）。平均的ずれ速度は長期評価より1.5倍程大き
　　　い。

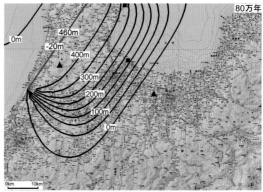

図6-13　邑知潟断層帯による累積地震性地殻変動上下
　　　成分（80）。

「累積地震性断層ずれ上下成分（180）」（表6-2）と「第四紀層基底の地層面落差」（図6-4）の比較を行おう。そうすると，次の様に整理できそうである。

　魚津断層帯の場合は，累積地震性断層ずれ上下成分（180）は630m程。第四紀層基底の地層面落差は判別できない。

　呉羽山断層帯の場合は同じく800m程。呉羽丘陵西側（射水市）の基底深度は－400m～－200m，東側（富山市中心部）で－1000m程なので，基底面の地層面落差は600m～800m（西上がり）となる。両者はおよそ調和的。

　高清水断層の場合は同じく630m程。東側の射水丘陵（標高200mから400m）の第四紀層基底高度として，断層線2km程東方の鉢伏山の標高510mと4km程東方の牛岳の標高987mを代用すると，高清水断層における基底面の地層面落差は1.5km～2km（東上がり）になり，調和的でない。第四紀に入る前から鉢伏山や牛岳は既に相当高かったのであろう。本節では長期評価を基準にした議論の対象としない。

　邑知潟断層帯の場合は同じく1080m程。宝達山の標高637mを基底高度の代用とすると，第四紀層基の地層面落差は1.1km程になり，おおむね調和的。

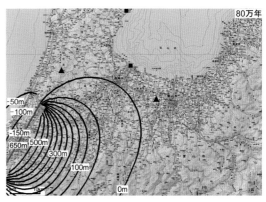

図6-14　森本－富樫断層帯による累積地震性地殻変動上下成分（80）。

場所		10万年	50万年	80万年	180万年
魚津断層	上盤	25m	125m	200m	450m
	下盤	-10m	-50m	-80m	-180m
富山市中心部		-4m	-19m	-30m	-70m
呉羽丘陵山頂		40m	200m	320m	720m
高岡一法林寺下盤		13m	66m	105m	236m
石動断層上盤		133m	567m	1065m	2040m
伏木台地		80m	400m	640m	1440m
氷見北部		38m	194m	310m	700m
宝達山山頂		85m	425m	680m	1530m
邑知潟断層	上盤	75m	375m	600m	1350m
	下盤	15m	75m	120m	270m
森本・富樫	上盤	75m	375m	600m	1350m
	下盤	-10m	-50m	-80m	-180m

表6-2　80万年の列は，図6-8から図6-14の累積地震性地殻変動を足した各地点の80万年間の累積地震性地殻変動上下成分（80）。80万年以外の列は80万年の列から換算したもの。

　森本・富樫断層帯の場合（同1530m程），地表断層線を境界に第四紀層基底の地層面落差は700m程。森本・富樫断層帯が活動を始めたのは，180万年前頃よりずっと新しいからと思われる。

　この整理では，累積地震性断層ずれ上下成分（180）と第四紀層基底の地層面落差が調和的なのは呉羽山断層帯と邑知潟断層帯だけであるが，それを頭において，本章では図6-15を基本に議論を進めていく。しかし，前章以上に本章の論理の立て方が複雑なので検討結果を先に述べておく。

　図6-15の数値を80万年で割って速度に転換したのが図6-16の平均的地震性地殻変動（速度）である。図6-17は本章で導出された定常的地殻変動（速度）である。図6-16と図6-17を足すと図6-18の地殻変動（速度）になる。

　図6-17の定常的地殻変動（速度）の要点は次のように箇条書きすることができる。

(1)富山平野東縁と南縁で大きく隆起，破線の間の富山平野東部と砺波平野から宝達丘陵で大きく沈

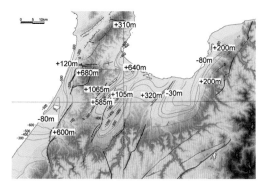

図6-15 表6-2の80万年の列の累積地震性地殻変動上下成分(80)の分布。基図は「第四紀層基底深度分布図」。以下同じ。

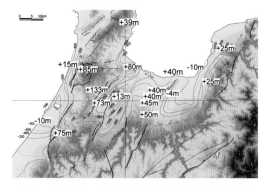

図6-16 図6-15を累積地震性地殻変動上下成分(速度)に換算したもの。単位は/10万年。

降,宝達山地北部でゼロの戻るという幅30kmから40km程度の広域的な沈降域が存在。

(2)富山平野東縁の高位段丘で+150m/10万年に達する高速隆起。

(3)魚津海岸部から常願寺川下流部に至る−50m/10万年程の沈降。

(4)富山平野中央部で100m/30km/10万年以上の北下がりの傾動運動。

(5)高岡から金沢に至る最大−120m/10万年に達する高速沈降。

(6)富山・石川県境ではなくなる,

単純化すると,幅40km程の2本の破線の間,富山平野から金沢平野一帯の長波長の定常的沈降帯が姿を現したのである。本書では,これを「富山・金沢定常沈降帯」と呼ぶ。

一般的に「波長が長い方が本質的」と見なすので,富山平野では,富山・金沢定常沈降帯こそが本質的と言えよう。図6-17の富山・金沢定常沈降帯を中核とする広域的な時空間の中で,魚津断層帯,呉羽山断層帯,高清水断層,高岡ー法林寺断層,石動断層,邑知潟断層帯など活動して第四紀

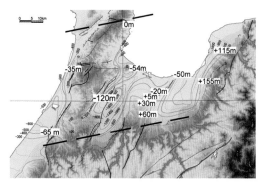

図6-17 定常的地殻変動上下成分(速度)の分布。単位は/10万年。

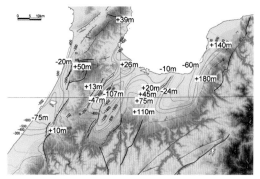

図6-18 地殻変動上下成分(速度)の分布。図6-16と図6-17を足したもの。

層基底深度の凹凸を生み出し,立山と同じジュラ紀花崗岩の宝達山地を持ち上げ,富山平野の複雑な第四紀層基底深度構造を作り出し,それが地表における複雑な地形の基盤となっている。呉羽丘陵から射水丘陵の山塊は例外である。

なお,次節以下は,前章同様,定常的地殻変動を抽出するための細かい数字のやや専門的な議論になる。以下では,地殻変動の復元像の【 】の部分だけを拾い読みしても差し支えない。

§6-4.　呉羽丘陵の地殻変動の復元像

　本節では，累積地震性地殻変動上下成分と，呉羽丘陵の呉羽山礫層に挟在されている上宝テフラ（§7-4）の標高との関係を検討する。

　呉羽丘陵の累積地震性地殻変動はほとんどは呉羽山断層の活動で決まる。図6-9と表6-2の数値を65万年前頃に換算すると，上盤側の呉羽丘陵山頂部は＋244m（±50m）程である。下盤側の神通川左岸では－49m（±10m）程，富山市中心部で－41m（±9m）程となる。

　それに断層面が東に向かって傾く高清水断層による呉羽丘陵一帯の＋16m程（図6-10）を加えると，呉羽丘陵山頂部は＋260m（±50m）（＋40m/10万年）程，神通川左岸は－33m（±10m）（－5m/10万年）程，富山市中心部は－25m（±9m）（－4m/10万年）程となる。

　±の数値は長期評価における平均的な断層ずれ累積速度の幅（表5-3）に由来する地殻変動の幅を示す。大地のダイナミクスのように，複雑で分かりにくい地殻変動の場合にはこのくらいの不確実さがいつも付きまとう。この幅は相当大きく，「幅の間の数値に等しく可能性がある」とすると年代を数10万年も遡らせる外挿などは意味がなくなる。しかし，一般には幅の中間値の蓋然性が最も高いと考えるので，中間値を外挿することには意味があるはずである。以下では長期評価に由来する幅は付記しないが，幅があることには留意する必要がある。

　65万年前頃の海水準は分からないが，Lisiecki and Raymo (2005) の酸素同位体比の年代変動から読み取ると70m程であったと思われる。

　呉羽丘陵を260m押し下げると上宝テフラ挟在層は－157m程となり，当時の海水準よりも遙かに深い海底だったことになる。そのような海底で火山テフラを挟む陸生堆積層が形成されることはありえない。そうすると長期評価と地質学的証拠は両立しないということになる。

　解決策は三つである。一つ目は，長期評価の平均的な断層ずれ累積速度の0.4-0.6m/1000年が過大評価と考え，それを半分にすることである。二つ目は，活動度が時間変化した可能性である。三つ目は，前章に倣って，活断層を原因としない定常的地殻変動を導入することである。ここでは三つ目の策をとる。

　定常的沈降（速度）を見積もるために，定常的地殻変動が①から⑤の場合を考慮しよう。

　　①－10m／10万年，上宝テフラ挟在層は－92m程，
　　②－15m／10万年，上宝テフラ挟在層は－59m程，
　　③－20m／10万年，上宝テフラ挟在層は－27m程，
　　④－25m／10万年，上宝テフラ挟在層は＋5m程，
　　⑤－30m／10万年，上宝テフラ挟在層は＋38m程。

　①の場合，65万年前頃の上宝テフラ挟在層は－92m程だったことになる。定常的沈降がない場合と同様に海水準以下となるので除く。

　②の場合も，上宝テフラ挟在層は－59m程となる。一応堆積可能であるが，汀線に近く，薄いテフラ堆積層は侵食を受けやすかったと思われるので除く。

　④の場合は上宝テフラ挟在層は＋5m程だったことになる。しかし，羽山丘陵山頂部が－60m程にな

るのが115万年前頃にもなり，呉羽山礫層を堆積させる十分な時間がなかったことになるので除く。

　⑤の場合，地殻変動（速度）が＋10m/10万年（隆起）になり，180万年前頃に呉羽丘陵山頂部が－35m程にしかならず，呉羽山礫層を堆積させる時間はほとんどなかったことになるので問題外である。

　②と④も完全には排除できないが，ここでは，この様な不確実さがあることを含めて答えは③，定常的沈降は－20m/10万年（沈降）として以下の議論を進めたい。いずれにせよ，呉羽山断層帯の活動による隆起のほぼ半分を定常的沈降が打ち消して来たのである。これが，図6-17の中央にプロットした「－20m」の意味である。

　そうすると，「呉羽丘陵山頂部」の隆起の復元像は以下のようになる（表6-3（D））。ただし，山頂部の高度はそれぞれの時点の山頂の高度ではなく，現在の山頂部の仮想的高度である。以下，すべて同様である。

　【180万年前頃】　－215m程。基底（音川層上面）深度は－230m程。

　【80万年前頃】　　－15m程。

　【65万年前頃】　　＋15m程，基底深度は＋0m程になり，－27m程の山麓低地に上宝テフラを含む
　　　　　　　　　　陸生堆積層が形成。

　【50万年前頃】　　＋45m程。

　【33万年前頃】　　＋80 m程。

　【12万年前頃】　　＋120 m程。

　【現在】　　　　　＋145mになった。基底深度は＋130m程。

　呉羽山断層帯の場合，長期評価と地質学的証拠（標高103m程の上宝テフラ）は一見矛盾するように見えたが，定常的地殻変動（－20m/10万年）を介在に両立することが分かった。

　表6-3は上記の復元像と共に本章で検討する地域の隆起沈降の復元像を先取りしてまとめたものである。

場所	180万年前	80万年前	50万年前	33万年前	12万年前	現在
(A)十二貫野段丘		-960m	-540m	-300m	-5m	+163m
(B)東福寺野段丘			-665m	-360m	+20m	+235m
(C)富山中心部基底	-230m	-480m	-540m	-600m	-650m	-680m
(D)呉羽丘陵山頂	-215m	-15m	45m	80m	120m	145m
(E)杉谷丘陵		-300m	-165m	-89m	7m	60m
(F)丘の夢牧場		-525m	-300m	-168m	-10m	80m
(G)八尾町水谷		-740m	-410m	-223m	8m	140m
(H)高岡 - 法林寺断層下盤	-180m	-1250m	-1575m	-1760m	-1980m	-2110m
(I)石動断層上盤	-180m	-45m	-5m	+17m	+44m	+60m
(J)伏木台地	-450m	-190m	-110m	-66m	-12m	+20m
(K)石動山山頂	-140m	250m	370m	435m	517m	564m
(L)宝達山山頂	-265m	235m	385m	472m	577m	637m
(M)邑知潟下盤側	-140m	-340m	-400m	-435m	-475m	-500m
(N)富樫・森本断層上盤		-30m	0m	17m	38m	50m
(O)富樫・森本断層下盤		0m	-225m	-300m	-510m	-600m

表6-3　第6章の検討で得られた各地点の地殻変動復元像のまとめ。

　定常的沈降が−20m/10万年の場合，富山市中心部の地殻変動（速度）は−24m/10万年となる。180万年前頃の第四紀層基底深度が呉羽丘陵山頂部と同じ−230m程だったとすると，現在では−660m程と言うことになり，図6-4の富山市中心部の深度に大きく近づく。ただし，図6-17を参考にすれば，富山市中心部の定常的沈降は−20m/10万年よりもっと大きかった可能性もあり，現在の第四紀基底深度は−660m程よりさらに深いと思われる。

　「富山市中央部」の第四紀基底面の沈降の復元像は以下のようになる（表6-3（C））。

　【180万年前頃】　−230m程。

　【80万年前頃】　−470m程。

　【50万年前頃】　−5400m程。

　【現在】　　　　−660m程。

§6-5. 呉羽丘陵南部の高位段丘面の高速隆起

　中村・他（2003）は魚津断層帯と呉羽断層周辺の高位段丘面における数mのボーリングによって被覆土壌層を採取し，火山起源の広域テフラから段丘面の離水時期を求めた。この節では，彼らの離水時期の推定に基づいて，呉羽丘陵南部の3ヶ所の段丘面における地殻変動の検討を行う。

　最初は呉羽山断層帯の西側2km程を西に位置する杉谷丘陵である。呉羽丘陵山頂部から尾根部に沿って南西3km程に，東西1km程，南北0.4km程，標高55から60mの杉谷丘陵がある（図6-5）。そこは友坂段丘と呼ばれる場合もあるが，本章では杉谷丘陵で通す。

　杉谷丘陵には富山大学医学部と薬学部の杉谷キャンパスがあり，北縁には北陸自動車道が東西に走っている。中村・他（2003）は，杉谷丘陵の離水時期を14万年前頃から11万年前頃とした。以下の計算では平均の12.5万年とする。

　呉羽山断層帯による杉谷丘陵の12.5万年分の累積地震性地殻変動(12.5)（図6-19）は呉羽丘陵山頂部と同じとすると＋50m程（隆起）で5mから10m足りない。そこで，杉谷丘陵では定常的隆起＋5m/10万年を導入すると，累積地殻変動（12.5）は＋56m程になり，12.5万年前頃は＋1m〜＋6mという計算になる。これだと，離水時期を12.5万年前頃の間氷期（海水準は＋5m程）とした中村・他（2003）と調和的である。地殻変動（速度）は＋45m/10万年程の隆起である。

　「杉谷丘陵」の隆起の復元像は以下のようになる（表6-3（E））。

　【80万年前頃】　　−305mから−300m。

　【50万年前頃】　　−170mから−165m。

　【22万年前頃】　　−44mから−49m。

　【12.5万年前頃】＋0mから＋5mになって離水。

　【6万年前頃】　　　＋28mから＋33m。

　【5万年前頃】　　　＋33mから＋38m。

　【現在】　　　　　　＋55 mから＋60m。

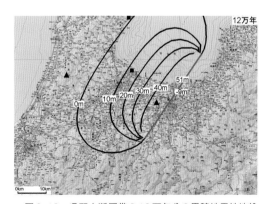

図6-19　呉羽山断層帯の12万年分の累積地震性地殻変動上下成分（12）。

次は丘の夢牧場である。杉谷丘陵から南南西に4.5km程の標高70mから80mの段丘面で，2006年にはここで§6-2で述べたような断層発掘調査が行われた。

　中村・他（2003）によると，ここが離水したのは氷期の20万年前頃から16万年前頃であった。ここでは平均をとって18万年前頃とし，当時の海水準を−60m程だったとすると，地殻変動（速度）は＋75m/10万年程の隆起となる。この場所の累積地震性地殻変動（18）は＋80m（＋45m/10万年）程なので，定常的地殻変動は＋30m/10万年ということになる。

　「丘の夢牧場」の隆起の復元像は以下のようになる（表6-3（F））。

　　【80万年前頃】　−525m程。

　　【50万年前頃】　−300m程。

　　【22万年前頃】　−90m程。

　　【20万年前頃】　−75m程。

　　【20万年前頃】から【16万年前頃】の間に離水。

　　【16万年前頃】　−45m程。

　　【12万年前頃】　−15m程。

　　【現在】　　　　＋70mから＋80mの段丘面。

　丘の夢牧場は20万年前頃から16万年前頃の間氷期に一旦離水したが，12万年前頃の間氷期には再び海水に覆われたが，間氷期が終わるとともに再び離水して丘陵になったという興味深い経過をたどったように思われる。2度目の離水時期の堆積層は，その後の浸食で失われてしまったのであろう。

　最後は八尾町水谷の高位段丘である。そこは，丘の夢牧場から南南東へ5km程，呉羽丘陵山頂部から南南西に11km程，八尾町中心部からは北西へ2km程の山裾である。この場所の累積地震性地殻変動（18）は＋90m（＋50m/10万年）程である。

　八尾町水谷（標高140m程）の離水時期は16万年前頃から20万年前頃である。離水時期の海水準が丘の夢牧場の場合と同じ−60m程だったとすると，累積地殻変動（18）は＋200m（＋110m/10万年）程となる。平均的地震性地殻変動（速度）（＋50m/10万年）を差し引くと，定常的隆起は＋60m/10万年となる。

　「八尾町水谷の高位段丘面」の隆起の復元像は以下のようになる（表6-3（G））。

　　【80万年前頃】　−740m程。

　　【50万年前頃】　−410m程。

　　【20万年前頃】　−80m程。

　　【20万年前頃】から【16万年前頃】の間に離水。

　　【16万年前頃】　−36m程。

　　【12万年前頃】　＋8m程。

　　【現在】　　　　＋140m程の段丘面。

　つまり，9月はじめに行われる「越中おわら風の盆」で有名な八尾町は，3000年前頃の呉羽山断層での地震のあと，1000年で60cm程の速度で隆起してきたのである。

　地震性地殻変動も含めれば，八尾町周辺では10万年で110mの速度で隆起してきたので富山県の化石「八尾層群の中新世貝化石群」を我々が手にすることが出来るようになったと言えよう。

　杉谷丘陵（＋5m/10万年），丘の夢牧場（＋30m/10万年），八尾町水谷（＋60m/10万年）と，南に向かって定常的隆起（速度）が系統的に大きくなって行くことが分かる（図6-17）。

　なお，八尾町水谷あたりでは呉羽山断層帯断層線は大きく東側に曲がっており，図6-9の上盤側の隆起の大きさをどこまで適用すれば良いかは不明である。また，丘の夢牧場も八尾町水谷も呉羽山断層帯断層線南端（図6-9）と高清水断層断層線北端（図6-10）の間という微妙な場所に位置している。高清水断層断層線の北端が砺波平野東縁をもっと北に延びていると，丘の夢牧場も八尾町水谷も平均的地震性地殻変動はもっと大きくなり，定常的隆起の見積もりは小さくなることをお断りしておく。

　境野新は，杉谷丘陵から南東に500m程に位置している。そこは，杉谷丘陵面より10m程低い呉羽丘陵の鞍部になっており，杉谷丘陵面の隆起の復元像から10m差し引けば，以下のような境野新の隆起の復元像となる。境野新は興味深い経過を辿ったことが分かる。

　【12万年前頃】間氷期の極大期には，海水準は＋5m程，境野新は－10mから－5mなので海面下であった。

　【10万年前頃】海水準が－15m程まで低下する一方，境野新は＋0mから＋5mまで隆起し，陸になった。この間に，古神通川や古井田川は境野新から古射水潟に流れ出す流路が形成され，北陸自動車道富山西インターがある境野新扇状地（中位段丘面）が形成された（図6-5参照）。

　【5万年前頃】＋20mから＋25mまで上昇した。古井田川と古神通川は境野新を越えられなくなり，古呉羽丘陵の東側に流路を変えた。中村・他（2003）は，この流路の遷移が，呉羽山断層帯で大地震が発生した時に一気に起こった可能性を指摘している。

　【現在】＋45mから＋50mになった。

§6-6.　魚津断層帯周辺の高位段丘面の高速隆起

　次に，魚津断層帯と高位段丘の検討を行う。

　富山平野東部では，黒部扇状地から魚津を経て常願寺川下流域まで，魚津断層帯の断層線が平野と山地の境界を北東－南西の方向に走っている。長期評価によると，長さは約32km，断層の傾きは南東に向かって45度，平均的な断層ずれ累積速度は0.3m/1000年である。図6-4によると，魚津断層帯周辺の海岸部では第四紀層基底深度は1000mを越す。

　中村（2002，2005）は，微地形や広域テフラなどの調査から，支断層も含めて魚津断層帯の断層ずれを詳細に検討したが，本節での地震性地殻変動の計算では簡明のため長期評価に従う。

　そうすると，魚津断層帯による累積地震性地殻変動（80）（図6-8）は，断層線上盤側で＋200m（＋25m/10万年）程，同下盤側で－80m（－10m/10万年）程である。

　東京から富山に向かう北陸新幹線が黒部川扇状地を通り過ぎる頃，左手に扇状地の奥まで延びる壁が見える。その上が富山平野で最も顕著な十二貫野の高位段丘面（図6-1）である。黒部宇奈月温泉駅（標高55m程）の南側の台地の上の宮野運動公園は標高130m程であるが，その奥の標高320m辺りに「くろべ牧場」があり，黒部川扇状地，富山湾，能登半島の眺望が素晴らしい。東奥端は標高400m程にも達する。それを南西の方向から遠望したのが写真4-3である。

　中村（2005）は，十二貫野の高位段丘面のデータ採集地点（黒部市石田野。標高は165m程）が離水

した時期を18万年前頃から14万年前頃とした。中間をとって離水時期を16万年前頃とし，この時期の海水準を－60m程とすると，データ採集地点は16万年間に＋225m程隆起したことになる。速度にして＋140m/10万年程である。海岸部の定常的地殻変動は－50m/10万年程なので，富山平野東縁では＋200m/10km/10万年にも及ぶ急速な傾動運動が存在することになる。

地殻変動（速度）（＋140m/10万年程）から平均的地震性地殻変動（速度）（＋25m/10万年の隆起）を引くと，定常的隆起（速度）は＋115m/10万年程となる。ここでは，定常的隆起が圧倒的な主役なのである。

「十二貫野高位段丘」の隆起の復元像は次のようになる（表6-3（A））。

【80万年前頃】 －960m程。

【50万年前頃】 －540m程。

【33万年前頃】 －300m程。

【18万年前頃】 －89m程。

【14万年前頃】 －33m程。

【現在】 　　　＋163m程。

もう一つの顕著な高位段丘面は東福寺野（滑川市東福寺野。標高60mから300m）である。離水時期は十二貫野と同じ16万年前なので，データが採集された2地点の標高が230m程と240m程なので平均をとり235mとし，十二貫野の場合と同様の計算をすると，定常的地殻変動は＋155m/10万年程，地殻変動は180m/10万年程となる。

「東福寺野高位段丘」隆起の復元像は次のようになる（表6-3（B））。

【80万年前頃】 －1200m程。

【50万年前頃】 －665m程。

【33万年前頃】 －360m程。

【18万年前頃】 －89m程。

【14万年前頃】 －17m程。

【現在】 　　　＋235m程。

ただし，竹村・藤井（1984）は，この地域では黒菱山断層こそが卓越的な活断層とみなした。しかし，黒菱山断層が活断層としても，1m/1000年を越える活動的な活断層とも思えないので，上記の議論の大勢は変わらないだろう。

また，十二貫野や東福寺野などの隆起が180万年続いたとすると，周辺も含めて2.5km程隆起したことになる。こんなに隆起したとは思えないので，十二貫野や東福寺野などの高位段丘の隆起はチバニアン期に入ってから始まったのであろう。これらの高位段丘が，何故チバニアン期以降に急速に隆起してきたのか不思議である。それは，第16章の立山隆起の問題につながっていく。

§4-4で言及したが，上市の丸山運動公園で250万年頃の年代の広域テフラ層を含む礫層が見出された。丸山運動公園は東福寺野と同様に魚津断層の上盤側にあり，東福寺野から南西に6km程の地点である。ここは，250万年前以降一旦沈降した後，チバニアン期に入って東福寺野の高位段丘面と共に上昇してきたので我々は250万年頃の礫層を手にすることが出来るようになったのであろう。「八尾層群の中新世貝化石群」と同様である。

次は富山平野東部の海岸部の議論に移る。

図6-7のように，呉羽山断層帯は，呉羽丘陵山頂部から北東10km程で神通川の河口部の1kmから2km西を富山湾に抜け，魚津沖まで伸びている（竹内・他，2011）。

神通川河口辺りの累積地震性地殻変動はほとんど呉羽山断層帯だけで決まり，累積地震性地殻変動（80）は，上盤側（岩瀬）で＋320m程，下盤側（常願寺川河口部）で－30m程である。累積地震性地殻変動（180）は，上盤側で＋720m程，下盤側で－90m程になる。

滑川沖から魚津沖は，呉羽山断層帯による沈降に魚津断層帯による沈降を加えると，累積地震性地殻変動（180）は－80m程の沈降となる。これでは，図6-4の常願寺川下流から魚津海岸部の1000mを越す第四紀層基底深度は到底作れない。

このギャップを埋めるために定常的地殻変動（－50m/10万年）を導入すると，地殻変動は－60m/10万年程となる。180万年前頃の第四紀層基底深度が呉羽丘陵部と同じ－230mだったと仮定すると，現在の第四紀基底深度は－1310m程となり，図6-4の滑川から魚津の海岸部の－1000mを越える第四紀基底深度と大きな矛盾はなくなる。

定常的地殻変動－50m/10万年程のもう一つの裏付けは，呉羽山断層帯の上盤側の平均的地震性地殻変動が＋40m/10万年程なので，海岸部の定常的沈降が－40m/10万年程より低速だったとすると，海岸部に呉羽丘陵が顔を出していていいはずだということである。逆に言うと，海岸部に呉羽丘陵が顔を出していない事実は，海岸部の定常的沈降が－40m/10万年程より有意に高速であったことを示している。

§6-7．高岡－法林寺断層仮説

砺波平野は庄川と小矢部川によって形成された扇状地である。ところが，不思議なことに，第四紀層基底深度分布図（図6-4）では，庄川と小矢部川の間は，幅15km程，深さ2km程の顕著な沈降帯になっている。ここではそれを「砺波平野異常沈降帯」と呼ぶ。

石動断層はその西縁を区切っており，断層線下盤側（東側）に小矢部市石動や高岡市福岡町の市街地が分布しており，断層線上盤側（西側）の宝達丘陵東麓には大桑（おんま）層が分布している。大桑層は県境部に広く分布する寒流系の貝類化石を多く産出する浅海成の砂岩層である。

大桑層の一例を挙げると，小矢部市の石動駅から北北東3km程の谷筋に田川集落（標高30m程）があり，山腹の三島神社（標高60m程）の境内の崖の大桑層から貝化石が産出する（藤囲会，2012）。この地層は平野側（南東方向）に向かって大きく傾き，その下はグリーンタフである。大桑層とグリーンタフの境界面は地上に出た第四紀層基底面である。つまり，砺波平野異常沈降帯の最深部と田川の三島神社の距離6km程の間に2000mもの第四紀基底の地層面落差が存在するのである。

砺波平野断層帯の長期評価（「砺波平野断層帯・呉羽山断層帯の長期評価の一部改訂について」，2008.）の枠内では，この極端な地盤構造は到底説明出来ない。本節では，長期評価に変更と追加を行い，定常的地殻変動と合わせて砺波平野異常沈降帯の地盤構造を説明する試みを行う。

この方針の下に，砺波平野異常沈降帯の地盤構造の原因は次の2要素に分解できるものとする。

（1）石動断層と高岡－法林寺断層（下述）の西上がりの累積地震性断層ずれ上下成分2km程。

（2）広域的定常的沈降2km程。

まず（1）の第四紀層基底の累積地震性断層ずれ上下成分から検討対象にしよう。

長期評価では，法林寺断層と石動断層は一括して扱われており，法林寺断層の平均的な断層ずれ累積速度は0.3m〜0.4m/1000年，前回の活動は6900年前〜1世紀とされている一方，石動断層の平均的な断層ずれ累積速度の記載はない。いずれも，断層面は北西に向かって傾く逆断層である。

『1：25,000都市圏活断層図 砺波平野断層帯とその周辺「高岡」解説書』（後藤・他，2015）（以下『「高岡」解説書』と略記する）によれば，高岡断層は，図6-3の破線部の様に砺波平野異常沈降帯を通り抜け，戸出あたりから北に延び，高岡城跡東を通り，伏木台地を縦断しており，著者達は高岡断層を法林寺断層の北北東への延長と見なしている。

本章では，『「高岡」解説書』に従い，高岡断層と法林寺断層を併せて一面の断層とし，「高岡－法林寺断層」と呼ぶことにする。

ただし，断層ずれ累積速度などの情報はないので，とりあえず，高岡－法林寺断層と石動断層は，平均的な断層ずれ累積速度も断層モデルも法林寺断層の長期評価と同じ0.3m〜0.4m/1000年と仮定してみよう。しかし，そうしても，二つの断層をあわせても累積地震性断層ずれ上下成分（180）は1080m〜1440mにしかならず，2000m程の落差は作れない。

そこで，二つの断層の平均的な断層ずれ累積速度は，法林寺断層の長期評価の平均の1.7倍程，0.6m/1000年と仮定しよう。つまり，この狭い場所に，合わせて長期評価より3.5倍もの活断層の活動を想定する。それによる累積地震性地殻変動（80）上下成分が図6-11と図6-12である。

そうすると，石動断層上盤側（上述の田川の三島神社あたり）で累積地震性地殻変動（180）は2400m程の隆起，6km程東の高岡－法林寺断層下盤側（砺波平野異常沈降帯の中心部）で230m程の隆起となり，累積地震性断層ずれ上下成分（180）は2170m（西上がり）程となって（1）で想定した累積地震性地殻変動上下成分2kmとおおむね同程度になる。高岡－法林寺断層の下盤側（東側）も隆起になるのは呉羽山断層帯（図6-9）と邑知潟断層帯（図6-13）によって持ち上げられているからである。

それでは深度2000mに及ぶ砺波平野異常沈降帯を作れないので，－120m/10万年の定常的地殻変動を導入する。それによる累積定常的地殻変動（180）は－2160m程である。これを累積地震性地殻変動（180）に加えると，累積地殻変動（180）は，石動断層上盤側では＋240m（＋13m/10万年）程，高岡－法林寺断層下盤側では－1930m（－107m/10万年）程となる。

（2）の方針に従って第四紀層基底深度は最初は－180m程だったという仮定を追加すると，現在は，上盤側は＋60m程，下盤側は－2110m程ということになり，砺波平野異常沈降帯の深度とおおまか調和的である。

地殻変動（速度）は石動断層上盤側で＋13m/10万年程，高岡－法林寺断層下盤側で－107m/10万年程になる。

砺波平野異常沈降帯西端の「石動断層上盤側」（表6-3（I））と東へ6km程離れた「高岡－法林寺断層下盤側」（砺波平野異常沈降帯）（表6-3（H））の復元像を（）の対で表示すると以下のようになる。

【180万年前頃】（－180m，－180m）程。

【120万年前頃】（－100m，－820m）程。

【80万年前頃】（－45m，－1250m）程。

【50万年前頃】　（−5m，−1580m）程。

【現在】　　　　（＋60m，−2110m）程。

　三島神社の大桑層（標高60m程）は80万年前頃には−45m程，120万年前頃には−100m程だったということになる。この時期の海水準は−数10mを前後していたと考えられるので，田川では浅海か陸低地で大桑層が堆積したことになる。

　この節は，深度2000mに及ぶ砺波平野異常沈降帯と標高60m程の田川の大桑層を説明するために導入した仮定による議論であった。もちろんの細かな数字の変更は可能であるが，砺波平野異常沈降帯が（1）と（2）の2要素から成り立っていると考える限り，「石動断層と高岡−法林寺断層併せて60m/10万年程度の累積地震性断層ずれ」と「−120m/10万年程度の定常的沈降」の仮定は必要なのである。

§6-8. 伏木台地の12万年前頃

　図6-20（左）は，『「高岡」解説書』（後藤・他，2015）による段丘面と断層線の分布図である。標高が＋10mから＋30mの部分（H1面）は伏木台地と呼ばれている。そこには2本の推定断層線が引かれているが，本章では，東側の推定断層線を高岡断層の断層線とみなす。2本の推定断層線の間の黒四角が勝興寺（標高15m程）である。

　奈良時代には，大伴家持が5年間（746年-751年）を過ごした越中国府が中位段丘面の上にあった。ただし，そこには，1795年（寛政七年），加賀藩によって浄土真宗本願寺派の勝興寺が建立された。

　勝興寺から700m程西方の山際（標高30m程）までは標高差20m程の東傾斜の斜面を形成しており，全体として中位段丘面（図6-20のM1面）とされている。さらに山を上がっていくと標高60m程から65m程の小規模な平坦地（24万年前から20万年前の間氷期に形成されたH1面）があり，標高

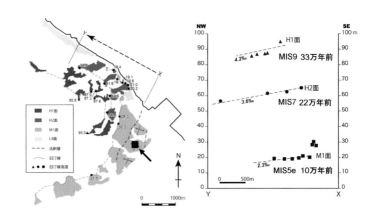

図6-20（左）『1:25,000都市圏活断層図　砺波平野断層帯とその周辺「高岡」解説書』（後藤・他，2015。元は向野，2015）の図3）の段丘面分布に勝興寺の位置（黒四角）を加筆。（右）左図の3面の海成段丘面の旧汀線の標高分布。横軸は堆積当時の汀線からの距離。年代を加筆したが，M1面のMIS5eと10万年前は筆者による解釈（本文参照）。

70m程のところに気多神社本殿（重要文化財）が建っている。3.5km程西は二上山（標高274m）である。

　同図（右）は，3面の海成段丘面の旧汀線の標高分布である。標高は，上から，＋90m程（H1面。形成年代は33万年前頃，酸素同位体ステージMIS9），＋60mから＋65m（H2面。同24万年前から20万

年前，MIS7），＋20m程（M1面。同12万年前頃，MIS5e。図6-20（右）ではMIS5e 10万年前），横軸は堆積当時の汀線からの距離である。

　MIS7の酸素同位体比のピークは24万年前から20万年前の間にいくつもあり，段丘面に対応する年代を一義的に決めることがむつかしい。そこで間氷期MIS9の方に着目すると，当時の海水準の5m程と高位段丘面の標高90mとの差から85m/33万年の隆起，従って地殻変動（速度）は＋26m/10万年程の隆起となる。

　しかし奇妙なのである。隆起速度を＋26m/10万年程とすると，現在の標高＋10mから＋30mの低位段丘面は，12万年前頃の間氷期（MIS5e）には－22mから－2m，従って当時の海水準高度＋5m程より有意に深くなってしまい，そこで堆積面が形成されたとは考えられない。

　「堆積面は当時の汀線近くで形成された」と考える限り，この矛盾を解決するには年代が違うと考えるほかない。『日本の海成段丘アトラス』や『「高岡」解説書』は現在の台地堆積面が形成された年代を12万年前頃としているが，本当は海水準が－15m程であった10万年前頃（MIS5c）の寒冷化の停滞期（図4-4参照）だったとすると伏木台地は－16mから＋4mだったことになり，汀線近くで堆積面が形成されたことになる。高岡古城公園（標高＋15m～＋20m）も同じ頃である。

　そうすると，「伏木台地隆起」の復元像は次のようになる（表6-3（J））。もちろん，現在の中位段丘面の仮想的な深度である。

　【180万年前頃】　－450m程。
　【80万年前頃】　－190m程。
　【50万年前頃】　－110m程。
　【33万年前頃】　－66m程。＋4m程の汀線近くで堆積面（H1面，MIS9）が形成。
　【24万年前から20万年前】　－37m程。＋5m程の汀線近くで堆積面（H2面，MIS7）が形成。
　【12万年前頃】　－22mから－2m。
　【10万年前頃】　－16mから＋4m。汀線近くで堆積面（M1面，MIS5c）が形成。
　【現在】　　　　＋10mから＋30m。

　伏木の勝興寺の境内には，「天から降った石」と名づけられている差し渡し0.5m程，背丈1m程の安山岩の巨石が置かれている。寺の伝承に拠れば，200年前頃に，近くの浜に天から落ちてきた物とされている。しかし，200年前頃というと現在の堂塔が建築された頃なので，その時に地下から掘り出されたものではないだろうか。もともとは現在中位段丘面とされている堆積面の形成が進行していた10万年前頃，洪水などに伴って西側背後から汀線近くまで転がり下ってきた日本海形成期の安山岩ではないかと筆者は推測している。

　本節の最後に伏木台地における累積地震性地殻変動を考えよう。呉羽山断層帯（図6-9）と邑知潟断層帯（図6-13）によって240m程の隆起，高岡－法林寺断層によって400m程の隆起，併せて累積地震性地殻変動（80）は＋640m（＋80m/10万年）程である。地殻変動（速度）＋26m/10万年程との差－54m/10万年程は伏木台地の定常的沈降（速度）と考えることが出来る。

§6-9. 邑知潟断層帯周辺の累積地殻変動と海成段丘面

この節では，検討対象の範囲内では最も規模が大きくて活動的な邑知潟断層帯を対象とする。断層面は東に向かって低角で傾く逆断層で，平均的な断層ずれ累積速度は0.6m/1000年である。

まず，能登半島東海岸の富山・石川県境部（図6-4の北端。以下，氷見北部海岸部と呼ぶ）の段丘面の検討から始めよう。図6-8から図6-14で分かるように，ここの累積地震性地殻変動はほとんど邑知潟断層帯のみによって決まり，氷見北部海岸部の累積地震性地殻変動（80）は＋310m（＋39m/10万年）程，33万年間で＋129m程，24万年前から20万年前で＋86m程の隆起になる。

『日本の海成段丘アトラス』（小池・町田編，2001）の5万分の1段丘分布図「蛇が島」の氷見北部海岸部では，33万年前頃の間氷期（MIS9）に形成された海成段丘面が標高130mから＋140mに，24万年前から20万年前の間氷期（MIS7）に形成された海成段丘面が標高90mから＋100mに多数分布している。前節同様に33万年前頃の段丘面の高度と当時の海水準の高度5m程との差を取ると，地殻変動（速度）は＋125m/33万年程，＋39m/10万年程で，平均的地震性地殻変動（速度）とほぼ同じになる。したがって，定常的地殻変動（速度）は＋0m/10万年程，ここには意味のある定常的地殻変動はなかったと言うことが出来る。それが図6-17の氷見北部海岸部の0mの意味である。

この地域の西4km程に石動山（せきどうさん）（564m）が位置している。ここに氷見北部海岸の地殻変動＋39m/10万年程を適用すると，「石動山山頂」の隆起の復元像は次のようになる（表6-3（K））。

【180万年前頃】　−140m程。

【150万年前頃】　−20m程になって高度0m以上になった。

【80万年前頃】　＋250m程。

【50万年前頃】　＋370m程。

【33万年前頃】　＋435m程。

【現在】　　　　＋564mになった。

次は，宝達山西麓，邑知潟断層帯の断層線のすぐ傍の上盤側の中位段丘面である。

『日本海成段丘アトラス』には，邑知潟断層帯の支断層（長期評価では「内高松付近の断層」と表記されている）の上盤側に標高50m〜55mの中位段丘面（石川県かほく市高松町）の記載がある。12万年前頃の海水面高度は5m程だったので12万年で＋45〜＋50m，平均をとると＋40m/10万年程で隆起してきたことになる。地殻変動（速度）は，断層線上盤側で＋40m/10万年程，下盤側は−20m/10万年程となる。

一方，図6-11，図6-12，図6-13からは，邑知潟断層帯上盤側の累積地震性地殻変動（80）は＋600m（＋75m/10万年）程である。上記の＋40m/10万年程との差の−35m/10万年程は定常的地殻変動と考える外ない。

邑知潟断層帯上盤側に第四紀基底はないが，ジュラ紀花崗岩体の宝達山の標高637mを第四紀層基底深度の代用としよう。

図6-11，図6-12，図6-13から，宝達山山頂部の累積地震性地殻変動（80）は＋680m（＋85m/10万年）程である。定常的地殻変動（速度）を邑知潟断層帯上盤側と同じ−35m/10万年程の沈降とする，宝達山の地殻変動は＋50m/10万年程となる。

「宝達山山頂部」の隆起の復元像は次の様になる（表6-3（L））。

【180万年前頃】 −265m程。

【130万年前頃】 −15m程になって海上に顔を出すようになった。

【80万年前頃】 ＋235m程。

【50万年前頃】 ＋387m程。

【33万年前頃】 ＋472m程。

【現在】 ＋637mになった。

「邑知潟断層帯下盤側」の場合はデータはほとんどないが，図6-4の等深度コンターのうちで一番深い−500mから遡らせて次の様になる（表6-3（M））。

【180万年前頃】 −140m程。

【80万年前頃】 −340m程。

【50万年前頃】 −400m程。

【33万年前頃】 −435m程。

【現在】 −500m程。

この節の最後は森本・富樫断層帯である。断層面が東に向かって傾く逆断層で，平均的な断層ずれ累積速度は本章の範囲では一番大きく，＋1m/1000年程である。

石川県の化石「大桑層の前期更新世化石群」の主要産地である金沢市大桑町の標高は45mから50mである。浅海性貝類や陸低地の動物の化石が産出するので，当時は県境のグリーンタフ岩体縁辺部の汀線周辺だったと考えられている。すると，大桑層は80万年間に＋100m程しか隆起しなかったことになる。それは，森本・富樫断層帯の大きな活動度と矛盾のように見える。

図6-4からは，断層を境にした第四紀層基底深度は下盤側で−600m程，上盤側で＋100m程，東上がりの地層面落差は700m以上である。単純に割り算すると森本・富樫断層帯が活動を始めたのは70万年前頃ということになるが，ここでは，チアニアン紀の始まりに合わせて80万年前前後として話を進めよう。

累積地震性地殻変動（80）は，石動断層と邑知潟断層帯の南端部の地殻変動が含まれ，それらによる金沢地域の地震性地殻変動は一意的に決まりにくいが，荒っぽく見積もると上盤で＋600m（＋75m/10万年）程，下盤で−80m（−10m/10万年）程である。上盤の大きな隆起速度に抗するために定常的地殻変動（−65m/10万年）を導入すると，地殻変動（速度）は，上盤で＋10m/10万年程，下盤で−75m/10万年程となる。

「森本・富樫断層帯上盤側（山側)」の隆起の復元像は次のようになる（表6-3（N））。

【80万年前頃】 −30m程。

【50万年前頃】 ＋0m程。

【33万年前頃】 ＋17m程。

【12万年前頃】 ＋38m程。

【現在】 ＋50m程。

「森本・富樫断層帯下盤側（海岸側)」の沈降の復元像は，山側と同じ−30m程として，そこから遡らせて次のようになる（表6-3（O））。

【80万年前頃】　－30m程。

【50万年前頃】　－255m程。

【33万年前頃】　－380m程。

【12万年前頃】　－540m程。

【現在】　　　　－630m程。

　百数十万年前から80万年前頃，小矢部から金沢市金沢平野までは広範な浅海か陸低地であった。その後，森本・富樫断層帯の活動にもかかわらず，－110m/10万年から－65m/10万年の定常的沈降によって80万年間に大桑町を含む森本・富樫断層帯上盤側（山側）の高度は100mも変わらなかった。そのおかげで，我々にとって幸運にも化石を含む大桑層が上盤側の標高100m程以下に残された。

　また，石川県側の邑知潟断層帯から森本・富樫断層帯辺と富山県側の砺波平野西縁部の標高100m以下には大桑層が分布している。しかし，この富山・石川県境部は，石動断層，法林寺断層，邑知潟断層帯，森本・富樫断層帯の4本の支活断層の末端部にあたっており，累積地震性地殻変動に基づいて，呉羽山断層帯の形成史のような簡明な復元像を描くことは不可能である。

§6-10. 富山・金沢定常沈降帯

　富山平野の地表部では，氷期には激しい侵食，間氷期には激しい堆積を繰り返したので，表層地形そのもの変遷を議論すことも不可能である。本章では，第四紀層基底深度，長期評価，段丘面の離水年代，火山灰や化石産出層の標高など，激しい侵食と堆積に左右されない要素に着目して議論を進めてきた。

　筆者が行ったのは，弾性体力学に基づくモデル計算による累積地震性地殻変動を梃子に地殻変動の時空間分布を復元し，定常的地殻変動（図6-17）を抽出する試みである。あるいは，図6-16のような活断層の活動による平均的地震性地殻変動と，図6-17の様な定常的地殻変動への要素分解を試みたという言い方もできる。あるいは，飛騨山脈が隆起し，「富山・金沢定常沈降帯」が沈降するという波長100km程の褶曲が生じたいと表現すべきかもしれない。

　富山・金沢定常沈降帯（図6-17）の特徴は(a)から(f)の様に箇条書きできる。

　　（a）定常的地殻変動は，富山平野東縁と南縁で大きく隆起，富山平野東部海岸部と砺波平野から宝達丘陵で大きく沈降，宝達山地北部でゼロの戻るという系統性がある。沈降帯の幅は30kmから40km。走向は，大きく見れば中部三角帯の北辺に平行。(d)の呉羽丘陵は例外。

　　（b）宝達丘陵の南縁の小矢部から金沢市を結ぶ地域は，活断層の活動による平均的地震性地殻変動の隆起と定常的沈降が拮抗し，多くの場所で，標高50m前後に化石を含む大桑層を残した。

　　（c）チバニアン期以降，富山平野東縁と南縁の高位段丘は高速隆起し，富山平野東部では200m/10km/10万年の北西下がりの激しい傾動運動となった。

　　（d）同じく富山平野中央部では，呉羽丘陵の杉坂丘陵，婦中町丘の夢牧場，八尾町水谷などが隆起するようになり，100m/30km/10万年以上の北下がりの傾動運動となった。

　第5章と第6章では仮想的な定常的地殻変動を導入した。その地域分布に広域性と系統性がなければ，定常的地殻変動は恣意的だと言うことになる。しかし，図6-16のような広域的な系統性があれば本質

的であると判断せざるを得ないだろう。

　宝達丘陵が沈降帯だと聞くと大きな違和感が生じるかもしれないが，大桑層が標高100m以内に分布すること，深度2kmもの砺波平野異常沈降帯が数km以内に隣接していることなどを考えれば，富山・石川定常的沈降帯が存在しても不思議ではない。

　自然認識として重要なことは，富山・金沢定常沈降帯を核の一つとする地殻変動の時空間構造（あるいは母体）の中で，魚津，呉羽山，高清水，石動，邑知潟などの逆断層が活動し，第四紀層基底深度の凹凸を生みだし，富山平野の複雑な表層地形の基盤となったということであろう。

　小竹貝塚の標高の謎に対しては次のように言うことができる。富山・金沢定常沈降帯の空間分布（図6-17）を見れば，小竹貝塚遺跡（黒四角）で−30m/10万年〜−40m/10万年の定常的沈降，従って，6000年で1.8m〜2.4mの沈降があったとしてもおかしくない。問題は3000年前頃に呉羽山断層帯で発生した地震による地震性地殻変動である。小竹貝塚遺跡は，呉羽山断層帯の断層線から北西に3.5km程離れており，地震が発生した時には＋1.3m程（図6-19の30分の1）隆起したはずである。すると，6000年前頃に高度2.5m程（当時の海水準）であった場所は，現在は標高2.0m〜1.4mと言うことになる。1.0m〜0.4mの差の原因は，軟弱堆積層の局地的な圧密や，3000年前頃の地震の時の断層滑り分布の不均質のため隆起が＋1.3m程もなかったことなどが考えられる。

　さらに，貝塚の上端は0mではなく，それより多少高かったであろうから差はもっと大きく，決してこれで解決とは言えないかもしれない。しかし，理解は一歩前進した。2章を費やしてようやく地球科学側の責任は最小限果たしていると思うのである。

　小竹貝塚遺跡周辺の地殻変動が10万年で−30 m〜−40 mの沈降だとすると1年で−0.3mm〜−0.4mm，10年で−3mm〜−4mmに過ぎないので，現代的な観測方法で尻尾をつかむことは難しい。小竹貝塚の標高の謎を解くには富山平野の地殻変動の時空間構造の骨組みを復元する以外にはないのである。

　「大境洞窟の標高の謎」の解決策については第9章に先送りにする。

§6-11．富山平野の第四紀後半の風景

本章で検討してきた結果を年代順に俯瞰ててみよう。

　【第三紀末頃】富山平野は浅い海で，浅海生貝類の化石を含む泥質の音川層を堆積させていた。

　【第四紀始め】富山平野は次第に沈降しながら飛騨山地から流れ下って来た礫を含む呉羽山礫層を堆積させるようになった。

　【180万年前頃】富山・金沢定常沈降帯の第四紀基底深度（音川層上面）は−300mから−200mであった。その中から宝達丘陵が＋40m/10万年〜＋50m/10万年の速度で上昇を始めた。

　【165万年前頃】現在の高位段丘の部分は浅海もしくは陸低地の環境であったが，そこに爺ヶ岳の巨大噴火による大峰テフラが堆積した。富山平野はさらに沈降をつづけた。

　【150万年前から130万年前頃】宝達山地と石動山が海の上に顔を出すようになった。

　【80万年前頃】宝達山と石動山は＋240m程の丘陵になった。森本・富樫断層帯の活動が始まったが，宝達山縁辺部は一貫して浅海で大桑層の化石を残した。古呉羽丘陵（−15m程）が海の上に顔を出したが，周りを海に囲まれた孤立丘陵であった。

　　　第16章の結果を先取すると，立山・黒部の現在の山頂部が地表レベルにまで達し，黒部峡
　　　谷を中軸に急速に隆起するようになり，富山平野東縁の高位段丘は急速な隆起に転じた。

【33万年前頃】間氷期の頃，伏木台地や氷見海岸北部の汀線近くで堆積面が形成された。そこは現
　　　在では高位段丘面となった。

【20万年前頃】立山の火山活動が始まった。現在の立山山頂部の高度は2.2km程度であった。

【18万年前頃～14万年前頃】海水準は－60m程で，富山平野の大規模河川の流域は大きく下方に削
　　　剥されていた。富山平野中央に＋110m程（氷期の海水準からは＋170m程）の古呉羽丘陵が
　　　海面から顔を出していた。

　　　十二貫野，東福寺野，八尾町水谷などの高位段丘面が海水準上に顔を出すようになった。

【14万年前頃】地球規模の温暖化が始まり，海水準が急上昇し，富山平野でも，次第に海が内陸に
　　　侵入してきた。呉羽丘陵は，氷期の森，間氷期の森に急速に変遷して行った。

【12万年前頃】海進は極大に達して海水準は高度5m程まで上昇し，古呉羽丘陵の西斜面や太閤山
　　　台地のふもとまでが古射水潟になった。古呉羽丘陵山頂部は＋120m程になり，ブナなどの落
　　　葉広葉樹の森に覆われるようになった。富山大学杉谷キャンパスの杉谷丘陵面が海水面から
　　　顔を出し始めた。

【10万年前頃】海水準は－15m程まで低下し，逆に境野新は＋0mから＋5mまで上昇し，海水準と
　　　境野新の高度が逆転した。古神通川や古井田川は境野新から古射水潟に流れ出すようになり，
　　　境野新扇状地が形成された。呉西では伏木台地や高岡古城公園（高岡城址）などの中位段丘
　　　面が形成された。

【5万年前頃】境野新の鞍部は＋20mから＋25mまで上昇し，古井田川と古神通川は古呉羽丘陵の
　　　東側に流路を変えた。

【現在】十二貫野は＋130m程に，呉羽丘陵は＋145m程に，伏木台地は＋10m程から＋30m程に，
　　　宝達山は＋637mになった。

　図6-21は，絈野・他（1992）によって地質学的証拠から推定された第四紀更新世前期の富山平野から金沢平野の海陸分布である。

　一方，地殻変動のモデル計算による解釈では，表6-3から分かるように，180万年前から80前の間，宝達山と石動山が－200mから＋200m程に隆起したことを除いて，富山平野と金沢平野のほとんどの場所で海面下であった。年代が古くなるほどモデル計算による解釈には不確実性が大きくなるとは言え，図6-21との間には矛盾はない。

　別の整理をすると，富山平野の現在の第四紀層基底で一番深いのは砺波平野異常沈降帯の－2000m程，一番高いのは宝達山の山頂の高度で代用すると標高653mである。80万年前頃の基底深度は，砺波平野異常沈降

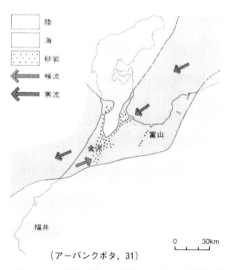

（アーバンクボタ，31）

図6-21　絈野・他（1992）による。大桑層の堆積期（180万年前～80万年前）の古地理。

帯では−1250m 程，呉羽丘陵では−数10m である。180万年前頃の第四紀基底深度は，最深部は−300m 程，最高部は宝達山の−85m 程である。つまり，富山・金沢定常沈降帯の第四紀基底深度の凹凸は年代を遡るほど小さくなって行く。それも，地質学的証拠に基づいて推定された第四紀更新世前期の富山平野から金沢平野のなだらかな海陸分布と調和的である。

　以上から，「高岡−高林寺断層仮説」の助けを借りながらも，「主要活断層帯の長期評価，第四紀層基底深度分布，段丘面や火山テフラの高度分布などの地質学的証拠がおおむね調和的である」ことが分かったと言えよう。それは，前章と同様，第四紀後半，活断層の活動は近似的にはいたって定常的であったことが分かったといえる。それは筆者には大きな感動であった。

　念を押すまでもないが，第5章と第6章の議論は，一見互いに矛盾するように見える先達の研究や先行研究，活断層の長期評価などが，定常的沈降の介在によって互いに調和的である事を示したと言うことが出来る。

　とはいえ，多くの不確実さが避けられない。多くは§5-10の問題点①から⑦と共通であるが，富山平野地域に特有の問題として，次の⑧から⑩の3要素を加えておく。

⑧伏在高岡−法林寺断層の素性がよく分からないことである。庄川以西に最も大きな影響を与える高岡−法林寺断層の素性が分からないのは，防災上の不安要因でもある。第四紀堆積層の下の伏在断層が大都市を襲って3000人を超える犠牲者を出した地震として1948年福井地震がよく知られているが，福井平野の第四紀堆積層の厚さは400 m 程度である。一方，砺波平野異常沈降帯では2000 m を越す。この様な場所で活断層が突然動いて大地震になれば，特に直上では激甚な被害が出ることが予想される。堆積層が厚い場所の伏在断層の研究は困難であるが，防災という点からも，高岡断層−法林寺断層の研究は重要であろう。

⑨80万年前から50万年前と思われる定常的沈降速度の変化の可能性である。富山市と高岡市の中心市街地の距離は20 km 程，大阪市と奈良市の中心市街地の距離も25 km 程で，近畿中央部と富山平野の空間的スケールはほぼ同じということもあり，射水丘陵以東では近畿中央部同様に80万年前から50万年前の間の時期に広域的な定常的沈降速度が低下した（それ以前は図6-17より定常的沈降は大きかった）に違いないと思えてならない。しかし，富山平野はデータが少なすぎので，近畿中央部の様な定常的沈降速度の変化の議論をすることは不可能である。急所の一つが曖昧なままなのは残念であるがやむを得ない。

⑩富山・金沢定常沈降帯の成因である。図6-22から直感的に思い付く様に，富山湾の形成と関連していることは明らかなように思われるが，それ以上のことは分からない。近い将来，立山・黒部隆起，富山湾の形成，富山・金沢定常沈降帯が一つの枠組みで理解される時代が来ることを祈りたい。

参考文献

藤井昭二，富山平野，『特集＝北陸の丘陵と平野』，アーバンクボタ31，38-49，1992.

Fujii, S. and Yamamoto, O., Geology of the Kurehayama Hills. Bulletin of the Toyama Science Museum，1，1-14, 1979.

藤囲会編，『富山地学紀行』，桂書房，2012.

藤原治，第四紀構造盆地の沈降量図，小池一之・町田洋編，『日本の海成段丘アトラス』，85-96，東京大学出版会，2001.

後藤秀昭・岡田真介・楮原京子・杉戸信彦，1:25,000都市圏活断層図砺波平野断層帯とその周辺「高岡」解説書．国土地理院技術資料D1-No.736，2015.

活断層研究会編，新編日本の活断層－分布図と資料－．東京大学出版会，437p，1991.

絈野義夫・三浦静・藤井昭二，北陸の丘陵と平野，アーバンクボタ，31，2-15，1992.

小池一之・町田洋編，『日本の海成段丘アトラス』，東京大学出版会，2001.

町田賢一，『日本海側最大級の縄文貝塚　小竹貝塚』，シリーズ「遺跡を学ぶ」129，新泉社，2018.

向野拳史，砺波平野西部の変位地形と地形発達，広島大学文学部卒業論文，2015.

村尾英彦・竹内 章・村地香澄，反射法地震探査からみた富山市中心市街地での呉羽山断層の地表トレース，日本活断層学会2012年度秋季学術大会講演予稿集，56-57，2012.

中村洋介，富山県砺波平野，高清水断層および法林寺断層の第四紀後期における活動性，第四紀研究，41，389-402，2002.

中村洋介・岡田篤正・竹村恵二，富山平野西縁の河成段丘とその変形，地学雑誌，112，544-562，2003.

中村洋介，富山平野東縁，魚津断層の第四紀における平均上下変位速度，第四紀研究，44，353-370，2005.

Ohwada, M., Satake, H., Nagao, K. and K. Kazahaya, Formation processes of thermal waters in Green Tuff: A geochemical study in the Hokuriku district, central Japan, Journal of Volcanology and Geothermal Research, 168, 55?67, 2007.

産業技術総合研究所，平成18度砺波平野断層帯・呉羽山断層帯の活動性および活動履歴調査（「基盤的調査観測対象活断層の追加・補完調査」成果報告書No.H18-9），2007.

竹村利夫・藤井昭二，飛騨山地北縁部の活断層群，第四紀研究，22，297-312，1984.

竹内章・野徹雄・楠本成寿・渡辺了，呉羽山断層帯海域部における音波探査，日本地球惑星連合2011年大会予稿集，SSS032-09，2011.

田村糸子・山崎晴雄・中村洋介，富山積成盆地，北陸層群の広域テフラと第四紀テクトニクス，地質学雑誌，116，1-20，2010.

富山県，平成7年度地震調査研究交付金 呉羽山断層に関する調査成果報告書，1997.

ＨＰ
地震本部の「主要活断層帯の長期評価」
https://www.jishin.go.jp/evaluation/long_term_evaluation/major_active_fault/
「跡津川断層帯の長期評価」(2005)，「邑知潟断層帯の長期評価」(2005)，「魚津断層帯の長期評価」(2007)，「砺波平野断層帯・呉羽山断層帯の長期評価（一部改訂）」(2008)，「森本・富樫断層帯の長期評価（一部改訂）」(2013)。

第3部　新人の登場

第7章　12万年前頃の間氷期から最終氷期

§7-1. 新人（現生人類）の旅

　もう一つの要素は人間の存在である。本節では新人「ホモサピエンス」の旅を手短に述べておこう。

　生物の基本は細胞である。細胞の中には様々な小器官があるが、そのうちの一つが細胞核である。細胞核は、2重螺旋（らせん）の細長い糸状の構造をしたDNAの集まりである。細胞分裂の時に、他のタンパク質と結合して棒状の染色体になる。DNAの中で基本的に遺伝的情報を担っている部分を遺伝子と言う。遺伝的情報をほとんど担っていない部分も含めて、DNA全体の遺伝情報をゲノムと呼ぶ。

　細胞の中の小器官の一つがミトコンドリアで、酸素呼吸によってエネルギーを供給する役割を担っている。ミトコンドリアのDNAは細胞核のDNAに比べて構造が単純で突然変異を蓄積しやすい。精子のミトコンドリアは受精の過程で消滅してしまうので、卵子のミトコンドリアから母系の遺伝情報のみが伝わる。

　遺伝情報から人類の起源を探る研究分野は「遺伝子人類学」、化石人骨の形質の分析を基礎にして人類の起源を探る研究分野は「形質人類学」と呼ばれている。

　1987年、アメリカの3人の遺伝学者キャン・他（Can et al., 1987）によって、「現代人のミトコンドリアDNAは、すべて、20万年前頃にアフリカに生息していた一人の女性に由来する」という「イヴ仮説」が提唱された。それは「アフリカ単一起源説」とも呼ばれている。イヴ仮説に対応するかのように、1997年、エチオピアのヘルトで16万年前から15万年前頃の3体の頭蓋骨の化石が発見された。

　細胞核のDNAの研究からも同様の結果が得られ（斎藤, 2017）、新人は20万年前から15万年前に誕生したというイヴ仮説は定着した。イヴ以降の人類は原人や旧人に対して新人と呼ばれている。

　なお、地球から遙かに離れるが、17万年前頃には大マゼラン星雲で超新星爆発が起こった。1987年、このときに放出された11個のニュートリノがカミオカンデで観測された。超新星は南半球では肉眼でも見ることも出来た。

　鼻の穴が狭く、頬骨が後退し、4肢骨が長いというような現代ヨーロッパ人の形質が旧人のネアンデルタール人に似ており、現代アジア人の形質はアジアで見つかった北京原人などの原人の形質に似ている。以前は、それは相似進化と思われていた。核DNAの研究からは意外なことがわかった。ネアンデルタール人とヨーロッパやアジアの新人とは数％のゲノムを共有していることや、ロシア西シベリアのデニソワ洞窟に4万年前頃まで生き残っていたデニソワ人と現代のメラネシア人（フィジーからパプアニューギニアなどに分布）とが数％のゲノムを共有していることがわかった。形質の類似性の原因が、原人もしくは旧人からの少数の遺伝子流入である可能性が示されたのである。

　当時の石器は、手に握って切ったり割いたりするのに使われた握斧（ハンドアックス）や切ったり削ったりするのに使った削器（スクレイパー）など比較的単純な石器であったが、新人達は日常的に火を使うようになり、ドングリなどの固い皮の種子もすり潰したり煮たりして食べるようになり、安

定的に高品質の食物を摂取するようになった。

　本節と次節では『日本人になった祖先たち』(篠田，2007)，『アフリカで誕生した人類が日本人になるまで』(溝口，2011)，『日本人の源流』(斎藤，2017) などを参考にする。新人の旅は表7-1の様になる。

　7万年前頃，東アフリカの一部の新人達はアフリカ大陸から旅立ち，西アジアに進出した。西アジアとは，アラビア半島からイラン，アフガニスタン，トルコ辺りまでを指す。

　6万年前から5万年前，新人達は，スンダランド古陸，北東ユーラシア，西ユーラシアに進出して行った。

　4万年前から3万年前には，スンダランド古陸の新人達は，一部は南に

20万年前～15万年前	アフリカ大陸で新人が誕生
~7万年前	アフリカ大陸から旅立ち
6万年前～5万年前	スンダランドに進出
4万年前～3万年前	シベリア、北東アジア、日本に到達。
～3万年前までに	オーストラリア大陸に到達して原住民に。
～2万年前までに	シベリヤからバイカル湖付近に。
2.5万年前～1.4万年前	アメリカ大陸に進出
ヨーロッパ	
6万年前	中東に進出
4万前	ヨーロッパに出現。
3.5万年前までに	大西洋に到達、ネアンデルタール人と共存。

表7-1　20万年から15万年前にアフリカで誕生した新人の旅。

向かってサフールランド古陸に，一部は東アジアに向かった。スンダランド古陸は人類拡散の要の一つであった。

　なお，「スンダランド古陸」は，海水準が50m程低下したために生じた，インドシナ半島からスマトラ島，ボルネオ島とそれらの間の海域を大きく含む広大な古陸を指し，「サフールランド古陸」は，オーストラリア大陸とニューギニアを含む古陸を指す。

　西アジアから北東ユーラシアに向かった新人達は，3万年前から2万年前に，シベリヤからバイカル湖付近に達し，2.5万年前から1.4万年前にはベーリング海峡を越えてアメリカ大陸に進出し，南米の南端にまで達した。

　西アジアから西ユーラシアに向かった新人達は，4万年前頃にはヨーロッパに出現し，3.5万年前頃には大西洋にまで到達した。彼らはしばらくはネアンデルタール人と共存した。

　新人が到達したところでは後期旧石器時代に入った。

　何が新人達のアフリカからの旅立ちを促したのだろうか？表7-2の巨大噴火のリストを参考に考えてみよう。

　北アフリカのサハラ砂漠では，数100万年前から，寒冷期には乾燥して砂漠が拡大し，温暖期には湿潤になってサバンナが拡大するサイクルを繰り返していた。

　7万年前頃，インドネシアのスマトラ島のトバ湖で，噴火マグニチュード8.8の超巨大噴火が起こった。1883年のインドネシアのクラカタウ噴火よりも桁違いに巨大な，

国名	火山名	噴出年代 万年	総体積 10km³	噴火M
ニュージーランド	タウポ湖	2.65	>75	8.3
日本	始良	2.9～2.6	>45	8.0
イタリア	カンパニア	3.7～3.6	50	8.1
インドネシア	トバ湖	7.0	250～300	8.8
日本	阿蘇	9.0～8.5	>60	8.2
アメリカ	イエローストーン	66	≧100	8.4
アメリカ	ロングバレー	75.9	50	8.1
アメリカ	イエローストーン	206	≧250	8.8

表7-2　理科年表2020 (国立天文台，2019) の「世界のおもな広域テフラ (火山灰)」のリストから，総体積400km³以上を選び出したもの。噴火Mは，筆者がリストの火山噴出物から密度を2.5gr/cm³と仮定して計算した噴火マグニチュード。

過去数100万年で最大級の噴火であった。地球規模の寒冷化が加速し，アフリカでは砂漠が拡大し，飢餓が生じ，多くの新人達が新天地を求めてアフリカを旅立ったという説が有力である。

　2.9万年前〜2.6万年前には始良カルデラ（鹿児島湾）で巨大噴火（噴火マグニチュード8.0）が起こり，2.7万年前頃にはニュージーランドのタウポ湖で巨大噴火（噴火マグニチュード8.3）が起こった。一方，核DNAの研究からは思わぬことが分かった。3万年前から2万年前に，世界の多くの場所で，明確な人口減少が見られたのである（斎藤，2017）。新人の人口減少と新たな旅立ちは超巨大噴火によって誘発された寒冷化の加速によるものとしか思えない。土器を使う文明が始まった1万5000年前頃は寒冷化の極大期から急激な温暖化に転じた頃であった。

　超巨大火山噴火や寒冷化の極大期，あるいは温暖化への急変期など，環境の転換期と新人の飛躍の時期は良く符合している。

　新人達はともかく移動し続けた。『食の人類史』（佐藤，2016）の中では，「ヒトがもともと移動する動物だ」という仮説に魅力を感じていると述べ，「人はなぜ移動したかという問いの立て方に問題があった。すなわち問いは，人はなぜ定住するようになったのかという問いであるべきなのだ」と述べている。

　筆者は酒がまったく飲めないのでそのDNAの由来が大変気になる。酒を飲めないのは，DNAの一箇所に変異が起こり，アセトアルデヒドを分解する酵素が働かないからである。『日本人になった祖先たち』によれば，その変異DNAは中国南部で発生し，中国，朝鮮半島，日本では飛び抜けて多い。そのなかでもまったくお酒が飲めないのは4%程で，筆者はその4%に属しているらしい。

§7-2. 日本の後期旧石器時代

　日本列島では，9万年前頃，阿蘇山で超巨大カルデラ噴火が起こり，現在の外輪山の原型が出来た。大量の広域テフラ Aso-4 は日本各地に堆積し，北海道でも厚さ10 cmを越えた（図7-1）。

　4万年前から3万年前，日本にも新人が到達して後期旧石器時代に入った。

　ミトコンドリアDNAの研究からは，4万年前頃にスンダランド古陸の新人達から東南アジア人集団が成立し，その中から一部の人々が日本にたどり着いたものと思われていた。ところが，福島県北部の三貫地貝塚の縄文人の骨のDNAの研究から意外なことがあきらかにされた。彼らは，4万年前頃，サフールランド古陸に向かった新人達から初期の段階で分岐し，スンダランド住人としての特質を経ないで直接日本にたどり着いた特異なDNAの特徴もった新人だった（斎藤，2017）。核DNA

図7-1　9万年前頃の阿蘇山の超巨大噴火による広域テフラ（ASO4）の厚さ分布。北九州の打点範囲は火砕流堆積物の分布範囲。☆印は阿蘇カルデラの位置。高橋（2008）による。元は町田・新井（2003）。

では，オーストラリアの原住民，アポリジニに近い新人だったのである。

　野尻湖底遺跡（長野県上水内郡信濃町）では，1962年から50年以上続けられた発掘調査で得られた「ナウマンゾウ」（長野県の化石）やオオツノジカの化石などから，5万年前から3万3000年前までの野尻湖の古環境が復元された。出土した石器が少ないので新人達の生活を復元するのは困難であるが，新潟県糸魚川産の蛇紋岩の石斧，長野県和田峠（長野県小県郡長和町と諏訪郡下諏訪町の境界）産の黒曜石の石器が出土しており，広域的な交流があったことが分かる。

　岩宿遺跡（群馬県みどり市）は，在野の考古学者であった相沢忠洋によって発見された後期旧石器時代の遺跡として有名である。遺跡の年代は3万5000年前から1万3000年前である。

　2万9000年前〜2万6000年前には，始良カルデラの超巨大噴火（噴火マグニチュード8.0）が起こり，図7-2のように火山灰（AT）が降り積もった。そのため，南九州から薩南諸島の旧石器時代人はほぼ全滅した。

　2017年5月20日，新聞に「国内最古の全身人骨」の見出しが躍った。沖縄県石垣市の白保竿根田原洞穴遺跡から，2万7000年前頃の19体の人骨が出土したと同県埋蔵文化財センターが発表したのである。

　1968年から1974年，沖縄県島尻郡八重瀬町からは，1万8000年前〜1万7000年前の5体〜9体の化石が発掘された。それは「湊川人」と呼ばれ，「沖縄県の化石」に選ばれている。復元された湊川人は，筋肉の発達したがっちりした体型で，脛（すね）が長い特徴はオーストラリア大陸の原住民，アポリジニに近い。

　数万年前から1万1600年前までの寒冷化の極大期は最終氷期と呼ばれている。その頃は，気温は現在より6℃〜8℃も低く，アメリカ大陸やユーラシア大陸の北半分は氷河に覆われていた。海水面は今より100m〜120mも低く，図7-3の様

図7-2　2万9000年前〜2万6000年前の始良カルデラ（鹿児島湾）の超巨大噴火による広域テフラ（AT）の厚さ分布。南九州の打点範囲は火砕流堆積物の分布範囲。☆印は始良阿蘇カルデラの位置。高橋（2008）による。元は町田・新井（2003）。

に，日本列島と朝鮮半島はごく狭い海峡で向かい合い，東シナ海は現在の中国の海岸線から沖縄の中間ぐらいまで陸地になっていた。本章では，この部分を「東シナ海古陸」と呼ぶことにする。北方でも，間宮海峡，宗谷海峡，津軽海峡もほとんど陸でつながっていた。そこを通って，南からはナウマンゾウやオオツノジカ，北からはマンモスやヘラジカなどが日本列島にやってきた。

　朝鮮半島や東シナ海古陸はもちろん，スンダランド古陸からさえも，新人達や初期縄文人達が，狭い海峡部は筏で渡りながら，比較的自由に往来していたであろう。日本列島の新人達のDNAが多様化したとしても不思議ではない。

　日本列島と朝鮮半島に住む新人達は多くのDNAを共有し，一重まぶたなどの身体的特徴や顔つきが似ており，主語＋目的語＋述語という同じ語順の言葉を話している。朝鮮半島から日本列島にやっ

てきた新人達はたちまち溶け込んだであろう。朝鮮半島から来た旅人も、九州から来た旅人も、「遠くから来た似た言葉を話す人」という意味では同じであったであろう。

『縄文の生活誌』（岡村、2008）によれば、後期旧石器時代の新人達は、直径数mの範囲に石や石器を集中して配置し、テントの様な移動式住居で取り囲む環状ブロックで小集団が生活を共にしていた。小集団は、通常は川筋に沿って10キロから20キロ程の範囲で狩りをしながら繰り返し集落に帰った。多くの遺跡で黒曜石や蛇紋岩が出土したということは、彼らは、時には、200kmから300kmも遠征したのであろう。

中期旧石器時代（新人が到達する前）からの握斧や削器などに加えて、ナイフ型石斧が樹木の伐採や土掘りに用いられた。石材は、北海道では白滝村産の黒曜石、東北地方では秋田県の岩石「硬質泥岩」（頁岩の一種）、中部から関東では東京都神津島産の黒曜石や長野

図7-3　最終氷期（2万年前から1万1700年前）の海陸分布。海水面は今より120mほど低くかった。米倉・他（2001）による。

県の岩石「黒曜石」（和田峠産）、近畿から北九州では香川県の岩石「讃岐石」（安山岩の仲間）、九州では大分県の岩石「黒曜石」（姫島産）が用いられた。なお、関東や伊豆の遺跡から神津島の黒曜石が出土することは、後期旧石器時代に既に舟を使っていたことを意味する。

頁岩は、水平に堆積して固化した板状に割れやすい岩石を指す。秋田県の岩石となっている「硬質泥岩」は、日本海拡大期（§3-2）に海底に堆積した板状に割れやすい泥岩である。泥岩といってもそうとう固い。

石器作りの場合、原石を採取し、打ち欠いて形を整え、剥片を連続的に剥ぎ取り、目的に適した石器に加工する技術を伝えるには共通の言語が不可欠である。日本列島の新人達は、相当高度な共通の言語を使用していたに違いない。石器を補うものとして、動物の骨を加工した釣針や鏃などの骨角器も作られた。石器時代とは、石器や骨角器の工夫とこだわりの歴史とも言える。

後期旧石器時代人達は1mを越える様な落とし穴を作り、マンモス、ヘラジカ、ナウマンゾウ、オオツノジカなどの大型の動物やネズミなどの小動物を捕らえ、焼いた礫で石蒸し料理にしたり、串焼きにしたり、骨と肉のミンチを作った。植物としては、クルミ、ヤブブドウ、イチゴなどを食べた。

この食事リストの中に、貝やサケなど海の生物がないのは不思議な気がする。現在の北海道の天塩川ではマスやサケはもちろん、シジミも捕れる。多くの新人達が現在よりも100m低い海岸近くに居住し、貝やサケを食べていた違いない。しかし、その後、海水準が上昇し、彼らの痕跡は今や海底下か沖積堆積層の下である。

§7-3. 近畿中央部の間氷期の風景

ここでは，第5章の議論を基に，12万年前頃の間氷期から最終氷期の近畿中央部の風景を概観してみよう。

過去の気候変化は酸素同位体比の変化から復元されているが，得られた気候変化のパターンや年代は場所によって研究者によって微妙に異なる。前回の間氷期の最盛期も，本によっては12.5万年前頃とされることもあり，12万年前頃とされる場合もある。

『気候変動に関する政府間パネル（IPCC）第5次評価報告書』の「気候変動2013：自然科学的根拠」（気象庁ＨＰ，2013）には，「最終間氷期の期間（12万9000年前から11万6000年前）に，世界平均の海面水位の極大値は，数1000年にわたって，現在より少なくとも5m高かったことの確信度は非常に高く，また，現在より10mを超えて高くなかったことの確信度は高い」と書かれているので，間氷期の年代として「12.9万年前から11.6万年前」，あるいは中間の「12.25万年前頃」と書いた方が良いのかもしれないが，本書では，12万年前頃と簡明に表記し，海水準は5mで通すことにする。

この頃は大阪湾一帯は海であった。現在の上町台地は海水面からの深さ数mの浅海で，海成堆積層を形成させていた。そこは12万年間に27m程隆起し，現在では最大標高25m程の上町台地となった。

京都盆地では巨椋池周辺に海が進入してきた。

奈良盆地の場合，§5-7の奈良盆地中央部の地殻変動の時空間復元像に従うと，12万年前頃の間氷期には生駒山は120m程低く，海水は容易に奈良盆地に流入にした。奈良盆地中央部は今より40m程低く，5m程の海水準高度を考慮すれば，現在の標高43m程のJR関西線法隆寺駅は当時は汀線周辺にあり，そこに堆積面が形成された。今日の中位段丘面である。

その後，生駒断層の活動で生駒山はさらに隆起し，奈良盆地からの流出部である香芝には西上がり（生駒山と逆）の中央構造線金剛山地東縁部も延びてきた。県境の隆起と侵食による河床の低下のバランスに加え，時たま起こる大地震による地滑りなどの攪乱要因が加わり，奈良盆地は，海や湖になったり，陸になったりしていただろう。

2万年前頃の最終氷期には海水準は100m以上も低くなった。大阪湾から瀬戸内海は陸地となり，針葉樹林の間をマンモスやシカが闊歩していた。現在の瀬戸内海で時々マンモスやシカの角や骨が漁網にかかるのはそのためである。氷河期の気候は乾燥していたので林はまばらであったであろう。氷河期の気候が乾燥するのは，温度が低いと大気が含むことが出来る飽和水蒸気量が小さくなるからである。

上町台地の標高は現在とあまり変わらず，陸地の中の丘陵であった。

この頃は，侵食による河川の下刻が激しく，大阪平野は図7-4のように今よりはるかに起伏が大きかった。

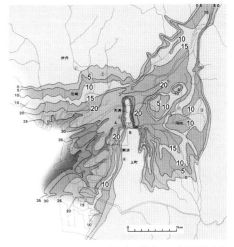

図7-4　大阪平野の沖積層基底面の等深線分布にコンター値を加筆。大阪平野の部分は今より起伏が大きく，古淀川と古大和川は吹田・守口あたりの地峡部で合流して大阪湾（当時は陸）に流れ下っていた。市原（1978）による。

淀川と古大和川は吹田・守口あたりの地峡部で合流して大阪湾（当時は陸）に流れ下り，紀淡海峡から熊野灘に流れ出ていた。東大阪の地表部は10mから20m低く，淀川と古大和川の合流部の新大阪駅あたりは現在より20mから25m低い谷地形を形成していた。

§7-4. 焼岳火山

飛騨山脈に戻ろう。

焼岳火山群は，乗鞍岳から北にほぼ15km，穂高岳の南東ほぼ9kmに位置している。そこには，北から割谷山（わるだにやま）（2224m），焼岳（2455m）（写真7-1），白谷山（2188m），アカンダナ山（2109m）がほぼ4kmの範囲内に北北東－南南西に並んでおり，その中で，焼岳とアカンダナ山が活火山とされている。焼岳火山群は飛騨山脈の中では小柄かもしれないが，飛騨から松本辺りには大きな影響を及ぼしてきた。

奥飛騨温泉郷の一つである栃尾温泉から北東に向かって新穂高温泉駅に行く途中で右（東）に入り，坂を登っていくと中尾温泉街（標高1050mから1100m）で

写真7-1　大正池から望む5月の焼岳。筆者撮影。

ある。基盤は白亜紀から古第三紀に移り変わる頃の笠ヶ岳噴火による流紋岩であるが，その上を焼岳から流れ下ってきた2300年前の火砕流堆積物が覆っており，その上に中尾温泉街が拡がっている。

さらに登って行くと温泉街を抜け，京都大学穂高砂防観測所（1150m程）に出くわす。そこから登山道を登っていくと3時間程で焼岳山頂周辺に至る。

山頂部では160℃もの熱水とガスの混合体が噴き出している。それは今でも焼岳の地下にマグマ溜まりが存在する動かぬ証拠である。

山頂部からの眺めは素晴らしい。北東方向には上高地と梓川を見下ろすことができる。視線を水平に向けると，北北東方向の眼前に穂高岳，その左奥に槍ヶ岳，野口五郎岳の山頂が見え，北北西方向には笠ヶ岳の巨大な山体が見える。

梓川は，焼岳火山群に運命を翻弄されてきた。

現在は，梓川は上高地から長野県側に流れ下り，松本盆地で犀川になり，長野盆地で信濃川に合流する。そこは武田信玄と上杉謙信の川中島の古戦場である。

176万年前頃と175万年前頃の槍ヶ岳・穂高岳の超巨大カルデラ噴火（§4-2）のあと，古梓川（図7-5の古梓川（1））は西に向かって丹生川（にゅうかわ）の谷筋（国道158号線）を高山盆地に流れ，ここから北に向かって宮川となって神岡に至り，高原川と合流して神通川となり，国道41号線沿いに富山平野まで流れ下るようになった。

65万年前頃，上宝火山（第四紀火山）右端の奥飛騨温泉郷福地の火口から大噴火が起こり，火山噴出物が丹生川の谷筋を埋めたので，巨大火砕流は北側の高原川の谷筋（国道471号線）を流れ下り，神

岡を襲ったのち，神通川を富山平野まで流れ下
り，古梓川の流路も高原川の谷筋に移った（図
7-5の古梓川（2））。この火砕流は上宝火砕流と
呼ばれている。この時に吹き上げられた火山灰
が，前章の呉羽丘陵の隆起復元像の決め手にな
った上宝テフラである。

12万年前頃の噴火時には，噴火と同時に発生
した山体崩壊による大規模泥流が再び高原川を
流れ下って神岡を襲った後，富山平野にまであ
ふれ出した。

古梓川の流路が岐阜県側の高原川から現在の
梓川に変わった時期については，12万年前頃の

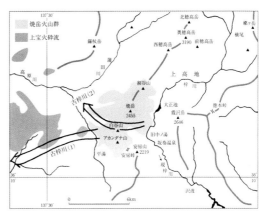

図7-5　古梓川の流路変遷図。『日本の地形（5）中部』（町田・他, 2006）による。

噴火と，3万年前頃以降の噴火という2説がある。いずれかの時，火砕流と山体崩壊によって高原川方向への流路が塞がれ，上高地は巨大な湖になった。

その後，次第に湖の南端から松本方向に湖水があふれ出す様になり，4900年前～2500年前，境峠断層における地震によって堰が決壊し，巨大洪水が東に向かって流れ下った。それは30km離れた松本盆地を襲い，松本盆地の縄文社会に大きな打撃を与え，厚いところで10mを越す堆積層を残した。

平湯から高原川の谷筋（国道471号線）を西に向かい，神岡の手前の見座（標高ほぼ500m）で南に折れて急坂を登っていくと12万年前頃の焼岳噴火による大規模泥流によってできた段丘面（標高620m程）がある。平坦部には本郷の集落があり，中央に高山市上宝支所が建っている。高山市と合併する前の上宝村の村役場である。基盤はジュラ紀（2.0億年前から1.5億年前）の飛騨花崗岩類の船津花崗岩（§2-1）である。本郷の段丘面から東の方を振り返ると高原川の谷筋の奥に焼岳，北の谷筋の奥に県境の黒部五郎岳（2898m）を望むことができる。段丘面の北端に京都大学上宝観測所が建っており，飛騨から北陸の地震活動の監視を担っている。

ここから車で10分程南西に向かい，急坂を上がっていくと，白亜紀の濃飛流紋岩の大雨見山（1336m）の山頂東面に京都大学飛騨天文台が建っており，主として太陽の観測をしている。ここから東の方向には，飛騨山脈の素晴らしい山並みを望むことが出来る。

筆者は，仕事柄，上宝観測所を頻繁に訪れた。訪れるたびに，飛騨高山に生まれ育った江馬修（1889-1975）の小説『山の民』（1938-1940）や『本郷村善九郎』（1950）を思い出した。

飛騨では，明和（1764年-1772年），安永（1772年-1781年），天明（1781年-1789年）と大規模な一揆が起こった。中でも大規模で，しかも農民側が完全敗北したのが安永の大一揆であった。

当時，幕府の財政難が続くなか，老中田沼意次は，貨幣の改鋳を繰り返すと同時に，天領への課税強化を狙い，安永二年，飛騨代官大原彦四郎に検地を命じた。年貢が大幅に増えることを恐れた農民達は代官に嘆願したが要求は拒絶された。代表は江戸表に出て幕閣へ直訴したが，捕らえられ打首にされた。

その報に接した村人達は抗議の声を上げ，本郷村の善九郎はその中核となった。その動きは飛騨一帯に拡大したが，周辺の諸藩から動員された武装兵に鎮圧され，安永三年十二月，善九郎は打首にな

った。19才であった。本郷村本覚寺には供養塔がある。

　この一揆は代官の名前をとって大原騒動と呼ばれている。大原騒動では農民は敗北したが，20年後の松平定信による寛政の改革（1787年から1793年）の背景になった。

　1915年6月の水蒸気噴火では，大量の土石流が東斜面を流れ下って梓川をせき止めて大正池が生まれ，写真7-1のような風景が生まれたことはよく知られているとおりである。

§7-5. 立山火山

　富山地方鉄道富山駅から立山線の特急に乗ってほぼ50分で立山駅（475m程）（図7-6左端）に着く。昔からの地名で言うと千寿ヶ原である。立山駅からケーブルカーに乗り換えて5分程で急坂を登り切ると，弥陀ヶ原台地の西端，美女平（980m程）に出る。周辺はブナや杉の林であるが，今や，日本で一番大きな杉の天然林でもある。

　図7-6の基図は地形図に火山噴出物が重ね書きされた国土地理院の「火山の活動による地形」である。立山の山体はジュラ紀や白亜紀の花崗岩である。美女平から室堂平まで，東西12km程が弥陀ヶ原台地である。

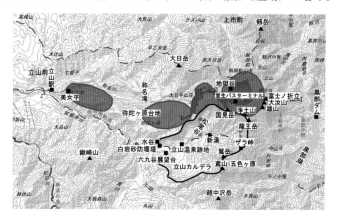

図7-6　立山の地形図。美女平から室堂平までが弥陀ヶ原台地。赤色の部分は溶岩と溶結凝灰岩。太実線で囲まれた範囲が立山カルデラ。国土地理院の「火山の活動による地形」に加筆。

　弥陀ヶ原台地は10万年前頃の第Ⅱ期（後述）の噴火による溶結凝灰岩と，9万年前から4万年前の第Ⅲ期（後述）の噴火による溶岩に覆われた比較的平坦な傾斜面である。溶結とは火山噴出物が熱と自重で硬く固まったことを意味する。弥陀ヶ原台地は，単純化すると「ジュラ紀や白亜紀の飛騨花崗岩類の山体を火砕流堆積物と溶岩が覆っている」ことになる。基盤の花崗岩もそれを覆う溶結凝灰岩も安定しているので，弥陀ヶ原台地は噴火から10万年以上経った今でも台地地形をよく残しており，富山市街地からもよく見える（写真1-1）。

　美女平から室堂行きの高原バスに乗ってしばらくすると視界が開け，右手（南東方向）に薬師岳が見えるようになり，次第に，左手に弥陀ヶ原の高山植物，その向こうに剱岳（2999m）（写真2-4）が見えるようになる。称名の滝の崖上辺り（1600m程）から立山荘辺り（2000m程）まで，高山植物の湿原に覆われている東西3km程の部分は弥陀ヶ原と呼ばれている。

　高原バスの弥陀ヶ原バス停（1930m程）で途中下車して300m程南に向かって歩くと絶壁の上の展望台に至る。そこから眼下に広がるのが立山カルデラである。それは山体崩壊と侵食によって生じた大規模崩壊地形で，最近では1858年飛越地震の3週間後に生じた大鳶崩と呼ばれる大崩壊の膨大な土砂が谷を埋めている。

　バスが天狗平（2300m程）などで停車した後，前方に立山の尾根部が見えるようになり，しばらく

して「室堂平」と呼ばれている標高2450m程の小平坦地に着く。美女平から室堂平までほぼ50分である。室堂平の真ん中に，室堂ターミナルとホテル立山が建っている。

　室堂ターミナルから北に向かって遊歩道を歩いていくとミクリガ池があり，さらにしばらく歩くと，硫黄ガスの噴煙が噴き出している「地獄谷」の側壁上に出る。室堂ターミナルから800m程である。

　ミクリガ池周辺の遊歩道から東2km程に，写真7-2の様に立山の尾根部が聳えている。ただし，立山と名づけられた単独峯はなく，北から，富士ノ折立（2999m），大汝山（3015m），雄山（3003m）の3峰が1km程の間に並び立っている。雄山の山頂には雄山神社峰本社の小さな社殿が鎮座しており，富山の人々の信仰の対象になっている。

写真7-2　室堂山荘手前から望む5月の山崎カールと立山尾根部。中央下の旧室堂山荘は重要文化財。筆者撮影。

　晴れた日には，雄山などの山頂部から東を見ると，眼前に唐松岳や鹿島槍ヶ岳など後立山連峰の山並みがあり，遠くには，東から南に，浅間山，八ヶ岳，富士山，槍ヶ岳，逆の西南西の方向には白山の素晴らしい眺望がえられる。

　室堂平から立山トンネルトロリーバスに乗ると，立山雄山直下を通り，黒部峡谷側の大観峰（2316m）に出る。そこからは，眼下に黒部湖（1455m），その5km程向こうに後立山連峰の鉢木岳（2821m）や赤沢岳（2678m）が眼前に迫ってくる。

　立山火山の噴火史については，Yamasaki et al.（1966）などの先行研究がある。

　図7-7は深井（1966）によって立山火山の形成史が立体地形的に表現されたものである。年代は研究者によって微妙に異なるが，ここでは中野・他（2010）に従う。図7-8は原山・他（2000）による火山噴出物の分布図である。以下では，図7-7と図7-8を参照しながら立山火山と立山カルデラの形成史を簡明に述べる。

　なお，ここでは，先行研究に従って立山火山と呼ぶが，気象庁の名称は立山弥陀ヶ原火山である。

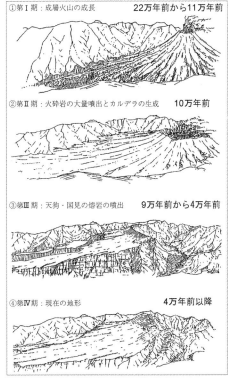

図7-7　深井（1966）による立山の地形変遷推定図に中野・他（2010）の年代を加筆。期の数字はローマ数字に置き換えた。

第Ⅰ期は溶岩噴出の時期であった。第Ⅰ期a（22万年前から20万年前）の噴出物は，立山カルデラ東部を取り囲む国見岳，浄土山，竜王岳，鷲岳の西斜面からカルデラ内の東半分に分布している。噴火口は立山カルデラ南の越中沢岳辺りと推定されている。第Ⅰ期b（15万年前から10万年前）の噴出物は，鷲岳山頂部東斜面の五色ヶ原，カルデラ入り口の水谷周辺，美女平の材木坂などに分布している。竜王岳から鷲岳の尾根部の東西両側に分布しているので，噴火口はカルデラ奥部にあったと思われている。

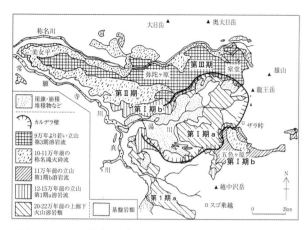

図7-8　原山・他（2000）の立山・弥陀ヶ原火山の火山噴火物の分布図に活動期を加筆。

鷲岳尾根部からの東に向かってゆるく傾斜する斜面は五色ヶ原と呼ばれており，高山植物の魅力にあふれている。五色ヶ原は10万年前頃の噴火による溶結凝灰岩の台地である。この斜面をカルデラの中心に向かって延長すると標高2.8km程になる。ただし，第16章の立山・黒部隆起の復元像に従うと，立山地域は20万年前頃には800m程低かった。従って，20万年前の古立山火山は2km前後だったはずである。

第Ⅱ期（10万年前頃）には噴火活動の中心が立山カルデラ北縁に移り，そこから大量の火砕流を噴出させた。その北縁は称名川の谷となり，南半分の山体は失われて現在では立山カルデラとなった。

第Ⅲ期（9万年前から4万年前）には再び溶岩の噴出が中心になり，それは弥陀ヶ原台地の尾根部の主要部（図7-6の赤色の部分）を形成している。

第Ⅳ期（4万年前頃以降）には噴火口は室堂平に移り，噴火活動は水蒸気噴火になり，ミクリガ池や地獄谷が形成された。

立山火山の第Ⅰ期a，第Ⅰ期b，第Ⅱ期，第Ⅲ期の噴火口はカルデラ内東部（図7-8の1a，1b，2，3）と推定されいるが，膨大な崩壊堆積物がカルデラを埋めているので，旧噴火口や旧火道を探しだすのは不可能である。

噴火の時には，大量の火砕流が神通川から富山平野にあふれ出した。富山平野に分布する上段と呼ばれる中位段丘面には，第Ⅱ期（10万年前頃）の噴火による火砕流や土石流などが含まれている。

§7-6. 立山カルデラ

立山カルデラは，図7-6や図7-8に示すように，弥陀ヶ原台地の南側，東西ほぼ6.5km，南北ほぼ4.5kmの達する巨大なカルデラである。カルデラと言っても火山噴火によって出来た陥没地形ではなく，何度も深層崩壊を繰り返して形成された鍋状の地形である。火山噴火で形成された地形ではないのでカルデラと呼ぶべきではないという意見もあるが，現在では，立山カルデラという名称はすっかり定着

してしまった。

　平面図ではイメージしにくいが，空中写真の助けを借りると全体像が良く分かる。写真7-3は西から東の方向を見た立山カルデラの鳥瞰写真である。左端は弥陀ヶ原で，国見山の向こう側は室堂平である。中央奥左に立山雄山が見え，そこから右回りに，尾根部に，浄土山，獅子ヶ岳，ザラ峠，鷲岳，鳶山が位置し，鳶山の斜面に1858年の大鳶崩れの痕跡が見える。壁のように見えるカルデラ内部の山体斜面の多くは第Ⅰ期a（22万年前から20万年前）の噴火による溶結凝灰岩である。カルデラ内には，手前から奥に向かって，水谷，白岩砂防堰堤，六九谷，多枝原，立山温泉跡地，新湯がある。

　立山カルデラ内部は危険なので通常は国土交通省立山砂防事務所から許可をもらった人以外は立ち入り禁止である。しかし，立山カルデラ砂防博物館が毎年参加者を公募している体験学習会に参加するとカルデラ内部に入って見学することができる。

写真7-3　上空から東の方向を見た立山カルデラの鳥瞰写真。立山カルデラ砂防博物館による。

　富山地方鉄道立山線の立山駅を降り，立山ケーブルカーに乗らないで駅舎を南に出るとロータリーがあり，その奥に立山カルデラ砂防博物館と立山砂防事務所が並んでいる。

　体験学習会では，立山砂防事務所からトロッコに乗って1時間程で立山カルデラ入り口の水谷平（1120m）に直行する。特に紅葉の時期など，トロッコからの眺めは素晴らしい。

　バスに乗り換えて次に向かうのは，重要文化財に指定された白岩堰堤である。そこから5分程奥に進むと六九谷展望台に至り，カルデラのダイナミックな眺望が得られる。六九谷は，1969年の豪雨の時の多枝原平（だしはらだいら）の斜面崩壊によって生まれた谷である。そこから東北東5km程奥の方に，壁のように国見岳や浄土山の山体西側斜面が見える。

　六九谷からバスで奥に進むと，江戸時代には立山信仰に伴って賑わったが，1973年に廃湯となった立山温泉跡（1300m程）がある。さらに登っていくと「新湯」と呼ばれている間歇泉を経て，佐々成政の「さらさら峠越え」で有名なザラ峠（2348m）にいたる。

　多枝原谷地すべり地域のボーリングによって，1858年鳶崩れの崩壊堆積物の下部から硫黄や硫酸塩によって変質した粘土化層や，カルデラ内の跡津川断層帯線沿いでは熱変質を受けて劣化した基盤岩の花崗岩が見いだされた。これらのことから，3万年前頃以降，元の山体のジュラ紀花崗岩は熱変質し

て強度を失い，その上に堆積した火山堆積物と共に崩壊したものと推定されている（野崎・菊川, 2012）。

かって立山カルデラの場所にそびえ立って古立山火山は，弥陀ヶ原台地と同様に花崗岩の山体とそれを覆う溶結凝灰岩の組み合わせの安定な山体だったであろう。安定なはずの山体が，ほんの3万年程でカルデラ地形になってしまったとは衝撃的である。

旧立山温泉近くのボーリングでは，地表から90m程の深さの基盤面は上側の地層を満たす120℃から160℃の熱水層が検出された。この高温に匹敵するのは，筆者の知る限り，関電黒部トンネルの高熱隧道の工事（1938年）の160℃，焼岳山頂の噴気孔から噴き出す熱水混じりの噴気ガスの160℃などしかない。

野崎・菊川（2012）によると，立山カルデラの形成史は次のように箇条書き出来る。
（1）立山火山の第Ⅰ期から第Ⅱ期の活動期の頃，立山カルデラの場所には3000m級の古立山火山がそびえていた。
（2）第Ⅱ期の活動期（10万年前頃）に白岩砂防堰堤辺りのカルデラ狭隘部が火山噴出物によって塞がれた。
（3）そのため，第4期の活動期（9万年前から4万年前）には，立山カルデラは湖（真川湖）になった。
（4）4万年前頃，湖は消滅し，壁面は大気に露出するようになった。
（5）3万年前頃に最初の深層崩壊が発生した。
（6）その後は，跡津川断層で2500年程の間隔で地震が繰り返すたびに立山カルデラ内のどこかで山体崩壊が発生し，崩壊土砂が流出するというサイクルを繰り返し，カルデラは次第に大きくなって行った。
（7）1858年安政飛越地震に伴って最新の山体崩壊，大鳶崩れが発生した。

最初の数万年は湖であったこと，地震によると思われる堰の崩壊で大量の土石流を流し出して下流の人間社会に打撃を与えたことなど，上高地と立山カルデラは共通点が多く，兄弟分と言うことも出来る。

立山カルデラ地域の自慢は，白岩堰堤，本宮堰堤，泥谷堰堤を併せた3つの砂防設備からなる「常願寺川砂防施設」と，18世紀から1980年代まで参拝者の宿泊小屋として用いられてきた「立山室堂」（写真7-2）の2点の重要文化財を持つことであろうか。

なお，カルデラ底部と尾根部の比高はほとんど変わらないのに，穂高岳など上高地の周辺の山々がより急峻に見えるのは，尾根部がより激しく氷河によって削られたからであろう。

§7-7. 氷河カールと現存氷河

立山・黒部地域のもう一つの魅力は氷河カールと現存氷河であろう。氷河カールは氷河が流れ下って行く時にU字形に削った谷地形を指す。日本語では氷河圏谷と書かれる。

地形的に顕著なのは，1905年に山崎直方によって存在が認められた立山雄山と大汝山の間の西側斜面の山崎カールであろう。写真7-2は5月の中旬に撮ったものであるが，雪が残っていると氷河カール

のＵ字形地形が分かりやすい。

　もう一つは，白亜紀から古第三紀に変わる頃に巨大噴火を起こした薬師岳の尾根部東斜面に並んでいる４つの大規模なカール群である。山崎カールと薬師岳のカール群は，1945年，天然記念物に指定された。

　2012年，福井・飯田（2012）によって，立山東斜面の御前沢雪渓，剱岳山腹の三ノ窓雪渓，小窓雪渓（図7-9）が日本で初めて現存氷河であることが確認された。2018年には，立山内蔵助雪渓，剱岳池ノ谷（いけのたん）雪渓，鹿島槍ヶ岳東側斜面のカクネ里雪渓，2019年には唐松岳北東側の唐松沢の雪渓も現存氷河である事が確認された。日本で氷河が存在するのは立山・黒部地域の7氷河のみである。室堂平の夏期平均気温は9℃程なので，立山・剱岳周辺の氷河は世界でも最も高温の場所の氷河と言えよう。

　これらの雪渓が氷河であると認められるのに時間がかかった。条件の一つである塑性変形による流動（岩石で言えば進行する褶曲）を確認することが難しかったからであろう。立山カルデラ砂防博物

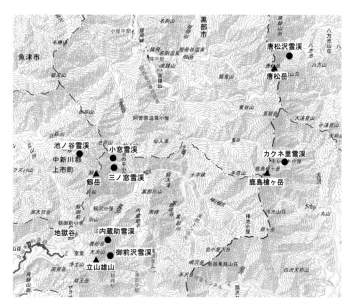

図7-9　立山・黒部地域の氷河の分布。国土地理院地図に氷河の情報を加筆。

館の雪氷学グループは，GPS観測によって年間20cm程谷方向に動いていることを示した。それが塑性変形による流動であることは，採取した雪渓深部の氷のサンプルに含まれる気泡が動いている方向に引き延ばされている（塑性流動している）ことによって確認された。塑性流動が生じていなければ滑り落ちる氷塊であって氷河ではない。この様なことにこだわるのが科学者なのである。

　浄土山の室堂平側の斜面は氷河に削られた跡である。そこには羊背岩と呼ばれている多くの花崗岩がごろごろしている（写真2-1）。それは，基盤の花崗岩の表面が氷河によって削りとられ，氷河末端堆積物として残されたものである。1億年から2億年前に地下数kmで固まって花崗岩になり，80万年前頃から立山・黒部隆起と共に地表まで押し出され，氷河によって削りとられた来歴を思うと，筆者には感慨深い。

　雪の壁の高さが平均16mもある雪の大谷も大人気である。高さ16m程の雪の壁は珍しくはないが，一冬でこれだけ積もるのは世界でも希である。室堂平の年間降雪量は7m程なので，雪は大谷は両側の小さな峰を越えてくる雪の吹き溜まりであることがわかる。

§7-8. 富山平野の最終氷期の風景

一部は§6-11と重複するが12万年前頃の間氷期以降の富山平野の風景を手短に俯瞰してみよう。

【12万年前頃】海水準は高度5m程であった。古呉羽丘陵（当時の山頂の高度は120m程）はブナなどの落葉広葉樹の森に覆われるようになった。呉羽丘陵の追分茶屋の現在の標高は20m前後であるが，12万年前頃は高度0m以下で，現在の住宅街のほとんどは古射水海に覆われていた。

【10万年前頃】次第に気温は低下していった（図4-4）。神通川や井田川は境野新から古射水海に流れ出すようになり，境野新扇状地が形成された。

【5万年前頃】神通川や井田川は呉羽丘陵の東側を流れるようになった

気温はどんどん低下して行き，海水準は今より50m以上低下した。能登半島の輪島より北側では海岸線は沖に退き，そこは陸地になった。それを能登古陸と呼ぶことにしよう。

【4万年前頃】氷期の厳しい頃，海水準は -80m〜 -60m程で，海岸線はさらに退いて行った。古呉羽丘陵（同140m程）は針葉樹の森であった。杉谷丘陵，丘の夢牧場，八尾町水谷，十二貫野石田野などの高位段丘は相当高くなっていた。

スンダランド古陸や東シナ海古陸からは新人達が次から次にやってきた。

【2万年前から1万1600年前】寒冷化が極大に達した最終氷期である。気温は今より6℃〜8℃低く，海水準は今より100m〜120m低かったので，富山湾の海岸線は数km沖に，能登半島の北側では数10km沖に退いた。

現在の冬の北陸の平野部より6℃〜8℃程気温が低いのは北海道南部である。現在の北海道南部は，サケやマスなどの魚類に加え天塩川の河口部ではシジミも採れる自然の豊かな場所である。最終氷期の能登古陸も新人達には食糧豊富な魅力的な場所だったに違いない。

現在，日本の人口の80%は標高100m以下に住んでいる。生活形態が異なるのでそれを直接当てはめることはできないが，氷期にも，人口の多数は，標高100m以下，つまり現在の海岸線以下に住んでいたと思った方が良いだろう。

能登古陸に住んでいた新人達の痕跡は，残念ながら，現在では水面下である。しかし，他の地域を参考にすると，握斧，削器，石刃を素材としたナイフ型石器などを使い，落とし穴で捕らえた獣を焼いた礫で石蒸し料理にしたり，串焼きにしたり，骨と肉のミンチを作ったりしたのであろう。

呉羽丘陵，射水丘陵，神通川右岸の舟倉台地などの中位段丘面や丘陵部にこの時代の遺跡が点々と残されている。神通川右岸の大沢野（110m程）から坂を登っていくと舟倉台地（160m程）の平坦面に至る。登りきった辺りの後期旧石器時代の直坂遺跡（175m程）には調理の痕跡の焼けた礫，そこから少し北の野沢遺跡（145m程）には世帯からなる集落の跡が残されている。とは言え，当時は海水準からの高度250m以上の高地である。ここに住んだのは氷期の高地を好む少数派の新人達だったであろう。

図7-10は，国土交通省北陸地方整備局立山砂防事務所（2010）のボーリング柱状図を基にした常願寺川流域の推定地質断面図である。これによると，最終氷期の常願寺川は激しく下刻されており，1kmあたり10m程の急勾配で海岸部に流れ出ていた。この時期の富山平野は，大阪平野のように（図7-4）相当の下刻地形であったはずである。富山の平野部の風景を規定する要素の一つは，流出部の標高が

高く，海岸までの距離が短く，傾斜が急なことであるが，氷期には傾斜は一層急であった。

なお，1kmあたり10m程の勾配は，現在の北陸自動車道より山側の勾配である。デ・レーケが「これは川ではない，滝だ」と言ったという伝説が生まれた辺りである。

更新世前期（チバニアン期より前）は，間氷期を除いて海水準も今より数10m低く，対馬海峡からの暖流の流入は乏しかった。ほとんどの時期，日本海の深海部は酸素の乏しい還元的環境で，生物の生息に適しない環境であった。海面近くは，大陸や日本列島から淡水が流れ込むため，塩分濃度は今の3分の2程まで低下し，深海生物は絶滅した。

1万4000年前頃，海水準が上昇してくると，まず津軽海峡が開き，北の海からズワイ蟹や北方系に魚が入り込み，1万年前頃に対馬海峡が開いて，南方系の魚が入り込み，深海まで含めて，豊かな生態系を構成するようになった。詳しいことは，『日本海　その深層で起こっていること』（蒲生俊敬，2016）などを参照されたい。

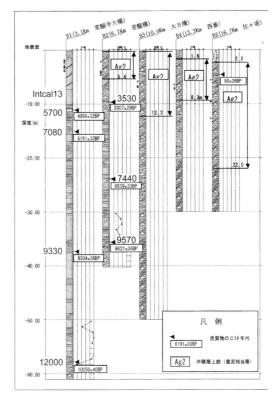

図7-10　国土交通省北陸地方整備局立山砂防事務所（2010）による常願寺川脇のボーリング調査による簡易柱状図。

第三紀の中頃（5000万年前から4000万年前）にインド大陸がユーラシア大陸に衝突した。インド大陸の先端の地殻がユーラシア大陸の下にもぐり込み，地殻が2重になったチベットはアイソスタシーで全体として持ち上げられチベット高原が生まれた。

第四紀に入って，チベット高原の南縁はさらに上昇し，世界最高峰のエベレスト（8848m）を含め，標高8000mの峰が東西2000kmにわたって連なるヒマラヤ山脈となった。エベレスト山頂（8848m）近くからは，かってインド大陸とユーラシア大陸の間にあったテーチス海に住んでいた貝の化石が見つかっている。

チベット高原とヒマラヤ山脈は日本の気候に大きな影響を及ぼした。それは，インド洋の暖気の北上を妨げ，シベリヤの寒気の南下を容易にした。そのため，北緯40度前後に位置する秋田市の1月の平均気温は0.1℃で，同緯度のローマの1.9℃，ワシントンＤＣの2.3℃と2℃程の差がある（理科年表による）。

シベリアからの寒気が日本海を渡ってくるときには，比較的暖かい対馬海流から大量の海水を蒸発させ，それを日本列島で落とすので，北陸から東北地方の日本海側は，緯度の割には世界でも希な積雪地帯となった。富山は北緯37度程であるが，世界で同緯度の場所を探すと，サンフランシスコ，リスボン，アテネなどである。

北半球のほとんどの場所で，夏の暑さのピークは7月の中旬から下旬にやってくる。そのため，欧米

の大学の夏休みが6月から8月までなのは分かりやすい。日本は例外的に暑さのピークが8月初めにくる。チベット高原とヒマラヤ山脈は日本人の季節感に微妙な影響を与えたということが出来る。

　次章に先走りすることになるが，採集狩猟による定住生活という縄文文化を可能にした日本列島の豊饒の大地は，大陸の移動，山脈の隆起，巨大噴火，氷期と間氷期を繰り返す気候変動などの様々な地球のダイナミクスによって培われてきたのである。

　参考文献

Cann, R. L., M. Stoneking and A. C. Wilson, Mitochondrial DNA and human evolution, Nature, 325, 31–36, 1987.

藤井昭二・中村俊夫・酒谷幸彦・高橋裕史・工藤裕之・山野秀一，常願寺川扇状地の形成と災害についての2, 3の知見，立山カルデラ研究紀要，12, 1-10, 2011.

深井三郎，立山－称名滝とその渓谷を探る－，富山新聞社，1962.

福井幸太郎・飯田肇，飛騨山脈，立山・劔山域の3つの多年性雪渓の氷厚と流動－日本に現存する氷河の可能性について－，雪氷，74, 213-222, 2012.

蒲生俊敬，『日本海 その深層で起こっていること』，BLUE BACKS，講談社，2016.

原山智・高橋浩・中野俊・仮谷愛彦・駒沢正夫，『立山地域の地質（5万分の1地質図幅）』，地質調査所，2000.

市原実，『大阪平野の周辺地域の第四紀地質図』，アーバンクボタ16, 2-15, 1978.

小林武彦，立山火山最末期の水蒸気爆発，「中部日本の休火山に関する活動予知のための基礎的研究」，昭和57年度科学研究費補助金自然災害特別研究(1)報告書，3-11, 1983.

国土交通省北陸地方整備局立山砂防事務所，『平成21年度常願寺川流域堆積土砂調査報告書，2010.

国立天文台，『理科年表平成30年度』，丸善，2017.

町田洋・新井房夫編，『新編火山灰アトラス 日本列島とその周辺』，東京大学出版会，2003.

町田洋・松田時彦・海津正倫・小泉武栄編，『日本の地形〈5〉中部』，東京大学出版会，2006.

溝口優司，『アフリカで誕生した人類が日本人になるまで』，ＳＢ選書，2011.

中野俊・奥野充・菊川茂，立山火山，地質学雑誌，116, 37-48, 2010.

野沢保・菊川茂，立山カルデラの形成と深層崩壊の歴史－蔦泥と国見泥－，日本地すべり学会誌，49(4), 44-51, 2012.

岡村道雄，『縄文の生活誌』，2008.

斎藤成也，『日本人の源流』，河出書房新社，2017.

佐藤洋一郎，『食の人類史』，中公新書，2016.

篠田謙一，『日本人になった祖先たち』，NHKブックス，2007.

高橋正樹，『破局的噴火』，祥伝社新書，2008.

Yamasaki, M., N. Nakanishi and K. Miata, History of Tateyama Vocano, Sci. Rep. Kanazawa Univ., 11, 73-92, 1966.

米倉伸之・貝塚爽平・野上道男・鎮西清高編，『日本の地形〈1〉総説』，東京大学出版会，2001.

　ＨＰ
気象庁「気候変動に関する政府間パネル」IPCC第5次評価報告書，2013
　https://www.data.jma.go.jp/cpdinfo/ipcc/ar5/index.html

第8章　縄文時代　1万6000年前頃から3000年前頃

§8-1. 縄文時代草創期から早期（1万6000年前頃から7000年前頃）

本章では『縄文の生活誌』（岡村，2008）や『農耕社会の成立』（石川，2010）などを参考にしながら縄文時代を手短に紹介する。

最終氷期以降の年代は炭素同位体比によって決定されている。炭素の原子量は12であるが，自然界には極めて微量の同位体，炭素14が存在する。炭素14の半減期は5730年なので，炭素12と14の比（炭素同位体比）を利用すれば数万年以内の年代を決定することが出来る。この方法は炭素14法と呼ばれている。

炭素14法による年代決定が始まった頃は炭素同位体比に比例させて年代に換算していたが，その後，宇宙線や海洋からの炭素放出などによる炭素14の存在量の変動が年代決定に影響していることが分かり，1990年代後半からはそれらを補正した較正年代が使われるようになった。

図8-1は，最新の較正年代IntCal13（Reimer et al., 2013）に基づく較正曲線である。この較正を行うと，現在から2000年前頃までは大きな変化はないが，4000年前は4500年前，7000年前は7800年前，10000年前は11500年前，1万3000年前は1万5500年前と古くなる。なお，50年以下は適宜50年単位に丸めた。本章では多くの年代を引用するが，原著で較正されていない場合は，筆者が図8-1によって簡易に較正したものを用いた。

IntCal13では水月湖（福井県三方上中郡若桜町。三方五湖の一つ）の過去7万年の年縞データが柱の一つになっている（Nakagawa et al., 2012; 中川毅，2017）。年縞とは湖底の堆積物に生じた鉛直方向の縞模様である。それは，周囲が山に取り囲まれて波が起こりにくく，直接流れ込む河川がなく，湖底は還元的環境で堆積物を掻き乱す湖底生物がおらず，三方断層の活動で沈降し続けてきたために還元的な環境の中で堆積物が溜まり続けてきた奇跡的な環境の中で生じた堆積層である。

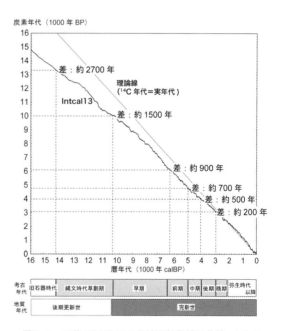

図8-1　工藤(2019)による較正年代補正曲線。もとは，Reimer et al. (2013) の IntCal13。

年代が較正されるようになって，縄文時代の時代区分は大きく変わり，表8-1のようになった。

ただし，縄文時代の始まりは研究者の間では侃々諤々の議論が続けられている。炭素同位体法導入以前は8000年前頃とされていたが現在では説によっては1万6000年前頃前にまでに遡る。土器の出現を

縄文時代の始まりと見なせば1万6000年前頃と言うことになり，土器の使用が一般化した時期を縄文時代の始まりとみなせば1万3000年前頃ということになり，縄文時代的な生業形態・居住形態が確立した段階を縄文時代の始まりと見なせば1万1500年前頃になる。これらの説はどこに重点を置くかによって異なっているだけで，どれかが正し

縄文時代草創期	16000年前から11500年前
縄文時代早期	11500年前から 7000年前
縄文時代前期	7000年前から 5500年前
縄文時代中期	5500年前から 4400年前
縄文時代後期	4400年前から 3200年前
縄文時代晩期	3200年前から 2800年前

表8-1　縄文時代の年代区分。工藤(2019)による。

く，どれかが間違っているといういうわけではない（山田，2015）。本章では1万6000年前とする。なお，日本列島の縄文時代の新人達は縄文人と呼ぶ。

　最終氷期の気候は1万6000年前頃に急速に温暖化に転じた。海水準は20m/1000年程の速度で急上昇した。縄文海進（有楽町海進ともよばれている）である。現在の地球上でその様な急上昇が起こると，現代文明は危機に瀕するだろう。

　急激な気温上昇と海面上昇は，植生と動物の分布の急激な変化をもたらした。それまでの生活様式は崩壊し，人々は生き残りさえ困難であっただろう。しかし環境の激変を察知した人類は新しい道具や衣類を作り出し，それは新たな文明を生んだ。

　1万2800年前頃には，桜島で，大正噴火（1914年）の20倍もの火山噴出物を伴う大噴火が起こった。南九州の初期の縄文人はほとんど絶滅した。

　9000年前頃には，日本海に対馬海峡から暖流が流れ込むようになった。そのため，冬季にシベリヤから流れてくる大気は日本海の上で大量の水分を含むようになり，日本海沿岸部と脊梁山地で大量の雪を降らせるようになった。その雪は，春から夏にかけてゆっくり溶け，大地を潤す。それは，いっそう日本列島の植生を豊かにし，縄文人の定住生活を助けた。

　世界史的には，新石器時代は「高度な石器である磨製石器が使用されるようになり，農耕を伴うようになった頃から，青銅器や鉄器の使用が始まった頃まで」を指す。

　ヨーロッパでは，1万年前頃に中東で始まった農耕が伝播し，4000年前から3500年前に青銅器の使用が始まった。中国では，8000年前頃には稲作が始まって5000年前頃には定着し，次第に水田稲作に移行した。4000年前前後は黄河中流から下流を中心とする殷王朝初期の二里頭（にりとう）文化と呼ばれる時代であった。青銅器が本格的に利用されるようになり，漢字が生まれた。

　土器は，最終氷期に東アジアで発明され，どんどん西方に拡大し，8000年前から7000年前にはヨーロッパに伝わり，農耕文化の中に取り入れられた。日本でも，1万6000年前頃には土器が作られるようになり，縄文文化の草創期（1万6000年前頃から1万1500年前頃）には本格的に普及した。土器のそのような経過は，日本と大陸が自由に動ける一体的空間だったことを示している。

　石器も進歩し，細石刃，石鏃，石槍などがあらわれた。幅1cm程の細石刃は小型の替刃のような使い方をしたと思われている。

　世界的には，中国文明でも，メソポタミア文明でも，定住は農耕によってもたらされた。縄文時代の採集狩猟による定住生活は世界でもまれな文化であった。縄文時代は農耕を伴わない例外的な新石器時代であった。

　縄文海進が7000年前頃のピークに達するまでに何が起こったかを推理してみよう。

　氷期に広大な平野を形成していた東シナ海古陸の東西幅を単純に300kmとし，6000年かけて海が進

入してきたとすると，海進（海岸線の後退）の速度は100年で5km程である。とても安定した生活が可能な状態ではなかったに違いない。スンダランド古陸や東シナ海古陸に住んでいた多くの新人達はアジアの北や南へ追い立てられるように散って行かざるを得なかっただろう。日本列島には様々なDNAをもった新人達がたどり着いた。

　次第に東シナ海古陸は海の下になり，対馬海峡は広くなり，日本は地理的に孤立して独自色を強めるようになり，縄文文化が生まれた。

　氷河時代には侵食によって現在の海水準よりも25m程も掘り下げられていた大阪平野中央部（図7-4）では，縄文海進とともに急速に堆積が進んだ。ここも安心して居住生活を営める環境ではなかっただろう。縄文人達は周辺の丘陵部に移動し，気候と大地の激しい変化を感じながら，不安な気持ちで生活を営んでいたに違いない。多くの大型哺乳類が絶滅し，かわりに，シカ，イノシシ，タヌキなどの中型哺乳類が増加した。ただ，植生が針葉樹林から冷温帯落葉広葉樹林，「温暖帯落葉広葉樹林」と急速に遷移して行き，くりやドングリなどの堅果類が豊富になったことは縄文人達にはありがたかったであろう。いわゆるドングリは，コナラをはじめ，カシ，ナラ，クヌギなどブナ科コナラ属の落葉広葉樹の実の総称である。温暖帯落葉広葉樹林帯が東北にまで拡大して行ったので，縄文人達も西日本から東北日本に展開して行った。

　なお，単純化すれば，冷温帯落葉広葉樹林は現在の北海道から東北地方，温暖帯落葉広葉樹林は現在の西南日本で一般的な樹林である。

　『気候変動に関する政府間パネル（IPCC）第5次評価報告書』の「気候変動2013：自然科学的根拠」（気象庁のＨＰ，2013）は，「大気中の二酸化炭素，メタン，一酸化二窒素は，過去80万年間で前例のない水準まで増加している」として，2100年時点の気温上昇と海面上昇の予測を行っている。単純化すると，温暖化対策がとられない場合の気温上昇はほぼ4℃，海面上昇はほぼ0.8mとなり，2015年パリ協定レベルの温暖化対策が実施された場合でも，気温上昇はほぼ1℃，海面上昇はほぼ0.4mとなる。

　2017年4月，気象庁は，今のままでは，「日本列島の平均気温は2100年には4.5℃上昇し，東京は4.3℃上昇して現在の屋久島並みになる」との地球温暖化予測情報を発表した。2018年の夏は猛暑であったが，それでも平均気温より1.5℃から2℃程高かっただけである。4.3℃上昇するとどのようなことが起こるのだろうか，大きな不安を感じずにはおれない。

　マスコミを通しては2100年時点のことしか流れてこないので，「40cmから80cmの海面上昇なら人間社会は対応できる」と誤解している人は多い。しかし，IPCC第5次評価報告書でも述べられているように温度上昇と海面上昇は2100年以降も続くのである。

　『気候変動に関する政府間パネル（IPCC）第6次評価報告書サイクル』の「海洋・雪氷圏特別報告書」（気象庁のＨＰ，2020）では，気候変動対策を打たず，温室効果気体排出が多い状態が継続すると，2300年には気温は今より5度程高くなり，海水面は2mから7mも上昇する可能性も示している。

　気温が上昇すると生態系が変化し，食料生産に支障が生じるだけでなく，繰り返し新型のパンデミック（感染症の爆発的流行）に悩むようになるのではないかと危惧されてきた。その危惧は，2020年の時点で，新型コロナという形で現実になった。温暖化が収まらない限り，現代社会は，今後も繰り返し新型のパンデミックに悩まされることになるだろう。

　その先にどの様なことが起こるかは縄文海進が参考になる。その時期には気温上昇1℃に対応して海

水準は10数m上昇した。報告書が予測する海面上昇が縄文海進に比べて小さい原因の1つは，海水準上昇が気温上昇に時間遅れで反応するからであろう。もし大気中の二酸化炭素やメタンの水準が今のまま続けば海水準は上昇し続け，1000年後に10mをはるかに上まわるのではないかと危惧される。化石燃料から再生可能エネルギーに転換するのはもちろんのこと，産業革命以来放出し続けてきた大気中の二酸化炭素やメタンを大規模に回収する技術が開発できなければ人間社会は危機に瀕する。

§8-2. 縄文時代前期から中期（7000年前頃から4400年前頃）

7300年前頃に鬼界カルデラで噴火マグニチュード8.1の超巨大噴火が起こり，図8-2のように全国に火山灰を降らせた。九州ではイノシシなどの動物は姿を消し，植物も潰滅し，縄文社会は崩壊した。

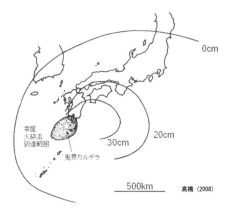

図8-2　鬼界カルデラの7300年前の噴火による火山灰テフラ（K-Ah）分布。高橋（2008）による。元は町田・新井（2003）。

そのあとを埋めるように朝鮮半島から朝鮮半島系の文化をもった人々が移動してきた。全国的に土器様式の変化が起こり，縄文時代早期から縄文時代前期に時代は移行した。

なお，鬼界カルデラは，現在，「三島・鬼界カルデラジオパーク」の中核になっている。

7000年前頃の縄文海進の最盛期には，気温は20世紀より2℃程高く，海水準は今より3m程高くなった。

図8-3は縄文海進の最盛期の大阪平野の古地理である。海は上町台地北端の地峡部から侵入して生駒山の麓までが古河内湾となった。淀川と大和川が古河内湾に出たところに生じた三角州が次第に拡大し，弥生時代には淡水化して古河内湖となり，江戸時代にはほぼ陸地化した。

第5章の近畿地方中央部の「2段階地殻変動仮説」に従えば，縄文時代の大阪平野には定常的地殻変動はない。従って，大阪平野の地殻変動はほとんど上町断層で大地震が発生したかどうかで決まる。長期評価では，地震の発生間隔は8000年程，前回の大地震は，2万8000年前〜9000年前とされている。地震性地殻変動は，断層下盤側の大阪市中心部で0.5mから1m程の沈降，上盤側の上町台地で2m程，東大阪で1mから1.5m程の隆起である。

生駒断層での地震の発生間隔は3000年〜9000年，前回の地震は400年〜1000年とされており，地震性地殻変動は下盤側の東大阪で20cm程の沈降である。この様な地殻変動が累積したために，東大阪の基盤は図5-3のように生駒山に向かって傾いている。そのため，大阪平野の東端（生駒山の麓）

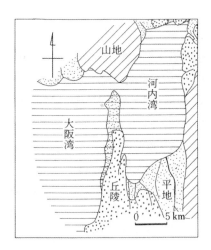

図8-3　縄文海進の最盛期（左上）の大阪の古地理。海が東大阪に入り込んで河内湾となっていた。横山（1995）による。

には深野沼（大東市）のような低湿地が江戸時代まで残っていた。

　「温暖帯落葉広葉樹」の森は食べ物の宝庫だった。春は身近な山菜の採集や小魚漁，夏は貝や魚の漁労，秋は木実の収穫，冬は狩猟がという季節に合わせた生産活動が可能になった。堅果の加工にスリ石を使い，あく抜きや煮炊きに使う土器を作った。煮炊きによってドングリが日常的に食べられるようになって栄養価が良くなり，寿命を延ばした。

　湖沼や海に近い集落では，水底に沈めて漏斗状の口から入ってきた魚を閉じ込めて捕獲する筌（うけ）と呼ばれる漁具や，蛸壺なども用いられた。

　味覚の話に転じると，世界のほとんどの地域で味付けにはバターを代表とする油脂を用いる。一方，日本料理の「旨味」（うまみ）は昆布や鰹節の出汁のグルタミン酸（タンパク質）である。カキ，スッポン，イノシシ，キノコなどを深鍋の土器で煮込んだ縄文鍋は和食の旨味の原点と言えよう。

　図8-4はこの様な縄文生活が生き生きと復元されている。縄文時代の住居は土葺きや茅葺き屋根の長さ5m程の竪穴住居で，内部には，役割に応じた間取りがあった。奥には祭祀用の祭壇があり，床は叩き固められた土間で，壁際が寝起きする空間である。

　縄文時代のはじめから，横木から錘をつけた糸を多数吊り下げ，錘のついた糸で絡めていくような編布（あんぎん）とよばれる技法があった。縄文時代後半には縦糸と横糸を交互に絡ませる平織と呼ばれる技術によって編まれた衣服でほぼ全身を覆うようになった。

　縄文時代には，石斧を使って木を伐採し，丸木舟や木器を作るようになった。琵琶湖周辺の縄文遺跡や若狭町の鳥浜貝塚からは，縄文時代前期の長さ5mから7mの丸木舟が出土している。

　縄文時代の遺跡から出土する丸木舟には

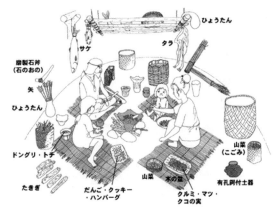

図8-4　縄文人の生活の復元図。富山市北代博物館のHPによる。

ほとんど節穴がない。それは縄文時代人達が枝打ちをしていたことを意味している。枝打ちは自分の世代では役に立たない。縄文の人々は「次世代のために」という意識を持った人々だったのである（網野・森，2000）。

　縄文土器といっても，当初は模様のない扁平な土器が多く，次第に細い粘土紐を貼り付けたり，ヘラで削ったりしていたが，そのうち刻みを彫った小さな木を土器の表面に転がして模様を付けるようになった。縄文時代中期になると，幾組かの繊維の撚り紐を土器の表面に転がす回転押捺文様で飾り立てるようになった。土器作りは女性の仕事であった。筆者などは，「私の作った文様の方がきれいよ」とか「あなたの文様は変よ」とか楽しくふざけあっている日常生活の一コマを想像してしまう。

　日本独自の芸術とも言える土偶は縄文文化の花である。縄文時代中期の山形県最上郡舟形町の西ノ前遺跡の「縄文の女神」，長野県茅野市の棚畑遺跡の「縄文のビーナス」，縄文時代後期の北海道函館市の著保内野遺跡の「中空土偶」，青森県八戸市の風張1遺跡の「合掌土偶」，同中ッ原遺跡の「仮面

の女神」は国宝に指定されている。縄文時代草創期に扁平な土偶として始まり芸術として成熟するのに数1000年の年月を要したとも言えよう。

なお，2016年5月には，サザビーズロンドンのオークションで一体の遮光器土偶が1億9000万円で落札され，大きなニュースになった。

土偶は多くが破損して出土するので「生命の再生を願って破壊する」ような使い方をされたものと推定されている。縄文土器も土偶も野天で700℃から900℃の温度で焼かれた素焼きである。

福井県若狭町の鳥浜貝塚から出土した小枝が，1万2600年前頃のウルシ（ウルシは樹木のとしての名称で漆はその樹液）であった。石川県七尾市の三引遺跡からは7200年前頃の赤色の漆塗櫛が出土した。赤色漆が4層に塗られた本格的な技法である。縄文人達は漆を土器やクシに塗り，また縄文ポシェットを作って楽しんでいたことが分かる。

新潟県糸魚川産のヒスイは，三内丸山遺跡（青森県青森市）を含めて，中部地方から北海道までの各地の遺跡から出土している。それは，各地の有力者が威信材として物々交換で獲得したのと解釈されている。筆者は好奇心あふれた若者が旅に出る時の旅銀だった可能性もあるのではないかと想像している。

縄文時代の遺跡として5900年前頃から4200年前頃（縄文時代前期から中期）の三内丸山遺跡は特筆すべきであろう。それはJR青森駅から南西へ7kmばかり，東北自動車道青森インターの近くの標高18m程の中位段丘面上に作られた大規模集落跡である。外国では，エジプトのクフ王のピラミッド（4500年前頃），イギリスのストーンヘンジ（4000年前頃），パキスタンのモヘンジョダロ（4000年前頃）の時代である。

『縄文の生活誌』（岡村，2008）は，三内丸山遺跡の際だった特徴として，(1)大規模な造成土木工事，(2)長さ32m，幅10mの大型掘立柱建物を中心に計画的な構成と配置，(3)クリなどの栽培も取り入れた安定した食糧供給，(4)木製・骨角を含め多様な道具，(5)多種類の遠隔地物品，(6)各地の縄文文化の多様な要素が総合的に存在することなどを挙げている。(3)の遠隔地物品には，上述の糸魚川産のヒスイを初めとして，北海道白滝産の黒曜石，岩手山のコハクなどを含む。

集落の人口は500人程と推測されている。はっきりした身分の階層構造はなかったが，大規模な工事を組織的に行うリーダーからなる緩やかな階層はあったものと思われる。集落の北の谷には880基以上の埋め甕（乳児や幼児を埋葬した壺）が発見された。当時は幼児の死は日常的なものであったかもしれないが，それを悼む気持ちは現在の我々と同様であったことを示している。

§8-3. 縄文時代後期（4400年前頃から3200年前頃）の人口崩壊

縄文時代の存在が認識される様になったのは，アメリカ東海岸のメーン州で多くの貝塚研究の経験があったエドワード・モースが，明治十年（1877年），東京帝国大学の御雇い生物学教授として来日し，大森駅近くで，列車の窓から，崖に貝殻が積み重なっている大森貝塚（東京都品川区・大田区）を発見した時である。それは日本の考古学のはじまりであった。大森貝塚は，現在では，縄文時代後期の遺跡とされている。

『人口から読む日本の歴史』（鬼頭，2000）によると，縄文時代の人口は表8-2のようになる。なお，

本書において，人口に関しては，いちいち引用を示さないが，すべて同書によることをお断りしてお
く。同書には，全国の地域ごとの人口も示されているが，表8-2には畿内（大和・山城・摂津・河内・
和泉）と北陸（新潟県・富山県・石川県・福井県）のみを挙げた。また，同書の年代は較正されてい
ないので，図8-1の補正曲線によって著者が補正したのが同表の第2列の更正年代である。下2桁は4捨
5入した。

表8-2の見積もりは，遺跡の数，集落規模に，古墳時代の集落あたり人口を参考に推定したものであ
る。鬼頭（2000）の時代から発掘遺跡数は大幅に増加しており，表8-2の人口も大幅に増加するはずで

もあり，不確定要素は大きい。
同書の見積もりは下限と考えて
おく必要があろう。

顕著な特徴は2点である。第
一点は，縄文時代は東日本の人
口が多く，西日本の人口が希薄
だったということである。縄文
中期の場合，全人口26万のうち
東日本は25.2万人なのに西日本
は9500人に過ぎない。実際はこ

年代	較正	全国	畿内	北陸
8100年前（縄文早期）	9000年前	20.1	0.1	0.4
5200年前（縄文前期）	6000年前	105.5	0.4	4.2
4300年前（縄文中期）	4900年前	261.3	0.4	24.6
3300年前（縄文後期）	3500年前	160.3	1.1	15.7
2900年前（縄文晩期）	3000年前	75.8	0.8	5.1
1800年前（弥生時代）	1800年前	594.9	30.2	20.7

表8-2　縄文時代の人口変遷。『人口から読む日本の歴史』（鬼頭宏, 2000）
に基づく。2列目は図8-1による較正年代。同書には，全国の地域ごとの人
口も示されているが，この表には，畿内（大和・山城・摂津・河内・和泉）と
北陸（佐渡・越後・越中・能登・加賀・越前・若狭）のみを挙げた。

れ程の極端な差なかったかもしれないが，それでも東日本の優位性は変わらない。

表8-2を見ると，9000年前頃から6000年前頃の間に全国人口が5倍に急増したように見えるが注意を
要する。9000年前頃の海水準は今より30mから50m程低かったので，当時，海辺近くに住んでいた多
くの縄文人達の痕跡は海底下か沖積堆積物の下に埋もれてしまっているからである。9000年前頃の実
際の人口は，遺跡の数などから復元された人口よりずっと多かったはずである。

縄文海進と共に上昇してきた気温は7000年前頃には現在よりも1℃以上高くなり，東北地方北部と中
部山岳地帯を除いて，中部地方，関東，東北地方南部は多くの人口を養える「暖温帯落葉広葉樹林帯」
になった。サケの利用も人口増加を一層支えたはずである。この時代の遺跡にサケの遺骸があまり残
されていないが，縄文時代人達が軟らかいサケの骨は食べてしまったからであろう。

西日本は照葉樹林帯になった。それは，縄文人にとって利用しやすい森ではなかった。それに加え，
7300年前頃の鬼界カルデラの超巨大噴火は九州全域を数mの火山灰で覆い尽くして九州の縄文人を絶
滅させた。西日本全体では植生が乏しくなり，人口減の圧力になったはずである。

なお，照葉樹林とは，常緑広葉樹林の中で，シイ，カシ，クスノキなど，葉の表面の角質層が発達
した深緑色の葉を持つ樹木に覆われた降雨量の多い地域の森を指す。

この時代の15才の平均余命は16年と短命であった。ただし，縄文人だけが短命だったのではなく，
世界各地の狩猟採集民の寿命は似たようなものであった。短命と幼児死亡率を考慮すると，当時の人
口増加率は低く，東日本の縄文時代前半の温暖帯落葉広葉樹林の恵まれた自然環境でのみ例外的な人
口増大が可能であったということができる。

顕著な特徴の第二点は，縄文中期から縄文後期にかけての人口崩壊である。その原因として，縄文
中期の人口最盛期を過ぎてから気候は寒冷化し，平均的気温が2℃程も低下したので，東北日本では人

口を支えていた暖温帯落葉樹林が西南日本に後退し，ブナを中心とする堅果に乏しい冷温帯落葉樹林が卓越するようになり，東北日本に大きな打撃を加えたからと考えられている。寒冷化の原因として，3650年前頃（紀元前1627年）のエーゲ海のサントリーニ島の噴火と3180年前頃（紀元前1159年）のアイスランドのヘクラ火山の噴火が地球規模の天候不順をもたらしたことなどが考えられる。寒冷化以外に，大陸から疫病がもたらされたという説なども出されている。

　しかし，西日本では，寒冷化にも関わらず縄文時代中期から後期にかけて人口は倍増した。イモや豆などの焼畑などが受容されるようになったことが要因とされている。

　『新版稲作以前』（佐々木，2014）は，縄文中期に焼き畑を中心とする縄文農耕が北九州ではじまり，縄文晩期（3200年前から2800年前）には濃尾平野を東端として西日本一帯に拡がったと見なしている。それは照葉樹林帯とほぼ重なる。『日本人の源流』（斎藤，2018）は，DNAのデータから，4400年前頃から3000年前頃，遺伝的には弥生人に近い人々の西日本への渡来の波があったと推定している。それらは中尾佐助によって1960年代に提唱された「照葉樹林文化論」への強力な支持と言えるかもしれない。

　富士山は5600年前頃から3500年前頃に噴火を繰り返し，現在我々が見るような山体が形成された。しかし，鬼界カルデラの噴火ほどの規模ではなく，広域的な人口には影響は与えなかったであろう。

　富士山噴火が影響を与えたのは信濃川流域に集中的に現れた縄文時代中期の火焰型土器かもしれない。長野県中央部の中山道が通る和田峠近くの黒曜石は山梨県や静岡県の縄文遺跡から見いだされているので，ここまで黒曜石を運搬してきた縄文人達は富士山の噴火を見たに違いない。そのような縄文人達が故郷に帰って近隣の住民に話し，それが刺激となって火焰型土器が生まれるきっかけとなったとしても不思議ではない。噴火が芸術を生んだと言えるのではないかと想像している。笹山遺跡（新潟県十日町市）出土の火焰型土器を含む「深鉢形土器」は国宝に指定されている。

　海で隔てられるようになったと言っても，大陸から多くの人々が渡来してきたし，大陸との交流が絶えたわけではないので，縄文時代中期から後期の縄文人は水田稲作を知っていたはずである。土器にせよ，細石刃などの石器にせよ，木造建築技術にせよ，大陸に引けをとらない，あるいはそれ以上の技術レベルにあったにもかかわらず，縄文人は水田稲作を選ばなかった。水田稲作によって食料生産性は上がっても，階級が生まれ，戦が起こることを嫌ったのだろうか。

　いずれにせよ，農耕は，自然を破壊するところから始まる。縄文人が，自然を破壊しない採集狩猟生活を選び続けたのは極めて聡明な選択であったし，日本列島でしかできない選択だったと言えよう。残念なことがあるとすれば，農耕に比べて，文字へのモチベーションが希薄であったことではないだろうか。

　時代は下がるが，孔子によって論語が書かれたのは紀元前6世紀，インドで仏陀が生まれたのは紀元前463年，ユダヤ人の旧約聖書が成立したのは紀元前5世紀から4世紀頃である。もし日本で文字が生まれ，自然観を書き残してくれていたら，どれほど興味深いものであっただろうか。

§8-4. 縄文時代の奈良盆地

　図8-5は奈良盆地とその周辺の地質図である。この図を参照しながら話を進めよう。

§5-7で述べた様に，奈良盆地では，氷期には侵食によって堆積層は削り取られ，間氷期には急速な堆積作用によって埋められ，それを繰り返してきた。縄文海進の頃には，大和川流域の安堵町や川西町（斑鳩の南）を中心とする盆地中央部は古奈良湖，または古大和湖と呼ばれている湖であった。

湖だったため旧石

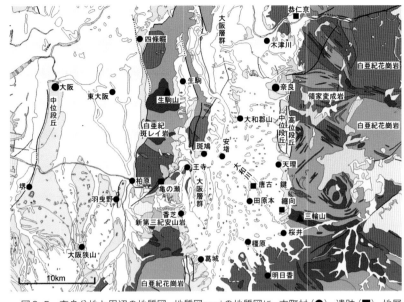

図8-5　奈良盆地と周辺の地質図。地質図naviの地質図に，市町村（●），遺跡（■），地層名などを加筆。都市の●は市役所等の場所。

器時代や縄文時代の遺跡が分布するのは標高80m程以上の二上山北麓遺跡群（香芝市）や標高75m程の橿原遺跡（橿原市畝傍町。橿原神社の隣）など，標高60m以上のものがほとんどである。

大和川が盆地中央部から，斑鳩の南，王寺に至り，さらに下ると県境近くの右岸に亀の瀬と呼ばれている白亜紀花崗岩の標高45mから50mの盛り上がりがある。奈良盆地が湖だったのは亀の瀬で大和川が堰き止められていたからである。

亀の瀬の堰を崩壊させたのは地震に違いないと思うのだが，どの活断層の地震か，考えてみよう。

奈良県内の大規模活断層だとすると，長期評価では，前回の地震が発生した時期は，奈良盆地東縁断層が1万1000年前〜1200年前，金剛山地東縁断が2000年前〜1600年前，生駒断層が1600年前〜1000年前となっている。推定発生時期の幅が広いので地震が発生した活断層を絞り込むことはできない。

考古学の助けを借りよう。縄文時代後期（4400年前頃から3200年前頃）に入って，奈良盆地で代表的な畝傍山南東麓の橿原遺跡（75m）が現れ，晩期前葉（3200年前から3000年前）の多くの遺物を残して廃絶する。

それに代わって，やや標高の低い60m程の所に，縄文時代晩期中葉から末頃（3000年前から2800年前頃）の曲川遺跡（橿原市曲川町）や観音寺本馬遺跡（橿原市観音寺町）などの遺跡が現れる。標高50m程の唐古・鍵遺跡（奈良県磯城郡田原本町）からは晩期の遺物が出土しているが住居の遺構は発見されていない。

この変化から，奈良盆地で縄文晩期前葉から中葉に変わる頃（3000年前前後）に大きな事件があったと考えても良さそうである。それが地震であったとすると，金剛山地東縁断層では2000年前〜1600年前に，生駒断層では1600年前〜1000年前に起こっているので，残るは奈良盆地東縁断層（前回の地震1万1000年前〜1200年前）しかないということになる。その場合，県境部の震度は6強である。

実は，この時期，大阪平野でも地震があった。『地震の日本史』（寒川，2007）を参考にすると，耳

原遺跡（大阪府茨木市）で，縄文時代晩期に有馬－高槻断層帯で地震が発生した痕跡が見つかった。長期評価によると発生時期は3000年前頃である。大阪平野の久宝寺遺跡（大阪府八尾市）や東新町遺跡（大阪府松原市）では，同時期に液状化した砂礫の痕跡が発見された。地震本部の震度想定では，有馬－高槻断層帯で地震が起こった場合，大和川流域の県境部の市町村は震度5から6強で，これが亀の瀬の崩壊の原因である可能性は大きい。

　以上のことから，次のような経緯が考えられる。

　縄文時代晩期に入った頃，古大和湖の水位は高度60mから70mであった。縄文時代晩期前葉から中葉に代わる頃（3000年前前後），奈良盆地東縁断層か有馬－高槻断層の地震によって亀の瀬の堰が崩壊し，古奈良湖の湖水は流出して奈良盆地は陸化した。橿原遺跡は崩壊し，縄文人達は高度60m程の曲川遺跡や観音寺本馬遺跡などに集落を移動させた。しかし急に陸化したので60mより低い部分は地盤が悪く，遺跡として残るような集落はほとんど作らなかった。

　既存のデータでは，残念ながら，これ以上推理を続けることは出来そうもない。とはいえ，亀の瀬の堰が崩壊しなければ，奈良盆地は今でも奈良湖で，ヤマト政権もなく，万葉集もなかったかもしれないと思うと不思議な気がする。

　なお，亀の瀬の南4km程に京都大学防災研究所の屯鶴（どんづる）峯観測所があり，近畿地方の地震と地殻変動の観測を行っている。

参考文献

網野善彦・森浩一，「この国の姿を歴史に読む」，大巧社，2000．

石川日出志，『農耕社会の成立』，日本古代史①，岩波新書，2010．

鬼頭宏，『人口から読む日本の歴史』，講談社，2000．

工藤雄一郎，後期旧石器時代から縄文時代への移行期の再検討，『再考！縄文と弥生』，国立歴史民族博物館・藤尾慎一郎編，吉川弘文館，2019．．

町田洋・新井房夫，『新編火山灰アトラス 日本列島とその周辺』，東京大学出版会，2003．

Nakagawa, T., K. Gotanda, T. Haraguchi, 他15名 and 2006 Project Members, SG06, a fully continuous and valved sediment core from Lake Suigetsu, Japan: Stratigraphy and potential for improving the radiocarbon calibration model and understanding of late Quaternary climate changes, Quaternary Science Reviews, 36, 164-176, 2012.

中川毅，人類と気候の10万年史，ブルーバックス，講談社，2017．

岡村道雄，『縄文の生活誌』，講談社学術新書，講談社，2008．

Reimer, P. J., E. Bard, A. Bayliss, and others, IntCal1 3 and marine1 3 radiocarbon age calibration curves 0-50,000 year Cal Bp, Radiocarbon, 55, Nr 4, 1869-1887, 2013.

斎藤成也，『日本人の源流』，河出書房新社，2017．

佐々木高明，『新版稲作以前』，NHKブックス，NHK出版，2014．

寒川旭，『地震の日本史』，中公新書，中央公論新社，2007．

高橋正樹，『破局的噴火』，祥伝社新書，2008．

山田康弘，『つくられた縄文時代』，新潮社，2015．

横山卓雄，『古大阪湾・古京都湾の自然史』，三和書房，1995．

ＨＰ

気象庁「気候変動に関する政府間パネル」IPCC第6次評価報告書，2020

https://www.data.jma.go.jp/cpdinfo/ipcc/ar6/index.html

第9章　縄文時代　富山平野の地殻変動

§9-1. 縄文時代早期の縄文海進

1万3000年前頃から7000年前頃まで，海水準は1000年に20m程の速度で急速に上昇し，平野部では堆積作用が激しくなった。

立山砂防事務所によって行われた常願寺川沿いのボーリングの柱状図（図7-10）から判断すると，常願寺大橋あたりの河床上昇速度は1000年当たり8m程になる。今日では想像も出来ないような速度で急上昇してきたことが分かる。5700年前頃に形成された堆積面の地表面からの深さが11m（海水準から深度7m）程であることから，この堆積面は海面下で形成されたことや，堆積作用が海水準上昇に追いつかなかった状況などが読み取れる。

1980年，黒部川扇状地の入善町吉原の600m沖の水深20mから40mの海底で埋没林が発見された。何本もの高さ30cm程の樹根部分が生きていたときのように海底から突き出た様な状態で発見されたのである。木の種類はほとんどハンノキとヤナギの落葉広葉樹であった。年代は，水深40mの地点のもので1万2000年前（較正前は1万0250年前）頃，水深22mの浅い地点のもので9600年前（同8300年前）頃であった。1万2000年には海が今より40m以上深く，9600年前頃には22m以上深かったことを示す世界で初めての物証であった。

環境の激変は人間社会に大きな影響を与えた。能登古陸の海岸線から現在の能登半島先端部海岸線までの距離を30kmと単純化すると，100年間で500mもの速度で海進（海岸線の南下）が進んだことになる。東シナ海古陸に住んでいた人々と同様，能登古陸に住んでいた人々も慌ただしく各地に散って行っただろう。

表7-4の様に，縄文時代の北陸地方（新潟県・富山県・石川県・福井県）の人口は，9000年前頃に400人，6000年前頃に4200人，4900年前頃に24600人と増大したと見積もられている。

9000年前頃（縄文時代早期）に海岸平野に住んでいた人々の痕跡の多くは今や海面下や堆積層の下なので，400人という見積もりは相当の過小評価であろう。しかし，平穏な時代には多くの人口を養うころができる平野部が，9000年前頃には激しい堆積作用で定住生活には困難な環境であったので人口が必ずしも多くはなかったのも確かであろう。

この時期の富山平野の様子を推理してみよう。活断層調査の一環として2007年に行われた安田城跡（呉羽丘陵と平野の境界より1km程東，標高10m程）周辺での群列ボーリング（長期評価の「砺波平野断層帯・呉羽山断層帯の長期評価（一部改訂）」）では，1万年前〜9000年前の堆積面は深度10mから5mである。したがって，笹津橋付近（標高90m程）から富山平野に流れ出た神通川は，富山市街地辺りで深度10mから5mになり，今の海岸部より多少沖で現在より22m以上低い海水準の富山湾に流れ出していたであろう。

7300年前頃，鬼界カルデラで噴火マグニチュード8.1程の超巨大噴火が起こり，富山平野でも10cm近い火山灰が降り積もったはずである。それが富山平野の縄文人達にどの様な影響を与えたのかは分

からない。

次節以下では，図9-1に示す不動堂遺跡，岩瀬天神遺跡，小竹貝塚，串田新遺跡，桜町遺跡，大境洞窟と朝日貝塚など縄文時代の遺跡における，地震性地殻変動，定常的沈降，海水準変動の兼ね合いを検討する。議論の見通しを良くするために，検討した活断層と推定した地震発生時期を表9-1に予め示しておく。

表9-1の第2列は，高岡－法林寺断層を例外として，活断層の長期評価で推定されている地震の発生時期，第4列は関連遺跡などである。結論を先取りすることになるが，議論の見通しをよくするために，第3列に，本章において推定した地震発生時期を示しておく。

関連論文の資料の年代が較正されていない遺跡の年代は，§8-1で述べた簡易な方法で筆者によって較正した。海水準は，関連文献を参考に，表9-2のように簡明に仮定した。

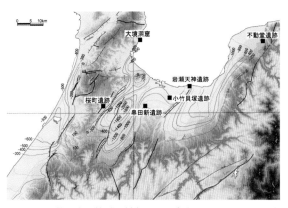

図9-1　第9章で検討の対象にする富山平野の6ヶ所の縄文時代遺跡。基図は「第四紀層基底深度分布」。

断層名	長期評価の推定活動時期	本章の推定／仮定	関連遺跡等
魚津	不明	5000年前頃	不動堂遺跡
呉羽山	約3500年前～7世紀	3000年前頃	岩瀬天神遺跡
高清水 射水	約4300年前～約3600年前	4300年前頃	串田新遺跡
高岡－法林寺 石動	約6900年前～1世紀 不明	4500年前頃	桜町遺跡
邑知潟	約4900年前～約3700年前 約3900年前～約2400年前 約3200年前～9世紀	4900年前頃 3500年前頃 2100年前頃	大境洞窟 朝日貝塚
富樫・森本	約2000年前～4世紀	1900年前頃	部入道遺跡

表9-1　左から順に，本章で議論の対象とした活断層，長期評価による前回の活動時期，本章の検討から推定した活動時期，関連遺跡名。ただし，富樫・森本断層帯の推定時期は平松・小坂 (2013) による。

7000年前	3.0m
6000年前	2.5m
5500年前	2.0m
5000年前	1.5m
4500年前	1.0m
4000年前	0.5m
3500年前	0.0m
3000年前	-0.5m
2500年前	-1.0m
2000年前	-1.0m

表9-2　本章で仮定した縄文時代の各時期の海水準。

§9-2.　縄文時代前期の小竹貝塚遺跡

縄文時代の早期から前期に移る7000年前頃に縄文海進は最大に達し，海水準は3m程にまで上昇した。そのため，富山平野の神通川と庄川の間では図9-2中央図のように呉羽丘陵の北麓まで海が侵入してきた。それは，12万年前頃の最終間氷期の古射水潟と区別して第二古射水潟と呼ばれている。

ただし，藤井 (1992) では，縄文海進が最大に達した時期は6000年前頃，縄文時代から弥生時代に移り変わるのは3000年前頃から2000年前頃とされていたが，本書では，それぞれ，7000年前頃，3000年前頃とする。

氷見でも海は現在の平野部を覆うようになった。大伴家持の時代には，海岸線は現在の場所近くま

で退いたが，低地は布勢海（名前は海だが淡水湖）として残っていた。

2010年，驚きのニュースが流れた。新幹線工事に先立つ発掘調査で，小竹貝塚（富山市呉羽町）の上端部に埋葬された70体の人骨が見つかったのである。その後の発掘も含めると，人骨の数は91体に達した。小竹貝塚遺跡は，呉羽丘陵北端の北代台地から平野への遷移部に位置する（図9-2中央）。

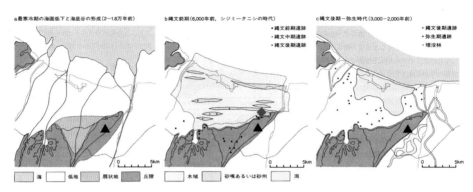

図9-2　左から右へ，最終氷期，縄文海進が最大に達した7000年前頃，縄文時代から弥生時代の射水潟の変遷。藤井（1992）による。呉羽丘陵の頂部に黒の三角，竹貝塚の位置に菱形の記号を加筆した。

『日本海側最大級の縄文貝塚　小竹貝塚』（町田，2018）によると，貝塚は汽水性のヤマトシジミ（日本で普通に食べられているシジミ）で占められていたので，背後の谷筋から小川が射水潟に流れ出るような場所であったことが分かる。貝塚の厚さは2m，最上端（埋葬面）の標高は1m程で，埋葬場所は貝塚最上端である。年代は縄文時代前期後葉の6000年前前後である。貝塚最上端の標高が1mしかない原因については第6章で議論した通りである。

集落は貝塚から東へ30m程離れた標高3m程の平地に位置していた。住民達は貝を食べては集落から30m離れた貝塚に貝殻を捨てた。とはいえ，小さな集落の人々が食べたにしては貝殻の量は膨大なので，春のシジミの季節には内陸部の人々もシジミを採集し，乾燥させて保存食にもしたのであろう。

しかし，5700年前頃には遺構が減少してしまう。海水準の低下と共に射水潟の海岸線は次第に北に退いて行き，小竹貝塚遺跡周辺はシジミが生息しない環境になり，次第に住民は去り，集落は放棄されたものと思われる。

『海をみつめた縄文人』（大阪府立弥生文化博物館，2015）の「DNAが語る列島へのヒトの伝搬と日本人の成立」（篠田，2015）によると，91体のうち13体のミトコンドリアDNAから，10体は南方系，3体は北方系であることが分かった。ここの縄文人達は，南方系を中心としながら，アジア各地に由来していた。

植物の体の炭素同位体比は生息環境の空気中の二酸化炭素同位対比に由来し，窒素同位体比は土壌の窒素の同位体比に由来する。動物の体の同位対比は食べる植物と動物で決まり，食物連鎖の過程で上位の動物ほど同位体比は濃縮されて高くなるので，海生魚介類では炭素も窒素も重い同位体が多く，海生哺乳類では窒素15が特に多い。そのため，人骨の炭素と窒素の同位体比から食生活を推定することができる。

『海をみつめた縄文人』の「小竹貝塚にみる縄文墓制と社会」（山田，2015）によると，炭素と窒素

の同位体比から，小竹貝塚遺跡の住民のほとんどは，淡水魚，サケ，草食動物などを食べていたが，幾つかの興味深い例外があった。北方系のミトコンドリアDNAを持つ1体は，炭素と窒素の同位体比からは陸上植物に片寄った食生活をしていたことが分かった。加えて，下顎臼歯の特殊な咬耗，埋葬のされ方などから，出土した長野県和田峠産の黒曜石を持参し，集落の女性と結婚して落ち着いた男性ではなかっただろうかと推定されている。そのほか，潜水漁労を行う人々に頻発する外耳道骨腫がある人骨など様々な形態を示す人骨などがあり，著者は，小竹貝塚遺跡を残した集団は妻方居住婚的な母系社会ではなかったと推測している。

関係者を困惑させたのは，海水準が2.5m程であった頃にもかかわらず，小竹貝塚上端の標高が1m程しかなかったことであった。貝塚が海中に作られたはずはなく，ましてや海中に埋葬されたはずがない。「小竹貝塚の標高の謎」である。この謎に対する筆者からの解決策が第6章であった。

なお，遺跡の年代は，『日本海側最大級の縄文貝塚　小竹貝塚』のような単行本がある場合はそれに依り，単行本がない場合は文化庁の「国指定文化財等データベース」によった。そこにも年代の記載がない場合は，埋蔵文化財センターなどのパンフレットなどによった。

§9-3. 縄文時代中期の不動堂遺跡，串田新遺跡，桜町遺跡

縄文時代中期（5500年前から4400年前）は，縄文時代で最も人口が多かった時期である。北陸地方の人口は2万4600人程（表8-2）であった。仮に富山の人口は北陸全体の5分の1程とすれば，見積もりの不確実性は大きいが，富山平野では5000人を超える人々が数10ヶ所に小規模な集落を営み平和な生活を営んでいたのであろう。

不動堂遺跡（朝日町）は，黒部川扇状地東端の標高60m程の段丘上に位置する（図9-3），縄文時代中期（5500年前頃から5000年前頃）の重要な遺跡である。1973年の発掘調査では，土器などの多数の遺物や22棟の竪穴住居跡の遺構とともに，長径17m程，短径8m程，床面積115m²程の楕円形の竪穴式建物の遺構が発見された。同時期の三内丸山遺跡の大型竪穴式建物の半分強の規模である。内部の炉の遺構などからは集落の集会場であったと考えられている。

ここでは，遺跡の廃絶時期と魚津断層における地震との関係を検討したい。居住活動の場を一時的にせよ放棄するには理由があったに違いない。その理由の一端でもうかがえれば，当時の人々の生活と意識に，1歩でも半歩でも近づけると思うのである。

ポイントは次の2点である。第一点は遺跡から300m程北側に魚津断層の地表断層線が走っていることである。断層線

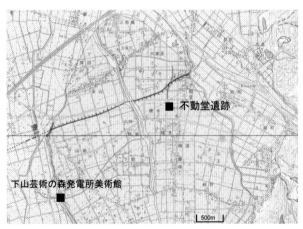

図9-3　活断層図「魚津」から図の部分を切り出し，不動堂遺跡（富山県朝日町）と下山芸術の森発電所美術館（同入善町）の場所を加筆。中央赤線は魚津断層帯断層線。短線は相対的に低下している側を示す。

近傍の地震動がどれだけ激烈かは，2016年熊本地震のときの益城町の地表断層線から2km以内の激甚被害（震度7）を思い出すと分かりやすい。魚津断層で地震が起こったときには，不動堂遺跡は激烈な地震動に直撃され，激甚な被害が出たはずである。そのような場合，現代社会では同じ場所に住居を再建するが，縄文時代には被害が小さかった場所に移動することを優先的に考えたであろう。第二点は多くの同時期の遺物が残されていることである。単に移動していっただけなら土器や石器は持って行ったに違いない。60m程の段丘の上なので黒部川の氾濫が原因とは考えられない。

逆に言うと，活断層の長期評価では「魚津断層で地震が起こった時期は不明」とされているが，不動堂遺跡が廃絶した時期（縄文時代中期中葉，5000年前頃）を有力候補と考えることが出来よう（表9-1）。

不動堂遺跡から南西ほぼ2.5kmに下山（にざやま）芸術の森発電所美術館がある。大正十五年に建設されたレンガ造りの旧黒部川第2発電所が，1995年，入善町によって美術館として改修され，1996年には登録有形文化財に指定された。中にはいると，導水管や配電盤，川北電気製作所という名前の入った大正時代の発電機などを見ることが出来る産業遺産としての性格も兼ねた魅力的な存在である。

この時期の残念な重要遺跡の一つを紹介しておこう。縄文時代中期から晩期（5500年前から2800年前）の集落跡である境A遺跡（朝日町）は，北陸自動車道の建設に先立って発掘調査され，住居や墓穴などの遺構から多くの土器や石器が出土した。中でも糸魚川産のヒスイの玉製品と蛇紋岩の磨製石斧などが大量に出土したので加工工房であったと思われる貴重な遺跡である。しかし，その後，この遺跡の上には，北陸自動車道の越中境パーキングエリアが作られてしまった。

次は呉西に飛んで串田新遺跡（射水市串田新）である。数100m規模の遺跡は北陸自動車道小杉インターから2km程西の小丘陵（周辺の標高30m程，丘陵の比高15m程）の上にある（図9-4）。ここでは，縄文時代中期後半（5000年前頃から4400年前頃）を中心に土器が出土しており，遺跡南西部には竪穴式住居跡が出土した。北東脇には古墳時代初期の古墳群がある。遺跡から500m程西には，高清水断層の平野部への延長である射水断層の推定断層線が北東から南西に走っている。

遺跡の北東に櫛田神社があり，比高5m程の小高い丘陵の上に本殿がある。境内では，夏になるとヒオウギの花が咲き，初秋には黒い物の枕詞になっているヌバタマ（実）になる。祇園祭では民家の軒に厄除けにヒオウギを飾る風習がある。

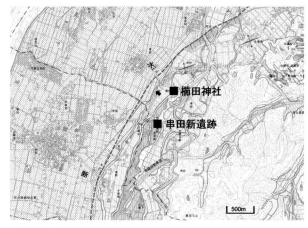

図9-4　活断層図「高岡」から切り出し，串田新遺跡と櫛田神社（富山県射水市串田）の場所を加筆。破線は射水断層の位置がやや不明確な断層線。

京都に住んだことのある筆者などにはたいへん懐かしく感じる。

遺跡からは縄文時代中期後葉（4800年前頃から4400年前頃）の遺物が出土しても縄文時代後期の遺物が出土しないので，地震に直撃されたとすると縄文時代中期後葉から後期までの間ということになる。近くにあるのは，高清水断層，射水断層，石動断層である。活断層の長期評価では，高清水断層

で地震が起こったのは（4300年前〜3600年前）とされているので，ここでは，遺跡の廃絶時期に近い4300年前前後に，高清水断層と射水断層が一体となって地震を起こしたものとみなしておく。

砺波平野西縁の桜町遺跡（富山県小矢部市）は，図9-5の様に，旧北陸線小矢部駅から北にほぼ1.5km

の東西500m程の谷筋の縄文時代草創期から晩期までの遺跡である。そこから南西へ5km程の富山・石川県境は木曾義仲と平氏の戦いで名高い倶利伽羅峠である。

1988年の遺跡区域東端の発掘調査で大発見があった。多くの縄文遺跡で大型の建造物が復原されている。しかし，それは，ほとんど，発掘された柱穴から推定されたものである。桜町遺跡の縄文後期の地層から，多くの土器，石鏃，石槍，石斧などの石器，トチの実，クルミ，クリなどの食材と共に，木材に穴を空けて他の材木を通して組み合わせる貫穴（ぬきあな）や桟穴（えつりあな），

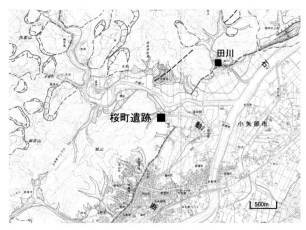

図9-5　活断層図「高岡」から切り出し，桜町遺跡と大桑層の化石を産出する田川（§6-10）の位置を加筆。破線は石動断層の位置がやや不明確な断層線。

木材を凹凸に削って組み合わせる渡腮（わたりあご）と思われる木材（写真9-1）出土した。穴の位置から，それらは高床式の建造物の部材であることが分かる。日本の伝統的木造建築の基本的要素と高床式の建造物が法隆寺建造の時期を3000年も遡る4500年前頃に既に存在したのである。

出土した遺物の年代はほとんどは4500年前前後に集中する。それは，何らかの災害で，高床式建物から土器まで一気に放棄されたからと思われる。しかし，縄文時代早期や晩期の土石流の痕跡は見いだされているが，4500年前前後の土石流の痕跡はない。

敷地の南縁には北東から南西に石動断層地表断層線が走っている（図9-5）。長期評価では法林寺断層の前回の活動時期が6900年前頃〜1世紀とされているが，石動断層の活動時期は示されていない。高岡断層は長期評価の対象ではなく活動年代はわからない。

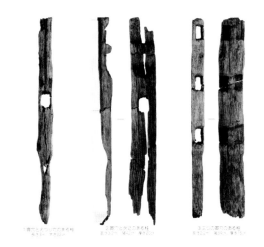

写真9-1　1988年の桜町遺跡（富山県小矢部市桜町）発掘調査で縄文時代後期の地層から出土した貫穴や桟穴のある木材。写真は小矢部市教育委員会による。

いずれにせよ，放棄された4500年前前後と6900年前頃〜1世紀は矛盾しない。目の前の石動断層か高岡−法林寺断層で地震がおこり，激烈な地震動で総てのものが崩壊し，そのまま放棄されたと考えていいのではないだろうか。ここでは高岡−法林寺断層で地震が発生したと見なし，発生時期の推定を「4500年前前後」に狭めることができたということにしておく。3断層の要素を取り混ぜたような解決

策であるが，情報不足なのでやむを得ない。

§9-4. 縄文時代後期から晩期の魚津埋没林と岩瀬天神遺跡

　年代は4400年前頃から縄文時代後期に入っていく。それは§8-3で述べた人口崩壊の時期である。この時期の北陸の人口は5100人と見積もられている。実際の人口はこの数倍だったかもしれないが，縄文時代前期に比べて顕著な減少があったことは確かであろう。

　魚津の埋没林は，最初，1930年に発見された。1989年には，埋没林博物館の隣接地の深度2m辺りからスギの樹根が見つかった。2016年には埋没林博物館の敷地内で新たなスギの樹根が見つかった。詳細は『海底林　黒部川扇状地入善沖海底林の発見を中心として』（藤井昭二・奈須，1988）などを参照されたい。

　今まで，魚津の埋没林は，3000年前頃，市域の北部を富山湾に注ぐ片貝川の氾濫によって地中に埋もれ，その後の海水準上昇によって現在の海水準より下になったものとされてきた。しかし，この考えによると，3000m年前には海水準は2m以上低下していたことになり，小海退があったことになる。

　第6章で述べた地殻変動の視点で考え直してみよう。定常的地殻変動は，図6-17に従うと，この辺りでは3000年で1.5m程の沈降である。埋没林が3000年前に呉羽山断層の地震の時に水没したとすると，地震性地殻変動は50cm程の沈降である。長期評価によると，魚津断層の発生間隔は8000年程で，前章の検討では5000年前頃に発生してしまっているので，魚津断層による地震性地殻変動は考える必要はない。すると，地殻変動の合計は2mの沈降である。従って，2m程の小海退は必要ではないが，汀線でスギが成長するとも思えない。多少は現在の海水準より低かったかもしれないので表9-2では−0.5mとした。

　次は神通川河口右岸の岩瀬天神遺跡（富山市岩瀬。標高2.5m）である。この遺跡は，1930年ころ湊晨（みなとしん）によって発見された。

　最近の発掘調査では，縄文中期から晩期の土器や石器に加えて，弥生土器と古墳時代の須恵器から室町時代の珠洲焼なども出土したが，岩瀬天神遺跡の主体は縄文時代後期・晩期のものである。遺跡の現在の標高は2.5m程である。

　岩瀬天神遺跡は縄文晩期（3200年前から2800年前頃）に放棄された。富山平野に稲作が定着するのは弥生時代中期以降なので，稲作をするために他所に移動したのではない。多くの遺物が残っているので洪水が原因とも思えない。

　岩瀬天神遺跡から東2km程には，呉羽山断層の地表断層線が北北東から南南西に走っている。3000年前頃に呉羽山断層を震源とする地震のによる激烈地震動によって集落が破壊されたうえ，1.5m程の隆起のために魚介類の採集が不便な高度（海水準から4.5m）になったので，集落を放棄して採集に便利な場所に移動して行ったとしか思えない。そうすると「岩瀬天神遺跡」の地殻変動復元像は次のようになる。

　【5000年前頃】高度3.5m程（当時の海水準から＋2m程）の場所に集落が作られた。

　【4000年前頃】定常的沈降によって0.5m沈降して高度3m程に，海水準は1m低下し，海水準から
　　　　　＋2.5m程になった。

【3000年前頃】同様に高度＋2.5m程（海水準から＋3.0m程）になった。しかし，呉羽山断層で地震が発生して1.5m程隆起し，高度4m程（海水準から＋4.5m程）となって集落は放棄された。

【現在】3000年の定常的沈降1.5m程によって標高2.5m程になった。

§9-5. 大境洞窟の標高の謎

この節では，富山平野の考古学と地球科学の境界領域に残されたもう一つの謎，「大鏡洞窟の標高の謎」についての議論を行う。写真9-2が，氷見市内から北北東に10 km程，石川県境近くの海岸の大境洞窟（氷見市大境駒首）である。海食床面の標高は5 m程である。海食が生じた縄文海進の最盛期の海水準が3m程だったのに，海食洞窟床面の高さが5m程なのは矛盾である。これが「大境洞窟の標高の謎」である。以前は縄文海進の地域性として解釈されたこともあったが，ほぼ同じ時期の小竹貝塚の上端の標高が1m程という別の事実が出現したので，今では縄文海進の地域性という解釈はありえない。

写真9-2　大境洞窟前面。筆者撮影。

『大境洞窟をさぐる』（氷見市博物館，1992）によって，大境洞窟と朝日貝塚遺跡の概要を述べる。

表9-3の年代の列は，洞窟床面に残された6層の遺物の年代である。最下層から縄文時代中期中葉から後期中葉の土器や石器などが出土しているので，縄文人が最初に居住するようになったのは中期中葉（5000年前前後）であることがわかる。

第2層と第6層のそれぞれの間には4回の落盤があった。単純に考えると，落盤時期は，落盤堆積層境界面の下層側最上部の年代と上層側最下部の年代の間であろう。もし2つの年代

地層名	年代	落盤時期
第1層	14世紀〜16世紀	
第2層	8世紀第2四半期〜10世紀前半	
		4回目 古墳時代後期
第3層	古墳時代中期〜後期	
		3回目 弥生時代後期終末
第4層	弥生時代中期末葉〜後期終末	
		2回目 弥生時代中期中葉〜後葉
第5層	縄文時代晩期末〜弥生時代中期中葉	
		1回目 縄文時代後期中葉
第6層	縄文時代中期中葉〜後期中葉	

表9-3　大境洞窟住居跡の落盤時期。中央列は洞窟床面に残された6層の遺物の年代（氷見市博物館，1992）。右列は筆者の推定による落盤時期。

に大きなギャップがある場合には下層側最上部の年代とみなす。そうすると，落盤時期は表右端の列になる。

朝日貝塚遺跡は氷見市内の朝日丘の東麓に位置しており，600m程東は海岸線である。図9-6は朝日貝塚の地形概略図である。遺物が出土する場所は数100mの範囲に点在しているが，特に次の2点が重要である。標高7m程のA地点からは海水性の貝と前期末葉（5500年前頃）から後期前葉（4400年前

頃から4000年前頃）の土器が出土したこと，6m程北側の標高5m程のB地点からは淡水性の貝と後期中葉（4000年前頃から3600年前頃）から晩期（3200年前頃から2800年頃）の土器が出土したことである。つまり，後期前葉から後期中葉に代わる頃（4000年前頃）に，貝殻を捨てる場所が2m程低いところに移動し，海水性の貝から淡水性の貝に変わったのである。その時期は大境洞窟の一回目の落盤時期，縄文時代後期中葉（4000年前から3600年前）とおよそ対応する。それがヒントである。

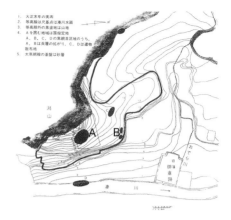

図9-6　朝日貝塚（氷見市）付近の地形概略図。標高7m程のA地点（朝日貝塚保存舎脇）からは海水性の貝と前期末葉から後期前葉の土器が出土し，標高3m程のB地点からは淡水性の貝と後期中葉から晩期の土器が出土した。氷見市教育委員会（1995）による。元は，湊農（196年）。

　ここでは「邑知潟断層で地震が発生したときに大境洞窟では落盤が起こった」とみなす。図6-17のように，大境洞窟周辺では定常的沈降はほぼゼロなので無視できる。氷見では10mから20m/10万年程の定常的沈降はあるかも知れないが，ここでは簡明のため考慮の対象外とする。

　ここから10km程西の能登半島西岸部には七尾から羽咋まで，北東から南西に邑知潟地溝帯が延びている（図9-7の赤斜線）。邑知潟地溝帯の南縁を長さ44kmの邑知潟断層の地表断層線が走っており，断層面は東南に向かって低角（30度）で傾いて砺波平野直下まで伸びて来ている。

　邑知潟断層の長期評価の概要は次のように箇条書きできる。

(1)過去の活動　　　　　最新活動　　　　　　　3200年前～9世紀
　　　　　　　　　　　　1つ前の活動（地震）　3900年前～2400年前
　　　　　　　　　　　　2つ前の活動（地震）　4900年前～3700年前
(2)一回のずれの量　　　2～3m（上下成分）
(3)平均活動間隔　　　　1200年～1900年
(4)平均的なずれの速度　0.4～0.8m/1000年（上下成分）
(5)断層面の傾き　　　　南東に向かって30度

なお，参考までに，図9-7は，活断層長期評価のように一回の地震の断層すべり（上下成分）が2.5mとして計算した地震性地殻変動である。

　ただし，この長期評価には困惑する点が複数ある。

　1点目は，3回の活動時期の年代幅の一部が重複することである。これは評価の元になった論文の年代値が重複しているからであろう。

　2点目は，(1)から(4)の間に矛盾があることである。(3)のように平均活動間隔が1200年～1900年なので平均の1550年をとると1万年に6.5回の地震がありことになり，(2)の平均をとって一回当たり2.5mの断層ずれ（上下成分）が生じたとすると10000年で16mの累積断層ずれ（上下成分）になり，(4)の見積もりより3倍程大きい。

　しかし，ここでは単純化し，一回の地震では断層すべり上下成分は1m，5000年で3回で3mとする。そうすると，一回の地震よる大境から氷見一帯の地震性地殻変動の隆起は0.7m程となる。

発生時期について，まず気がつくことは，一回目の落盤時期，縄文時代後期中葉（4000年前頃〜3600年前頃）は一つ前の地震の発生時期（3900年前〜2400年前）と一部重なることである。逆に，地震の発生時期を2つの期間の共通部分の3900年前〜3600年前に狭めることが出来たと考えよう。

他の2つの地震も含め，多少恣意的ではあるが，長期評価の幅の範囲内で，平均的な活動間隔などを考慮して，落盤時期に合わせて，4900年前，3600年前，2100年前とほぼ1400年間隔で発生したとする。

すると，「大境洞窟」の地殻変動復元像は次

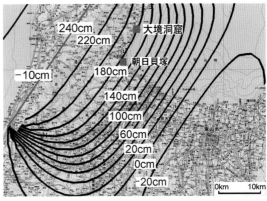

図9-7　邑知潟断層帯で主要活断層帯の長期評価のほぼ想定通りの地震が発生した場合の地震性地殻変動。大境洞窟と氷見一帯でほぼ1.8mの隆起になる。基図はカシミール3D。

のようになる。焦点は，地震による隆起と海水準の低下とのバランスがどうなるのか？である。

【7000年前前後（縄文時代早期から前期）】
海水準の高度は＋3m程であった。洞窟底面の高度3m程（海水準から0m程）になった。朝日貝塚遺跡A地点は高度＋5m程（海水準から＋2m程），B地点は＋3m程（海水準から0m程），平野部は布勢海であった。海水準から0mの時期が長く続いたので，大境洞窟床面と朝日貝塚遺跡のB点の堆積面が形成された。

【5500年前頃（縄文時代前期末葉）】
海水準は＋2m程に低下した。洞窟床面は海水準から＋1m程になった。A地点は海水準から＋3m程になり，縄文人が居住し始めた。B地点は海水準から＋1m程になった。

【4900年前頃（縄文時代中期前葉）】
海水準は＋1.4m程まで低下した。邑知潟断層でこの時期の1回目の地震が発生し，大鏡洞窟から氷見一帯は0.7m程隆起，洞窟床面は海水準から＋2.3m（高度＋3.7m）になった。A点は海水準から＋4.3m（高度＋5.7m程），B点は海水準から＋2.3m（高度3.7m）程になり，周辺で鹹水性の貝が採集されるようになった。

【4500年前頃（縄文時代中期末葉）】
海水準は＋1m程に低下した。洞窟床面は海水準から＋2.7m程となり，縄文人が生活の場として使うようになった。A点は海水準から＋4.7m程，B点は＋2.7m程になった。

【3600年前頃（縄文時代後期中葉）】
海水準は高度＋0.1m程まで低下した。邑知潟断層で2回目の地震が発生し，大境洞窟から氷見一帯は再び0.7m程隆起し，一回目の落盤が起こった。洞窟床面は海水準から＋4.2m（高度4.3m）程になり，生活の場としてもあまりにも不便になったので放棄された。A点は海水準から＋6.2m（高度6.3m）程にもなったので生活面を海水準から＋4.2m程のB地点に移した。地震に伴う隆起のため，布勢海は浅くなり淡水化が加速した。海岸線が東の方に退いて行ったので，布勢海から淡水化性の貝を採集するようになった。

【2800年前頃（縄文時代晩期末から弥生時代草創期）】

海水準は－0.7m程になり，洞窟床面は海水準から＋5m程になった。埋葬の場として使われ始めた。

【2200年前頃（弥生時代中期中葉と後葉の境界）】

海水準は－1m程になった。邑知潟断層で3回目の地震が発生して再び0.7m程隆起し，洞窟床面は海水準から＋6m（高度＋5m程程）になった。A地点は海水準から＋8m（高度＋7）程に，B地点は＋6m（高度＋5m）程になり，海岸線はさらに東に退いて行った。貝塚遺跡周辺では貝などの採集が困難になり，生活にはあまりにも不便になったので集落は放棄された。

【現在】洞窟床面は海水準から＋5m，A地点は海水準から＋7m程，B地点は＋5m程。

邑知潟断層の長期評価の内部に矛盾があり，情報の不足を多くの仮定で補ったこともあり，この復元像の不確実性は大きいが，大境洞窟の床面が縄文海進の最大期の海水準より2m程高い原因は基本的に理解できたと言えよう。大事なことは，海水準と地殻変動のバランスによって居住環境が激変し，それに応じて縄文人達が生活の場を変えた様子がうかがえることである。

石川県側の縄文社会にも邑知潟断層の地震は打撃となったはずである。御経塚遺跡（石川県野々市）が縄文時代後期中葉に巨大化したのは，邑知潟断層の地震の被災者が大挙避難して来たのが一因かもしれない。

縄文時代ではないが，弥生時代の地震を一つ加えておこう。長期評価では，富樫・森本断層の地表断層線は河北郡津幡から白山市に至る長さ26kmである。前回の地震は2000年前～4世紀以前とされている。平松・小阪（2013）は，石川県白山市の手取川扇状地の部入道遺跡の液状化痕跡から，森本・富樫断層の地震が紀元100年～200年に起こったことを示した。

本章での議論を踏まえて，次の2点を強調しておきたい。

一点目は，考古遺跡から活断層で地震が起こった年代を推測し，あるいは推測の幅を狭めることが出来る可能性が拡がったことである。本章の議論を整理すると表9-1第3列になる。もちろん，年代には曖昧さが大きく，今後の検討によって否定される場合も少なくないかもしれない。しかし，このような検討をすることの意義は明らかになったであろう。

全国的には，遺跡から地震発生時期が分かった研究事例は多くある。それは『地震の日本史』（寒川，2007）などに詳しい。

二点目は，小竹貝塚遺跡の場合は＋2m程，岩瀬天神遺跡も＋2m程，朝日貝塚遺跡は＋3m程と，海岸線近くの集落が建設され始めた時期の海水準から高さ2m程から3m程という共通点があることである。海岸部に住む縄文人は，「集落を建設するには海水準から背丈の1.5倍程の高さが適当」という共通意識を持っていたのではないだろうか。

重要なのは，この様な共通意識の可能性に気づくには，累積地震性地殻変動，定常的沈降，海水準変動などのバランスを併せ考慮することが必要だったということであろう。

§9-6．縄文期時代の汀線の現在の高度／深度

第6章と本章の議論の枠組みに従って，6000年前頃の汀線の現在の標高／深度（図9-8）を推定しよ

う。6000年前の海水準は，表9-1に従って高度2.5m程とする。

　第6章の地殻変動復元像を当てはめると，神通川河口右岸の岩瀬の6000年の定常的沈降は3m程，3000年前の呉羽断層の地震による地震性地殻変動は1.5m程の隆起である。これらを2.5m程から差し引くと現在の高度は1m程になる。これが，図9-8の神通川河口部の「+1m」の意味である。同様の復元像に基づくと，§6-10のように小竹貝塚表層の高度は+1.3m程になる。図の（）内の1.0mは実際の高度である。

　庄川河口左岸の伏木台地と金沢平野海岸部の場合は，高岡−法林寺断層で地震が発生したかどうかで大きく左右されるが，いつ発生したかを示す資料はない。やむを得ないので，図6-18の地殻変動（26m/10万年）の6000年分を+2.5mに加えた。

　次に3000年前頃の汀線の現在の標高／深度（図9-9）を推定しよう。3000年前の海水準は−0.5mである。

　呉羽山断層で地震が発生した頃なので複雑である。岩瀬の3000年の定常的沈下は1.5m程，呉羽断層の地震による地震性地殻変動は1.5m程の隆起である。従って，これらを3000年前の海水準−0.5mに加えると，地震の直前の汀線の現在の深度は−2m程，直後の汀線の現在の深度は0.5m程になる。これが図9-9の神通川河口部の「−2m／−0.5m」の意味である。

　伏木台地と金沢平野海岸部の場合は，6000年前以上に高岡−法林寺断層で地震がいつ発生したかに左右される。しかし発生時期はわからないので，図9-9には，6000年前と同様，−0.5mから図6-18の地殻変動の3000年分を差し引いた数字を示しておく。

　図9-8と図9-9の数値には多くの不確実さを含んでいるので0.5mを目安に丸めた数字である。それにも関わらず確実に言えることは，富山平野や金沢平野のように大きな定常的地殻変動が生じている場では，縄文海進の最盛期の汀線近くの痕跡が+1m以上に残されており，縄文時代から弥生時代に代わる3000年前ころの痕跡の多くが海面下に埋もれてしまっていることである。3000年程前に発生したと思われる呉羽山断層を震源とする地震による津波の痕跡が見つからないのもそのためであろう。

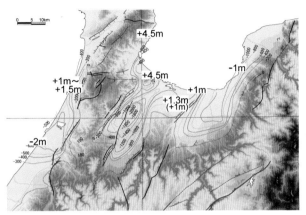

図9-8　6000年前頃の汀線（当時の高度2.5m）の現在の推定高度／深度。図中央内陸部で+1.3m（1m）と示されているのは小竹貝塚。基図は「第四紀層基底深度分布」。

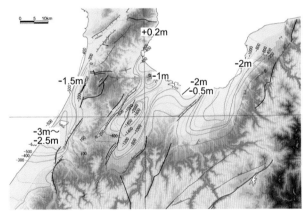

図9-9　3000年前頃の汀線（当時の深度0.5m）の現在の推定高度／深度。基図は「第四紀層基底深度分布」。

地球科学と考古学は，互いに強い依存関係にある隣人同士であることは間違いない。

参考文献

藤井昭二，富山平野，『特集＝北陸の丘陵と平野』，アーバンクボタ31，38-49，1992．

藤井昭二・奈須紀幸，『海底林 - 黒部川扇状地入善沖海底林の発見を中心として』，東京大学出版会，1988．

後藤秀昭・岡田真介・楮原京子・杉戸信彦・平川一臣，活断層図「高岡」，2015．

氷見市博物館，『大境洞窟をさぐる』，1992．

氷見市教育委員会，「朝日貝塚Ⅰ－範囲確認試掘調査概要(1)－」，氷見市埋蔵文化財調査報告第19冊，1995．

平松良浩・小阪大，石川県部入道遺跡の噴砂痕の形成年代：森本・富樫断層帯の活動との関係，地震2，65，251-254，2013．

鬼頭宏，『人口から読む日本の歴史』，講談社学術選書，講談社，2000．

町田賢一，『日本海最大級の縄文貝塚』，神泉社，2018．

溝口優司，『アフリカで誕生した人類が日本人になるまで』，ＳＢ選書，2011．

桜町遺跡発掘調査団，『さくらまちNEWS』，3月号，2005．

寒川旭，『地震の日本史』，中公新書，中央公論新社，2007．

篠田謙一，DNAが語る列島へのヒトの伝搬と日本人の成立，『海をみつめた縄文人』，大阪府立弥生文化博物館，104-113，2015．

東郷正美・今泉俊文・堤浩之・金田平太郎・中村洋介・廣内大助，活断層図「魚津」，2004．

山田康弘，小竹貝塚にみる縄文墓制と社会，『海をみつめた縄文人』，大阪府立弥生文化博物館，114-123，2015．

ＨＰ
文化庁の「国指定文化材等データベース」 https://kunishitei.bunka.go.jp/bsys/index

第10章　弥生時代　3000年前頃から1760年前頃

§10-1. 弥生時代早期から前期（3000年前頃から2400年前頃）

　弥生時代の時代区分も21世紀に入って大きく改まった。

　2003年，国立歴史民俗博物館によって，水田稲作がもっとも早く行われた福岡市の板付遺跡から出土した土器に付着していた炭化物の炭素14法による年代測定が行われた。その結果，3000年前から2800年前の年代値が得られ，弥生時代の始まりが従来より500年ほど遡ることになった。それに連れて土器の編年や古墳の時代なども古い方向に改訂された。

　しかし，それが広く受け入れられるのには10年近い年月を要した。例えば，本書で参照した範囲内では2010年以前に出版された『人口から読む日本の歴史』（鬼頭，2000）や『王権誕生』（寺澤，2008）は弥生時代の始まりを2400年前頃としている。しかし，2010年以降に出版された『農耕社会の成立』（石川，2010）や『古代国家はいつ成立したか』（都出，2011）などでは弥生時代の始まりを「3000年前頃から2800年前頃」としている。

　とはいえ，2010年以降の書物の中でも弥生時代の中の区分は微妙に異なるが，『古代国家はいつ成立したか』（都出，2011）によると表10-1のようになる。本書ではこの区分に従う。日本の弥生時代の新人は弥生人と呼ぶ。

　なお，3000年前頃から2800年前頃が表8-1では縄文時代晩期とされ，表10-1では弥生時代早期とされているのは，まだまだ縄文的色彩が濃いので縄文時代だと思うか，水田稲作

弥生時代早期	3000年前から2800年前	九州北部で稲作が始まる
弥生時代前期	2800年前から2400年前	中国・四国・近畿に稲作が定着
弥生時代中期	2400年前から2050年前	中部・関東・東北に稲作が定着 国やブロックが生まれた時期
弥生時代後期	2050年前から1820年前 （紀元前50年から紀元180年）	ブロック間の戦いの時期
弥生時代終末期	1820年前から1760年前 （紀元180年から紀元240年）	卑弥呼が治めた時期

表10-1　弥生時代（3000年前頃から1800年頃前）の区分。『古代国家はいつ成立したか』（都出比呂志, 2011）による。

が始まったことを重視して弥生時代に分類するかの違いである。

　水田稲作をもたらしたのがどの様な人々であったのかについては見解が分かれている。その原因は，「DNAや形質人類学から見ると弥生人は北方系」なのに「水田稲作は中国南部長江流域の照葉樹林文化に由来している」からであろう。

　『アフリカで誕生した人類が日本人になるまで』（溝口，2011）に従うと次のようになる。弥生人の先祖の新人達は，2万年前頃までにシベリヤに進出した。彼らはそこで寒地適応して，頬骨が突き出ていて鼻が低く見え，瞼が一重で脂肪がついており，頸骨（膝と足首の間）や橈骨（肘と手首の間）が短くなった。その後，中央アジアや北東アジアに拡散し，3000年前頃までに中国北部から朝鮮半島に進出して水田稲作を身につけた。そのうちの一部が日本への渡来人となり，弥生人になった。弥生人たちは最初は縄文社会の片隅に仮住まいしながら水田稲作を営んでいたが，弥生人の方が人口増加率

が高かったので急速に縄文人を凌駕してDNAは北方系が支配的になり，水田稲作が支配的になっていった。

日本列島の多くの場所で水田稲作に移行したとはいえ，竪穴式住居，掘立柱建物，水場の木組み，鏃，槍，釣り針，鋤，鍬などの狩猟採集の道具はすでに縄文時代に完成していた。編み物の技術も，ヒスイ，漆器などの装身具の技術もあった。

大きく変わったのは，水田稲作に伴う灌漑施設を作ったこと，水田開発や灌漑施設の土木工事を指揮するリーダーの登場などであろう。弥生時代中期に石器が青銅器に変わり，鉄器に変わるにつれてリーダーは階級となり，祭祀，職人，兵士などの職能組織が生まれた。弥生土器は，米藁などをかぶせてより高温で焼くようになり，形は米食に合う壺や高坏などが多くなって行った。

以下では，中国王朝の歴史書の記載に依りながら弥生時代を通観したい。歴史的年代は概数の時は「1940年前頃」のように通算の数字で，年代が明確なときには「紀元57年」のように紀元で示す。なお，大伴一族の歴史は『孤愁の人　大伴の家持』（小野寛，1988）による。

3600年前頃（紀元前1600年頃），黄河流域で，青銅器で特徴づけられる二里岡（または二里崗）文化を担った中国最初の王朝，殷が起こった。都は河南省の二里岡遺跡そのものである。西アジアから馬が伝わり，戦争のやり方は馬車による戦いに変わった。

紀元前1046年，殷王朝が滅んで周王朝が起こり，都を鎬京（現在の西安の近く）に置いた。

紀元前1000年から紀元前800年の頃，弥生時代早期，大陸の戦乱から逃れてきた渡来人達が水田稲作を北九州にもたらした。

このころ，戦争の主力は馬車から騎馬になり，北方民族がしきりに中国の北辺を窺うようになった。

紀元前771年，外敵犬戎（けんじゅう）に追われた周王朝は都を洛邑（現在の洛陽）に移した。

この頃，日本では，水田稲作は，弥生時代前期の指標とされる遠賀川式土器と共に伊勢湾周辺にまで一気に拡がった。

『王権誕生』（寺澤，2008）は，弥生時代前期の初め，水田稲作技術を持った人々が大和川を遡って奈良盆地にはいり，唐古・鍵遺跡（奈良県磯城郡田原本町。標高48m程）に入植したと推定している。唐古・鍵遺跡は，近鉄大阪線の大和八木から北へ5km程の大和川左岸に位置している。かれらは，やがて盆地内の各地に環濠集落を作り，河川の流域ごとに共同体を作った。

§8-4の「3000年前頃に古奈良湖は消滅した」という仮説が正しければ，水田稲作技術を持った人々が大和川を遡って奈良盆地にはいり，唐古・鍵遺跡に入植したのはその直後ということになる。競争相手になりかねない縄文人達の存在が希薄であった奈良盆地では新しい秩序を構築するのは容易であったであろう。日本書紀や古事記の神武東征のように熊野から宇陀（奈良県中央部東縁）を経て奈良盆地に入った場合でも同様であったであろう。

§10-2．弥生時代前期末の京都大学キャンパスの異変

京都大学には，本部と学部がある左京区吉田の吉田キャンパス，西京区桂の丘陵上の工学部桂キャンパス，宇治市黄檗の理工系の研究所を中心とする宇治キャンパスがある。

§5-9の議論に従えば，過去50万年程，吉田キャンパス辺りの基盤は7.5m/10万年程の速度で沈降し

てきたが，それを上まわる量の土砂が比叡山と北山からもたらされ，現在の標高60m程を保っているということになる。

　吉田キャンパスは周辺は昔は田園地帯であった。明治二十七年（1894）に京都大学教養部の前身にあたる第三高等が設置され，次第に住宅地化していった。1930年，北白川小倉町に東方文化学院京都研究所（現京都大学人文科学研究所分館）が建設され，縄文時代の遺物が出土した。

　それ以来，北白川地域では多くの縄文遺跡が発見されてきた。特に吉田キャンパスでは，校舎の建て替えや新営のたびに遺跡が発見された。古代世界の玉手箱と言える。

　現在の白川は，銀閣寺の500m程北側で東山から盆地に流れ出ると流路を南に変え，銀閣寺参道から鹿ヶ谷や南禅寺に向かって南流する。200m程山寄りの山際を琵琶湖疏水分線が逆に北流しており，その川縁の歩道が哲学の道である。

　しかし，もともとは，白川は西に向かって流れ出し，吉田山（標高121m）の北側を迂回してから南西に向かって扇状地地形を形成していた。吉田キャンパス（標高60m前後）はその扇状地の上に展開している。

　吉田山の西麓は花折断層帯中部（狭い意味での花折断層）の地表断層線の南端にあたる。活断層の長期評価では花折断層帯中部は横ずれ型とされているのに吉田山周辺で断層ずれ上下成分があるのは断層末端膨張丘だからとされている。岡田（2007）によれば，吉田山は，最近数10万年，1000年に0.5m程の速度で隆起してきた。

　『京都盆地の縄文世界』（千葉，2012）を参考にすると，7000年前頃に，白川の平地部への流出口に近い北白川小倉遺跡や別当町遺跡など（吉田キャンパスの500m程東）で京都盆地の縄文人達の本格的活動は始まった。北白川小倉遺跡は，大量の土器や石器が出土し，石器工房の集落であったと推定されている。

　縄文時代中期のものとしては，北部キャンパスの農学部総合館北側から竪穴式住居跡が出土した。

　縄文時代後期にはいると，居住活動の重心は北白川追分町遺跡（吉田キャンパス北部構内）に移動する。理学部プラズマ実験装置室地下からは縄文時代晩期に谷状の低湿地であったと思われる地形の所から埋没林や人や動物の足跡などが見つかった。

　吉田キャンパスの生協食堂からは弥生時代前期の水田跡が見つかった。冨井（2008）によると，そのあたりでは，白川が網の目状に西に向かって流れていた。ところが，2400年前頃，1m以上の巨礫を含む大土石流がこの地域の状況を一変させた。

　図10-1の実線コンターは最大層2mを越える白川系の土石流堆積層の黄色砂の上面の標高，細線コンターは

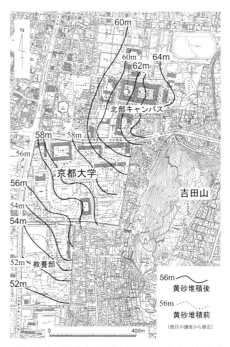

図10-1　冨井（2005）による2400年前に京都市左京区の京都大学キャンパスを襲った大土石流の痕跡である黄色砂の分布。実線コンターは黄色砂の上面，細線は下面の標高。地名などを加筆した。

下面の標高である。黄色砂の直下からは弥生時代前期の水田遺構が発見されている。

　土石流堆積物は扇状地末端の低地を一気に埋め，鴨川を越えて土砂で覆い尽くし，現在我々が見るような地形の原型を形成した。冨井（2008）は，この土石流の原因を，地震と記録的集中豪雨の同時発生によってもたらされたものとみなした。活断層調査では，桃山断層を含む花折断層帯南部の前回の地震を「約2800年前以後，約1400年前以前」としているが，2400年前頃の大土石流の時の地震がそれだったのであろう。冨井（2008）の研究は地震発生時期を特定したのである。

§10-3. 弥生時代中期（2400年前頃から2050年前頃）

　紀元前403年，周王朝の実権を握っていた王室一族の晋が趙，韓，魏に分裂した。この頃の歴史は，宮城谷昌光の小説，『孟夏の太陽』，『重耳（ちょうじ）』，『晏子（あんし）』などに興味深く描かれている。

　日本が弥生時代中期に移行したのはこの頃である。中部地方から東北地方にまで水田稲作が定着し，田植えが普及し，沖積平野の自然の高低を無視して切り開いた規模の大きな水田が営まれるようになった。

　晋が分裂してから紀元前221年の秦による中国統一まで180年程は戦国時代と呼ばれている。戦乱を避けて多くの中国人が流浪民となって流出，朝鮮半島を経て日本に渡来し，銅剣，銅矛などの武器，斧，鑿などの青銅器と鉄がもたらされた。

　それを受容した弥生人達は，不思議なことに，朝鮮半島にはなかった銅鐸を製作するようになった。鐸は振り鳴らす鈴のことである。銅鐸が出現した当初は打ち鳴らされるなかで物語が詠じられ，豊饒を祈るパフォーマンスが繰り広げられたであろう（石川，2010）。その後次第に大きくなり，実用性が失われ，政治権力のシンボル，もしくは祭祀に目的化した。素材の銅，鉛，スズは中国と朝鮮半島から手に入れる以外になかったので銅鐸は極めて貴重な威信材であった。

　紀元前206年，秦は滅亡し，前漢（紀元前206年から紀元8年）に代わった。王朝交代の混乱から逃れて朝鮮半島北部に入った衛氏は，朝鮮族を服属させ，平壌を都として半島最初の国家，衛氏朝鮮を起こした。しかし，紀元前108年，前漢は衛氏朝鮮を滅ぼし，代わって直接統治のために楽浪郡（紀元前108年から紀元313年）を設置した。紀元前1世紀後半，半島北部では高句麗（紀元前37年から紀元668年）が建国，南部では，馬韓，辰韓，弁韓が分立するようになった。

　梅原猛（『古事記増補新版』，2012）は，神話の世界の天孫降臨は，秦による中国統一の頃，中国から押し出されて，水田耕作と金属器と弥生土器をもってやってきた異民族侵入の話とみなしている。

　『日本書紀』や『古事記』では，天照大神（あまてらすおおみかみ。古事記では天照大御神）が瑞穂の国を子孫に統治させるのに先行して2人の神を葦原中国（あしはらのなかつくに）に遣わしたとき，大国主命は葦原中国を献上（国譲り）した。そのあと，天照大神に命じられた孫の瓊瓊杵尊（ににぎのみこと。古事記では邇邇芸命）は，天忍日命（あめのおしひのみこと）と天津久米命（あまつくめのみこと）を先導に日向の高千穂に天下りした（天孫降臨）。瓊瓊杵尊の三世の孫神武天皇が16年に亘る苦難の遠征の旅（神武東征）の最後に「ヤマト」に侵攻したときには，大伴氏の先祖，日臣命（ひのおみのみこと）は先導をつとめた（『孤愁の人　大伴家持』，小野，1988）。この日臣命が古代の豪族

大伴氏の祖先とされている。

　荒神谷遺跡（島根県出雲市）は，弥生時代中期の代表的遺跡の一つである。島根県松江市と出雲大社の間にあり，山陰自動車道斐川インターから北東に1km程である。1984年，荒神谷遺跡からは驚きの発見があった。規則正しくびっしりと並べられた銅剣358本，銅鐸6個，銅矛16本が出土したのである。それは，現在，出雲市の古代出雲歴史博物館で見ることができる。銅剣が鋳造されたのは衛氏朝鮮が滅ぼされた頃，紀元前2世紀から紀元前1世紀と推定されているが，埋められたのがいつかは分かっていない。埋めた理由については，祭祀説（埋納することが祈りだった），隠匿説（近隣に政治勢力と抗争），境界説（悪霊や敵が侵入してこないように境界に埋める）が提唱されている。

　前漢の歴史書『漢書』地理志には

「それ楽浪海中倭人有り，分れて百余国となす。歳時を以て来り献見すという」

と記されている。楽浪の名前が表れるので，この記述が倭国の紀元前1世紀の状態を示していることが分かる。

　弥生時代中期と後期を特徴付けるのは環濠集落であろう。集落の境界部に濠を巡らせて日常空間をその中に囲い込み，外敵の侵入を防いだ。近畿地方中央部では，差し渡し500m規模の環濠集落が，5km程度の間隔で点々と分布していた。集落の中には，竪穴式住居，リーダーが住んだと思われる掘立柱建物，神殿か倉庫と思われる高床式掘立柱建物などがあった。

　環濠集落の中でも巨大なのが，差し渡し700m～800m規模の池上曽根遺跡（大阪府和泉市），吉野ヶ里（よしのがり）遺跡（佐賀県神埼市），青谷上寺地遺跡（鳥取県鳥取市），唐古・鍵遺跡（奈良県磯城郡田原本町）などである。それらは，複数の環濠集落のセンター的集落で，「分れて百余国となす」の国に対応すると思われている。荒神谷遺跡も，その様な国の一つが残したのであろう。

§10-4. 弥生時代中期の大阪平野

　上町台地と生駒山の間の東大阪は縄文時代には塩水の河内湾であった（図8-3）。次第に北は淀川から南は大和川から流れ込む堆積物によって埋め立てられて狭くなり，上町台地から北に延びる砂州によって海と隔てられ，弥生時代には図10-2のように淡水の河内湖となった。

　河内湖の周辺には多くの遺跡が分布している。

　森ノ宮遺跡（大阪市中央区。現在の標高5m程）は，JR大阪環状線の森ノ宮駅の南西，上町台地東縁に拡がる縄文時代中期から弥生時代中期までの遺跡である。貝塚の弥生時代中期の部分は淡水性のシジミが中心なので，その頃の古河内湖は淡水だったことがわかる。

　桑津遺跡（大阪市東住吉区。現在の標高5mから6m）は森ノ宮遺跡から南にほぼ4km，JR天王寺駅の南東1kmに位置している。ここは，中期中葉に繁栄したが，後期後

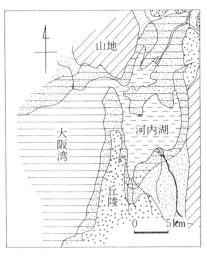

図10-2　弥生時代中期（2000年前頃）の大阪平野の古地理。横山（1995）による。

葉には遺構は激減した。

山之内遺跡（大阪市住吉区。現在の標高11m程）は，JR天王寺駅から南に7km〜8km，JR阪和線の杉本駅の西側の低位段丘面上に分布している。弥生時代には西端は大阪湾の海辺で，そこが上町断層の地表断層線である。山之内遺跡の東側の丘陵（現在は大阪市立大学のキャンパス）には弥生の村々が分布しており，山之内遺跡は海陸の交通の要所であった。ところが，弥生時代中期の終わりに放棄されてしまった。

池上曽根遺跡は，JR天王寺駅で阪和線に乗り，20分程で信太山駅に着き，そこから西に歩いて5分程のところにある。標高9mから10mの低位段丘面上の，南北1000m程，東西500m程の大型集落の遺跡である。弥生時代には遺跡の西麓は海辺であったが，上町断層の地表断層線はそこではなく，逆に遺跡の1.5km程東を南北に走っている。

1995年，池上曽根遺跡（大阪府和泉市）で弥生時代中期の大型の建物遺構が発見された。それは，東西19m程，南北7m程，高さ11m程の弥生時代最大の高床式掘立柱建物の遺構である。それを元に復元されたのが写真10-1の建物である。三内丸山遺跡の大型掘立柱建物と異なるのは，規模が半分になった代わりに高床式になったことと，独立棟持柱の存在であろう。

遺構には直径60cm程のヒノキの掘立柱の根元が17本も腐食せずに残っており，年輪年代学から一番若い柱は紀元前52年（弥生時代中期末）に伐採されたと分かった（光谷，1997）。同時に出土した井戸跡は，直径2.3mのクスノキの割り抜き井戸で，発掘されたときには水が湧いていた。ここでは，500人を超えない程の人々が暮らしていたと思われている。

写真10-1　池上曽根遺跡（大阪府和泉市）の復元された弥生時代最大の高床式掘立柱建物。東西19m，南北7m，床面積133平米，高さ11m。筆者撮影。

建物の外から屋根の棟木を支える「独立棟持柱」は弥生時代中期の発明である。それは各地の大規模環濠集落にも見いだされ，後には纏向遺跡の神殿から古墳時代を経て伊勢神宮の神明造になった。現在では，神社本殿は中心に心柱がある9本柱のほぼ正方形の大社造がほとんどであるが，神明造も長野県大町市の仁科神明宮の本殿（国宝）などに少数残っている。

何故，池上曽根遺跡の様な大集落をはじめとして，森ノ宮遺跡，桑津遺跡，山之内遺跡などは，弥生時代中期の終わりに放棄されたか，あるいは遺構が激減したのであろうか。

この時期には遺跡の交替が広範に起こったので，津波堆積物の研究から分かった弥生南海地震（岡村・松村，2012）が原因とする考えもある。しかし，もしそうなら，地盤が悪くて地震被害が大きく，上町台地北端を回り込んできた津波にも襲われたであろう上町台地の東側の八尾南遺跡などに集落が移って行ったことは理解しにくい。筆者には，大阪平野の異変は南海地震とは別物と考えべきと思える。

上町断層で地震が起こったとすると，2016年熊本地震の時の地表地震断層近傍の益城町の激甚被害

を思い出せば分かるように，これらの遺跡は上町断層近傍の激烈な地震動で全壊に近い被害を受けたはずである。加えて，森ノ宮遺跡，桑津遺跡，山之内遺跡は地震性地殻変動で2m程（図5-13の100分の1）隆起して湖水面から高くなり，湖岸は東に退き，森ノ宮遺跡も桑津遺跡もシジミが採れる環境から遠ざかった。いずれも，遺跡を放棄する強力な動機になったであろう。同時に東大阪も0.5mから1m程隆起したので古河内湖の陸化が加速されたはずである。

活断層の長期評価では，上町断層で地震が発生したのは「前回の地震は約2万8000年前以後、約9000年前以前，地震発生間隔は8000年程度」とされており，筆者は2000年程前にも発生したが証拠が見つかっていないだけなのではないかと推測している。

§10-5. 弥生時代後期（2050年前頃から1760年前頃）の倭国大乱

弥生時代後期に入ると，後漢（紀元25年から紀元220年）の歴史書『後漢書』東夷伝には次の記述があらわれる。

「建武中元2年（紀元57年），倭の奴国，奉貢朝賀す。使人は自ら大夫と称す。倭国の極南の界なり。光武，賜うに印綬を以てす」（（）内の暦年は筆者の補足）。

歴史の教科書にも出てくるように，「漢委奴国王」と刻印された金印は，18世紀，博多湾内の志賀島で発見された。なお，北九州ブロックの盟主だった奴国は現在の福岡県春日井市周辺である。

続いて次の記述がある。

「安帝の永初元年（紀元107年），倭国の王の帥升等，生口（奴隷）百六十人を献じ，請見を願ふ」

紀元57年には「倭の奴国」が対象だったのに，紀元107年には単に「倭国」となった。倭国としての統一が進んだことを示している。

いったいどのような船で160人もの生口を運んだのか不思議である。残念ながら倭の使者たちが使った船は出土していない。参考になるのは弥生時代中期の井向遺跡（福井県坂井市）から出土した銅鐸に描かれた10本の櫂の船，角江遺跡（静岡県浜松市）から出土した船首の部材，久宝寺遺跡（大阪府八尾市）から出土した古墳時代前期初頭の多くの部材などであろう。加えて，古墳時代の長原遺跡（大阪市平野区）の船形埴輪が重要なヒントである。

図10-3は，長原遺跡の船型埴輪のデザインに合うように久宝寺遺跡から出土した部材を当てはめた準構造船の復元図である。それは，丸木舟の側面に竪板（舟の前面に付ける波きり板）や舷側板（船の側面に継ぎ足した板）などを貼り付けて安定化し，船を大型化したものである。紀元107年に生口160

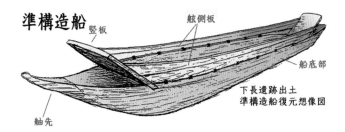

図10-3　守山市の下長遺跡出土の準構造船復元図。滋賀県守山市教育委員会による。

人を運んだのは図のような準構造線を数10隻も連ねた大船団であったのであろう。

JR吉野ヶ里公園駅から西の方向に歩いて5分程に，9万年前頃の阿蘇山の超巨大噴火（図7-1）の火

砕流堆積層の東西幅1km程，標高20m程の南北に細長い台地がある。その上に，南北1km程，東西500m程の，弥生時代の代表的な吉野ヶ里遺跡が拡がっている。そこからは佐賀平野を一望することができる。

　吉野ヶ里遺跡は弥生時代全時期の居住活動の痕跡を残しており，環濠集落，竪穴住居，高床式掘立柱倉庫群，墳丘墓などが発見され，菅玉，貝製腕輪，木製の鍬や鋤などの農耕具，麻の布片，縫目の残る絹織物，漆塗り容器などの生活用品と共に，中国製の銭貨や前漢鏡，青銅剣，銅鐸，鉄斧などの大量の金属製品が出土した。

　一方，戦いに使われた鏃，先の欠いた銅剣，矢を射込まれた人や鋭利な金属器によると思われる切り傷のある人骨など，戦いの痕跡も多数出土した。環濠からは多くの貝殻が出土し，当時は，海が近くまで迫っていたことを物語っている。ただし，水田の痕跡は発見されていない。

　現在では埋め戻され，その上に写真10-2の祭殿のようないくつかの建物が復元されており，吉野ヶ里遺跡歴史公園として整備されている。

　吉野ヶ里遺跡は，筑後川流域に分立した，小城，佐嘉，神埼，三根，養父，基肄などの小国の盟主だったのだろう。遺跡の規模は弥生時代後期に最大規模に達したが，ヤマト政権の成立時期に他の小国と共に衰退した。

　なお，日本で最も古い漢字を含む遺物は，2004年に吉野ヶ里遺跡の甕棺墓から発見さ

写真10-2　吉野ヶ里遺跡（佐賀県吉野ヶ里町）の復元された祭殿。床は東西南北共にほぼ12.5m，高さ16.5m。筆者撮影。

れた前漢後期の銅鏡である。『弥生時代の吉野ヶ里遺跡』（佐賀県教育庁文化財課，2014）によれば，そこには，「久不相見，長母相忘」（ひさしくあいまみえず，ながくあいわするなからんを）という銘文の入っている。それは「長く会わなくても，お互い忘れないようにしましょう」という意味である。銅鏡の由来は分かっていない。

　登呂遺跡（静岡県静岡市）の年代は弥生時代後期（2050年前から1820年前）である。大規模な集落の多くは弥生時代の前期から後期まで継続して営まれたものであるが，後期に出現したのは珍しい。それは，弥生時代の人々も災害から無縁ではなかったことを示していると筆者は推定している。

　『日本被害地震総覧〈599-2012〉』（宇佐美・他，2013）によれば，弥生時代中期中頃の黒谷川宮ノ前遺跡（徳島県板野郡板野町）（1世紀～2世紀）や鶴松遺跡（静岡県袋井市）（1世紀～3世紀）で液状化跡が発見されており，古東海地震によるものと推定されている。登呂遺跡は駿河湾の海岸線から1.5km程内陸の標高6m～7mの自然堤防の上にあり，静岡県の津波ハザードマップでも津波はここまでは来ない。海辺で漁労を生業にしていた人々が古東海地震による大津波の被害を受け，被害はなかった登呂遺跡に集まって来たのではないだろうか。

　さらに『後漢書』東夷伝に次のように記述があらわれる。

「桓（紀元146年から167年）・霊（紀元168年から189年）の末，韓・濊彊盛にして，郡県制する能わず，

民多く韓国に流入す」

「桓霊の間（紀元147年から189年），倭国大いに乱れ，更々相攻伐し，暦年主なし」

　「魏志倭人伝」（正しくは『三国志魏書』烏丸鮮卑東夷伝倭人条）には，

「その国，もとまた男子を以て王となし，往まること七，八十年，倭国乱れ，相攻伐すること暦年」と書かれている。

　「倭国乱れ，相攻伐すること暦年」の頃，中国こそ大混乱に陥っていた。紀元189年に霊帝が没し，董卓が宮廷内の混乱に乗じて武力で実権を掌握したが，紀元191年に反乱が起こると都を長安に移した。紀元192年，董卓は殺害されたが，反乱を鎮圧した李傕が猛威をふるうようになり，多くの文人は荊州（長安の南。武漢の近く）に逃れた。王粲（177〜217）の漢詩には「門を出づるも見る所無く，白骨平原を蔽う」（城門を出ると見るものもなく，ただ白骨が平原を蔽い尽くしているだけ）（井波，2005）と表現されている。相当の誇張はあるかもしれないが，中国の王朝交代期の戦乱が恐ろしいほど殺伐なものであったことを示している。

　『人口から読む日本の歴史』（鬼頭，2000）によれば，弥生時代末期の2世紀末には，人口は59万人にまで増大した。15才平均余命は30才前後に伸びた。畿内と機内周辺（滋賀県・三重県・和歌山県・兵庫県から摂津の地域を除く）の人口は急増して10万人に達したが，北陸地方は2万人程で，ようやく縄文時代中期の最盛期に戻った。

　『人口の中国史』（上田信，2020）では，紀元140年頃の後漢の人口は4800万人程度としている。ただし，中国の人口は，同書で繰り返し強調されているように，あくまで王朝の版図の範囲内の人口である。いずれにせよ，ひとたび王朝交代に伴う戦乱が起これば，当時の日本の総人口に匹敵するくらいの人々が殺害されたのである。

　鳥取駅から山陰線で西に向かって30分程で，山陰海岸ジオパークの西端の青谷駅に至る。その南西に青谷上寺地遺跡（鳥取県鳥取市）が拡がっている。そこは現在では海岸線から1km程の内陸になるが，弥生時代は外界とつながった入り海であった。弥生時代中期から終末まで続いた遺跡からは，弥生時代の住居跡と水田跡，大量の鉄器・青銅器などの金属器が出土すると共に，鉄鏃が食い込んだ人骨や刀傷のある人骨などが多数出土した。それは，『後漢書』や「魏志倭人伝」の倭国大乱を彷彿とさせる。驚くべきことに1体の頭蓋骨の中に脳が残されていたが，残念ながらDNAは検出されなかった。人骨からは結核の痕跡も見いだされた。結核は，7万年前頃の新人の出エジプトの頃には既に人類に災いをもたらすようになった。

　青谷上寺地遺跡と荒神谷遺跡の距離はほぼ100kmである。2つの遺跡の人々は山陰の盟主の座を巡って相争ったのだろうか，それとも西方から攻め込んくる共通の敵と戦っていたのだろうか，思わず想像を巡らしたくなる。

　奈良盆地では優越的な勢力であった唐古・鍵遺跡は，弥生時代後期に500m〜600m規模の巨大環濠集落になった。巨大環濠集落は弥生時代の終末期に一斉に廃絶するが，最後まで継続したのは唐古・鍵遺跡だけなので，ヤマト政権の前段階の遺跡と見なされている。出土品からは銅鐸の主要な製造地であったと見られ，ヒスイや各地の土器なども集まる日本列島内でも大きな拠点だったのではないかと思われる。唐古・鍵遺跡からは多くの絵画土器が出土した。遺跡北縁の唐古池の堤防には，絵画土器の絵から楼閣（写真10-3）が復元されており，堤防からは，東に三輪山，西に二上山を望むことも

できる。

水田稲作が普及して人々の食生活はどうなったのであろうか。それについては、「水田稲作によって定常的に米を食べるようになり、社会の生産力の余剰が大型の建造物を可能にし、社会の階層化も進んだ」とする考えと、「発掘された水田の面積、収量を考えると、弥生時代にも相当後期まで、主食の半分以上は縄文時代以来の雑穀、イモ、堅果類に頼らざるを得なかった」とする考えがある。

いずれにせよ、あらゆる自然の恵みを食料にしていた縄文時代に比べて、米に頼るようになって選択肢を狭めたため、飢餓が発生しやすくなり、水争いや略奪から戦いが多発する一因になった。

写真10-3　唐古・鍵遺跡（奈良県田原本町）の復元された楼閣。高さ12.5m程、床面積は20平米程。筆者撮影。

弥生時代の中期と後期の遺跡からは、石剣や銅剣の刃先や鏃のささった人骨が多数出土する。弥生時代中期は「分れて百余国」の国々が相戦いながら、北九州、瀬戸内海、出雲、畿内、東海、関東などのレベルのブロックに統合されていく時代であった。弥生時代後期は、各地のブロックが相戦いながら、どのブロックも全国的な盟主権は確立できなかった時代であった。

農耕の時代に入って戦いが多発するようになったのは日本だけではない。世界史的には、どの地域でも初期の農耕民は好戦的だったのである。弥生時代が戦いの時代であったのは社会の発展の1段階だったからと言えよう。

弥生時代には水田稲作が普及して生産力が上がった。同時に、政治権力が生長し、大きな社会的単位が形成された時代であった。それに連れて支配する者と支配される者の間に厳しい区別があらわれた。とはいえ佐賀県鳥栖市の柚比本村遺跡から出土した銅剣の赤漆の鞘（重要文化財）、吉野ヶ里遺跡から出土した漆塗り容器、多くの遺跡から出土する勾玉などからは、当時の人々も美しさを求めたことは分かる。

§10-6. 富山平野の弥生時代

富山平野の人々が水田稲作を受け入れるようになったのは弥生時代中期に入って（紀元前400年頃）からとされている。それは、弥生時代前期の水田農耕を伴う遺跡が発見されていないからである。

2014年夏、富山市千石町（富山駅からほぼ3km南）の工事現場の深さ6m（標高4m程）から弥生時代中期（2300年前頃）のコナラ2本とクリ4本の埋没木が出土した。コナラの1本は、樹齢150年以上、長さ9m、直径93cm程で、樹根には細根が付いており、すぐ近くから流れてきたことがわかる。立っていたときは20mを越えたものと推定されている（富山市埋蔵文化財センターのHP）。

この発見現場の北側には、現在の地表から深さ0.5mのレベルに縄文時代以降の生活面が存在し、埋没木が発見された場所は南西から北西方向に流れる神通川の支流で、埋没木は近くから流れてきた流

木と考えられている。洪水の化石である。

　当時の富山平野は神通川や常願寺川の小支流が縦横に流れる扇状地であったであろう。縄文人や弥生人達は、コナラなどの落葉広葉樹の森を石斧を使って切り開き、小さな集落を点々と作り、水田稲作を営みながら穏やかな生活をしていたに違いない。ただし、その痕跡は、今は、堆積層の下である。

　福岡市板付遺跡がそうであるように、農耕を伴う弥生時代の遺跡は当時の海岸線か主要河川の近くにある。富山平野の場合は、図9-8のように、呉東から射水では3000年前の海岸線は平均海水面より0.5mから2m程低いとことにあり、富山市千石町に例のように氾濫による堆積作用が大きい。時代は異なるが小竹貝塚遺跡がそうであったように、当時の海岸線の近くに立地した弥生時代前期の遺跡は発見されにくいであろう。弥生時代前期の水田稲作の遺跡は未発見なだけである可能性もある。

　北陸自動車道の工事で発見された上市川扇状地（富山県上市町）の江上Ａ遺跡（高床式倉庫や竪穴式住居遺構）、飯坂遺跡（方形周溝墓）、中小泉遺跡（水路遺構）、白岩川右岸の正印新遺跡（富山県上市町）などは、富山平野の弥生時代の代表的な遺跡と言える。それらは、全体として、有機的な関連性をもった村を形成していたものと思われている。現在、このあたりは典型的な田園地帯であるが、弥生時代もそうであっただろう。

　筆者は、江上Ａ遺跡から田圃の向こうに聳える立山を眺めたとき、もっとも素晴らしい立山の眺望の一つだと思った。そのとき、そこで人生を送った弥生人達も、立山を、自分たちのアイデンティティの一部だと思っていたに違いないと確信した。

　杉谷古墳群は富山平野の弥生時代後期の代表的な遺跡である。それは、呉羽丘陵の標高50mから60mの杉谷丘陵に建設された富山大学医学部キャンパスの敷地縁に分布している。杉谷丘陵は、12万年前頃の間氷期に海水面（高度5m程）上に顔を出すようになり、呉羽山断層で3000年〜5000年の間隔で地震が起こる度に激烈な地震動に襲われると同時に1.5m程隆起してきた。

　1975年、富山医科薬科大学（2005年富山大学医学部に移行）が創立されたが、病院や校舎の工事に関連して杉谷古墳群の本格的な調査が行われ、100mから200mの間隔で支配者一族のものと思われる11基の古墳が発見された。その中の1基は、方形の4隅が突出する四隅突出型墳丘墓（図10-4）と呼ばれる方墳であった。方丘の1辺は25m、高さ3mの盛り土で、突出部の長さは方丘の角から12mで、全体では1辺50mにもなる。

　杉谷古墳群の被葬者は、桓霊の間（紀元147年から189年）に相攻伐した時期に神通川流域を支配した王の一族だったのだろう。

　杉谷Ａ遺跡は杉谷古墳群の隣にあり、王に次ぐ身分の人々の墓と考えられる方形周溝墓17基、円形周溝墓1基、土壙二基など多くに墳墓群が分布している。1辺10m程の大型方形周溝墓を中心に1辺5mから6mの方形周溝墓が数基配置されており、この時期の階層分化を示している。

　大型方形周溝墓からは、素環頭大刀、銅鏃などの

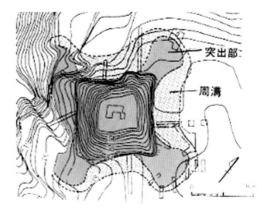

図10-4　呉羽丘陵（富山市）の南西端の杉谷丘陵に位置する富山大学医学部隣接地の四隅突出型墳丘墓。富山県のＨＰによる。杉谷丘陵は、呉羽丘陵の隆起に伴って12万年ほど前に海水面の上に顔を出すようになった（§6-6）。

金属製品が出土した。弥生時代に北部九州に多く分布していた素環頭大刀は北陸と北九州の交流を示しいる。素環頭太刀の柄頭に付着していた絹織物の断片からは，当時，富山平野でも蚕が飼われ，絹の生産が行われていたことが分かった。

　弥生時代は戦いの時代であったが，北陸の遺跡からは，石剣，木製の鎧や盾が発見され，墓からは金属製の武器も発見されているが，本格的な戦の痕跡は発見されていない。

　『古代の日本海文化』（藤田，1990）は，主として次の四要素から，弥生時代における「日本海文化圏」を提唱している。第一は桜町遺跡，能登半島の先端に近い真脇遺跡（石川県鳳珠郡能登町），チカモリ遺跡（石川県金沢市），寺地遺跡（新潟県糸魚川市）などで発見された巨木による環状木柱列，第二は弥生時代終末期に山陰一帯と北陸に一斉に出現した四隅突出型墳丘墓という共通の墓制，第三は北九州で作られ，北九州と日本海沿岸部を中心に発見されている素環頭鉄刀，第四は，『古事記』における八千矛（やちほこ。大国主命の別名）の沼河比売（ぬなかわひめ）への妻問いなどの記紀の物語である。

　　参考文献

　千葉豊，『京都盆地の縄文世界』，新泉社，2012.
　藤田富士夫，『古代の日本海文化』，中公新書，中央公論社，1990.
　春成秀爾・今村峯雄編著，『弥生時代の実年代』，学生社，2004.
　井波律子編，『中国の名詩101』，新書館，2005.
　石川日出志，『農耕社会の成立』，岩波新書，岩波書店，2010.
　上田信，『人口の中国史』，岩波新書，岩波書店，2020.
　鬼頭宏，『人口から読む日本の歴史』，講談社学術選書，講談社，2000.
　都出比呂志，『古代国家はいつ成立したか』，岩波新書，岩波書店，2011.
　溝口優司，『アフリカで誕生した人類が日本人になるまで』，ＳＢ新書，ＳＢクリエイティブ，2011.
　岡田篤正，花折断層南部における諸性質と吉田山周辺の地形発達，歴史都市防災論文集，1, 37-44, 2007.
　岡村真・松村裕美，津波堆積物からわかる南海地震の繰り返し，科学，82(2), 182-191, 2012.
　小野寛，『孤愁の人　大伴家持』，新典社，1988.
　光谷拓実，池上曽根遺跡の大型掘立柱建物の年輪年代，奈良国立文化財研究所年報，4-5，1997
　佐賀県教育庁文化財保護課，『弥生時代の吉野ヶ里遺跡』－集落の誕生から終焉まで－，2014.
　寺沢薫，『王権誕生』，講談社学術選書，講談社，2008.
　都出比呂志，『古代国家はいつ成立したか』，岩波新書，2011.
　冨井眞，京都白川の弥生前期末の土石流，京都大学構内遺跡調査研究年報，225-262，2005.
　冨井眞，先史時代の自然堆積層の検討による大規模土砂移動の頻度試算 ―京都市北白川追分町遺跡を中心 として―，自然災害科学 J．J SNDS，292，163-178，2010.
　梅原猛，『古事記増補新版』，学研Ｍ文庫，学研パブリッシング，2012.
　吉村武彦，『ヤマト政権』，岩波新書，岩波書店，2010.

　　ＨＰ
　滋賀県守山市のＨＰ「守山の遺跡」http://www.city.moriyama.lg.jp/bunkazai/bunkazai_13.html
　富山県のＨＰ「富山県の遺跡（弥生時代）四隅突出型墳丘墓」
　　http://www.pref.toyama.jp/sections/3009/3007/mb/mb002-22.htm

第4部　歴史時代

第11章　古墳時代　240年頃から592年

§11-1. 卑弥呼共立と纒向王宮

本章では，『古墳とその時代』（白石，2001），『王権誕生』（寺澤，2008），『ヤマト政権』（吉村，2010）などを参考に，古墳時代を概観する。本章以降では，西暦に紀元は付けない。

後漢王朝滅亡期の戦乱は直ちに朝鮮半島や日本に影響を与えた。遼東半島から朝鮮北部を支配していた帯方郡が機能を失い，多くの人々が朝鮮半島南部に流入し，さらに倭国に渡来した。朝鮮半島から渡来してきた人々から中国の殺伐たる状況を聞いた倭人たちは自分たちは「そうはなりたくない」と思ったことであろう。

『魏志倭人伝』には，「倭国乱れ，相攻伐すること暦年」の後に，

「共に一女子を立てて王と為し，名づけて卑弥呼という。鬼道を事とし，能く衆を惑わす」

と書かれている。鬼道は呪術と解されている。200年頃，諸国の王が卑弥呼を共立し，邪馬台国に都をおいて平和な時代がやってきた。人々はほっとしたことであろう。

卑弥呼が印綬された「親魏倭王」の金印（後述）のような物証が出ていないので，邪馬台国が大和か九州か，最終的に決着がついた訳ではない。しかし，ここでは，大和説の立場で先に進む。

唐古・鍵遺跡から南東にほぼ5km，三輪山の麓に卑弥呼の都が作られた。現在の纒向遺跡（奈良県桜井市）である。そこはJR桜井線の纒向駅周辺の東西約25km，南北約1.5kmの古墳時代草創期の集落跡である。

ここでは長年にわたって綿密な調査が行われ，多くの重要な遺構・遺物が発見された。中でも重要なのは，2009年に発掘された東西150m程，南北100m程の方形の王宮に，東西方向に配置された4棟の高床式掘立柱建物の遺構であろう。東奥の祭殿と思われる建物は，南北19m程，東西12m程で，池上・曽根遺跡の高床式掘立柱建物（東西17m程）より一回り大きい。三内丸山遺跡の掘立柱建物（長さ32m程）よりは小さいが，高床式としては3世紀まででは最大である。

図11-1は，ほぼ同じ区域を切り出した活断層図（左）と石川（2010）による古墳分布図（右）の比較である。

左図の中央には，標高80mから90mを奈良盆地東縁断層が南北に走っている。その西側は中位段丘，東側は高位段丘である。中位段丘の標高は奈良公園とほぼ

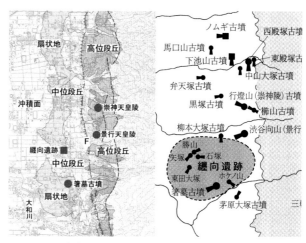

図11-1　（左）活断層図桜井（相馬・他，1998）に纒向周辺の古墳の分布を加筆。（右）石川（2010）による古墳分布図から（左）とほぼ同じ部分を切り出したもの。

同じ70mから90mである。それは，§5-7の地殻変動復元像に従えば，24万年前から20万年前の間氷期に奈良盆地に侵入した海（または湖）の汀線近くで形成された堆積面である。

　図11-2は，箸墓古墳を通る地形の東西断面図である。箸墓古墳が，大和川を流れる奈良盆地一帯を眺望し，遠くに生駒山と二上山を遠望する場所に位置することが分かる。箸墓古墳の近くから奈良盆地を望むと，景行天皇の国見の歌（§11-3）が詠まれた位置関係が実感できる。

　図11-1左図と図11-2から，「地震が起こったときの被害が比較的小さく，洪水などのリスクも小さい断層下盤側の標高65m程から80m程の中位段丘面上」に王宮を中心とする集落が作られ，その下の農業用水が比較的得られやすい扇状地を中心に水田が展開された。それは，唐古・鍵遺跡で大和川の氾濫に悩まされた先祖の経験から，安全を保ちながら豊かな実りを願う

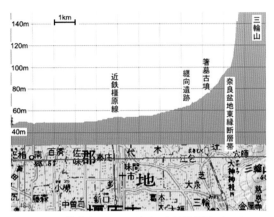

図11-2　箸墓古墳を通る地形の東西断面図。カシミール3Dによる。上下方向には10倍に引き延ばされている。

人々の意識がうかがえる。天皇陵の場所として「たたなづく青垣山隠れる倭」を一望できる断層上盤側の標高80m程以高の高位段丘面が選ばれたことを読み取ることもできる。

　活断層の長期評価では，奈良盆地東縁断層で地震が発生したのは「約1万1000年前以後、約1200年前以前」とされている。もし第8章で言及したように，3000年前前後に亀の瀬の堰を崩壊させ，古奈良湖を消失させたのが奈良盆地東縁断層で，纒向遺跡周辺では上盤側の高位段丘面の縄文人達に激甚な災害をもたらし，纒向遺跡を作った人々にもその記憶が伝えられ，それが王宮を下盤側に選ばせた理由の一つだったかもしれない。

　もちろん，これは推測に推測を重ねた話であるが，地球科学との境界には意外な可能性が残されているかもしれないということを強調するためにあえて述べておく。いずれにせよ，図11-1（左）の様に，段丘面，扇状地，活断層などの地球科学系の知識を参照することには，人間社会にかかわる新たな情報をもたらしてくれるポテンシャルがあると思うのである。

　纒向遺跡からは，瀬戸内，山陰，北陸，伊勢湾沿岸など各地からの土器が産出する。もちろん遠方各地から土器が産出する遺跡はあるが，纒向遺跡ほど大量で広域の土器が出土することはない。『王権誕生』（寺澤，2008）は，そこには，各地から来た人々が定着しただけでなく，全国各地の自治体の出先機関が東京にあるように，卑弥呼を共立した各地の王の出先機関があったのではないかと推測している。

　この頃，全国各地に鉄が急速に普及するようになった。邪馬台国が後漢から鉄を輸入するルートを確立し，そこから各地の王達に配分するようになったからと考えられている。

　中国では，207年曹操は後漢の最後の皇帝献帝を擁して中国華北（長江より北）を占めた。この頃の高揚する気持ちを歌ったのが，

「老驥は厩に伏すも志は千里にあり　烈士は暮年になるも壮心は已まず」

（老いたる名馬は馬屋で横になっていても気持ちは千里の遠方にある。激しい志をもつものは，年をと

っても意気は衰えない）の有名な段落を含む「歩出夏門行」（井波，2005）である。

　208年，孫権（後の呉の皇帝）は赤壁の戦いで曹操を破って江南（長江より南）の地を占め，劉備玄徳（後の蜀の皇帝）は諸葛孔明の助けを得て今の四川省を占めた。

　220年曹操は没した。曹操の子曹丕が献帝から帝位を禅譲され，魏王朝（220年から265年）が始まり，魏，蜀，呉の三国時代に入った。

　2008年マグニチュード8の四川地震の報に接した時，筆者は少年時代に読んだ吉川英治の『三国志』を思い出した。劉備玄徳が入ったのは辺境の地だというイメージがあったので四川省は過疎の地かと思っていたが，現在では四川省だけで人口8000万と知って驚いた。とは言え，日本の人口は弥生時代末期から現在までに200倍程になっている。四川省の人口が8000万人でも不思議ではない。

　卑弥呼は，魏と国交を開き，239年「親魏倭王」の称号を与えられ，243年金印を授与され，248年に死んだ。

　しかし，『魏志倭人伝』に
「更に男王を立てしも，国中服せず，更々相誅殺し，当時千余人を殺す」
と書かれている状態に陥り，やくなく13才の少女台与をたて，国中がおさまった。

　卑弥呼の墓とみなされている箸墓古墳の造営年代は周辺から出た土器の編年などから3世紀中頃とされている。古墳の造営は卑弥呼の死後まもなく始まったものと思われる。

　『魏志倭人伝』には，
「大人の敬する所を見れば，（下戸は）ただちに手を搏ち，以て跪拝に当つ」
（身分の高い人を敬うときには拍手し，ひざまずいた）
「下戸，大人と道路に相逢えば，逡巡して草に入り，辞を伝えて事を説くには，或いは蹲り，或いは跪き，両手は地に拠り，これが恭敬を為す」
（身分の低い者が身分の高い者に道路で出会った場合は草むらに入り，言葉をかけられた時には蹲る（うずくまる）か跪き（ひざまづき），両手を地面につけなければならない）
と書かれている。この頃には，王を頂点に，上層民，下層民といった厳しい階層社会が成立していたことが分かる。

§11-2. 箸墓古墳の前後

　弥生時代中期（2400年前から2050年前）から，リーダーや一族の墳丘墓や周溝墓が環濠集落の外の丘陵の上に築かれるようになった。弥生時代終末期（1850年前から1760年前）になると，墳丘墓や周溝墓の前に，方形の祭壇が設けられるようになり，それが前方後円墳や前方後方墳に発展した。「方」は四角形の意味である。

　写真11-1は箸墓古墳（奈良県桜井市箸中）の写真である。発掘されていないので内部は分からないが，他の古墳の例から，後円部（写真中央左）の頂部の竪穴の石室の中には丸太を割り貫いた木棺が置かれ，その中の死者の周りには鏡や玉類，木棺の外回りには三角縁神獣鏡，鉄剣，盾などの副葬品が並べられていたものと思われる。

　縄文時代の芸術は土偶であった。古墳時代の芸術は古墳の墳丘や周辺に並べられた埴輪（素焼きの

焼き物）であろう。群馬県太田市から出土
した「埴輪武装男子立像」（東京国立博物館）
は国宝に指定されている。埴輪のモデルは，
武人，巫女，サル，イノシシ，水鳥，家，
舟など様々である。逆に，埴輪から古墳時
代の武具や建築様式などが復元されている。

　265年，中国では魏から晋に替わった。266
年，台与あとに立った男王は晋に入貢した。
その頃，諸国の王が参列して箸墓古墳で卑
弥呼の葬礼が営まれた。もちろん，諸国の

写真11-1　箸墓古墳。左手奥は三輪山。古墳西縁から北北西
に延びる堤防から南東の方向を向いて筆者撮影。

王が葬礼に参列した文字記録が残っている訳ではない。吉備地方や濃尾地方の外来系の埴輪が並べら
れていたことなどから，葬礼には卑弥呼を共立した各地の国の参画が想定され，王みずからの葬礼参
加の可能性は充分にあったと推測されている（例えば，『古墳とその時代』（白石，2001））。

　纏向遺跡から出土した土器の15％程が，東海系，山陰・北陸系，吉備系，河内系などの外来系の土
器であることは，各地との交易を行っていただけではなく，各地の工人たちが纏向に在住して埴輪の
制作を行い，箸墓古墳の造成工事にも加わっていた可能性もあるだろう。

　『魏志倭人伝』には「人の性，酒を嗜む」と書かれている。各国から纏向に詰める人々は，日々の酒
席で，「立山は素晴らしいよ」などとお国自慢しながら，それぞれの故郷を思い出していたかもしれな
い。

　明治以降の日本人のふるさと意識はほとんど石川啄木（1886-1912）の『一握の砂』（1910）によっ
ている。それは，なつかしい人々であり，方言であり，柳が生える岸辺の向こうに見える岩手山の眺
望であり，加えて，それを強く意識させた東京や函館などの外部世界での苦しい生活体験であった。
古代の人々にとっても同様であったであろう。啄木は，醜いもの，恥ずかしいものもさらけ出した。
それがふるさとをいっそう現実感のあるものにしている。それも古代の人々にとっても同様であった
であろう。

　箸墓古墳の造営と卑弥呼の葬礼のための長期間の滞在が終わって，人々は帰途についた。10世紀の
延喜式では，京都から越中まで300km程の租税運搬のための公定の日程は上り17日下り9日とされて
いた。卑弥呼の時代は，宿泊施設もなく，徒歩で，しかも自炊であっただろうから，奈良盆地から富
山平野まで，1ヶ月は要しただろう。

　国境の倶利伽羅峠（277m）にたどり着いた人々は，遠くに立山を目にして「ふるさとの山はありが
たい」と思ったであろう。3世紀の方言は今より極端だったに違いない。迎えの人々のふるさとの言葉
を聞いた安堵感はどれほど大きかっただろうか。

　『王権誕生』（寺澤，2008）は，以下のような理由で，箸墓古墳を含む纏向一帯をヤマト政権の最初
の王都と見なしている。それまでにも小規模な前方後円墳型は造られていたが突然出現した巨大前方
後円墳（全長280m程）であること，地方では独自色のある墳墓が作られてきたが箸墓古墳以降画一的
な規格の前方後円墳が作られるようになったこと，最初の実在の天皇とされている10代崇神天皇（王
宮は磯城瑞籬宮。比定場所は桜井市金屋），11代垂仁天皇（纏向珠城宮。桜井市巻野内），12代景行天

皇（纒向日代宮。桜井市穴師）の3代の天皇の王宮がこの地域に集中することなどである。

　卑弥呼と崇神天皇の関係については大きく三説あるように思われる。第一は「卑弥呼を助けた男弟が崇神天皇」とする説である。第二は，倭人伝には卑弥呼が倭の女王と書かれていても邪馬台国の女王とは書かれていないので，「邪馬台国の王である崇神天皇が倭国女王の卑弥呼を支えていた」とする説である。第三は「台与のあとを引き継いだ男王が崇神天皇」とする説である。この様な問題も未解決とは言え，3世紀の卑弥呼前後がヤマト政権の成立時期と考えられている。

　中国では，280年に晋が統一を成し遂げ，三国時代は終わった。朝鮮半島では314年に高句麗が帯方郡を滅ぼした。朝鮮半島からは，混乱を避け，最新の文化と技術を持った帰化人たちが次から次にやってきた。日本書紀の崇神天皇十二年条には「異俗も訳を重ねて来く」（異俗の人々が大勢やってきた）と書かれている。

　実在天皇の2代目，垂仁天皇のとき，最初に大伴を名乗った武日（たけひ）が五大夫の一人として日本書紀に登場する。大伴氏の先祖も纒向王宮で重要な役割を果たしたのであろうか。

　前方後円墳と並行して各地に前方後方墳も造られるようになった。被葬者については，「ヤマト政権の誕生期に遅れて参加したために後円墳を造ることを許されなかった外様大名のような立場だった王の墓」だったとか，「東海から関東の前方後方墳は卑弥呼の後に立った男王に抵抗した狗奴国系の王の墓」であるとか，様々な説が立てられている。はじめから前方後円墳の方が規模において優越的であったが，ヤマト政権の覇権が確立されるにつれて大型の前方後方墳は姿を消していった。

　図11-3を参照しながら，箸墓古墳に続く3世紀末から4世紀初期の富山平野の古墳に言及しよう。

　伏木台地の勝興寺から海岸沿いに北西3km程が立山の富山湾越しの眺望で知られる雨晴海岸である。そこから県道で北西1km程の丘の上（標高20m程）に「桜谷古墳群」（高岡市桜谷）があり，史跡として整備されている。その一号墳（全長62m程）は大型前方後円墳である。墳頂部からは富山湾の向こうに立山が素晴らしく眺望できる。年代の詳細は不明であるが，この古墳の主は氷見，伏木，小矢部川流域を支配した王であったのだろう。

　次の3ヶ所の古墳は前方後方墳である。

　柳田布尾山古墳（氷見市柳田）は，桜谷古墳群から北西3km程にある大型の前方後方墳（全長108m程）である。柳田布尾山古墳からも，桜谷古墳の丘が多少眺望を遮るが，立山が見えることには変わりない。

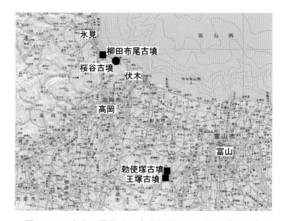

図11-3　本文で言及する富山平野の4ヶ所の古墳。●は前方後円墳，■は前方後方墳。基図はカシミール3Dによる。

　勅使塚古墳（富山市婦中町羽根）は，北陸自動車道の富山西インターの3km程南，呉羽丘陵尾根部の南西方向への延長上の標高120m程にある全長66m程の大型古墳である。そこは，第6章で検討の対象とした杉谷丘陵と丘の夢牧場の中間である。

　王塚古墳は勅使塚古墳の北500m程にある，勅使塚古墳に続いて造られたとされている前方後方墳で

ある。2基の墓の被葬者達は，神通川流域を支配した王とその一族であろう。王塚古墳の近くの婦中ふるさと創生館（標高ほぼ120m）からは神通川流域と立山の素晴らしい眺めが得られる。

　卑弥呼の葬礼から帰ってきた王達は，箸墓古墳にならって自分たちの土地と交通の要路とアイデンティティの一部をなす立山の剛毅な姿が望める場所を自分達の古墳の場所に選んだに違いない。

　後円墳の桜谷古墳の被葬者と3ヶ所の後方墳の被葬者との関係は分からない。これら以外にも富山平野には大小さまざまな後円墳や後方墳が混在しているが，それは，富山平野におけるヤマト政権系と東海・関東系の競合と融和の痕跡ではないかと解釈されている。

　石川県七尾市の七尾湾に面する万行遺跡では，2003年，3世紀末から4世紀初めの巨大倉庫群が発見された。それは初期ヤマト政権の北陸一帯の物流の拠点だったと考えられている。背後の宝達丘陵に遮られて立山は直接見ることは出来ないが，丘陵の東側に回ると，富山湾をこえて75km程向こうに立山が見える。万行遺跡の人々にとっても立山はアイデンティティの一部だったのではないだろうか。

　東京・神奈川県境を流れる多摩川下流の左岸，標高20m程の段丘上に多摩川台公園（東京都大田区）がある。東急東横線の田園調布駅から南東に500m程である。公園の中に，全長97m程，3世紀後半の宝来山古墳があり，そこから南東に500m程に，この地域最大，4世紀後半の亀の甲古墳がある。多摩川台公園の南は交通の要路である多摩川が流れ，50km程西南西の方向に丹沢の山並みがあり，その上に富士山が頭を出している。ある晴れた日に現地でこの景色を目にしたとき，筆者は，ここに葬られた卑弥呼と同時代の王達と周辺に住む人々はこの富士山の眺めをアイデンティティの1要素として共有していたに違いないと思った。

§11-3. 4世紀

　4世紀（300年から400年）は，中国の史書などの同時代史料に倭はほとんど登場せず，謎の4世紀と呼ばれている。

　次の歌は，日本書紀では第12代景行天皇（3世紀末から4世紀，実在の3代目の天皇）が日向遠征の途上で都を偲んで詠んだ歌とされている。

「倭（やまと）は　国のまほろば　たたなづく青垣　山隠（やまこも）れる　倭しうるはし」

　第二次世界大戦のときに戦意昂揚のために使われたため負のイメージを拭いきれないが，多くの人々にとって心を動かされずにおれない歌と言えよう。倭を越中と置き換えても，薩摩と置き換えても，陸奥と置き換えても，日本ではどこでも成り立つ。3世紀から4世紀に変わるころの日本人に，このように簡明で洗練された言語表現が可能だったのかと不思議な気もする。

　古事記では景行天皇の皇子倭建命（やまとたけるのみこと。日本書紀では日本武尊）が東征の帰途伊勢で病に倒れ，倭（大和）を偲んで詠んだ望郷の歌とされている。いずれの場合も望郷の歌とされているが，前後の文脈を外すと，ただ倭を讃えた国見の歌である。国見は，天皇が民の生活状態を視察し，農作物の豊饒を祈る政治的祭祀的行事であった。

　古代史の研究者には，国見の際に詠まれた歌が，景行天皇や倭建命の遠征物語に取り入れられたものと思われている。編纂者たちが「ふるさと」という意識を持っていて，遠征の物語を盛り上げるためにこの歌を取り込んだとするならば分かりやすい（髙橋昌明，私信）。

4世紀後半，第15代応神天皇のころ，百済人の王仁が『論語』と『千字文』を日本にもたらした。

中国で漢字が生まれたのは4000年前から3500年前頃である。戦国時代（紀元前3世紀と4世紀）には竹簡が使われるようになり，前漢の時代になって紙が発明され，後漢の105年には蔡倫が制作方法と共に改良紙を皇帝に献上して紙が普及するようになった。

稲荷山古墳（埼玉県行田市）からは，辛亥年（471年）の年号と「獲加多支鹵」（ワカタケル，雄略天皇）を含む115文字を持つ金錯銘（きんさくめい）鉄剣が出土した。江田船山古墳（熊本県玉名郡和水町）からも，「獲□□□鹵大王」（□は読めない部分）を含む75文字の銀象嵌銘（ぎんぞうがんめい）をもつ鉄剣が出土し，稲荷山古墳鉄剣から「獲加多支鹵大王」と判別できることが分かった。これらの発見から，5世紀には，日本でも文字使用は一般化していたこと，ヤマト政権の支配が広域に及んでいたこと，天皇は大王と呼ばれていたこと，銀象嵌銘の技術を持っていたことなどが分かる。

§11-4. 5世紀の大阪平野の巨大陵墓

4世紀末，ヤマト政権に大きな転機がやってきた。第15代（実在天皇6代目）の応神天皇が王宮を明宮（橿原市）から難波の大隈宮（大阪市東淀川区）に移したのである。その後，仁徳天皇は高津宮（大阪市中央区），履中天皇は磐余稚桜宮（奈良県桜井市），反正天皇は丹比柴籬宮（大阪府松原市），允恭天皇が遠飛鳥と移動した。この遠飛鳥が奈良盆地の飛鳥をさすのか，大阪平野の羽曳野市周辺なのかははっきりしない。これら5代の天皇は王墓も大阪平野に造営した。第20代安康天皇になって王宮も王墓も奈良盆地に戻った。

5世紀には同時代史料があらわれる。高句麗（紀元前37年から668年）の第19代国王の広開土王碑（414年に建立）である。そこからは，倭が鉄資源と最新の技術をもとめて朝鮮半島に手掛かりを得ようとした様子が書き残されている。

中国で建康（現在の南京付近）に都をおいた王朝が6を算えるので，その時代（222年から589年）は六朝時代と呼ばれており，王朝の一つが宋（420年から479年）である。『宋書』には，5人の倭王，賛，珍，済，興，武の記述が残されている。済，興，武は允恭天皇，安康天皇，雄略天皇に比定されている。賛と珍の比定は研究者によって見解が分かれ，応神天皇と仁徳天皇とされる場合と，仁徳天皇と履中天皇とされている場合がある。いずれにしても，天皇の年代が同時代史料によって拘束されるようになったのである。

日本書紀に表れる最初の地震の発生年と関係するので，『ヤマト政権』（吉村武彦，2010）の巻末略年表から，宗（420年から479年）の時代の五王に関する項目を抜き書きすると次のようになる。

　　　賛（応神天皇か仁徳天皇）　421年　倭国王に任じられる。

　　　珍（仁徳天皇か履中天皇）　438年　倭国王に任命。

　　　「済」（允恭天皇）　　　　443年　倭国王に任命。

　　　興（安康天皇）　　　　　　462年　倭国王に任命。

　　　武（雄略天皇）　　　　　　478年　倭国王に任命。

文献に現れる日本で最初の地震の発生年は允恭天皇五年で，西暦では日本書紀の記載を当てはめた416年とされていることがある。しかし，416年は賛の時代で，允恭天皇「済」が宋書に登場するのは

443年と451年である。地震が発生した年を416年とするには注意を要する。

　大阪平野には，図11-4のように，巨大な前方後円墳が集中する場所が2ヶ所あり，1ヶ所が大和川が大阪平野に出たところの大阪府羽曳野市の古市古墳群，もう1ヶ所は堺市の百舌鳥古墳群である。古墳の規模の上位3位は，応神天皇陵の誉田御廟山古墳（全長420m程）（古市古墳群），仁徳天皇陵の大仙陵古墳（または大山古墳）（486m程）（百舌鳥古墳群），履中天皇陵の百舌鳥陵山古墳（または上石津ミサンザイ古墳）（356m程）（同）の3代で占められている。仁徳天皇とその息子達の履中と反正の3代の天皇陵は上町台地（標高17mから18m）に築かれている。

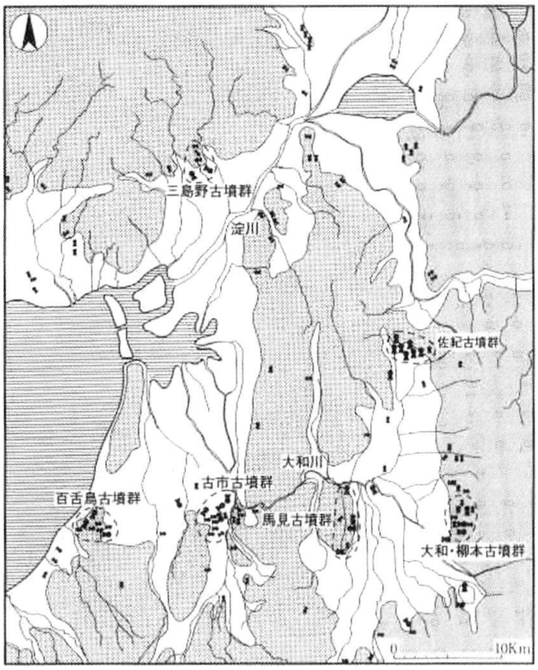

　これらの古墳の特異さは巨大さにあるが，もう一つの特異さは，墓誌も墓銘碑も残さなかったことであろう。稲荷山古墳の金錯銘鉄剣や江田船山古墳の銀象嵌銘の鉄剣のように，5世紀には文字は使用されるようになっていたと思われるのに，何故墓銘碑すら残さなかったのか，その理由は分からない。

　『延喜式』は10世紀に編纂された法令集で，当時の各地の神社，国や郡の名称，特産物など社会全般に及んでおり，何かと参照される。

図11-4　近畿地方中央部の古墳分布図。巨大な前方後円墳が集中する場所が三ヶ所あり，一つは大和柳本古墳群（箸墓古墳を含む），他は大和川が大阪平野に出たところの大阪府羽曳野市の古市古墳群と堺市の百舌鳥古墳群。白石（1999）による。

　18世紀に，新井白石や本居宣長が『延喜式』の歴代天皇のリストの王宮や王墓の場所を，仁徳天皇の難波高津宮は高津宮（現在の大阪市中央区高津），百舌鳥耳原中陵は大仙陵古墳というように比定した。現在の宮内庁の比定は，明治時代に入って，新井白石や本居宣長の比定に多少の変更を加えたものである。その比定の中には，考古学の専門家が疑問を示すものがあり，歴史学的には確定的なものではない。

　堺市市役所の21階の展望ロビーからは南東の方向に仁徳天皇陵が見渡せる。そこから眺めると当時は天皇陵近くまで大阪湾が押し寄せていており，古墳の後円墳の頂部からは大阪湾が見渡せたはずだということがわかる。

　応神天皇陵も允恭天皇陵も，生駒断層帯の支断層の誉田断層の断層崖の直上に築かれており，後円墳頂部からは大和川と遠くに河内湖も見渡すことが出来たはずである。逆に言うと，巨大古墳が，勢威の誇示であり，身分秩序の表明であると共に，交通の要衝における道標の役割も果たしていたことが分かる。

　応神天皇陵の北西端を，生駒断層帯の支断層である誉田断層の地表断層線が南北に縦断しており，

境界部が崩落している。その原因は，734年の天平地震か，1510年の摂津・河内の地震のいずれかと考えられているが，どちらかは確定していない。

　なお，百舌鳥・古市古墳群は，2019年7月，ユネスコ世界文化遺産に登録された。

§11-5. 大阪平野の社会基盤

　日本書紀には，応神天皇の時代（4世紀末）に百済王から馬が献じられたと記されており，馬が日本に渡来したのは4世紀頃と思われる。5世紀の蔀屋北遺跡（大阪府四條畷市）からは馬の全身骨骼が出土しており，そのあたりは古代の牧（牧場）であったことが分かる。出土した馬具からは，高句麗の騎馬軍団と戦いに備えることが目的だったと考えられている。なお，埼玉県熊谷市から出土した高さ90cm程の馬型埴輪は重要文化財に指定されている。

　船については，第10章で述べたように，久宝寺遺跡から3世紀後半と思われる部材が出土し，長原遺跡から全長1.3m程の船形埴輪が出土した。埴輪のデザインに久宝寺遺跡から出土した部材を当てはめて復元すると全長12m程の準構造船であった（図10-3）。

　粘土は，サイズの小さなケイ酸塩鉱物である。要するにどこにでもある土が風化でサイズが小さくなったものである。土器は，粘土を700度から900度の温度で焼いたもので，陶器（下述）に比べると，透水性が高く，脆くて壊れやすい。縄文土器，弥生土器，古墳時代の土器である土師器の違いは，単純化すれば，野焼きで焼かれたいたものが，上に藁をなどをかぶせてやや高温になり，地面に穴をほって熱をより効率的に閉じ込めてさらに高温で焼いたことである。

　陶器は，花崗岩などが風化して生じたカオリン（アルミや金属類を多く含んだ粘土）を主成分とする陶土を原料とし，窯の中で1100度から1300度の高温で焼いたものである。

　4世紀末から5世紀初頭，倭国は朝鮮半島の陶質土器の作り方を取り入れた窯で焼く陶器である須恵器を生産するようになり，土師器と併存するようになった。須恵器は平安時代中期まで日本では標準的な陶器になった。須恵器を作る場合は，ロクロを使い，釉薬を用いた。しかし，須恵器は固いが熱に弱く，煮炊きは土師器で行われていた。

　陶邑窯跡群（日本書紀では茅渟県陶邑）（大阪府堺市南区城山台）は，百舌鳥古墳群の南にほぼ10km程の泉北ニュータウン（大阪府堺市，和泉市，岸和田市）の開発に伴って発掘された古墳時代の須恵器コンビナートとも言うべき遺跡である。そこではヤマト政権によって大量の須恵器が生産され，日本列島の北（岩手県）から南（鹿児島）まで運ばれた。

　現在の美濃焼の東美濃，瀬戸焼の東愛知，信楽焼の滋賀県南部などは，いずれも，第2章で述べた白亜紀花崗岩体分布の縁辺部に位置している。陶邑窯跡群の場合は，南5km程に，大阪・和歌山県境の和泉山地に白亜紀花崗岩体が分布している。石川県の九谷焼や佐賀県の伊万里焼などの陶土は，周辺の流紋岩（化学成分は花崗岩と同じ）が風化したものである。

　仁徳天皇11年，淀川で大洪水が起こり，天皇は難波堀江の開削と茨田（まんだ）堤の築造を始めた。仁徳天皇11年は，日本書紀の記載を西暦に当てはめると323年になるが，実際には，前節で述べたように5世紀前半（323年のほぼ100年後）であったであろう。

　難波堀江は，大坂城の北側から天満橋辺りである。難波堀江開削の目的は，河内平野の水はけをよ

くして水田開発を容易にすること，高津宮（大阪市中央区）までの水路を確保することであった。茨田堤は，大阪府寝屋川市から，1990年の大阪花と緑の博覧会会場の鶴見緑地の東側を南流し，当時の河内湖に注いでいた淀川の分流の一つ，古川の堤防である。京阪鉄道香里園駅から西に1km程の淀川の堤防上には茨田堤の記念碑が建っている。それは日本における河川工学の原点と言えよう。

　1987年，上町台地（標高20m程）の大阪歴史博物館（大坂城外堀の南西角外側）の工事に伴う発掘調査で大発見があった。東西2列に並ぶ，長さ10m程，奥行き9m程の16棟の，5世紀の大型高床式倉庫群の遺構が発見されたのである。ここを全部米のモミでバラ積みにすると，当時の摂津国の数年分の租税米が収蔵可能と計算されている（都出，2011）。現在は，大阪歴史博物館の敷地の片隅に1棟が復元されている（写真11-2）。

　河内湖の回りには，西に難波堀江や法円坂の倉庫群，北に茨田堤，北東に牧と思われる蔀屋北遺跡，南に船の部材が出土した久宝寺遺跡，南西に船型埴輪が出土した長原遺跡が取りまいている。それらに陶邑窯跡群も含めて，5世紀，巨大王墓を造ったヤマト政権が，水運によって生産力の向上と軍事力の強化に力を入れた様子が浮かび上がる。

　この頃，安康天皇が宋に朝貢したときに元嘉暦がもたらされた。王宮周辺に限られるかも知れないが，暦が使われるようになったのである。

写真11-2　復元された法円坂（大阪市中央区。標高22m程）の五世紀の大型高床式倉庫。筆者撮影。

　『人口から読む日本の歴史』（鬼頭，2000）は，邪馬台国の時代の人口を220万人程，奈良時代前半の人口を450万人程度と推測している。約500年の間にほぼ2倍に増えたのである。古墳時代は，生産力が向上し，人口が急増し，社会構造が変化し，大規模な環境破壊が始まった時代であった。

§11-6.　6世紀

　6世紀から，日本書紀による年代と西暦との対応が次第に確実なものになってくる。

　6世紀初頭，506年，武烈天皇が亡くなって仁徳天皇の血統が途絶えた。507年，家持の5世の祖である大伴金村は越前から応神天皇5世の子孫を迎え，楠葉宮（大阪府枚方市）で継体天皇として即位させ，大連（おおむらじ）として天皇を支えた。大連とは，古墳時代のヤマト政権のなかでもっとも高い地位を指す。

　JR東海道線の高槻駅と茨木駅の中間の摂津富田駅辺りから北側を見ると，山腹（標高200m程）に京都大学防災研究所の阿武山観測所の塔が見える。阿武山観測所は，近畿地方の地震活動を監視するための重要な観測拠点である。

　観測所からは大阪平野が一望できる。足下に見える典型的な前方後円墳は宮内庁が継体天皇陵と比

定している太田茶臼山古墳（大阪府茨木市）である。そこから2km程東に今城塚古墳（大阪市高槻市）があり、考古学的にはここが継体天皇の王墓と考えられているが、今は、公園として整備保存されている。

　有馬−高槻断層帯の支断層の安威断層の地表断層線は今城塚古墳を横断しており、有馬−高槻断層帯で起こった1596年慶長伏見地震は方墳部の一部を崩落させてしまった。

　5世紀末（489年から498年）、榛名山（群馬県）が噴火した。6世紀前半（525年から550年）、更に大きな噴火が起こった。規模は1707年富士山宝永噴火と同程度である。

　このとき火山灰に埋まった村々の遺跡が次々と発見されているが、2012年には、金井東裏遺跡（渋川市）から、鉄製の甲を着装した武人が火山堆積物の下から発見された。この武人は、最初の小噴火に驚いて甲冑を着装し、逃げる途中に大噴火が起こり、両肘両膝をつき、頭部を地面につけた姿勢で、約1.8mの火山灰の下に埋もれてしまったものと思われている。発見された武人を復顔すると、年齢は40歳代前半、面長、鼻が細い。歯のエナメル質の分析からは、現在の長野県伊那谷周辺で幼時を過ごし、群馬県へ移住したと推測されている。

　552年、百済から釈迦如来像と仏具・教論がもたらされた。仏教公伝である。

　そのころ、朝鮮半島では再び動乱が生じた。562年、加羅・任那が高句麗と新羅の連合軍に滅ぼされた。

　巨大前方後円墳は、6世紀末、全長318m程の見瀬丸山古墳（奈良県橿原市）を最後に造営されなくなった。見瀬丸山古墳の被葬者は571年に死去した欽明天皇（在位539-571）と推定されている。

　587年、仏教を拒絶する物部氏と、受容した蘇我氏の間の争いとなり、物部氏は滅ぼされた。家持の4代祖、大伴咋（くい）も物部氏追討軍に加わり、蘇我馬子に次ぐ地位を占めるようになった。

　581年隋王朝が起こり、589年中国を統一した。

　6世紀には、ヤマト政権の直轄地である屯倉（みやけ）が各地に設けられ、木簡がひろく用いられるようになった。

　　　参考文献
　井波律子編、『中国の名詩101』、新書館、2005.
　石川日出志、『農耕社会の成立』、岩波新書、2010.
　鬼頭宏、『人口から読む日本の歴史』、講談社学術選書、講談社、2000.
　都出比呂志、『古代国家はいつ成立したか』、岩波新書、岩波、2011.
　小野寛、『孤愁の人　大伴家持』、新典社、1988.
　白石太一郎、『古墳とヤマト政権』、文春新書、文藝春秋、1999.
　白石太一郎、『古墳とその時代』、日本史リブレット、山川出版社、2001.
　相馬秀廣・八木浩司・岡田篤正・中田　高・池田安隆、『活断層図桜井』、1998.
　寺澤薫、『王権誕生』、講談社学術選書、講談社、2008.
　吉村武彦、『ヤマト政権』、シリーズ日本古代史、岩波新書、岩波書店、2010.

第12章　飛鳥時代　592年から710年

§12-1. 聖徳太子（厩戸皇子）の時代

古墳時代から飛鳥時代へ移る頃の近畿中央部の変化を2点挙げよう。

第一点は環境の悪化である。『新版森と人間の文化史』（只木，2010）によれば，縄文時代の遺跡からはマツを使用した痕跡は出土しない。大阪平野の古代の陶邑窯跡群などで当初使われたのは，西南日本では本来の植生であるカシなどの温暖帯広葉樹であった。ところが，6世紀の後半から針葉樹が増え始め，7世紀後半にはほとんどアカマツになった。それは，平野部と周辺の森林が荒廃し，そこにアカマツが進入してきたことを示している。

『人口から読む日本の歴史』（鬼頭，2000）は，邪馬台国の時代の人口を220万人内外，奈良時代前半の人口を450万人程度と激増したと推測している。古墳時代は，生産力が向上し，人口が急増し，社会構造が変化し，大規模な環境破壊が始まった時代であった。

第二点は王宮が造営された場所である。古墳時代の歴代天皇の王宮が置かれた場所の地質を整理すると面白いことに気付く。5世紀までは，第21代雄略天皇の泊瀬朝倉宮（桜井市黒崎），第22代清寧天皇の磐余甕栗宮（橿原市東池尻町），第24代仁賢天皇の石上広高宮（天理市石上町），第25代武烈天皇の泊瀬列城宮（桜井市出雲）などは山地か段丘面などに設けられた。その理由は，洪水リスクが小さいことと，王宮が掘立柱式で柱の下端が土に埋められていたので，地面下の部分が湿気で傷むの避けるためであっただろう。なお，王宮の場所などは『飛鳥の都』（吉川真司，2011）などによる。

ところが，6世紀に入って，第27代安閑天皇（在位531-535）の匂金橋宮（橿原市曲川），第29代欽明天皇（在位539-571）の磯城島金刺宮（桜井市外山），第30代の敏達天皇（在位572-585）の訳語田幸玉宮（桜井市戒重）など盆地内の低地の沖積面に設けられるようになった。それは，人口が増大し，王宮周辺に住まう人々のためにより広い面積が必要となったからであろう。しかし，洪水のリスクは増大したはずである。

以下では，年代的な前後関係を分かりやすくするために，天皇には在位期間を添える。

592年の推古天皇即位から710平城京遷都までは飛鳥時代と呼ばれている。飛鳥時代から史料による歴史の時代に入る。本章では，『古事記を読み直す』（三浦，2010），『古代国家はいつ成立したか』（都出，2011），『飛鳥の都』（吉川，2011）などを参考に，家持に至るまでの時代を手短に叙述していく。なお，飛鳥時代から奈良時代の時代の空気を強調するために，女性の天皇は女帝と表記する。

592年，崇峻（すしゅん）天皇（在位587-592）が蘇我馬子に暗殺された。欽明天皇の皇女であり，敏達天皇（在位572-585）の皇后であった推古（在位592-628）が初めての女帝として即位し，聖徳太子（厩戸皇子）（574-622）が皇太子になった。王宮は当初は豊浦宮（奈良県高市郡明日香村。甘樫丘の北麓）であったが後に飛鳥川右岸の雷丘周辺の小墾田宮に移された（図12-1）。いずれも飛鳥川の低地沖積面への流出部であるが，局所的には花崗岩を基盤とする微高地で，水害を避けることが意識されたことが分かる。

596年，飛鳥寺の堂塔が完成した。

601年に聖徳太子によって，飛鳥から北北西に18km程も離れた場所に，斑鳩（いかるが）宮が設けられた。7世紀前半には，現在は若草伽藍と呼ばれている場所に斑鳩寺（法隆寺）が建造された。

604年，聖徳太子は十七条の憲法を定めた。続いて朝礼を改め，王宮の門を出入りするとき，跪いて両手をついて腹ばいになって進む匍匐礼（ほふくれい）を禁止し，中国風に歩いて進む立礼に改めた。『魏志倭人伝』に「下戸，大人と道路に相逢えば，逡巡して草に入り，辞を伝えて事を説くには，或いは蹲り，或いは跪き，両手は地に拠り，これが恭敬を為す」と書かれた状態が飛鳥時代に至るまで続いていたことが分かる。

605年，太子の命で，諸王・諸臣は「褶（ひらおび）」を着用するようになった。スカートの様な中国風の男性用衣装である。古墳時代から続いていた古い因習を捨てて大陸の進んだ文化を取り入れるための環境整備の一環であった。

鞍作止利によって造られた飛鳥大仏が納められた。それは現在もほぼ当時のまま残されている。ただし，現在の飛鳥寺の建物は江戸時代に再建されたものである。

太子は斑鳩に移り住み，飛鳥と斑鳩を直結する太子道が設けられた。それは，飛鳥から北20度西の方向に向かって田原本町西端，糸井神社を経て，JR安堵辺り折れて西に向かう。田原本町から安堵町あたりは，縄文時代末に古奈良湖（§8-4）が消滅してからも，大和川，飛鳥川，佐保川が合流し，洪水のたびに氾濫する低地であった。太子道は，田原本町から安堵町あたりでは標高45m前後の等高線に沿うように走っており低湿地を避けたことが分かる。

609年，2回目の遣隋使が派遣された。遣隋使小野妹子は，隋の煬帝に「日いずる処の天子，書を日の没する処の天子に致す。恙なきや」という有名な書き出しで始まる国書を提出した。

610年，アラビア半島で，ムハンマドがアッラー神からの啓示を受けてイスラム教を起こし，西アジアで爆発的に拡大して行った。

618年，隋が滅亡して唐が建国した。

622年，聖徳太子が没した。次の年，鞍作止利によって法隆寺金堂の釈迦三尊像が造られた。光背裏面に作者名として示されている鞍首止利（くらつくりのおびととり）仏師と飛鳥大仏を造った鞍作止利は同一人物と見られている。

同年，唐から帰国した薬師恵日らから「大唐国は，法式（のり）備り定まれる珍の国なり。常に達（かよ）うべし」との報告を受け，法治国家である唐の律令から学ぶことが一貫して国の方針となった。

626年，半世紀にわたって宮廷で権勢を振るった蘇我馬子が亡くなった。石舞台古墳は馬子の墓の跡と推定されている。岩はこの地域の基盤の花崗岩（専門的には花崗閃緑岩）である。

628年，唐が中国を統一した。

629年，舒明天皇（在位629-641）が即位した。王宮の岡本宮は図12-1で飛鳥板蓋宮跡とされている場所である。

642年，舒明天皇の皇后であり，後の天智天皇と天武天皇の母である皇極女帝（在位642-645）が即位し，飛鳥中央部に飛鳥板蓋宮を建造した。

飛鳥は，図12-1の様に，標高90mから120m，幅1km程の山地間の堆積面で，両側の山体は比叡山や

生駒山の山体と同じ白亜紀の花崗岩である。天香具山と雷丘も同じである。畝傍山と耳成山は，二上山（安山岩）と同時期の1500万年前頃の流紋岩である。

飛鳥は，飛鳥川によって上流から木材を運び込むことが容易で，急流の飛鳥川から飲料水も取り込みやすく，下水も自然に流下して衛生面にも良い，当初は洪水もあまりない，王都を建設するには恰好の場所であった。

643年，聖徳太子の長子山背大兄王が蘇我入鹿によって討たれ，斑鳩宮は焼失した。

唐は，王朝成立後10年程で国内を掌握すると次々と周辺の国々を征圧し，644年から645年に高句麗に侵攻した。

本節以降と次章では，元号が制定されていた期間については，和暦年表示（漢数字）を主に括弧で西暦年（アラビア数字）を添える。括弧で補助的に記載する場は年を省略する。元号が定められていない時期（655-685，687-700）は西暦年のみを示す。

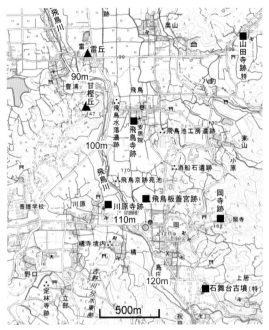

図12-1　国土地理院地図に要所の位置と名前，河床のおよその標高を加筆。甘樫丘の標高は147m程。

なお，正月が同じではないので，正月前後では西暦年と和暦年が異なる。1年全体として重なる方を西暦年とする。そのために混乱が生じることがある。

例えば，東大寺や興福寺を焼き払った平氏による南都焼討ちは治承四年十二月二十八日，ユリウス暦（下記）では1181年1月15日である。ところが治承四年はほとんど1180年と重なるので，西暦で示す場合は「南都焼討ちは1180年」と記載されるのが一般的である。

なお，西暦にはユリウス暦とグレゴリオ暦がある。ユリウス暦は，紀元前45年に共和制ローマの独裁者ユリウス・カエサル（英語ではジュリアス・シーザー）が定めた，1年を365.25日とし，4年に一度閏日を入れる太陽暦である。1582年，ローマ法王グレゴリウス13世がユリウス暦に「400で割り切れる年を除いて，100で割り切れる年には閏日を入れない」などの微調整を加えて精度を高めたのがグレゴリオ暦である。

西洋史では，1582年より前はユリウス暦，以降はグレゴリオ暦で記述されるので，日本史において和暦年を西暦年に対応させる場合にも同様に換算するのを原則とする。微妙な季節感を強調したい場合にはグレゴリオ暦で表示する場合もあるが，飛鳥時代にはグレゴリオ暦はユリウス暦より3日から5日遅いだけである。

§12-2. 大化の改新

645年，乙巳（いっし）の政変が起こった。飛鳥板蓋宮における外交儀礼のさなか，中臣鎌足（かま

たり）（614-669）と謀った中大兄（なかのおおえ）皇子（626-672）が突如参入して蘇我入鹿を討ち，蘇我氏は滅ぼされた。皇極女帝は退位，弟の孝徳天皇（在位645-654）が即位し，中大兄皇子は皇太子に，中臣鎌足は内大臣になり，倭国最初の年号「大化」が宣言された。

　同年末になって難波長柄豊碕宮への遷宮が行われた。そこは大坂城外堀の南側（図12-2）で，今は難波宮跡公園（大阪市中央区）として整備されている。

　大化二年（646）正月，難波長柄豊碕宮から改新の詔が発せられたとされている。それは，豪族の私有地や私有民の廃止，国・郡・里制による地方行政権の中央集権化，戸籍の作成と耕地の調査による班田収授，租・庸・調の税制の整備統一を目指す内容であった。続いて，薄葬令が出された。地位身分に応じて造営できる陵墓・石室の規模や使用できる役夫の人数・日数を定め，統一的な身分秩序の成立がはかられた。400年の巨大古墳の歴史は終わりを迎えた。

　これらの改革は大化の改新と呼ばれている。

　大化五年（649），家持の3代祖大伴長徳（ながとこ）（生年不詳-651）は右大臣に登った。

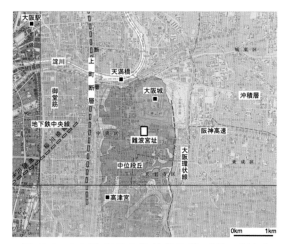

図12-2　中央部が上町台地（中位段丘）。台地の北端が天満橋で，淀川が大阪湾に向かって流れている。台地の上の中央四角が難波長柄豊碕宮（前期難波宮）。基図は活断層図「大阪北東部」（中田・他, 2009）。

　白雉三年（652），難波長柄豊碕宮（前期難波宮）が完成した。

　現代に飛ぶと，1961年，大発見があった。奈良時代に聖武天皇が副都として造営した難波宮（後期難波宮）の大極殿（だいごくでん。天皇が政務を行う建物）跡が見つかったのである。東西35m程の礎石建ちの巨大な建築であった。

　その後の発掘で，孝徳天皇の難波長柄豊碕宮の内裏跡が発見された。それは前殿と後殿からなり，前殿の規模は東西36m，南北19mである。奈良公園に復元された平城宮の大極殿の東西44mに比べると規模は分かりやすい。共通点は，東西に柱が10本並ぶ，後に宮殿の正殿の基準となる形式であったことである。

　2006年には，難波長柄豊碕宮跡から「皮留久佐乃皮斯米之刀斯」と書かれた長さ18cm程の木簡が発見された。同時に出土した土器などから，難波長柄豊碕宮が営まれていた飛鳥時代のものであることが分かった。それは「春草のはじめの年」と読まれるようになった。万葉仮名の起源が7世紀中頃に遡ったのである（南秀雄，2008）。

　白雉五年（654），孝徳天皇が崩じた。皇極女帝が重祚（ちょうそ）して斉明女帝（在位654-661）となり，655年飛鳥岡本宮に遷都した。板蓋宮と同じ場所である。

　658年，越の豪族，阿部比羅夫は，船団を率いて，秋田，能代，津軽，渡島の蝦夷を征服し，大和王朝の支配域を拡大した。

　大唐帝国の朝鮮半島への圧力はますます強くなり，660年，新羅（しらぎ）を支援して百済を滅ぼし

た。

661 年，百済の遺臣からの要請を受け，斉明女帝自ら出兵を決意し，難波津から熟田津（にぎたづ）（愛媛県）に立ち寄り，筑紫の朝倉宮に到着したが，同地で急死し，朝鮮半島出兵は延期された。

663 年，朝鮮半島に大軍を送ったが，唐と新羅の連合軍に白村江の戦いで大敗した。

664 年，大唐帝国の侵攻を恐れた朝廷は，博多湾沿岸にあった太宰府を那珂川が筑紫山地を南北に縦断する場所（福岡県太宰府市）にまで退け，北九州一帯に防人を配備した。太宰府から 2km ほど博多寄りの白亜紀花崗岩帯の筑紫山地の狭隘部に，幅 60m 程の水壕を持つ東西ほぼ 1.5km，高さ 15m の防塁が築かれ，水城（みずき）と呼ばれた。現地に行くと「なるほど」と思う防御の適した地形である。白亜紀花崗岩体は日本防衛のために利用されようとしたのである。

667 年，近江大津京（滋賀県大津市）へ遷都が行われた。

668 年正月，中大兄皇子が即位して天智天皇（在位 668-672）となった。

同年五月，近江蒲生野（滋賀県東近江市）で薬猟（くすりがり）が行われた。このとき，天皇は「春山の万花の艶（にほい），秋山の千葉（せんよう）の彩（いろどり）」（万葉集第一巻）のどちらが趣があるかとの問いを投げかけた。

額田王（ぬかたのおきみ）の大海人皇子（後の天武天皇）との相聞歌

　　あかねさす　紫野（むらさきの）行き　標野（しめの）行き　野守（のもり）は見ずや　君が袖
　　　　振る　（1-20）

　　（あかね色をおびる，あの紫草の野を行きながら，野の番人は見ていないでしょうか。あなたは袖
　　　　をお振りになることよ。）

が歌われたのもこの時である。

なお，本書では，歌と現代語表現は中西進の『万葉集』全 4 巻（1978-1983）による。歌の最後の（）は巻数と通し番号である。

668 年の暮れ，唐と新羅によって高句麗が滅ぼされた。唐の倭侵攻は目前に迫っていた。

『人口から読む日本の歴史』（鬼頭宏，2000）には飛鳥時代の人口は与えられていないが，奈良時代（725 年）には 450 万人なので，飛鳥時代には 300 万人から 400 万人であったであろう。一方，『人口の中国史』（上田信，2020）は，中国の人口は唐王朝が安定してきた 8 世紀に 5000 万人程度としている。人口が 10 倍の大国からの圧力は強く感じられたに違いない。

669 年，藤原鎌足が死去した。墓は，古くは，奈良盆地の多武峯とか，京都市山科区などとされてきた。しかし，1934 年，京都大学阿武山観測所（大阪府高槻市。標高 200m 程）の裏手の山頂近くの古墳から 60 歳前後の男性の遺骨が発見され，藤原鎌足とみなされるようになった。筆者は，京都大学在職中に時々阿武山観測所を訪れた。晴れた日に，ほぼ 20km 先に上町台地を望んだとき，若き日に中大兄皇子と共に精魂を傾けた難波宮が望める場所に鎌足は安らぎの場を求めたに違いないと思った。

670 年，突然事態が変わった。朝鮮半島の主導権を巡って新羅が唐に反旗を翻し，西からは吐蕃（チベット）が唐に侵攻した。唐は倭侵攻に力を割く余裕がなくなった。

同年，創建当時の法隆寺伽藍が全焼した。現在の地に再建された年代はよく分かっていないが，持統女帝の時期と思われている。

§12-3. 天武・持統の治世

672年，天智天皇が崩じた。たちまち壬申（じんしん）の乱となり，天智天皇の長子大友皇子と，長年天智天皇を支えた弟の大海人皇子（生年不詳-686）が対峙し，大伴一族はこぞって大海人皇子に加勢した。長徳の2人の弟，馬来田（まくた）（生年不詳-683）と吹負（ふけひ）（生年不詳-683）は，飛鳥の大友皇子方の兵を駆逐して大和を制圧，難波と山崎（大阪・京都府境）の交通の要衝を押さえ，西国の国司達を大海人皇子方に従わせた。激戦1ヶ月の後，壬申の乱は大海人皇子の勝利に終わった。

673年，大海人皇子は板蓋宮と同じ地に浄御原（きよみはら）宮を建て，天武天皇（在位673-686）として即位した。

676年，新羅は唐を撃退し，朝鮮半島の統一を成し遂げた。白村江の戦いから13年，唐による倭侵攻の危機は去った。

679年，水縄（みのう）断層で筑紫地震が発生した。『日本被害地震総覧599-2012』（宇佐美・他，2013）には，「家屋倒壊多く，幅2丈（6m），長さ3千余丈（10km）の地割れを生ず。『日本書紀』によれば丘が崩れたが，その上の百姓の家は破壊することなく，家人は丘の崩れたのに気づかなかったという。」とされている。日本で最初の活断層の関係が明確な地震であった。活断層の長期評価によれば，水縄断層の断層線は，図12-3のように，西は九州北部の交通の要衝福岡県久留米市から東は県境のうきは市まで東西ほぼ26kmである。水縄断層一帯は2017年7月の九州北部豪雨に襲われ，犠牲者40人を含む激甚な被害が生じた場所でもある。

681年，天武天皇は「帝紀および上古の諸事」を記し定める修史の詔を出した。日本書紀や古事記につながる歴史書の編纂を命じたのである。

684年，白鳳南海地震が発生した。文献に現れる最初の南海トラフ巨大地震である。この時期には元号が定められていないが，この時期を白鳳時代と呼ぶのに合わせて白鳳南海地震と呼ばれている。

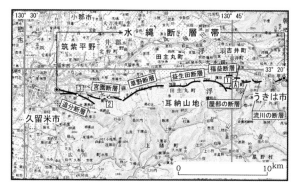

図12-3　水縄断層帯の位置。主要活断層帯の長期評価の「水縄断層帯の評価」による。

『日本被害地震総覧599-2012』には，「山崩れ河湧き，諸国の郡官舎・百姓倉・寺塔・神社の倒壊多く，人畜の死傷多し，津波来襲し，土佐の運調船多数沈没。伊予の温泉・紀伊の牟婁（現和歌山県白浜町湯前温泉に比定。鉛山温泉は別称）泉湧出とまり，土佐では田苑50余万頃（けい）（約10km²）沈下して海となる」と書かれている。

朱鳥元年（686），天武天皇が崩じた。ただちに大津皇子（天武天皇の第3皇子）は鸕野讃良（うののさらら）皇后（天智天皇の皇女）によって謀反のかどで捕らわれて命を絶った。遺体は姉の大伯皇女によって二上山の山頂に移された。馬酔木の花の咲く頃であった。

大津皇子の死によって皇位が鸕野讃良皇后の第一子である草壁皇子に嗣がれることが確定した。皇后は病弱の草壁皇子のために称制（天皇にならないで天皇としての統治すること）したが，ほどなく

草壁皇子は亡くなった。

689年，乙巳の政変以後に始まった日本独自の律令体系の編纂作業がまとまり，飛鳥浄御原令が施行されたがその全文は残っていない。しかし，天皇という称号と日本という国号が初めて定められたのが飛鳥浄御原令であったと考えられている。

690年，鸕野讃良皇后はみずから持統女帝（在位690-697）として即位した。

694年，藤原京に遷都した。大和三山を取り込んだ，東西南北ともほぼ5.3kmの方形で，南端は飛鳥寺辺りになる。方形の中央，大和三山の真ん中にあたる場所に藤原宮がおかれた。日本ではじめての条坊制の王都であった。なお，東京駅と新宿駅の直線距離ほぼ6kmである。

697年，草壁皇子の子であり，天武天皇と持統女帝の孫である文武天皇（在位697-707）が15才で即位した。歴史上唯一の祖母から孫への譲位である。藤原不比等（659-720）は娘宮子を入内させた。

同年，大極殿が完成した。東西ほぼ45m，日本で初めての巨大な「礎石建ち」で「瓦葺」の殿舎であった。

藤原京に先立つ時代の王宮の建造物は掘立柱式であった。法隆寺より古い大型建造物が残っていないのは，掘立式柱の下端が土に埋められていたので，地面下の部分が湿気で痛み，長持ちしなかったからである。藤原京以降は，平城宮も後期難波宮も大極殿など本格的な建造物は礎石建ちが一般化した。そのため，頻繁に王宮を移動させる必要がなくなった。礎石は社会のあり方に大きな変化を与えた。

700年，僧道昭が火葬された。日本で初めての火葬であった。

大宝元年（701）正月，朝賀の儀において新令の施行が宣言された。同年三月，対馬から金が献上されたことを祝って元号「大宝」が宣言された。

藤原不比等にとって，大宝元年は輝くような年であった。自らが中心となった大宝律令の編纂を完成させて正三位大納言に昇進，橘三千代との間に後に聖武天皇の皇后（光明皇后）となる娘光明子をもうけ，娘宮子が後に聖武天皇となる軽皇子を生んだ。

大宝二年（702），大宝律が施行され，新令と合わせて大宝律令と呼ばれるようになった。隋滅亡（618）後，日本は朝鮮半島を経由して中国の文明を取り入れてきたが，直接唐から取り入れる方針変換であった。

とりあえずは，位階の名称の変更，刑罰の体系化などがはかられ，元号が本格的に用いられるようになった。漢字表記は朝鮮半島方式から中国方式へ切り替えられた。たとえば，地域の単位として，大化の改新以来「評」（こおり）が使われていたが「郡」に変わった。物を収納する建物は「椋」から「倉」へ変更された。

同年，遣唐使が派遣され，則天武后の元にあった唐（この時期は国号は周）に対して国号を「日本」とする国書を提出した。

同年末，持統太上天皇が崩じ，天皇経験者として初めて火葬された。

慶雲元年（704），遣唐使が帰国し，皇帝が天空の回転の中心である北極星になぞらえる思想に基づいて唐の都の長安では王宮が都の北側中央部に置かれていることが伝えられ，平城京遷都が決定された。北極星である天皇が王宮から南面したときの右を右京，左を左京と呼ぶ。

慶雲二年（705），家持の祖父であり，鎌足の従兄弟でもある大伴安麻呂（生年不詳-714）は大納言

に任じられた。

　慶雲四年（707）、文武天皇の崩御を受けて、天智天皇の皇女であり、草壁皇子の妻であり、文武天皇の母の元明女帝（在位707-715）が即位した。息子から母への皇位継承であった。

　和銅元年（708）正月、秩父ジオパークの秩父郡黒谷で採掘された銅が献上され、和銅と改元された。二月、元明女帝は平城京遷都の詔を発した。藤原不比等は右大臣になった。

　この頃、5才年上のライバルとも言える藤原不比等が独裁的な権限を手中に収め、平城京遷都に向かう流れを作るのを見ながら、大伴旅人は何を感じていただろうか。ほぼ80年後の延暦四年（785）、不比等の曾孫の世代によって大伴家持は藤原種嗣暗殺に荷担した嫌疑をかけられ、亡骸にむち打たれ、大伴氏が転がり落ちるように没落して行くとは予想もできなかったであろう。

　大化の改新から平城京遷都までの飛鳥時代後半期は白鳳時代と呼ばれ、その文化は白鳳文化と呼ばれている。白鳳文化の代表的な建築は法隆寺の堂塔である。7世紀前半に造営された法隆寺の堂塔は670年に焼失したが、現存の西院伽藍の五重塔と金堂は、それから和銅四年（711）までの間に再建されたものである。白鳳文化の仏像には、国宝に限定しても、法隆寺の釈迦三尊像、薬師寺金堂の薬師三尊像、蟹満寺（京都府木津川市）の釈迦如来坐像などがあり、絵画には、法隆寺金堂壁画、高松塚古墳壁画、キトラ古墳壁画など多彩である。筆者は、法隆寺の釈迦三尊像は、ヨーロッパの写実とは異なっているとは言え、ルネッサンス時代の聖家族像などに800年先立つ日本最初の素晴らしい聖家族像と思っている。

　ところで、何が藤原京から平城京に遷都した動機だったのだろうか？　『平城京の時代』（坂上康俊、2011）は、「藤原京は中央に内裏と大極殿が配置されているが、30年ぶりに遣唐使が中国に行ってみると、長安城では、北側中央部に皇帝の居所と官庁街を設けたもの」であったからとしている。大義名分はそうだったとしても、それだけのことで天武天皇と持統天皇が情熱を傾けた日本最初の条坊制王都をたった14年で放棄したのだろうか。

　『日本人はどのように森をつくってきたか』（タットマン、1998）によれば、飛鳥時代に入ると共に建築ラッシュになった。天皇の代替わりのたびに、王宮、貴族の邸宅、寺院、民家などの建築、燃料、刈敷などのために、大量の木材が伐採された。奈良盆地では足らなくなると、淀川流域でまでにまで範囲を広げ、大和川と淀川流域の盆地に隣接した山地の原生の高齢林はすべて伐採されてしまい、近江、山城、大和の平野に近い部分では植生が完全に変わってしまった。タットマンはそれを「古代の略奪」と呼んだ。それは野火、土壌侵食をもたらし、河床に土砂堆積させて洪水を頻発させるようになり、河口部では難波津を埋め、港の機能を損なうようになった。日本における環境問題の原点である。

　飛鳥川の源流に当たる南淵山や細川山ははげ山化して飛鳥川は暴れ川となった。図12-4は飛鳥中心部と藤原京跡を結ぶ直線に沿っての地形

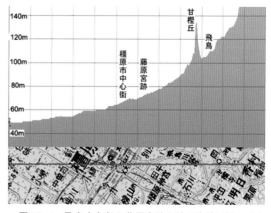

図12-4　飛鳥中心部と藤原京跡を結ぶ直線に沿っても地形断面図。カシミール３Ｄによって作図。上下方向には10倍に引き延ばされている。

断面図である。飛鳥川は飛鳥中心部で20m/1000m程の急傾斜で，3kmほど下流の藤原宮辺りで標高60m程のやや平坦面になる。ひとたび豪雨となれば，周辺の山地には保水されず，氾流は一気に飛鳥川を流れ下り，藤原京一帯は洪水となったであろう。微高地上の藤原宮はそれほどでなくても，飛鳥川沿いの右京一帯は場合によってはメートルを越える冠水が生じ，水はなかなか引かず，衛生状態は悪化し，数万人程度であったと思われる藤原京住民の間には怨嗟の声があふれたに違いない。

706年には藤原京を中心に疫病が蔓延した。当時は糞便の側溝への垂れ流しが一般的であったから，排水の非効率は致命的であっただろう。

それらこそが藤原京放棄の最後の決断を促し，慶雲元年の遣唐使の報告は恰好の大義名分を与えたということなのではないだろうか。

話を転じる。律令制度は，戸籍に基づいて耕作地を配分する班田収受，その代償として租（納税），防人などの軍役の負担を基本とする支配体制である。班田収受を実効的に実施するための水田を一辺110m程の四角形に区画化したのが条理制である。

律令時代の人々の生活はほとんど分かっていないが，岐阜県加茂郡富加町にはその痕跡が残されている。『飛鳥の都』（吉川真司，2011）からの孫引きになるが，富加市街地を挟んで北側を東西に流れる川浦川と南側の蜂屋川に挟まれた南北2km程，東西3km程は，古来，半布（はにふ）里と呼ばれてきた。大宝律令に基づいて作成された戸籍はほとんど失われてしまったが，偶然にも，正倉院の紙背文書（不要となった文書の裏を他の用途に利用したもの）に「御野国加毛郡半布里」を構成する58戸のうち54戸分が残されていた。それによると，ここには，1119人の人々が暮らしていた。

川浦川南側の河岸段丘上に現在は村役場が建っているが，1977年，敷地内の発掘調査によって半布里遺跡（標高75m程）が発見され，6世紀末から8世紀初めの120棟もの竪穴式住居の集落が見つかった。紙背文書戸籍が裏付けされたのである。

地震本部や地方自治体の被害想定を参考にすれば，富加一帯は，684年の白鳳地震の時は震度5か6，天平十七年（745年）の天平地震の時は震度4程度だったと思われる。竪穴式住居は相当の被害を受けたはずである。この遺跡が放棄された原因を地震とすると，そのいずれかであろう。

その遺跡から1km程東の山際には美濃でも最古級の3世紀末から4世紀の卑弥呼に続く時代の前方後円墳の茶臼山古墳がある。遺跡から古墳までの間には条里制を保っていると思われる水田が拡がっている。

市（2012）によれば，2002年，飛鳥の石神遺跡で，乙丑年（665）の年号と三野国ム下評大山の地名が入った荷札木簡が発見された。大山は富加町の川浦川の北岸である。

富加から西4km程に関市の市街地で，そこから北西に3km程の長良川右岸に三野国牟下郡の郡衙（郡の役所）が存在した弥勒寺遺跡群がある。富加から関を含むこの辺り一帯は古墳時代から奈良時代にかけての地域の中心であったことが分かる。

§12-4. 記紀における越の表記

『日本書紀の謎を解く』（森，1999）によれば日本書紀の成立過程は次のようになる。

681年，天武天皇は修史の詔を下したのち，ただちに川島皇子以下12名に「帝紀」と「上古諸事」を

記定させ，中臣連大島と平群連子首に筆録させた。その後，着々と原史料の整備がすすめられた。

　それに先行して確実に存在した「帝紀」や「旧辞」に加えて，各豪族は祖先の墓記などを持っていたはずである。しかし，いまや，それらはことごとく失われてしまった。

　「帝紀」と「上古諸事」に基づいて，渡来唐人，続守言と薩弘恪が，極めて正統的な漢文（中国語）で日本書紀を撰述した。続守言が第十四巻雄略紀から第十九巻推古・舒明記までの撰述したが，薩弘恪は第二十四巻皇極記から撰述を始め，大宝律令の編纂にも参加した後，第二十七巻天智記を終了して，700年に亡くなった。その後は，日本人の文章博士山田史御方が受け継いだ。

　慶雲四年（707），方針の変更が行われ，第一巻神代から第十三巻允恭・安康記が追加されることになり，さらに撰述作業が続けられた。和銅七年（714），第二十八巻から第三十巻の天武・持統記を追加する事になり，紀朝臣清人によって撰述された後，養老四年（720）に至って全三十巻が完成し，元正女帝に献上された。40年の歳月が費やされた。

　古事記については確実なことは分かっていない。古事記序文では，和銅五年（712）正月，元明女帝に献上されたとされている。しかし，序文は後世に追加されたものであることが明らかにされており，古事記の成立過程についての確かな史料はない。

　梅原猛（1925-2019）（『古事記』，2012）は，次のような仮説を立てている。天武天皇による修史の詔から15年程の間，正史としての日本書紀の編纂作業に並行するように「原古事記」が藤原不比等のもとで編纂された。その後，持統女帝（祖母）から文武天皇（孫）への譲位に重なるように，「天照大神（祖母）から邇邇芸命（孫）」に命じた天孫降臨の物語が元明女帝のもとで付け加えられたか，あるいは大幅に改編された。この仮説は梅原猛の思索の上に構想された物語なのかもしれない。しかし，筆者の梅原猛への尊敬の念を込めて，ここに参照しておきたい。

　なお，日本書紀と古事記は日本の最初の歴史書である。違いは，日本書紀は外国向けに正統的な漢文（中国語）で書かれた日本の正史であるが，古事記は国内向けの天皇家の私史という性格が強い。漢字表記は大宝律令に従って中国式である。

　以下に，越の表記に関連する出来事を列挙しよう。

　飛鳥京跡からは，「高志利浪評」や「高志新川評」と書かれた荷札木簡が出土しており，この頃は「高志」と表記されていたことが分かる。

　683年から685年にかけて，国境確定作業が行われ，吉備，火（肥）など面積の広い国が，吉備道前・吉備道中・吉備道後に，肥前・肥後に分割された。

　『日本書紀』の持統天皇六年（692）九月九日の条に越前国とあるので，その前に，越前・越中・越後の三ヵ国に，古事記の表記では高志道前（今の福井県と石川県）・高志道中（富山県）・高志道後（新潟県）に分割されたものと思われる。

　大宝二年（702），越中国より，頸城・魚沼・古志・蒲原の4郡が越後国に編入された。

　慶雲元年（704），大宝律令に基づいて頒布された国印には越前，越中，越後と表記された。

　和銅五年（712），越後の国の北部が出羽国に組み入れられた。

　和銅六年（713），諸国に風土記編纂の命令が出された。ただし，完本として残っているのは『出雲国風土記』のみで，ほかには，常陸，播磨，豊後，肥前の風土記の主要部分が残されている。

　同年，好字令に応じて，津国は摂津国に，川内国は河内国に，三野国は美濃国に，木国は紀伊国に，

牟射志国は武蔵国になった。好字令は「よい意味を表す漢字2字で表せ」と言う命令である。

　養老二年（718），養老律令制定により能登国が越前国から分離して越中国に組み入れられた。

　単純化すると，「大宝律令以前は高志と表記されていたが，以降は越と表記されるようになった」と言えよう。ただし，古事記では，北陸は「高志」または「古志」と表記されている。

　参考文献

市大樹，『飛鳥の木簡』，中公新書，中央公論社，2012.

南秀雄，「日本最古の万葉仮名文書簡」，『大阪遺跡』，大阪市文化財協会編，創元社，2008.

三浦佑之，『古事記を読み直す』，ちくま新書，筑摩書房，2010.

森博達，『日本書紀の謎を解く』，中公新書，中央公論新社，1999.

中西進，『万葉集』，講談社文庫，講談社，2019年（初版は1978）.

中田高・岡田篤正・鈴木康弘・渡辺満久・池田安隆，活断層図「大阪北東部第2版」，国土地理院，2009.

太田猛彦，『森林飽和』，NHKブックス，NHK出版，2012.

タットマン，コンラッド，『日本人はどのように森をつくってきたか』，熊崎実訳，築地書館，1998.

都出比呂志，『古代国家はいつ成立したか』，岩波新書，岩波書店，2011.

上田信，『人口の中国史』，岩波新書，岩波，2020.

梅原猛，『古事記』，学芸M文庫，学研パブリッシング，2012.

吉川真司，『飛鳥の都』，シリーズ日本古代史③，岩波新書，岩波書店，2011.

第13章　奈良時代(710年から794年)と大伴家持

§13-1. 平城京遷都

　和銅三年（710），元明女帝の元で平城京遷都が行われた。図13-1は平城京の条坊城復元図である。

平城宮は中央北端に位置するようになった。東には春日山，その南方には三輪山，西には生駒山，その南方には二上山から葛城の山々を望むことができる。

　2010年には，平城京遷都1300年を記念して大極殿が創建当時の場所に復元された（写真13-1左）。

　遷都当初は大型の建造物はほとんど未完成であった。和銅七年（714），大極殿の藤原宮からの移築工事が完成し，左京のはみ出し部の藤原氏の氏寺，興福寺の金堂（東西ほぼ37m）もほぼ完成した。この頃，平城京の南端から北をみれば，中央に大極殿，右端に興福寺金堂が聳えるツインタワー都市だったと言えよう。

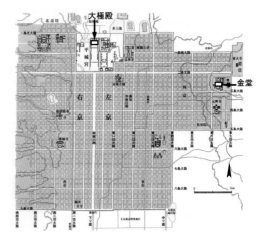

図13-1　和銅三年（710年）に元明女帝の元に遷都した平城京条坊復元図。奈良文化財研究所による。

　ただし，神亀三年（726）に東金堂，天平六年（734）に西金堂が建造されたので，当初の金堂は中金堂と呼ばれるようになった。中金堂は，その後，何度も焼失と再建を繰り返したが，享保二年（1717）に焼失，文政二年（1819）に仮再建され，2000年に本格的な再建が始まり，2018年には創建時に近い形で再建工事が終了し，10月に落慶法要が行われた（写真13-1右）。

　図13-2は，活断層図から平城京北半分に相当する部分を切り出したものである。天皇の住まいと儀式の場である内裏は左寄りの中位段丘面南端部に位置する。図13-1の条坊が西側の山寄りなのは，最初

写真13-1　1300年前の創建時に近い形に復元再建された（左）平城宮大極殿（筆者撮影）と（右）2018年落慶法要会の興福寺中金堂（諏訪浩撮影）。

に内裏の場所を洪水のリスクのない段丘先端部に決めたからであろう。藤原京から興福寺など大寺が東端（左京），薬師寺は西端（右京）の中位段丘面に移築された。

　10万人から15万人の住民の居住域として飲料水を供給しやすい佐保川や秋篠川の間の沖積面が割り振られている。両河川の流域面積は小さいので大洪水のリスクは藤原京より小さかったであろう。

和銅八年（715）正月，完成したばかりの大極殿で朝賀の儀式が催された。同年九月，元明女帝は元正女帝（在位715-724）に譲位した。母から娘への皇位継承であった。

養老二年（718）三月，大伴旅人は54歳にして中納言にのぼり，嫡男家持が生まれた。

養老四年（720）正月，『日本書紀』が元正女帝に献上された。それを見届けて藤原不比等（659-720）が没した。

養老八年（724）二月，元正女帝は聖武天皇（在位724-749）に譲位し，神亀に改元された。叔母から甥への皇位継承であった。

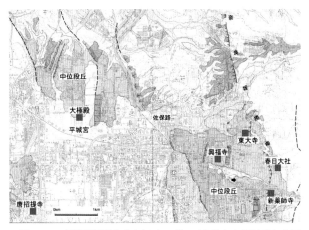

図13-2　活断層図「奈良」（八木・他, 1998）から切り出した図13-1の平城京北半分に相当する部分に主要地点と名前を加筆。

神亀三年（726），聖武天皇は，大化の改新後しばらく置かれた難波長柄豊碕宮と同じ場所に副都として後期難波宮の造営を始めた。

神亀四年（727），旅人は太宰帥（太宰府長官）に任じられて九州に下った。

神亀六年（729）八月に天平と改元され，政権をリードするようになっていた不比等の子の4兄弟の元，光明子（701-760）は初めて皇族出身ではない皇后（光明皇后）となった。

天平二年正月十三日（730年2月4日），太宰府の旅人の宅で行われた花の宴で32首の歌が詠まれ，万葉集第五巻に収録された。その序文が2019年に改まった元号「令和」の典拠である。

梅花の宴の序文は，中国の6世紀の代表的な詩文集「文選」に採録された後漢時代の張衡の詩「帰田賦」の春の部分を元にしている。冬期の空気の清冷さと春になって再開された生命活動の息吹が入り交じる季節が美しく詠まれている。なお，張衡は初めて地震動感知装置を作成した人でもある。令和は地震学につながっている。

この年，興福寺の五重塔や薬師寺が完成した。旅人は大納言に任じられ，平城京に戻った。

天平三年（731）七月，大伴旅人は没した。家持は14歳であった。父亡き後，家持は祖父安麻呂が構えた佐保路の邸宅で一族に囲まれて生長した。

佐保路の東端は東大寺，西端は法華寺で，現在は一条通として普通の市街地になっている。家持の時代から残されているのは東大寺転害門と法華寺の御仏のみである。

堀辰雄の『大和路・信濃路』（1955）には，「佐保山のほとりは，... いまは見わたすかぎり茫々とした田圃で，その中をまっ白い道が一直線に突っ切っているきり，...」と書かれている。佐保路では，平安京遷都から戦後の高度成長期まで，その様な状態で1000年の年月が過ぎてきたのであろう。

天平六年（734），光明皇后によって，母橘三千代の菩提を弔うために興福寺西金堂が建立され，今に残る八部衆像や十大弟子像などが安置された。阿修羅像は八部衆の内の一体である。いずれも国宝である。それらは現在は境内の国宝館で展示されている。

南大門や回廊なども含めて興福寺の全伽藍は，恭仁宮から平城宮へ還都した天平十七年（745）頃ま

でには完成した。しかし，興福寺は，その後何度も戦乱に巻き込まれ，火災に見舞われ，創建当時の主要建造物で現在に残るものはない。東金堂は応永二十二年（1415），五重塔は応永三十三年（1426）に再建されたものである。

　天平九年（737），天然痘によって藤原四兄弟が急死，光明皇后の異父兄である橘諸兄（684-757）が大納言となり，政権を主導するようになった。この天然痘によって全国人口の25％〜30％が犠牲になった。

　天平十二年（740），太宰府で藤原広継の乱が起こった。聖武天皇は，伊賀，伊勢，美濃，近江と行幸したのち山背国相楽郡（京都府木津川市加茂町）に至り，そこで恭仁京（図8-5上端）の造営を始めた。家持が従妹の坂上大嬢を正妻にしたのはこの頃である。

　天平十三年（741），恭仁京から国分寺と国分尼寺建立の詔が諸国に発せられた。

　天平十五年（743），橘諸兄は左大臣に昇った。同時に武智麻呂の長子豊成が中納言となり，藤原氏が復活した。

　同年，公地制の原則を放棄し，開墾奨励策として墾田永年私財法が制定された。開墾した土地は私財とすることが認められ，猛烈な開墾熱が起こり，多くの初期荘園が成立するようになった。諸大寺も大々的に田地の開墾・集積に努めるようになり，東大寺や西大寺は北陸に大規模な荘園を設けた。

　天平十六年（744），聖武天皇は甲賀宮（滋賀県信楽）の造営を推進するようになった。

　天平十七年（745）正月，家持は従五位下の官位を得た。28歳にして貴族の仲間入りを果たした。

　同年四月，美濃国を中心に，M7.9の「天平地震」に襲われた。震源となったのは養老・桑名・四日市断層である。地表断層線が岐阜県不破郡垂井町辺りから養老山脈の東麓を南南東に三重県の桑名まで走り，そこから南南西に折れて四日市にいたる全長60 km程の活断層である。断層直近の美濃国府（岐阜県不破郡垂井町）は壊滅的な被害を受けたであろう。

　主要活断層帯の長期評価では養老・桑名・四日市断層の平均的な断層ずれ速度は3〜4m／千年（上下成分）と周辺の活断層に比べて際立って大きい。それは琵琶湖西岸断層帯南部（1.4m／千年（上下成分））のほぼ2.5倍，上町断層（0.4m／千年（上下成分））のほぼ10倍にあたり，養老山脈・鈴鹿山脈と濃尾平野形成の主要な一翼を担っている。

　断層の傾斜は西に向かって30度，幅は30km〜40kmなので下端は甲賀宮の足下に及んでいる。一回の断層滑り上下成分は5m〜7m，マグニチュードは8と想定されている。

　甲賀宮と震源断層の位置関係は，1923年M7.9関東大地震の震源断層と東京の位置関係と似ている。それから類推すると，天平地震の時には，甲賀宮は激烈な地震動が数10秒続き，その後も強い余震に何度も襲われたであろう。古代の人々にとって大変な恐怖であったに違いない。それは還都を後押したであろう。

　同年五月，聖武天皇は5年ぶりに平城京に還都した。還都後，興福寺の北西，若草山の麓に東大寺を設けて大和国の国分寺とし，盧舎那仏造立の工事が始まった。

§13-2. 越中の家持

　高岡駅からＪＲ氷見線に乗って10数分で伏木駅に着く。そこから西に向かって300m程坂を登ると勝

興寺である。家持の時代にはそこに越中国府があった。

天正九年（1581），前田利家は能登一国を与えられて七尾に入り，佐々成政は越中に入った。天正十年（1582）三月，信長は甲斐の武田氏を滅ぼしたが，六月，本能寺で明智光秀に討たれた。天正十一年（1583），賤ヶ岳の戦いで羽柴秀吉に味方して加賀国のうち東半分を加えられ，本拠地を尾山城（のちの金沢城）に移した。天正十三年（1585），秀吉による越中征伐の結果，佐々成政の領国は神通川以東の新川郡に限られ，呉西の射水郡，砺波郡，婦負郡が前田の支配下に入った。たった5年の内に加賀百万石の枠組みができあがった。

前田利家は，加賀・能登・越中のほとんどを支配下に治めると，戦乱で荒廃した寺社の整備に乗り出し，能登の羽咋市の気多神社，妙成寺などを再興した。

越中浄土真宗の中心であった勝興寺も前田利家によって保護された。ただし，本堂をはじめとして重要文化財に指定されている大規模建築群は，勝興寺住職より還俗して加賀藩を継いだ第10代前田治脩（はるなが）によって寛政七年（1795）に建立されたものである。本堂は西本願寺の阿弥陀堂によく似ている。

図13-3は，越中国府の推定復元図である。標高10m程の台地の地形が巧みに利用されていることが分かる。現在の伏木駅周辺は海であった。

活断層の長期評価では，過去1300年以上，邑知潟断層や呉羽山断層など伏木の地殻変動上下成分に大きな影響を与える主要断層で発生した地震はない。そうすると，定常的地殻変動（図6-17）に従えば，伏木一帯は今より70cm程高かったはずである。従って，家持の時代の伏木の亘理湊の船着場の多くは今は海水面下であろう。

平安時代に戻ろう。

天平十八年（746）六月，大伴家持は，越中守に任ぜられ，1ヶ月程の慌ただしい準備の後に旅立ち，七月二十五日（8月16日）頃に越中に入った。八月七日（8月27日）には29歳の青年国守を迎える最初の宴が催された。大伴一

図13-3　越中国府復元図。中央が国府（現在は勝興寺）。高岡万葉歴史館による。

族であり，旧知の間であり，越中掾であった大伴池主が宴の中心であった。家持は心強かったであろう。なお，都から地方に派遣された国府役人の序列は，順に，守，介，掾，目であった。

次の歌は，このときに興に乗って詠われたものである。国府から海岸に沿って2km程北西が渋谿（しぶたに）である。現在の雨晴海岸である。

　　　　馬並（な）めて　いざ打（う）ち行（ゆ）かな　渋谿（しぶたに）の

　　　　　　清き磯廻（いそま）に　寄する波見に（17-3954）

　　　　（馬を連ねてさあ鞭（むち）打って行こう。渋谿の清らかな磯辺に寄せる波を見に。）

家持がどの道から渋谿に出たのかは分からない。一般に，馬を駆けるときは軟弱な地盤を嫌う。今

の雨晴海岸をみると，海岸沿いに馬を駆けたとは考えにくい。しかし，家持の時代には，古代の略奪（タットマン，1998）はまだ北陸にまでは及んでいなかった。北陸の山々は現在の日本列島の様に森が豊かで，土砂の流失は少なく，砂浜は貧弱で基盤が露出していたであろう。それに加え，伏木周辺は70cm程高かったはずなので，義経岩近くまで陸地が拡がっており，海岸沿いに馬で駆けることも可能であったかも知れない。家持が馬を駆けた道の問題と小竹貝塚の標高の謎はつながっているのである。

　雨晴海岸から東方55km程に3000m級の山々が南北50km以上に連なる立山連峰の剛毅な眺めは日本では類例がない。なにしろ加賀白山（2702m）より西には2000mより高い山はなく，白河の関より北には2300mより高い山はないのである。

　東海道新幹線が富士川を通り過ぎる辺りで25km程北に見える富士山の美しさは格別である。高山市街地（標高570m程）から30km程東方に見える乗鞍岳を主峰とする飛騨山脈の眺望も素晴らしく，松本市街地（標高590m程）から25km程北西に見える常念岳の眺望も素晴らしい。1891年（明治二十四年），ウエストンが飛騨山脈の眺望に「その壮麗さはただ驚嘆するばかりだった」と感動し

写真13-2　雨晴海岸（家持の時代の渋谿）から義経岩と富山湾の向こうに望む立山。筆者撮影。

た保福寺峠は，標高1350m程，穂高岳から東方に40km程である。

　それらに比べて標高はあまり変わらないのに立山連峰がとりわけ開放的で剛毅に感じられるのは，南北50km程の3000m級の山体の全体を同時に視界に収めることができるからではないだろうか。

　東京都庁あたりから丹沢山（1567m）までの距離もほぼ55km，東京都で一番高い雲取山（2017m）までの距離がほぼ70kmである。関東山地の高さを全体として2倍程にすれば，東京中心市街地からの眺望は写真13-2に匹敵するようになる。

　天平十九年（747）三月末から四月末（5月から6月），家持は「越中三賦」と呼ばれている「二上山の賦」，「布勢の水海に遊覧する賦」，「立山の賦」とその反歌を詠んだ。ここでは，二上山の賦と立山の賦の反歌から一首ずつ挙げる。

　　玉匣（たまくしげ）　二上山に　鳴く鳥の
　　　　声の恋（こひ）しき　時は来（き）にけり（17-3987）
　（玉匣の二上山に鳴く鳥の，声の慕わしい時が来たことだ。）
　　立山（たちやま）に　降り置ける雪を　常夏（とこなつ）に
　　　　見れども飽かず　神（かむ）からならし（17-4001）
　（立山に降り積もった雪を夏中見ていても飽きない。神山の名にそむかないことよ。）

　越中の大地で日々を暮らしているうちに，晴れた日に望む立山の剛毅な眺望が次第に家持の心を捉えるようになっていった様子がうかがえる。

　二上山は，高岡中心市街地から北へ5km程，伏木台地から西へ4km程，標高274m，1500万年前から1000万年前の海成堆積層からなる小丘陵である。高岡市街地のどこからでも眺めることができる。

　天平二十年正月二十九日（748年3月3日），家持は春の出挙（すいこ）のために国内諸郡の巡行に出た。その途上，雄神河（庄川），呉羽丘陵を越えて鵜坂河（山田川），婦負河（神通川），延槻河（早月川），能登の島山（能登島），羽咋の海，饒石河（仁岸川）の「越中巡行の歌」9首を残した。その中から二首を挙げる。越中の風土が，青年家持の創作意欲を新たな方向から刺激したことは間違いない。

　　立山（たちやま）の　雪し消（く）らしも　延槻（はひつき）の

　　　　川の渡瀬（わたりぜ）　鐙（あぶみ）浸（つ）かすも（17-4024）

　　（立山の雪こそ今解けはじめたらしい。延槻川の渡り瀬で鐙を水にひたすことよ。）

　立山を際立たせるもの一つは，冬には全山が雪に閉じ込められ，夏には全山が緑に覆われる四季の減り張りである。そのため，近くから雪解け水が流れてくる早春3月中旬の早月川（写真13-3）の流れ

は冷たくて速く，馬の思わぬ動きに鐙を濡らしてしまったのであろう。この様な季節感は奈良盆地にはない。

　『万葉の秀歌』（中西進，1984）には，「延槻川の歌は万葉集中屈指の秀歌だと思う」と書かれている。その理由として，「初・2句の山のなかへの想像と3句以下の川の描写によって越中の全風景が手中に収められた，このスケールの

写真13-3　早月川左岸から望む3月中旬の立山連峰。筆者撮影。

大きさにもある。白皚々たる立山連峰と激流をなして日本海にそそぐ延槻川とがつくる北国の光景が美しい」と述べられている。

　感動は人の心に中に響き合うものを持っているから生じる。著者がこの様に評価し得たのは，富山を訪れ，立山周辺の早春の息吹を感じた経験があるからに違いない。

　二首目は，香島の津（七尾市）から熊木（七尾市中島町）まで船に乗ったときに，右手に能登島を見ながら詠まれた。この歌の「幾とせ神さびて」は神代の時代から生えている背の高い大径木という意味が込められているのであろう。古代の略奪によってすっかり荒廃してしまい，背の高い大径木は見られなくなった奈良盆地の森と比較して畏怖の念を感じている家持の心の中がうかがえる。

　　鳥総（とぶさ）立て　船木（ふなぎ）伐（き）るという　能登の島山

　　　　今日見れば　木立繁しも　幾代神（かむ）びそ（17-4026）

　　（鳥総をたてて船材を伐り出すという能登の島山よ，今日見ると木立が茂っている。幾とせ神さび
　　　てきたことか。）

　天平二十一年（749）二月，陸奥国小田郡（宮城県遠田郡涌谷町）で発見された13キロもの金が都に届けられた（§3-3）。朝廷は歓喜し，天平から天平感宝へ改元された。

　同年七月，聖武天皇は幸謙女帝（在位749-758）に譲位した。父から娘への譲位であった。このと

き，天平感宝から天平勝宝へ改元された。年内に2度も改元が行われたのはこの年だけである。

写真13-4　堅香子の花。富山市猿倉山で筆者撮影。

　同年秋，家持は大帳使（租税に関する基本的帳簿類を都に届ける使い）となって上京し，妻の坂上大嬢を伴って越中国府に戻った。

　天平勝宝二年（750），坂上大嬢と共に最初の越中の春を迎えた。越中の大地と海に懐かれて，家持の人生の中で最ものびのびとした時期であったであろう。三月一日（4月11日）から三日までの間に「越中秀吟」と呼ばれる12首が詠まれた。そのうちの3首をここに挙げておきたい。堅香子（かたかご）（写真13-4）はカタクリである。

　　　春の苑（その）　紅（くれなゐ）にほふ　桃の花
　　　　　　下照（したてで）る道に　出で立つ娘子（をとめ）（19-4139）
　　（春の苑に紅がてりはえる。桃の花の輝く下の道に，立ち現れる少女。）
　　　物部（もののふ）の　八十（やそ）娘子（をとめ）らが　汲（く）みまがう
　　　　　　寺井（てらゐ）の上の　堅香子（かたかご）の花（19-4143）
　　（物部の多くの少女たちが入り乱れて水を汲む。その寺井のほとりの堅香子の花よ。）
　　　朝床（あさどこ）に　聞けば遙（はる）けし　射水河（いみずがわ）
　　　　　　朝漕（こ）ぎしつつ　歌う船人（ふなびと）（19-4150）
　　（朝の寝床に聞いていると，遠くから歌が聞こえてくる。射水河で朝船を漕ぎつつ歌っている船頭よ。）

　天平勝宝三年（751）七月，家持は少納言に遷任された。八月四日（8月29日）に催された宴の席で家持は惜別の歌を詠んだ。
　　　しな離（ざか）る　越（こし）に五年（いつとせ）　住み住みて
　　　　　　立ち別れまく　惜（を）しき初夜（よひ）かも（19-4250）
　　（越中の国に5年ものあいだ住み続けて，今宵かぎりに別れて行かなければならないと思うと，名残惜しい。）

立山，二上山，富山湾に懐かれたこの地がどれだけ名残惜しかったことであろうか。

§13-3. 平城京帰還後の家持

　天平勝宝三年（751）八月半ば，家持は，大仏造営の工事で賑わう平城京に戻った。

　天平勝宝四年四月九日（752年5月26日），聖武上皇と幸謙女帝の元，盛大に大仏開眼供養会が行われた。夕方まで続いた儀式の中で，大伴一族から選ばれた20人と佐伯氏から選ばれた20人が，神武東征のとき久米一族が舞ったとされている久米舞を演じた。35歳の家持は氏上として久米舞を見守った。しかし，万葉集には大仏開眼供養会の時に詠まれた家持の歌はない。

　大仏殿は治承四年（1180）の平重衡の南都焼討によって焼失，建久元年（1190）に再建されたが，

永禄10年（1567），松永久秀によって再び焼き払われ，宝永六年（1709）に創建時の規模をやや縮小して再建された（写真13-5）。

大仏殿の手前は鏡池で，写真の右手（東）に向かって緩やかに高くなる斜面に奈良盆地東縁断層断層線が南北に走っている（図13-2）。

天平勝宝五年二月二十三日（753年4月1日），家持（36歳）は佐保の邸で「春愁三首」と呼ばれている3首を詠んだ。次のそのうちの一首である。

写真13-5　東大寺大仏殿。手前は鏡池。筆者撮影。

　　　わが屋戸（やど）の　いささ群竹（むらたけ）吹く風の

　　　　　音のかそけき　この夕（ゆうべ）かも（19-4291）

（わが家のわずかな群竹を過ぎる風の音のかすかな，この夕暮よ。）

『孤愁の人　大伴家持』（小野寛，1988）は「春愁三首」を家持の絶唱としており，『萬葉私記』（西郷信綱，1989）でも，家持の代表的な3首としている。

「春愁三首」を境にして，家持の作歌は少なくなっていく。その原因として，滅び行く古代豪族への哀惜の情が挙げられることが多いように思われるが，越中の地において，大地が生み出す自然の不思議に圧倒された家持の詩魂が，平城京では所を得なかったことも原因の一つなのかもしれない。

天平勝宝六年（754），遣唐使副使としての役割を終えて帰朝する大伴古麻呂（生年不明-757。家持の従兄弟）に伴われて鑑真が来日した。

天平勝宝七年（755）二月，家持は，東国から徴集された防人達を迎える仕事のために難波に赴いた。防人達の歌がまとめて進上され，その中から84首を万葉集に収録し，みずからも防人を思いやる歌を詠んだ。そのうちの1首を上げる。

　　　鶏（とり）が鳴く　東男（あずまおとこ）の妻別れ

　　　　　悲しくありけむ　年の緒長み（20-4333）

（鶏が鳴く東男の妻との別離は，悲しかったであろう）

ドナルド・キーン（1922-2019）は，第二次世界大戦中，アメリカ海軍で日本語通訳の仕事をしていたが，戦場に残された数多くの無名の日本人兵士の日記を読んで感銘を受けた。ほとんどは故郷に残した家族を思いやるものであった。防人達の歌も多くも同様であった。筆者には，日本人兵士の日記を読んだキーンの感銘は，防人達の歌を読んだ家持の感銘に重なって見える。

天平勝宝八年（756），聖武上皇が崩じ，遺愛の品々は東大寺に献納され，後に正倉院御物となった。藤原仲麻呂は，叔母の光明皇后の信任を得て昇進し続けた。政局は，次第に，藤原仲麻呂と幸謙女帝を中心に動くようになって行った。

天平勝宝九年（757）正月，橘諸兄が没した。そのあと，藤原仲麻呂の専横に不満をもった諸兄の長子奈良麻呂は謀議が発覚して獄死，藤原豊成（仲麻呂の長兄）は右大臣を罷免され大宰員外帥に左遷された。

家持は氏上として慎重に振る舞っていたので連座は逃れたが，最も信頼できる友であり，越中に赴いたときには家持を迎えた大伴池主，鑑真を日本に伴った大伴古麻呂など大伴一族の主要メンバーが討たれた。特に池主を失った悲愁は大きかったであろう。

　筆者は家持の悲愁を語るには言葉が乏しいので，与謝蕪村の「北寿老仙をいたむ」（暉峻・川島，1959）の冒頭の数行を挙げておきたい。池主達を失った家持の日々の悲愁が彷彿とさせられるような気がしてならない。

　　君あしたに去りぬ　ゆうべのこゝろ千々に　なんぞはるかなる
　　　　君をおもふて岡のべに行つ遊ぶ　をかのべ何ぞかくかなしき

　天平宝字二年（758），孝謙女帝から淳仁天皇（在位758-764）に譲位し，藤原仲麻呂は右大臣となった。家持は因幡守として都から遠ざけられた。

　天平宝字三年（759）正月，家持（41歳）は，因幡の国府において，万葉集最後の歌を詠んだ。

　　新（あらた）しき 年の始（はじめ）の 初春（はつはる）の
　　　　今日降る雪の いや重（し）け吉事（よごと）（20-4516）

　（新しい年のはじめの，新春の今日を降りしきる雪のように，いっそう重なれ，吉きことよ）

　家持がこれを境に歌を残していないのは，2年前に，池主など親しき人々を一気に失った寂寥によるのだろうか。それとも，家持死後に藤原種継暗殺事件に連座したときに焚書に処されたのだろうか。

　同年，鑑真によって唐招提寺が開基された。

　天平宝字四年（760），光明皇后が崩じた。仲麻呂は皇族出身以外で初の太政大臣に登りつめた。

　天平宝字六年（762）正月，家持は信部大輔に遷任され，因幡から都に帰った。同年五月，糸魚川－静岡構造線断層帯北部（長野県北安曇郡小谷村から安曇野市明科）で地震が発生した。

　天平宝字七年（763），鑑真が没した。弟子たちによって鑑真和上座像が唐招提寺に残され，現在は国宝となっている。

　天平宝字八年（764），孝謙上皇が道鏡への寵愛を深めたので，仲麻呂は軍事力によって対抗しようとしたが，孝謙上皇に先手を取られ，近江で討たれた。淳仁天皇が廃されて孝謙上皇が重祚して称徳女帝（在位764-770）となった。家持は薩摩守となった。

　天平神護三年（767）八月，家持（50歳）は太宰少弐に遷任された。

　宝亀元年（770）六月，家持は民部少輔として6年ぶりに都に帰った。夏になって称徳女帝が崩じて天武天皇の血統が絶え，光仁天皇（在位770-781）が即位して天智天皇の血統がよみがえった。

　宝亀十一年（780）二月，家持は参議に任じられ，63歳にして台閣入りを果たした。

　宝亀十二年（781）四月，桓武天皇（在位781-806）が即位した。十一月，家持は従三位を授けられ，公卿の仲間入りを果たした。

　延暦元年（782）六月，家持は陸奥鎮守府将軍に任じられた。

　延暦二年（783）七月，家持は中納言になった。

　延暦三年（784）十一月，桓武天皇は長岡京に遷都した。

　延暦四年（785）八月，家持は没した。場所は陸奥か都か，確かなことは分からない。

　家持は，天平十八年（746）に29歳で越中守になってから延暦四年（785）に68歳で死ぬまでの39年間のほぼ半分，実際に現地に赴いたかどうかは分からないが，地方の責任者として過ごした。

同年九月，長岡京遷都の推進役であり，桓武天皇の寵臣であった藤原種継が暗殺された。大伴一族はことごとく捕らえられ，家持の長子の永主（生没年不詳）は隠岐に配流され，古麻呂の子の継人も斬首され，古代の豪族大伴氏は壊滅的な打撃を受けた。

延暦十三年（794），桓武天皇は平安京に遷都した。

延暦二十五年（806），藤原種継暗殺事件から21年後，死の床にあった桓武天皇は事件の関係者を許し，元の階位に戻した。継人の子の国道は配流先の佐渡から都に戻り，天長五年（828），参議の職あって没した。

弘仁十四年（823），大伴氏は伴氏となった。

貞観元年（859），国道の子の善男は中納言に，貞観六年（864）には大納言にまで昇りつめた。

貞観八年（866）閏三月，伴善男は応天門の変によって失脚し，大伴氏は滅亡した。絵巻物『伴大納言絵詞』（国宝）は応天門の変を題材としたものである。大伴氏滅亡の最後の場面であった。

奈良時代とはどのような時代であったのだろうか。

女帝の期間は，707年から724年，749年から758年，764年から770年と，奈良時代のほぼ四割を占める。この間，謀略によってライバルを抹殺し，それを繰り返す中で藤原氏がすっかり古代の氏族を衰亡させてしまった世紀であった。

貞観十一年（869）に超巨大地震が起こった9世紀に比べると，8世紀には，疫病の流行もあったが，天変地異が少なかった。水田稲作を中心とする生産力が向上するには様々な要因があるが，天変地異が少なかったことは重要な要素の一つであったと思われる。

この頃は，度重なる造都造寺のために，山地からは大径木が大量に切り出され，畿内の山が荒廃し，洪水が増加した。人の営みが自然を大規模に略奪し始めた時期であった。

我々は，残されている文献史料から家持の心の中を知ることは出来ない。防人の歌に接した時の場合をドナルド・キーンを，池主をはじめとする親しき人々が打たれたときの場合は蕪村に言及した。そうすることによって，家持の心に中に少しは近づくことが出来たと思うのである。

§13-4. 古代歌のコスモス

万葉集全二十巻の成立過程も明確ではないが，次のように推定されている。もっとも古い第一巻の前半は文武天皇の即位（697）の頃にまとめられた。その後順次編纂され，第十六巻までは平城還都（天平十七年，745）前後までに一旦まとめられた。最後の4巻は，大伴家持によって，みずからの歌を中心に天平宝字三年（759）までの歌がまとめられた。

万葉集の歌は全体で4500首程，その中で越中万葉は340首程であるが，畿内以外の場所としては例外的に多い。家持の歌は全部で480首程，越中で作ったものは220首程で，全体の半分近くを占める。

芭蕉は『奥の細道』の旅において，元禄二年七月十三日（1689年8月27日），国境の境川を渡って越中に入り，その夜は滑川に宿を取った。次の日は晴れ，海岸沿いに岩瀬（神通川河口右岸）から奈古（射水市海岸）に至って有磯海の句を詠み，高岡に投宿した。万葉集ゆかりの有磯海や田子藤波（氷見市）などには関心を寄せたにもかかわらず，立山には歌人としての関心は寄せなかった。その無関心をどのように理解すればいいのか，富山に住む人々は訝しく思うところである。

筆者の手元には，斎藤茂吉（1882-1953）の『万葉秀歌』（2014年108刷，初刊は1938），斎藤茂吉から強い影響を受けた西郷信綱（1916-2008）の『萬葉私記』（1989年9刷，初刊は1970），中西進の『万葉の秀歌』の3冊の歌論がある。いずれも万葉集ファンの愛読書であろう。これらの本では歌人ごとに数首の秀歌が解説されている。

　秀歌とされている家持の歌は，単純化して次の4つに分類できよう。

「越中三賦」：天平十九年三月から四月（747年5月から6月）に詠まれた，第十七巻の二上山の賦，布勢の水海に遊覧する賦，立山の賦の三賦，その反歌，そのほかの立山の歌々。

「越中巡行歌」：天平二十年（748）春の越中から能登巡行において各地で詠まれた第十七巻の9首。

「越中秀吟」：天平勝宝二年（750）三月に越中国府で詠まれた第十九巻の12首。

「春愁三首」：天平勝宝五年（753）二月に平城京の佐保の邸で詠まれた第十九巻の3首。

　「越中三賦」，「越中巡行の歌」，「越中秀吟」が越中で詠まれた歌であるが，都への帰任が近づいていたためか，「越中秀吟」は平城京で詠まれた言われても不思議でない歌が多い。前に引用した「春の苑　紅にほふ　桃の花…」はその一例である。

　斎藤茂吉の『万葉秀歌』では，越中の歌では「越中秀吟」が主たる関心と言ってもいいほどで，「越中三賦」や「越中巡行歌」から2首選ばれているだけである。西郷信綱『萬葉私記』も「越中秀吟」には一応言及しているが，「越中三賦」や「越中巡行歌」はない。

　「越中三賦」とその反歌や「越中巡行の歌」の叙景歌は，何故，『万葉秀歌』や『萬葉私記』などの著者達の注意を惹かなかったのだろうか？

　ブルーノ・タウトは，『ニッポン』（森儁郎訳，1991，元は1939）において，「山々は平野や海から非常に厳しく屹立しているので，他の国の山岳に比べて海抜はそれほど高くはないにもかかわらず，雲の戯れや高さの印象は驚くばかりに強められている」と述べ，別の箇所で「多くの社寺において，印象の美しさは建築そのものよりも，むしろ建築が自然といかに分かちがたく結合されているかという点から生じている」と述べている。

　万葉集においては，その様な山岳の美しさが，古代の貴人達の生活と結びつけて語られた。極言すると，「標高は低くても平野から屹立し，雲がたなびくような畿内の山岳を背景に，貴人達の喜びと悲愁を歌う」ことが「古代歌のコスモス」だったと言っていいのではないだろうか。

　奈良時代の日本の人口は450万人程度であった。『平城京の時代』（坂上，2011）によれば，大宝律令の頃，五位以上の貴族は百数十人程度，官位相当規定のある職は500人程度，その部下は5000人程度，住民は10万人から15万人であった。柿本人麿，山部赤人，山上懐良などの「古代歌のコスモス」が素晴らしい詩情の世界であったことは間違いないが，「古代歌のコスモス」の基本は数100人規模の貴人達の世界のコスモスであった。

　山，河，磯，海，島，雪など多彩に移ろいで行く開放的な大地から立山連峰の3000m級の山岳を望む家持の剛毅な叙景歌の世界が「古代歌のコスモス」からは意味が希薄な世界に見えたとしても不思議ではない。

　もちろん，万葉集の半分は無名歌で貴人たちの記名歌は半分に過ぎなかったが，歌々の解釈や評価が「古代歌のコスモス」によって行われてきたと言えよう。

　近世に至って「貴人」という束縛は外れたかも知れない。しかし，「標高は低く雲がたなびくような

畿内の山岳を背景に詠み手の周辺に起きたような自然と人の営み」というような意味では「古代歌のコスモス」の基本は生き続けた。

芭蕉が立山に関心を示さなかったのも，『万葉秀歌』や『萬葉私記』の著者達がほとんど関心を向けなかったのも，万葉集以降様々な転回があったが「古代歌のコスモス」の基本は維持され続け，家持の叙景歌は希薄な存在であり続けたからということなのではないだろうか。

「古代歌のコスモス」の呪縛からの解放し，それとは異なるコスモスへの転回は二つの方向からやってきた。一つは，普通の人々の感性を大幅に取り入れることである。正岡子規（1867-1902）は古今集を否定して万葉集を重んじた。それは「古代歌のコスモス」の呪縛から解放されるには，家持の越中の歌々を一例とする開放的な自然の中での日々の実感，写実性が手掛かりになると思ったからと自分流に解釈している。

もう一つは，近代的な知性の展開であろう。明治になって取り入れられた西洋文明によって，人々は，山岳は単にそこに存在するのではなく，非常に長い年月をかけて，生まれ，様々な過程で生長し，滅びるダイナミックな過程が存在することを知り，3000m級の山岳に知的好奇心を向ける様になった。西洋からアルピニズムが導入された事もあるが，その知的好奇心が近代の山岳美の意識を下支えしているように思われる。

2013年春，島崎藤村（1872-1943）の故郷，馬籠宿（岐阜県中津川市）を訪ね，藤村記念館の書棚に，土岐善麿の『萬葉以後』の隣に辻村太郎の『地形学』（1923）が並んでいるのを発見したとき，この考えに確信を抱いた。『地形学』の頃（大正時代）には，花崗岩や蛇紋岩などの岩石や，フォッサマグナ（日本列島を裂く巨大な割れ目）（第3章）などの概念は既に地形学や地質学に取り入れられていた。それらは近代人島崎藤村の知的好奇心をかきたて，故郷馬籠宿を抱く木曽山地の成り立ちを学びたいと思わせたのであろう。

古代の武人の気風を残していたとはいえ，家持も基本的には貴人たちの「古代歌のコスモス」の歌人であっただろう。しかし，偶然にも越中守に選ばれ，天気のよい日には立山連峰の剛毅な姿を望み，うぐいすが鳴いたり鳴かなかったりする季節の移ろいの中で二上山周辺で過ごした日々の喜び，巡行で間近に見た緑豊かな山岳の秀麗さが，家持の美意識を貴人達の「古代歌のコスモス」の呪縛から逸脱させ，立山の剛毅な叙景歌が生まれたのだと思えてならない。それが奇跡の邂逅だったと思うのである。

万葉集の東歌や防人の歌々が格別に現代の人々の関心を引きつけるのは，数百人規模の貴人の「古代歌のコスモス」に属さない古代の普通の人々の息吹を直接感じるからであろう。『古代史で楽しむ万葉集』（中西進，2010）では，「おそらく，巻十四という東歌の一巻を作り上げたのも，防人の歌を記しとどめたのも，家持であったと思われる」と書かれている。家持と立山の邂逅を通して，この時代の普通の人々の息吹が残されたことは現代の我々にとって幸いだった。

明治新政府によって，明治元年（1868）に布告された「神仏分離令」，明治三年（1870）に出された神道を国教とする「大教宣布」の詔書をきっかけに，仏教の建造物や用具を破壊する廃仏毀釈運動が荒れ狂った。日本人が廃仏毀釈の偏狭さから解放され，伝統文化・美術に再覚醒したのは西洋文明の介在によってであった。

明治十一年（1878）に東京大学の御雇い教授として来日した25歳のアーネスト・フランシスコ・フ

ェノロサ（1853-1908）は，日本の伝統美術に強い関心を持ち，旧家や旧大名家などを訪れては伝来の美術品を見て，日本美術への視野を広げた。

明治十五年（1882），奈良を訪れたとき，多くの仏像などがゴミ同然にうち捨てられているのを見て，貴重な美術品に無関心で，それらを打ち捨てようとしている日本人にたいする怒りにふるえた。その後，フェノロサの講義を受け，協力者となっていた岡倉天心と共に奈良盆地を中心に宝物調査を繰り返し，最初の宝物リストを作った。それは，後に，国宝指定の基礎資料となった。

明治十七年（1884）には，京都から奈良の寺院を訪ね歩いた後，法隆寺夢殿の秘仏救世（ぐぜ）観音に接して衝撃を受けた。

明治二十年（1887），フェノロサは岡倉天心とともに日本美術の保護を目指して東京美術学校の設立に尽力した。

フェノロサは各地で講演し，「日本の宝は世界の宝」であることを訴えた。それらは，明治三十年（1897），現在の文化財保護法の前身である古社寺保存法の制定につながった。

奈良盆地で最も美しい建造物の一つであり，1300年という年月を生き抜いた薬師寺東塔は2021年の春に解体修理が終わり，一般公開される予定である。フェノロサが「凍れる音楽」と表現したとされているが，フェノロサの著作物にはそのような記載は無く，真偽は確かではない。

明治二十三年（1890），帰国と共に，ボストン美術館東洋部長に迎えられた。ほぼ12年の日本滞在であった。

明治四十一年（1908），ロンドンで客死し，遺骨は三井寺（滋賀県大津市）に葬られた。

§2-2で言及したように，荻原守衛（碌山）（1879-1910）は，明治三十四年（1901）に西洋画を学ぶために渡米，明治三十九年（1906）に渡仏してルーブル美術館で出会った飛鳥時代と奈良時代の仏像に感動し，帰国して，それまでにない日本美とも言える彫刻「文覚」や「女」など作った。西洋文明に触れることによって，荻原守衛は日本の伝統的文化に覚醒したのである。

蕪村の『夜色楼台図』や東山魁夷の『年暮る』は，冬の京都の景色のぬくもりのようなものを感じさせる。春になると東風が吹いて雪が解けるが，奇妙な方向から吹く風が，若狭湾から琵琶湖を通り，東山から吹き降りてくることを知り，想いを早春の日本海にはせると，『夜色楼台図』や『年暮る』がいっそう美しく，いとおしく感じられる。初春になると京都盆地で何故東風が吹くのかを教えてくるのは気象学である。

万葉集の歌々に対する感動は，受け取る側の心の中にあるものによって異なる響き方をする。立山が何故そこにあるのか，立山は何故高いのか，それを探る近代の地球科学が立山の賦と立山の歌々への感動の裾野を広げたと思うのである。

近代の知性の一翼と自負している地球科学によって，立山の深部異常構造などから立山が高い原因を探る試みを行うのが第16章が意図するところである。

「異なるコスモス」の存在というものが分かりやすい一例は囲碁とＡＩかも知れない。囲碁には，数百年の歴史に培われた定石と思考のコスモスが存在する。ＡＩは，プロとの対局において既存の囲碁コスモスでは思いつかないような手段（着手の組み合わせ）によってプロを打ち負かし，既存の囲碁コスモスでは意味が希薄だと捨てられてきた手段や思考の中に，意外な可能性があることを示した。ＡＩの介在によって，我々は，既存のコスモスとは異なる囲碁のコスモスが存在する可能性に気がつ

いたのである。

　もちろん，囲碁の既存のコスモスの中でも様々な転回はあった。数10年前には不動の常識であったが，今ではほとんど打たれない定石も少なくない。しかし，ＡＩの介在によって得られたコスモスから見れば，既存のコスモスの中での転回に過ぎなかったと言えよう。

　ＡＩの登場は人間の限界を示したと否定的に受け止められがちである。現代の文明が人類にとって最終的なコスモスだとすれば，その受け止め方は正しいかも知れない。しかし，筆者は，明治時代に起こった西洋文明の介在による日本人の日本文化への再認識や，囲碁などの例は，ＡＩを介在に人類が現在の文明を飛躍させ，新しいコスモスを展開する広大な余地があることを我々に教えてくれているではないかと前向きに受け止めている。そのコスモスでは，考古学や歴史学などの人文系の諸学と地球科学などの理系の諸学が分かちがたく結びついているはずである。

　ここまで，地球科学から古代史へ架橋する試みを行ってきた。それは未熟かもしれないが，文字史料が無い時代については有効な情報を提供する可能性があると思ったからであった。しかし，平安時代からは文字史料が豊富になり，地球科学でなければ出来ない貢献はほとんどなくなるので，次章では一気に現代の地球科学の世界に飛ぶ。

参考文献

ウオルター・ウェストン，『日本アルプスの登山と探検』，青木枝朗訳，岩波文庫，1997.

ブルーノ・タウト／森儁郎訳，『ニッポン』，講談社学術文庫，1991，元は1939.

後藤秀昭・岡田真介・楮原京子・杉戸信彦・平川一臣，活断層図「高岡」，国土地理院，2015.

堀辰雄，『大和路・大和路』，新潮社，2003（第1刷は1955）.

鬼頭宏，『人口から読む日本の歴史』，講談社学術選書，講談社，2000.

中西進，『万葉の秀歌』，ちくま学芸文庫，筑摩書房，2012.

中西進，『古代史で楽しむ万葉集』，角川ソフィア文庫，角川学芸出版，2010.

小野寛，『孤愁の人　大伴持』，新典社，1988.

斎藤茂吉，『万葉集歌（上）』，『万葉集歌（下）』，岩波新書，岩波，2014（初版は1938）

坂上康俊，『平城京の時代』，シリーズ日本古代史④，岩波新書，岩波書店，2011.

西郷信綱，『萬葉私記』，未来社，1989年9刷，初刊は1970年.

暉峻康隆・川島つゆ校注，『蕪村集一茶集』，日本古典文学大系58，岩波書店，1959.

八木浩司・相馬秀廣・岡田篤正・中田高・池田安隆，活断層図「奈良」D1-No.350，1998.

第5部　地球科学の登場

第14章　同時代のダイナミクスの基本的枠組み

§14-1. 沈み込む海洋プレート

　本章からは地球科学が主役である。年代は西暦で示し，場合に応じて和暦を付記する。

　「同時代」には「何年前から」という様な簡明な定義はない。一般に，文学や歴史を語る場合は「我々が生きている時代」という意味で使われる。一方，地球科学では桁違いに古くなる。文字の歴史記録が残された以降を指す場合もあり，最終氷期以降を指す場合もあり，人類の進化が加速した第四紀258万年の場合もある。

　日本列島の同時代のダイナミクスの最も基本的な枠組みは図14-1のようなプレートの立体的分布であろう。東から太平洋プレートが年間9cmから10cmの速度で東北日本の下に沈み込んで行き，南海トラフからはフィリピン海プレートが年間3cmから5cmの速度で西南日本の下に沈み込んでいく。

　図14-2は，やや古いが，1995年兵庫県南部地震前の1世紀ほどに日本列島周辺でどの様に巨大地震が発生してきたかを示す。この図に，次章の地震を加えるとおおむね過去数世紀の全体像になる。

　2011年東北地震前は，東北沖のプレート境界面では，「三陸沖では数100年に一度の間隔でM8クラスの巨大地震が繰り返し，福島沖は定常的滑りによってプレート間の相対運動が解放されている」と考えられていた。

　東北地震が発生して考え方は一気に変わった。「岩手県沖から福島県沖までの東北沖を震源域とするM9クラスの超巨大地震が600年程度の間隔で繰り返してプレート間の相対運動を一気に解放し，その間に，M8クラスの巨大地震が100年程の間隔で繰り返す」と考えられる様になった。

　南海トラフも同様である。1707年の宝永地震のよ

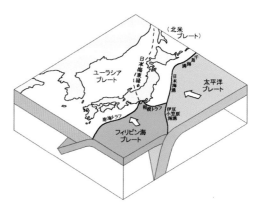

図14-1　日本列島周辺のプレートの立体的概念図。防災科学技術研究所のＨＰの「防災基礎講座」による。

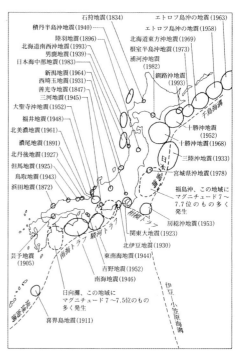

図14-2　1995年兵庫県南部地震より前の日本列島と周辺の大地震の分布。浅田（1984）による。

うな駿河湾から日向灘までを震源とするM8.6クラスの超巨大地震が数100年に一度の間隔で繰り返し，その間に，1944年東南海地震や1946年南海地震などのM8クラスの地震が繰り返すと考えられる様になった。

相模トラフからはフィリピン海プレートが南関東の下に沈み込んで行く。ここでは1703年M8.1元禄地震の様に相模湾から房総半島南方までも震源域とする巨大地震が2000年に一度繰り返し，1923年M7.9関東地震のように房総半島南端までを震源とする地震が200年程に一度の間隔で繰り返すと考えられている。

図14-3は，東北地方をする上部マントル構造と地震分布の東西に横断である（宇津，1974）。日本海溝から沈み込んだ厚さ70km程の太平洋プレート（high v High Qの部分）は沿海州直下で深度670km程まで達する。プレート内の上面に近い部分では深発地震が面状に発生しており，それは深発地震面と呼ばれている。

日本海東縁（日本海と日本列島の境界部）では，ユーラシア・プレート（バイカル湖以東を独立させてアムール・プレートと呼ぶ場合もある）

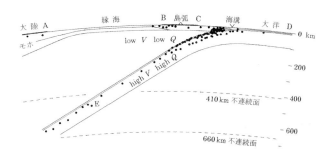

図14-3　日本海と西太平洋の上部マントル構造と深発地震面。宇津（1974）による。

が北米プレートに属する日本海の海底が東北日本に向かって年間2cm～3cmの速度で沈み込んで行く。そのため，図14-4のように，互いに隙間を埋める様にM8クラスの巨大地震が発生する。図に示されているのは，1833年M7.5庄内沖地震，1940年積丹半島沖地震，1964年M7.5新潟地震，1983年M7.7日本海中部地震，1993年M7.7北海道南西沖地震に加えて，1741年渡島大島の噴火によって生じた津波発生域である。沈み込み速度が年間数cmと小さいので繰り返し間隔は数100年で，図14-3のような深発地震面は見えない。

北米プレートとユーラシア・プレートの地質境界は，間宮海峡から石狩平野を通り，日高沖から襟裳沖の千島海溝と日本海溝の境界部に至る。1970年代は，北米プレートとユーラシア・プレートの境界は，現在もその地質境界と考えられていた。

1980年前半，小林洋二（1983）によって，「日本海の海底は日本海東縁から東北日本の下に沈み込んでいく」という「日本海東縁沈み込み帯説」が提唱された。現在のプレート境界は，図14-1や図14-12のように日本海東縁に沿って，渡島半島の西側から，秋田県沖，新潟県沖を通り，ユーラシアプレートはそこから東北日本の下に沈み込んでいくと考えたのである。

当初は，「日本海東縁には深発地震面も見られず，海溝型の海底地形も存在しない」という反対論が圧倒的であった。ところが，「日本海東縁沈み込み帯説が正しければ，ここでM8クラスの巨大地震が発生してもおかしくない」という議論をしている最中

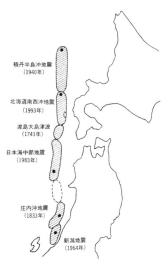

図14-4　日本海東縁で発生したM8クラスの巨大地震の分布。大竹（1993）による。

に1983年M7.7の日本海中部地震が発生し，「日本海東縁沈み込み帯説」は一挙に研究者の圧倒的支持を集めるようになった。日本海東縁に深発地震面も海溝型の海底地形もないのは，沈み込みが始まったのが50万年前頃（瀬野，1985）と比較的新しいからと解釈されるようになった。いずれにせよ，自分の学説が劇的に証明された研究者は幸せである。

「日本海東縁沈み込み帯説」は，筆者が目の前で見た「研究者の間で反対論が圧倒的にであった方が正しかった」最初の事例であった。ガリレオの地動説はあまりにも有名であるが，科学の世界でも頻繁に起こるのである。

「日本海東縁沈み込み帯説」に従えば，東北日本は北アメリカプレートに属し，西南日本はユーラシア・プレートに属する。新潟県以南では，1964年M7.5新潟地震が佐渡島の東側で発生したこともあり，プレート境界は佐渡島の東側を，新潟平野，長野盆地を経て松本盆地から糸魚川ー静岡構造線になり，伊豆半島周辺で南海トラフや相模トラフに繋がっていくと考えられている。しかし，佐渡島の西側を通って糸魚川から糸魚川ー静岡構造線となり，糸魚川ー静岡構造線となるという図14-12の様な考えもある。

内陸部には活断層が多数分布している（図5-13）。活断層とは，第四紀後半に地震を起こし，従って，今後も地震を起こす可能性が高い断層である。1995年兵庫県南部地震のあと，地震調査委員会によって110の活動的な主要活断層帯の長期評価が行われた。評価の対象はその後逐次追加され，それは活断層の優れたデータベースになっているので第5章と第6章では大いに役立たせてもらった。

§14-2. 新世代の観測網と新潟ー神戸歪み集中帯

ここでは，2000年前後に始まった新世代の観測網，高感度地震観測網Hi-netとGPS観測網GEONETを手短に紹介しておこう。

1995年に兵庫県南部地震が起こって痛感させられたことは，都市部に地震観測点が少ないこと，あってもノイズレベルが高いことなどであった。つまり，当時の観測網では，神戸市内を縦断し，6000人を超える犠牲者を出した地震現象を充分に把握するための地震記録が乏しい現実であった。

この教訓から，防災科学技術研究所によって，800点程の観測点で20km程の間隔で日本列島をほぼ均等にカバーする高感度地震観測網 Hi-netが計画された。ノイズレベルを下げるために，すべての観測点で100mより深いボアホール坑が掘られ，地震計は基盤内に設置された。ノイズレベルが高い大都市では1kmを越える深層ボアホール観測坑が作られた。2000年10月からは地震記録が常時公開されるようになった。この観測網の効果は絶大で，地震理解は大幅に進歩し，地震が発生すると即座にデータが解析され，地震像が把握できるようになった。

なお，防災科学技術研究所は，Hi-netに加えて，強震観測網 K-NET，KiK-net，広帯域地震観測網 F-netも展開して，地震学の発展に貢献している。K-NETとKiK-netのデータは震度の決定に使われおり，日常生活にも深い関係がある。

気象庁は，Hi-netを中核に，気象庁自体の観測網や大学等の関係機関から基盤観測網の観測データを一元的に収集して震源決定を行うようになった。それは「気象庁一元化震源」と呼ばれている。本書では，個別の地震の発生時刻，震源，マグニチュード（単にMで示す），震度，発生数などの情報

は特に断らない限り，「気象庁一元化震源」を組み込んだ気象庁のＨＰの「震度データベース検索」による。

　M9クラスを超巨大地震，M8クラスを巨大地震，M7以上を大地震，M7未満からM5以上を中地震，M5未満からM3以上を小地震，M3未満からM1以上を微小地震，M1未満を極微小地震と呼ぶ。本書では，中地震や小地震などの用語はあまり使わないが，M3未満の地震を主として対象としているときには，微小地震とか極微小地震とか強調して呼ぶこともある。

　兵庫県南部地震の教訓から国土地理院に作られたもう一つの観測網は，GPS（Global Positioning System）によって地殻変動を監視するGEONET（GNSS Earth Observation Network System/GNSS連続観測システム）である。現在では，Hi-netと同様にほぼ20km間隔，1300の電子基準点で日本列島をカバーしており（図14-5），毎日の平均値は国土地理院のＨＰで公開されている。GPSはアメリカ合衆国の宇宙技術であるが，2011年，日本やヨーロッパの宇宙技術も取り込む包括的なGNSS（Global Navigation Satellite System/全球測位衛星システム）に衣替えになり，GEONETはGNSSの一部という位置付けになった。

　GEONETによって広域的地殻変動の研究も飛躍的に進歩した。

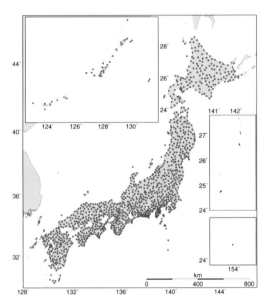

図14-5　国土地理院のGEONETの観測点分布。ほぼ20km間隔で日本列島をカバーしている。国土地理院のＨＰの「電子基準点 - GPS連続観測システム（GEONET）」による。

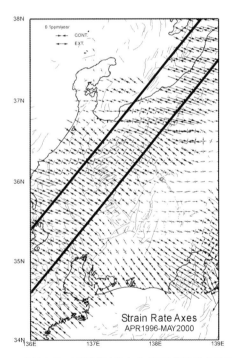

図14-6　1996年4月から2000年5月までのGEONETのGPSデータから推定された水平地殻歪み速度の分布。左上隅に示すように，線分の矢印が中央に向かっている場合は地殻の伸縮，両端の矢印が外に向かっている場合は伸張，線分の長さは年間当たり10のマイナス7乗を意味する。なお，2004年中越地震，2007年中越沖地震などの前の時期のものを選んだ。鷺谷・井上（2003年）に，集中帯のおよその場所を示す太実線を加筆した。

図14-6は中部地方から北陸地方のGPS記録を歪み速度に換算したものである。特に顕著なのは，日本海東縁の南西への延長線上，新潟平野から，飛騨山脈，両白山地，琵琶湖，大阪湾を経て中央構造線に至る年間10-7/年にも達する「新潟－神戸歪み集中帯」（図中央の太実線の間）の発見（多田・他，1997）であった。糸魚川－静岡構造線や飛騨山脈など旧来認識されていた大構造をいっさい無視して進行している列島規模のダイナミクスに研究者達は意表を衝かれた。大変な驚きであった。

　新潟－神戸歪み集中帯が，列島ダイナミクスという点でも，災害という点でも，大変重要であることは間違いない。しかし，原因は何か？　100年程度の時間スケールの現象なのか？　1万年スケールなのか？　100万年スケールなのか？　答えは見つかっていない。

　ただ，新潟－神戸歪み集中帯の中では，最近200年，北から，2004年M6.8中越地震，2011年M6.7長野県北部地震，1847年M7.4善光寺地震，1858年M7.1飛越地震，1969年M6.6岐阜県中部地震，1960年M7.0北美濃地震，1948年M7.1福井地震，1909年M68姉川地震，1995年M7.3兵庫県南部地震などが互いに間を埋めるように発生してきた。歪み集中帯に地震が多かったことは事実である。

　GPS受信機は絶え間なくデータをとり続けているので地震変位記録として使うことが出来る。本書では，これをGPS地震記録と呼ぶ。東北地震が発生したときは超巨大地震の全体像の大局を一掴みする貴重な記録になった。それは第17章の主役の一人である。

§14-3.　地殻変動連続観測

　超巨大地震の大局を一掴みにできる計測システムはもう一種類ある。それは，「地殻変動連続観測」とよばれる，地殻歪みや地殻応力を連続的に計測するシステムである。

　地殻変動連続観測点は，各基幹大学がそれぞれの地域に展開し，日本における地震学と測地学の発展に独自の貢献を行ってきた。

　それらに加えて，気象庁松代地震観測所（長野市松代町）の100m伸縮計，神岡鉱山内（岐阜県飛騨市）のスーパーカミオカンデに隣接して設けられたレーザー伸縮計，東濃地震科学研究所の陶史の森観測点（岐阜県土岐市）の応力連続観測など特色のある観測が存在する。

　長野市松代町は真田十万石の城下町であった。松代町の市街地の南端から少し山の中に入ったところに，太平洋戦争の末期，天皇を移して大本営とする目的に縦横にトンネルが掘られた。終戦後，気象庁は松代地震観測所を設け，トンネルの静かな環境で高度な観測を行ってきた。100m伸縮計は，トンネルの中に吊した100mの長さの水晶棒の一端を地面に固定し，他端の地面に対する動きを超精密に測定することによって地殻歪みの時間変化を連続的に計測するシステムである。§15-4で述べるように，1965年から1970年には松代群発地震が発生し，住民を不安に陥れたが，観測所は群発地震現象の解明に主要な役割を果たした。

　東京大学宇宙線研究所が神岡鉱山の山体内にスーパーカミオカンデを設け，二つのノーベル賞を受賞した研究を生み出した。東京大学地震研究所は，スーパーカミオカンデの傍で，2003年以来，100mのレザー伸縮計による観測を行ってきた。2019年に重力波望遠鏡KAGURAが完成し，それに隣接した直径3m程の横坑の中で，長さ1500mレーザー伸縮計による地殻歪みの観測を開始した。地球中心部のコアの極微小な振動も逃すまいとする極めて高度な観測である。

東濃（とうのう）は岐阜県南東部を指し，JR中央線沿いに，多治見市，土岐市，瑞浪市，恵那市，中津川市が続いている。東濃は，平安時代後期から室町時代にかけて，美濃源氏が根を張った地域で，中央線から南に外れると，岩村や明智など戦国時代の歴史に彩られた町が点在する魅力に満ちた地域である。多治見市，土岐市，瑞浪市の3市は美濃源氏の家紋である桔梗を市の花と定めて大切にしている。東農は美濃焼の産地で，日本の陶磁器の半分以上を生産している。土岐市の中央部に市民の憩いの場所である「陶史の森」があり，その一角に東濃地震科学研究所の応力観測点がある。

そこでは，深さ512mのボアホールの底の静かな環境に置かれた優れた応力計によって応力変化の連続記録をとっている。東北地震の時，震源近くの多くの観測点では地震計がスケールアウトしたが，地殻変動連続観測の多くは生き残り，希有な記録となった。第17章では重要な役割を果たすことになる。スケールアウトとは，振子式の地震計では，振子が大きく揺れて観測装置の壁に衝突することによって生じる記録の異常である。巨大な地震動を捉えたい場合は深刻な問題である。

§14-4. 地震現象の指数関数的規則性

地震現象を理解する上で重要な二要素に言及しておきたい。

第一は，突発的な破壊現象として「地震が発生する条件」である。それは，当たり前ではあるが，「地殻応力が高いこと」と「地殻が固いこと」の二条件である。地震のような突発的な破壊現象は「脆性破壊」と呼ばれている。「脆」はもろいという意味である。一方，岩石でも，高温ではずるずる変形するだけで，突発的な破壊現象は発生しない。その様な固体の変形は，塑性変形，塑性破壊，塑性流動などと呼ばれている。なお，§7-7で言及した氷河の流動は固体の塑性流動の一例である。

脆性破壊と塑性破壊の境界は温度によって決まり，上部地殻を構成している花崗岩の場合は300℃〜400℃である。深発地震や深部低周波地震などを除いて，普通の地震が起こる下限が深度15km程度なのはそのためである。

マグニチュードMを定義しないで用いてきたが，それは地震の規模を表す。原理的には，観測された地震記録から震源距離などを補正し，最大震幅の対数をとり，さらに適当な補正を加えたものである。地震計が存在しなかった歴史地震のMは震度分布の面積から換算する。

重要な要素の第二は，Mに対する，断層の長さ，地震性断層ずれ，地震波の主要動の周期，発生頻度との間の指数関数的規則性（表14-1）である。Mが整数の場合は，指数関数は等比級数になる。

M9の超巨大地震の震源断層のサイズは，マスコミで報じられる東北地震の余震分布などから感覚的に知覚されるように300km程度，地震性断層ずれの大きさは大きく均して15m程である。M8の巨大地震の震源断層のサイズは1923年関東大地震の余震域のように100km程で地震性断層ずれの大きさは5m程，M7の大地震の震源断層の長さは1995年兵庫県南部地震の余震域のように30km程，M6の地震では10km程，M5の地震では3km程となる指数関数的規則性が存在する。

ここで数式を使うことになるが，表14-1のMとLの関係は，

$$L=10^{(-2+M/2)}, \quad \text{あるいは} \quad \log_{10}(L)=-2+M/2 \qquad (式14-1)$$

である。震源断層のサイズのLの単位はkmである。DoやTに付いてもMの係数が0.5の類似の関係が成り立つ。（式14-1）の前者が指数関数で後者は対数関数である。従って，表14-1の様な規則性を対数

関数的規則性と呼んでもいいが，本書では指数関数的規則性と呼ぶ。

「地殻の剛性率×地震性断層ずれ域の面積×地震性断層ずれの大きさ」を地震モーメントと呼ぶ。表の第5列目のMoである。この場合は次式になる。

$$\mathrm{Mo}=10^{(9.1+1.5M)}，\quad あるいは\quad \mathrm{Mw}=2/3\,(\log_{10}\mathrm{Mo}-9.1) \qquad （式14-2）$$

第17章以下ではモーメント・マグニチュードMwが出てくるが，それは，地震波解析などで地震モーメントを推定し，それを（式14-1）に代入して決めたマグニチュードである。

地震モーメントの単位Nm（ニュートン・メートル）はエネルギーの単位J（ジュール）と同じである。それから直感されるように，地震波として放出されるエネルギーは地震モーメントに比例し，Mが1小さくなると30分の1程度になり，Mが2大きくなると1000分の1になる（式14-1）と同様の指数関数的規則性がある。M9の東北地震は，M7.9の1923年関東大地震ほぼ45発分，M6.9の2007年能登半島地震ほぼ1400発分のエネルギーを解放したことになる。

M	L Km	Do m	T s	Mo 10^{19}Nm
9	300	15	200	4000
8	100	5	70	120
7	30	1.5	20	4
6	10	0.5	7	0.12
5	3	0.15	2	0.004

表14-1　マグニチュード（M），震源断層（余震域）のサイズ（L），断層すべり（Do），地震波の卓越周期（T），地震モーメント（μ LDo）の間の単純化した指数関数的規則性。

一方，Mの大小によってあまり変わらないのは断層ずれ領域の拡大速度で，断層面の一点でひとたび断層ずれが発生するとS波速度よりやや小さな速度で断層ずれ領域は拡大する。拡大速度にはS波速度を越えられない壁があり，内陸型地震の場合は，拡大速度は，花崗岩のS波速度3.5km/秒よりやや遅い。仮に3km/秒とし，M7の地震を想定して断層の長さを30kmとすると断層の端から端まで断層ずれ領域が拡大するのに10秒程かかる。それを震源時間と呼ぶ（詳細は§17-1）。従って，震源時間の倍の20秒程の卓越周期の地震波でM7の地震による波動エネルギーの主要部分が放出されることになる。

別の言い方をすると，主要動の周期T（表14-1の第4列）は断層の長さとほぼ比例的関係にあり，従って，震源から放出された地震波の主要動の周期は，M9の超巨大地震で200秒，M7の大地震で20秒，M5の中地震で2秒，M3の小地震で0.2秒程度という（式14-1）と類似の指数関数的規則性になる。

図14-7は1949年から1999年の間に日本列島で発生した地震のM別ヒストグラムである。ほぼ50年間に，M8前後の地震は数発，M7前後は数10発，M6前後は数100発，M5前後は数1000発である。図の見かけの傾きが（式14-3）のbで，日本列島ではほぼ1である。

日本列島に限らず，地球規模でも，飛騨山脈規模でも，一般に，地震の発生数は，図14-7のように，Mが1小さくなると10倍程になり，2小さくなると100倍程度になる指数関数的規則性がある。

それを数式にすると，Mの地震数をN(M)として，

$$\mathrm{N(M)}=10^{(a-bM)}，\quad あるいは\quad \log_{10}\mathrm{N(M)}=a-bM \qquad （式14-3）$$

の形になる。図14-7の場合はほぼa=8，b=1である。aは場所により期間により大きく異なるが，bはほとんどの場合1前後である。それをb値と呼ぶ。

式14-3の様な規則性を「グーテンベルグ・リヒターの法則」（G－R則とも省略される）と呼ぶ。月面クレーターのサイズと個数の間など，破壊現象には類似の規則性が成り立つ。

図14-7はM4までなので分からないが，Mが小さいところまでプロットした図では，M3辺りで地震

数がそれほど増えず，直線性がなくなる。それは，M
が小さいほど検知率が低いことを示している。逆に言
うと，M3以上は，日本列島では，ほぼ完全に検知され
ている。

　地震のエネルギーと発生数を併せて考慮してみよう。
M8の地震の発生数はM7の地震の10分の1であるが，エ
ネルギーは30倍である。従って，エネルギーと個数の
積は，M8を1とすると，M7では3分の1となる指数関数
的性質があることが分かる。単純化すると，ある地域
で開放された地震エネルギーの大勢は最大地震でおお
むね決まる。地域の地震活動度の議論をするとき，地
震の専門家が最大地震にこだわるのはそのためである。

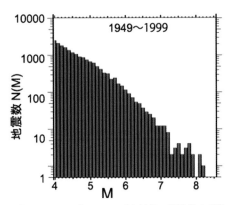

図14-7　マグニチュードと地震の発生数の指数
関数的規則性を示す。Mが１小さくなるとほぼ
10倍になる。防災科学技術研究所のＨＰの「防
災基礎講座」による。

　ここまで，単純に，10分の1とかBが1とか説明して
きたが，もちろん，実際のデータでは，その様な切りの良い規則性ではなく，場所によって，期間に
よって，ｂは数10％の範囲で変わる。

　余震とは，「大きな地震の後」に「震源域とその周辺」で発生する本震より小さな地震を指す。とい
っても，地震現象は複雑で，「大きな地震の後」も「震源域とその周辺」も明確に定義することは出来
ず，曖昧であるが，適宜余震を数えると経験的に（式14-3）のようになる。Mの地震数をn(M)，経過
時間をｔとして，

$$n(M)=K / (t+c)^P \qquad\qquad\qquad (式14-4)$$

である。思い切って単純化すると，経過時間にほぼ反比例するのである。この関係は東京帝国大学で
最日本の地震学をリードしていた大森房吉（1868-1923）によって発見されたので，余震減衰の大森公
式と呼ばれている。

　ところで，本書では，「群発地震型」と「本震―余震型」という用語が頻繁に登場するが，何で区別
するのだろうか？

　群発地震型と呼ぶ一つの目安は，本震と明確に呼べるような主地震を欠き，図14-7のようなＧ－Ｒ
則を基準にして最大地震の割に小さな地震が多い（つまりｂ値が小さい）場合は群発地震型である。
とはいえ，現在の観測網では，本書で言及する群発地震の発生域の山間部では低い。その様な場合，
Ｇ－Ｒ則からの検討はやっても意味がないので本書では行わない。

　群発地震型と呼ぶもう二つの目安は，最大地震の規模と地震発生域のサイズの関係である。例を挙
げると，1960年代後半の松代地震（§15-4）の場合，最大地震はM5.4で，指数関数的性質から震源断
層の長さは5km程と推定できる。一方，地震発生域の広がりは東西20km程にもなるので典型的な群
発地震型である。もちろん，地震は極めて複雑な自然現象なので分類に迷うような場合は多い。

§14-5.　深部低周波地震

　新世代の観測網のもう一つの重要な成果は，「スロー地震」と「深部低周波地震」である。

前節で述べたように，地震波記録の地震波の振幅を用いて決めたＭと地震波の主要動の周期には指数関数的規則性がある。従って，Ｍから予想されるよりも地震波の主要動の周期が顕著に長いと，研究者は異様に感じる。その様な規格外れの地震は「スロー地震」，「ゆっくり地震」，あるいは「低周波地震」と呼ばれている。

スロー地震や低周波地震になるのは，断層滑り域が通常の地震よりゆっくり拡大するからである。その原因は，熱水が断層面の隙間に染み込み，断層面の摩擦を小さくし，小さな応力の元で断層滑り域が拡大するからである。GEONETによって，何日も，あるいは何年もかけてM7.5の地震に匹敵する歪みを解放するプレート境界面のスロー地震がいくつも発見された。ただし，スロー地震は本書の射程外なのでここではこれ以上は言及しない。詳細は拙著『スロー地震とは何か』（川崎，2006）などを参照されたい。

M7クラスの大型のスロー地震は数が少ないが，日本列島では，M3以下の微小な低周波地震は多発している。その様な低周波地震は，大まかに，噴火活動に関連した地表近くの火山性の低周波地震，深度15kmからモホ不連続面周辺で発生する深部低周波地震に分けることができる。

南海トラフから沈み込むフィリピン海プレート境界面が紀伊半島や四国の中央部に達した辺りでは，図14-8の様に深度30km程度の等深度線に沿って深部低周波地震が帯状に分布する。

地震波形の特徴は，Ｐ波とＳ波のペアからなっていることである。「微動」とは，図14-8の挿入波形の様にパルスが断続的に続くような波形を示す現象である。地震とは区別して微動と呼ぶ。

図14-8の低周波地震帯に分布する微動は，特に「非火山性深部低周波微動」と名付けられた。2004年，当時防災科学技術研究所にいた小原一成（現在東大地震研）によってもたらされた大発見であった（Obara and Hirose, 2004）。

ただし，その後の研究で，深部低周波微動の顔つきをしている観測例の多くが，Ｐ波の振幅が小さくてノイズに隠れているだけで，実は，Ｐ波とＳ波がペアの地震波と見なせる場合が多いことが分かった。逆に，地殻内の地震でもよく調べると低周波地震だったという報告もある。しかし，一つ一つ調べるわけにもいかないので，本書では，沈み込むプレート上面と深度15km程のコンラッド面の間で，上部地殻の地震分布と分離して分布する微小地震は深部低周波地震として一括する。

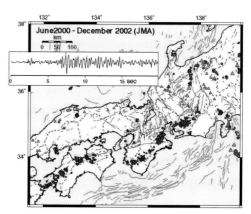

図14-8　西日本の深部低周波地震の分布。図中の波形は深部低周波地震の観測波形例。大見（2002）による。

図14-9（上）は，東北地方の深部低周波地震（M0以上）の布である。深部低周波地震が鉛直な筒状分布をしていることが分かる。それは，沈み込むプレート上面からの熱水上昇の状況証拠である。

（上）と（下）を比較すると，岩手山（標高2038m。奥羽山脈の最高峰），八甲田山，栗駒山，鳴子火山，蔵王山，吾妻山など，活動的な活火山は顕著な深部低周波地震を伴っていることが分かる。東北地方以外にも，北海道の雄阿寒岳，十勝岳，有珠山，中部地方の立山，焼岳，南九州の霧島岳，桜島など，活動的な活火山は同様である。それは絶え間なく熱水が深部から提供され続けているのが

「活」火山であることを意味しており，深部低周波地震を伴うことが，活動的な活火山の主要な属性の一つと言えそうである。

図14-9以外の地域も含めて，秋田県森吉山，同高松岳，岩手県焼石山，山形県月山，群馬県榛名山など，活動時期が最近20万年前以降にわたる第四紀火山では，水平距離10km以内の下部地殻に深部低周波地震を伴う場合が多い。最近一万年間火山活動が不活発になっても，地下では熱水の供給は続いていることを示しているのであろう。

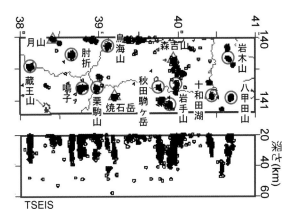

図14-9　日本列島の2001年から2020年まで20年間のM0以上の深部低周波地震の分布。（上）の赤丸は東北地方の活火山，赤三角は第四紀火山を示す。（下）は鉛直分布。上下方向には5倍に拡大されている。右下のTSEISは，東大地震研のHPのTSEISによって作成したことを示す。以下同じ。

北海道渡島汐首岬，青森県下北大畑，同十和田，同赤石川上流，山形県朝日岳，福島県西山，長野県仙丈ヶ岳，京都府京北，鳥取・島根県境，熊本県多良木など，水平距離10km以内に活火山も第四紀火山も存在しない場所でも深部低周波地震は発生して例もある。もしかしたら，数1000年後，数万年後，数10万年後に噴火するのかもしれない。

図14-10は中部地方北部の2001年から2020年まで20年間の深部低周波の分布である。焼岳，鷲羽岳，立山，白馬鑓ヶ岳，白馬大池，妙高山など長野県北部の県境部の深部低周波地震分布は深度40kmから50kmにまでも及んでいる。飛騨山脈以外にこの深度にまで深部低周波地震域を伴う火山は，十和田市大沼平，鳥海山，皇海山，高原山，妙高山くらいしかない。

東京大学地震研究所（以下東大地震研と略称）のHPには，緯度，経度，時間を区切って気象庁一元化震源の地震の3次元分布をプロットするTSEISと呼ばれるシステム（石川・他，1985；鶴岡，1998）が運営されている。本書の震源3次元分布図の多くはTSEISによって作図したものである。気象庁の震度データベース検索と異なり，TSEISは無感の極微小地震も含んでいる。TSEISで作図した図は，図14-10のように図の右下にTSEISと示す。

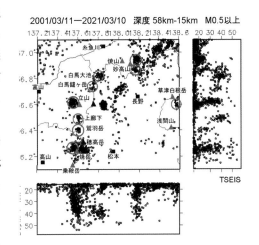

図14-10　立山・飛騨山脈から長野県北部の火山と深度58kmから15kmのM0以上の深部低周波地震の3次元分布。赤丸は深部低周波地震発生域の地表への投影。

図14-11はD90の分布（山岡，私信）である。D90とは，緯度と経度0.1度（10km程）間隔で選んだグリッドごとに気象庁一元化震源の20km以内の総ての地震を浅い順にならべ，浅い方から90％の地震の深度をとったものである。90％とするのは，自然現象では気まぐれで飛び離れた現象も時々発生するし，小さい地震の場合は震源決定の深度の精度が悪い（Ｐ波とＳ波の到達時刻を読み取れる観測

点数が少ない）こともあるので，それらの影響を除くためである。

図中の赤三角印は活火山である。立山，焼岳，妙高山，日光白根山などのD90が周辺より顕著に浅い。この簡明な事実は多くのことを語っているが，それは次章以下の課題である。D90は日本列島の火山と温度構造についての重要なデータなのである。第一近似としては，D90は，20kmのスケールで平均化した300℃〜400℃の等温面と考えることができる。

確かなことは，火山活動や深部低周波地震は，数10kmの空間スケール，数万年の時間スケールで考えなければ本質は理解できないということであろう。

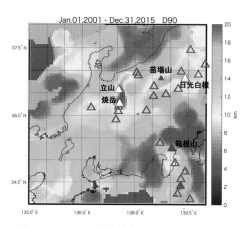

図14-11　D90の深度分布。D90の説明は本文。山岡耕春による。

現在の時点では，この様に非常に漠然としたことしか言えそうもない。しかし，このような議論が出来るようになったのは，兵庫県南部地震の教訓を汲んで展開された新世代の観測網のおかげである。自然を対象とする科学にとって，優れた観測網が基本である。防災科学技術研究所と国土地理院の新世代の観測網がなければ，次章以下の議論も出来なかったであろう。

§14-6. 火山活動と火山性微小地震

活火山とは最近1万年以内に噴火した火山である。活火山の研究が重要なのは，最近噴火したのなら，近い将来にも噴火する可能性が高いからである。第四紀に活動したが，最近1万年以内に噴火した証拠は見いだされていない火山は第四紀火山と呼ばれている。本書では，火山に言及するときには，産総研の「日本の火山」によって活動時期を適宜示す。

活火山や第四紀火山は，図14-12の様に，深発地震面（図14-3）が深度120kmから150kmに達した日本列島脊梁部に密集おり，そこを火山フロント（火山前線）と呼ぶ。ほとんどの火山は火山フロントの周辺とその西側に分布している。飛騨山脈は火山フロントより100kmも西に外れた例外である。

以下では，火山噴火とはどのような自然現象かを簡略に述べる。

§1-6で岩石の分類について述べた。「はんれい岩」と「花崗岩」は地殻深部でマグマがゆっくり固まった

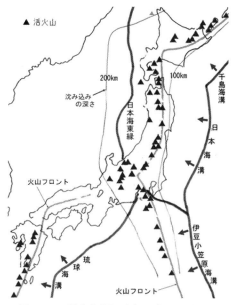

図14-12　活火山（黒三角）とプレート境界の分布。東北日本の脊梁部の火山の密集場所を結ぶ薄実線が火山フロント（火山前線）。防災科学技術研究所のHPの「防災基礎講座」による。

深成岩である。そのマグマが火山活動で急速に固まったものを「玄武岩」と「流紋岩」と呼ぶ。さらに細かく分類すると，玄武岩と流紋岩の間に「安山岩」と「デイサイト」が設けられている。本書では岩石名は最小限にしたつもりであるが，火山現象を語るためにはこの程度の岩石名は避けられない。

　岩石が溶ける条件は，当たり前であるが「温度が岩石の融点より高いこと」である。マントルの中の温度は基本的にカンラン岩の融点より低く，中央海嶺やホットスポットなどを例外としてマグマは存在しない。しかし，水が共存すると融点が低下する。沈み込むプレート境界上盤側では，プレート内から染み出して来た熱水によって融点が下がり，マグマが生じる。マグマが冷えるにつれてマグマの中で融点が高くて重い成分から順に結晶化してマグマの底に沈んで行き，融点が低く軽いシリカなどが残って玄武岩質マグマ（密度 $2.8gr/cm^3 \sim 3.0gr/cm^3$）となる分化プロセスが起こる。玄武岩質マグマはカンラン岩（密度 $3.1gr/cm^3 \sim 3.3gr/cm^3$）より軽いので，浮力で上昇していき，モホ不連続面に到達すると玄武岩質マグマ溜まりを作る。

　それ以降のプロセスは玄武岩質マグマの温度によって大きく左右される。1300℃程だと，玄武岩質マグマはそのまま地殻の中に上昇していく。1200℃以下だと，モホ不連続面周辺の玄武岩質マグマ溜まりの中で，融点が高くて重い成分から順に結晶化してマグマ溜まりの底に沈んで行き，融点が低く軽いシリカなどが残るという分化プロセスが再び起こり，安山岩質マグマ（密度 $2.7gr/cm^3$）となって上昇して行く。それはコンラッド面（深度15km前後）で停留し，デイサイト質／流紋岩質のマグマが形成され，それが上昇して行き，マグマ溜まりや熱水岩石混合層（§16-1）を形成する。

　断っておくと，深度5kmから6kmに熱水岩石混合層やマグマ溜まりがあるからといって直ちに噴火する訳ではない。マグマ溜まりと言っても全部が流動可能な状態にあるわけではなく，結晶鉱物となったものとの混じり合ったマッシュ状の流動性の乏しい状態で存在していると思われるからである（例えば，東宮（2016年））。

　そのマグマの流動性を上げる有力候補は，下部地殻から貫入して来る玄武岩質マグマである。玄武岩質マグマの温度は1200℃から1100℃程，デイサイト質／流紋岩質マグマは700℃程である。従って，玄武岩質マグマはデイサイト質／流紋岩質マグマ溜まりの中に貫入すると急冷されて固化し潜熱を放出するので，逆に貫入された側のデイサイト質／流紋岩質マグマの温度は急上昇して流動化する。黒部川花崗岩の中に見いだされるパンダの目の様な黒っぽい玄武岩質の包有岩はそのようなマグマ・プロセスの証拠である。

　流動化したマグマを地表に押し上げるのは，マグマに溶け込んでいるガス成分の急激な発泡である。発泡して気体になると体積が急増し，その圧力がマグマを急激に押し上げる。噴火である。発泡とは，ビール瓶の蓋を開けると圧力が低下し，ビールに溶け込んでいた空気が一気に気体になる現象である。

　発泡の引き金となるのは，貫入してきた玄武岩質マグマによる撹乱や，激烈な地震動によって生じたマグマ溜まりの周囲の岩盤の亀裂などによる圧力の急低下などであろう。

　玄武岩質，安山岩質，デイサイト質，流紋岩質となるに従ってシリカ（SiO_2）の割合が多くなって粘性が大きくなる（ネバネバする）。ただし，粘性は，シリカの割合以外にも，水の含有量，温度にもよる。温度が高いと粘性度は下がる（サラサラになる）。

　粘性が小さい例は，サラサラした玄武岩溶岩が地表に流れ出すハワイ島の噴火や，マグマがカーテン状に吹き上がった1984年の伊豆大島噴火などである。ある程度ねばねばした安山岩溶岩やデイサイ

ト溶岩の場合，島原普賢岳の平成新山や有珠山の昭和新山のように，固体の形を保ったまま固まって溶岩ドームになる。もっと粘性が大きいと1783年浅間山噴火や1914年大正桜島噴火などの様な爆発的噴火になる。

　マグマや熱水が地震波や電磁波のような明確な信号を送り出してくれる訳ではないので，それらの上昇を地表の観測データで確認することは困難である。

　ただし，深度5km程まで上昇してきた時にはシグナルを出し始める。図14-13のように，マグマ溜まりから上昇してきたマグマや熱水が火道を押し広げようとすると火道周辺の岩盤に微小断層破壊が生じる。P波とS波のペアからなる波形を示すA型の火山性微小地震である。さらに上昇するに伴って流体やマグマの振動，マグマからの気体の発泡などが立て続けに起こって，P波とS波のペアという地震波の特徴に欠ける断続的な波形のB型低周波地震（火山性微動）が起こる。最終段階で，マグマが山頂に近づく連れて山体は膨張し，噴火に至る。

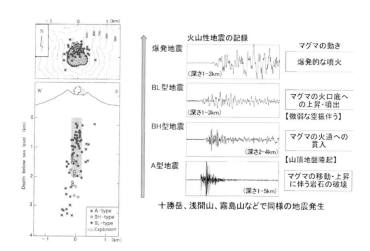

図14-13　噴火前に見られる火山性微小地震の概念図。最初は，深度数kmでP波とS波のペアからなる波形のA型の火山性微小地震が起こり，マグマや熱水や火山ガスが上昇して行くにつれてB型の低周波地震や火山性微動が起こる。石原（2015）による。

噴火すると，そのあとは無数の微小地震が多発する。「A型地震の震源の上昇」，「B型低周波地震」，「山体の膨張を意味する地殻変動」の3要素は，多くの噴火に先行現象として共通に見られる。

　マグマや熱水が上昇するプロセスは，温度分布や熱水の存在量などによって異なり，必ずしも，どの噴火でも3要素の総てを伴った訳ではない。同じ火山でも，時間を隔てて異なる様式のマグマの上昇や噴火が起こる場合もある。

　上昇してきたマグマや熱水などが地表近くの地下水と接触すると「水蒸気噴火」が起こる。山頂部を吹き飛ばした1888年の会津磐梯山の噴火は巨大な水蒸気噴火であった。

　マグマ自体が上昇して地表に噴き出すと「マグマ噴火」になる。マグマが地表近くの地下水とともに噴火すると「マグマ水蒸気噴火」になる。

参考文献

浅田敏，『地震（第二版）』，東京大学出版会，1984.

石原和弘，火山列島日本の未来，ひと・健康・未来，6，4-15，2015.

石川有三・松村一男・横山博文・松本英照，SEIS-PC の開発−概要−，情報地質，19-34，1985.

川崎一朗，『スロー地震とは何か？』，NHK ブックス，日本放送出版協会，2006.

小林洋二，プレート沈みこみの始まり，月刊地球，5，514-518，1983.

Obara, K. and Hirose, H., Non-volcanic deep low-frequency tremors accompanying slow slips in the southwest Japan subduction zone, Tectonophysics, 417, 33-51, 2006.

大見士朗，西南日本内陸の活断層に発生する深部低周波地震，月刊地球，号外38，109-113，2002，

大竹政和，『地球は生きている』，小峰書店，1993.

鷺谷威・井上政明，測地測量データで見る中部日本の地殻変動，月刊地球，25，12，918-928，2003.

Seno, T., Northern Honshu microplate" hypothesis and tectonics in the surrounding regions - When did the plate boundary Jump from central Hokkaido to the eastern margin of the Japan Sea？-, Journal of the Geodetic Society, 31, 106-123, 1985.

多田堯・鷺谷威・宮崎真一，ＧＰＳでみた変動する日本列島，科学，67，917-927，1997.

鶴岡弘，WWW を用いた地震情報検索・解析システムの開発，情報処理学会研究報告；データベースシステム，115-9，情報学基礎，49-9，65-70，1998.

宇津徳治，日本周辺の震源分布，科学，44，739-746，1974.

ＨＰ

防災科学技術研究所のＨＰの「防災基礎講座」
　https://dil.bosai.go.jp/workshop/03kouza_yosoku/s02yuuin/f12kazan.htm

国土地理院のＨＰの「電子基準点 -GPS 連続観測システム（GEONET）」
　http://www.geod.jpn.org/web-text/part3_2005/hatanaka/hatanaka-1.html

産総研の「日本の火山」
　https://gbank.gsj.jp/volcano/Quat_Vol/volcano_list.html

産総研の「東宮昭彦・松島喜雄・篠原宏志・宮城磯治・浦井稔・佐藤努（2012）火山研究解説集：有珠火山．産総研地質調査総合センター」，https://gbank.gsj.jp/volcano/Act_Vol/usu/vr/index.html

第15章　東北地震前の地震活動と火山活動

§15-1. 869年貞観地震前後

　東北地震発生以降，日本列島では1000年に一度の規格外の地震現象が多発した。それを適切に理解したいと思うのだが，150年の経験しかない地震学の枠組みでは1000年に一度レベルの地震現象の多くは手に負いかねる場合が多い様に見える。

　本章では，飛騨山脈周辺から中部地方を中心に，飛騨山脈の群発地震活動理解のヒントとなりそうな東北地震前の地震活動と火山活動を取り上げる。

　表15-1（左）は869年貞観地震を挟んだ前後150年ほど，（左）は2011年東北地震の前100年程に発生した地震や火山噴火である。（右）の事件は（左）の事件に対応するように選んだが，対応のレベルは様々である。「818年関東諸国の地震と1923年関東大地震」のように同じ素性の地震の繰り返しという分かりやすい事例もある。「868年播磨・山城地震（山崎断層が震源）と2000年鳥取県西部地震」の様に単に隣接県で発生しただけの対応もある。また，1944年東南海地震，1946年南海地震，1948年福井地震などのような主要地震に対応する地震が（左）には887年の五幾・七道の地震を除いて欠けている。

名前1　地震・噴火	年1	M1	名前2　地震・噴火	年2	M2
美濃	745	7.9	江濃（姉川）	1909	7.9
美濃・飛騨・信濃	762	≧7.0	大町	1918	6.5
関東諸国	818	≧7.5	関東大地震	1923	7.9
出羽（秋田）	830	7.0～7.5	日本海中部	1983	7.7
伊豆	841	7.0	伊豆半島沖	1974	6.9
出羽（山形）	850	7.0	新潟	1964	7.5
越中・越後	863	7以上	中越沖	2007	6.8
富士山噴火	864～66				
阿蘇山噴火	864		新燃岳噴火	2010	
播磨・山城	868	≧7.0	鳥取県西部	2000	7.3
貞観	869	8.3±1/4	東北地方太平洋沖	2011	9.0
鳥海山噴火	871				
開聞岳噴火	874				
関東諸国	878	7.4	（首都圏直下？）		
出雲	880	7.0			
五畿・七道	887	8.0～8.5	（南海トラフ？）		
十和田大噴火	915				

表15-1　（左）869年貞観地震前後と（右）2011年東北地方太平洋沖地震前後の地震・噴火活動の対比。「名前1」の列は，貞観地震の前後100年ほどの間に発生した大地震と噴火。「名前2」の列は，「名前1」の地震や火山と同じ場所か周辺で東北地震の前に発生した地震。「M1」の列は『日本被害地震総覧（599-2012）』（宇佐美・他）によるマグニチュード，「M2」の列は気象庁マグニチュード。

奈良時代から平安時代の南海トラフ巨大地震は684年白鳳地震から887年仁和地震まで200年以上の間隔がある。実際に地震がなかったのか，歴史的資料が残っていないだけなのかは不明である。

また，貞観地震以降50年程は地震が少ないように見える。実際に地震が少なかったのか，858年（天安二年）から887年（仁和三年）までを扱った三代実録以降は国史が残されなくなり，著しく歴史的資料に欠くようになったためなのかは分からない。

とは言え，貞観地震から9年後の関東諸国地震に対応するように東北地震後の首都圏直下型地震が警戒されており，貞観地震から18年後の五幾・七道の巨大地震に対応するように今後数10年以内に南海トラフ巨大地震が発生するものと想定されている。

この様に多くの曖昧さを含むとはいえ，全体として，貞観地震が発生した前100年程の地震環境と，東北地震が発生した前100年程の地震環境の対比はそれなりに参考にはなるであろう。

§15-2. 中部地方の活断層と歴史地震

図15-1は中部地方の主要活断層を示す。中部三角帯は日本で最も活断層密度の高い地域である。歪み集中帯（図14-6）北側の富山から能登半島の活断層の多くは逆断層型であるが，南側では北北西－南南東走向の左横ずれ断層型か東北東－西南西走向の右横ずれ断層型の活断層が多い。

主要活断層帯の長期評価によると，745年（天平十七年），養老－桑名－四日市断層帯でM7.9の大地震が発生した。それは甲賀宮を大きく揺らし，聖武天皇の平城京還都の決断をうながしただろう。762年（天平宝字六年）五月には糸魚川－静岡構造線断層帯北部でM7以上とされている地震が発生した。

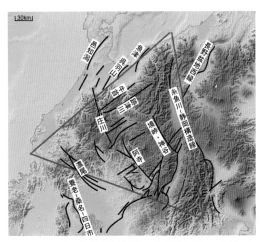

図15-1　「国土地理院地図」の色別標高図に，中部三角帯と長期評価の対象となっている主要活断層帯を加筆。

それ以外では，中世に入って，11世紀～12世紀に牛首断層帯，11世紀～16世紀に庄川断層帯，13世紀～16世紀に養老－桑名－四日市断層帯などでM7クラスの大地震が発生したとされている。しかし，対応する史料はほとんど残っていない。

1338年（延元三年），足利尊氏は征夷大将軍に任ぜられた。尊氏の弟の足利直義旗下にあった桃井直常は1344年に越中守護となった。観応の擾乱（1350年から1352年）で直義が討たれたあと，桃井直常は最後は越中を拠点として反抗を続け，越中の諸武家たちは桃井直常の元に結集した。しかし，1371年（応安四年），幕府勢力に完膚無きまで打ち破られ，在地の諸武家のほとんどが没落し，史料が一挙に失われた。もしその様なことがなければ，上述の地震の史料も残っていたかもしれないのにと思うと残念でならない。

1586年（天正十四年），M7.8の天正地震が阿寺断層で発生した。図15-2はその震度分布である。地震の時には，飛騨から越中で，山崩れ，地滑り，洪水が多く発生した。木船城（高岡市福岡町）が倒

壊し，城主前田秀継（利家の末弟）と多くの家臣が圧死した。岐阜県北端の大野郡白川村保木脇では，帰雲山（かえりぐもやま）の山頂近くが崩れ，大量の土石流が流れ下り，帰雲城が呑み込まれ，城主内ケ島氏一族を含む領民300人もの犠牲者をだした。1500人以上という見積もりもある。近江では長浜城が大破，城主山内一豊（後の土佐藩主）の一人娘が圧死した。

　庄川断層帯の地震と養老ー桑名ー四日市断層帯の地震の発生時期が分かっていないこともあり，天正地震は阿寺断層帯に加えて庄川断層帯と養老ー桑名ー四日市断層帯も同時に動いた三元地震と考える研究者も多い。

　1847年5月8日（弘化四年三月二十四日），長野盆地西縁断層帯でM7.4善光寺地震が発生した。善光寺如来前立御本尊の7年に一度の御開帳で大勢の参詣者が宿泊していたこともあり，9000人近い犠牲者を出した。長野と大町の中間の信州新町近くの虚空蔵山が崩れて犀川がせき止められ，地震湖が出現した。3週間後の四月十三日に決壊して洪水となり，100余人の水死者を出した。

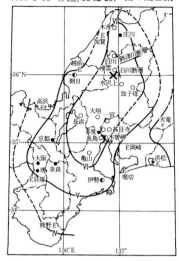

図15-2　1586年の天正地震（M7.8）の震度分布。震源断層は阿寺断層帯と庄川断層帯。「日本被害地震総覧 599-2012」（宇佐美・他，2013）による。

　1854年7月9日（嘉永七年六月十五日），三重県上野盆地北縁を東西に走る木津川断層帯でM7〜7.5の伊賀上野地震が発生し，犠牲者は1300人を超えた。

　同年12月23日（同年十一月四日）には，M8.4安政東海地震が東海地方を襲い，その32時間後，M8.4安政南海地震が西南日本を襲い，数1000人の犠牲者を出した。なお，嘉永七年に発生した二発の巨大地震が安政を付けて呼ばれるのは，十一月二十七日（1855年1月15日）に安政と改元されたからであり，その年に生じた事件は改元後の元号を付けて表す習慣があったからである。

　1855年11月11日（安政二年十月二日），M6.9安政江戸地震が発生し，江戸下町で7000人を超える犠牲者をだした。

　次節の安政飛越地震も含めて，1847年から1858年は大変な12年であった。

　1891年（明治24年），濃尾断層帯においてM8.0濃尾地震が発生し，犠牲者は7200人を超えた。地表地震断層の根尾谷断層の調査から，小藤文治郎（1856-1935）は「地震＝活断層説」を世界に先駆けて提唱した。

　同様に，現地の惨状をみた小川琢治（1870-1941）は，1921年，京都大学理学部の地質鉱物学科の初代教授となった。その三男として生まれ，後に湯川家の養子になった湯川秀樹（1907-1981）は，第三高等学校の進路希望で最初は地質学と書いたが，最終的には物理学を選び，1949年にはノーベル賞に輝いた。

§15-3.　1858年安政飛越地震と跡津川断層

　跡津川断層は，立山カルデラから岐阜県白川郷まで，富山と岐阜の県境部を東北東ー西南西に走る，

全長70km程の大活断層である。断層線は、部分部分で、跡津川、宮川、高原川などの流路の一部となっている。

　1858年4月9日（安政五年二月二十六日）、跡津川断層で飛越地震（M7.0～7.1）が発生した。図15-3は震度5以上の範囲を示す。特に被害が激甚であった地表断層線の宮川（神通川の岐阜県内での名称）沿いや、断層西端の白川などでは倒壊率は50%以上で200人を超える犠牲者を出した。富山市内では、富山城の石垣や門、堀が破損するなどの被害が生じた。あいの風とやま鉄道（旧北陸線）から海岸までの沖積堆積層の地域では多くの液状化が生じた。

　地震と同時に、立山カルデラ内では鳶山（2616m）の西山腹で大鳶崩れと呼ばれる巨大山体崩壊が発生し、地震湖が出現した。飛越地震から2週間後の4月23日（三月十日）、長野県大町のM5.7の地震によって地震湖の堰が崩れ、数多くの巨大転石を含む大土石流が富山平野まで流れ下った（図15-4）。それから2ヶ月後の6月7日（四月二十六日）、再び堰が崩壊して1回目より大規模な土石流が流れ出し、海岸近くまで達した。地震と土石流による犠牲者は400人を超えた。

　農作業の邪魔なので転石の多くは破砕され埋められたが、少数は災害遺物として残されている。写真15-1は、北陸自動車道流杉インターチェンジから1.5km程上流の常願寺川左岸の大場（西の番）に残されている飛騨花崗岩類の大転石（400トン程）である。転石には花崗岩や安山岩などもあり、それは立山火山の形成史（§7-5）を反映している。

　なお、白山の手取川上流（白山山頂から西に10km程）には、1934年の洪水の時に流れ下ってきた高さ16m程、推定重量4800トン程の百万貫岩と呼ばれる巨大転石が残されている。中部地方にはジュラ紀から白亜紀の付加体である美濃帯が広範に分布している。百万貫岩は、美濃帯と同時期に堆積し、現在白山地域の基盤となっている中生代の手取層群の砂岩である。

　図15-5は、京都大学上宝観測所の観測網のデータで再決定された飛騨山地周辺の微小地震の震央（震源を地表に投影した場所）分布である。この図から、1858年飛越地震の震源となった跡津川断層や1891年濃尾地震の震源になった根尾谷断層に未だに微小地震が分布していることなどが読み取れる。現在では、高感度地震観測網Hi-netが全国をほぼ20km間隔

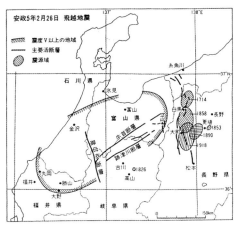

図15-3　1858年飛越地震（M7.0～7.1）の震度分布。震源断層は跡津川断層帯。「日本被害地震総覧599-2012」（宇佐美・他、2013）による。

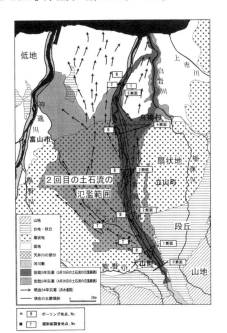

図15-4　1858年飛越地震後に立山カルデラから富山平野に流れ出た土石流が堆積した範囲。藤井・他（2011）による。

で一律にカバーしているが、Hi-netの観測点間隔が20km程度でしかないことからおのずと分かるように、地震の余震活動の詳細や個別の火山の構造と噴火活動などを議論する場合などには、今でも大学の空間的密度の高い観測網のデータを必要とする場合が多い。

§5-3で述べた様に、1982年夏、岐阜県飛騨市宮川町野首で跡津川断層の発掘調査が行われた。その後の研究成果も含めて、1858年飛越地震、4300年前～1858年、5300年前～4000年前、8100年前～7500年前、11000年前～9300年前、1万1000年前以前の6回の大地震が認識され、発生しうる最大地震の規模は7.9、平均地震発生間隔は2300年～2700年、平均的な断層ずれ累積速度は2m～3m/1000年程（右横ずれ成分）と想定されている。

なお、長期評価では跡津川断層の地震の規模はM.7.9と想定されているが、飛越地震はM7.0～7.1なので大きな差がある。他の多くの活断層でも、実際に発生した最大地震のMは主要活断層帯の長期評価で想定されたMよりが有意に小さい場合が多い。それは地表断層線の長さなどが最大限に評価されているからである。長期評価のMは、そこで発生する地震のMの上限と考えるとよい。

跡津川断層の地表断層線の東端は富山市大山町真川の露頭で途切れる。そこは、立山雄山から南西に12km程、有峰湖から立山カルデラに向かう有峰林道の新折立トンネル出口近くにあり、断層を境に手取層と安山岩が接している。活断層研究にとって貴重な露頭なので2003年に天然記念物に指定された。

写真15-1　常願寺川左岸の大場（西の番）に残されている大転石（400トン程）。高さ2m程。筆者撮影。

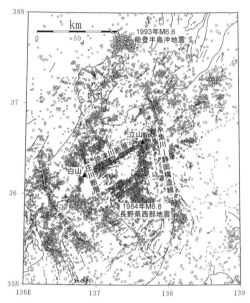

図15-5　京都大学上宝観測所の観測網で決められた1995年から2003年までの飛騨山脈周辺の微小地震分布。和田・伊藤（2003）による。

支断層の一つは弥陀ヶ原台地でも追跡されており、そこでは5.5万年前頃の大山倉吉火山灰（DKP）で覆われる層の40mの及ぶ断層ずれが報告されている（熊木、1983）。平均的断層横ずれ速度は0.5～0.7m／千年と推定されており、長期評価で想定されている平均的断層横ずれ速度の4分の1程度である。弥陀ヶ原断層は、少なくとも5～6万年頃から、2500年程に一度の繰り返し間隔で跡津川断層帯で発生する地震の一翼として活動してきたものと思われる。そのときには、断層ずれは主要部分より小さいかったかもしれないが、弥陀ヶ原台地も激しい地震動に襲われたことであろう。

§15-4. 1960年代後半の松代群発地震

　1965年8月，真田藩の城下町であった長野市松代町（当時は松代町）で有感地震が発生し始め，10月に入ってM4クラスの地震が頻発するようになった。1967年に入ってようやく地震活動は低下し，1970年にはほぼ終息し，6月5日には長野県によって終息宣言が出された。その間，M5以上の地震が16発，M4以上の地震が240発，有感地震は6万回を超え，市民生活を困難に陥れた。

　図15-6（左）は1961年から1970年まで10年間，（右）は1971年から2020年まで50年間のM3以上の地震の3次元分布である。1960年代の群発地震活動の激しさと，その後の静穏さが対照的である。

　本書では図15-6のような3次元地震分布を多用し，下限はM2を基本とするが，規模の小さな群発地震などでM2以上が少数しかなく要点が掴めない場合などは適宜下限のMを小さくし，逆にM2以上の地震が多すぎる場合は下限のMを大きくした。松代群発地震は地震数が極めて多いので，M3を下限とした例外である。

　多くの場合，研究者によるM0レベルまで含めた詳細な地震の活動の研究が存

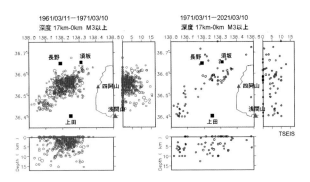

図15-6　松代群発地震発生域の（左）1961年3月11日から1971年3月10日まで10年間と（右）1971年3月11日から2021年3月10日まで50年間のM3以上の地震の3次元分布。図の右下端のTSEISは東京大学地震研究所のHPのTSEISによって作図したことを示す。TSEISについては本文参照。

在する。本書は，逆にM2以上の比較的大きな地震を基本として各地の地震活動を比較検討し，個別的な詳細な研究では見逃されがちな特徴を見出そうとする試みであるということが出来る。

　松代群発地震にともなって地盤の隆起が起こり，大量の地下水が湧き出した。群発地震の時代にはヘリュウム同位体比の測定は困難であったが，1978年に至って，脇田宏（Wakita et al., 1978）によって湧水のヘリュウム3／4比（§16-9参照）の測定が行われ，モホ不連続面近傍から上昇してきた安山岩質マグマの冷却によって放出された熱水であることが示され，水噴火と呼ばれるようになった。松代地震によって，日本の地震学は水の重要さを痛感させられた。

　カンラン岩に水が加わって密度が低い蛇紋岩に構造が変わるとか（§1-2），水が共存すると岩石の融点が低下するとか（§14-6），既に一部は言及してきたが，地震現象の多様さの主因は水である。水は大変ユニークな性質の物質である。熱容量が際だって大きいので，周辺の温度変化を小さく抑制する。融解熱も気化熱もほとんどすべての物質のうち最大なので，水自体と周辺の温度を出来るだけ0℃から100℃の間に保つ。炭酸ガスの溶解度が大きいので，大気中の炭酸ガスを溶かし込む。大量の水が地表に存在するおかげで，他の惑星に比べて，地球は時間的にも空間的にも温度変化が小さく，気候は穏やかである。地球上に生物圏が存在しうるのはその性質のおかげである。一方，水の溶解度は温度変化が大きく，温度が高いと物をよく溶かすが，温度が下がるとそれを固体として析出し，物質の物性に大きな影響を与える。それは地震現象を多様で迷走的にしている。

§15-5. 1984年長野県西部地震

　図15-7は1984年9月14日のM6.8長野県
西部地震前後各10年間のM3以上の地震
の3次元分布である。

　1976年夏，木曽御嶽山（3067m）山頂
から南に10km程，王滝村を中心とする
群発地震が発生した（図15-7左）。1978
年10月7日にM5.4の地震が発生し，いっ
たん地震活動は低下した。しかし，1979
年の春に再び活発化し，10月28日に至っ
て御嶽山山頂剣ヶ峰南側山腹の地獄谷で
水蒸気噴火が発生し，火山灰は北関東に
まで達した。

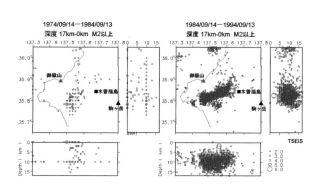

図15-7　1984年M6.8長野県西部地震の余震域の（左）前10年
間と（右）以降10年間のM2以上の地震の3次元分布。

　死火山か休火山と見なされていた木曽御嶽山が噴火したことによって，死火山や休火山という用語
は使われなくなった。「2000年程噴火しなかっただけでは今後の噴火可能性の判断材料にはならない」
という事実を突きつけられたからである。

　1984年9月14日，1979年噴火に先行した群発地震とほぼ同じ場所で，M6.8長野県西部地震が発生し
た。図15-7（右）は東西15km程の余震分布である。このとき，御嶽山山頂剣ヶ峰の南斜面で御嶽崩
れと呼ばれる山体崩壊が発生した。3000万立方メートルの土砂が濁川を流れ下って濁川温泉の旅館を
飲み込み，王滝川に達した。犠牲者は29人に及んだ。

　火山の周辺の地殻は地下のマグマの熱で柔らかく，大地震は発生しないという常識も打ち破られた。
とは言え，長野県西部地震発生域は噴火口からは10km離れている。噴火と王滝村を中心とする地震
活動は関係があるのだろうか？

　木股（2010）は一つの答えを示した。図15-8は，木曽御嶽山と1984年長野県西部地震の震源域の関

係を簡明に示している。低周波微小地震を伴い
ながら下部地殻から上昇してきた熱水は，深度
10数km程で地殻の隙間に染み出して長野県西
部地震の引き金となった。西の方向にはマグマ
が上昇して深度5km辺りで板状のマグマを形成
し，そこからさらに上昇して，地獄谷の直下深
度3.5kmから3km（深度500mから0m）でM1ク
ラスのA型の火山性微小地震が多発し，さらに
上昇してB型の火山性低周波微小地震が多発す
るようになり，2007年と2014年の地獄谷での水
蒸気噴火になった。

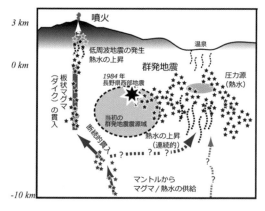

図15-8　木股（2010）による御嶽山と1984年長野県西
部地震震源域の深部構造の概念図。

§15-6.　1991年雲仙普賢岳噴火

雲仙火山は島原半島の中央部に位置しており，その中心が1991年に噴火した普賢岳である。西側の
橘湾（旧名千々石湾）の島原半島寄りの部分（図15-9の千々石カ
ルデラ）はかってのカルデラ噴火の跡とされているが噴火年代は
分かっていない。

雲仙火山の骨格は50万年前の火山活動で形成された。10万年前
頃から火山活動の中心は普賢岳になった。約4000年前の噴火の
時，島原市街地の西側に壁のようにそびえる溶岩ドームの眉山
（標高800m程）が形成された。

1792年（寛政四年二月），普賢岳北東麓で噴火が起こり，溶岩
を流し出した。四月に入ってM6.4±0.2（宇佐美・他，2013）の
地震が発生し，眉山東斜面で山体崩壊が生じた。島原湾に流れ込
んだ崩土が引き起こした津波は対岸の熊本平野海岸部を襲った。
山体崩壊と津波による犠牲者は1万5000人にも達した。この出来
事は「島原大変肥後迷惑」と呼ばれた。島原半島東側沖に点々と
残る九十九島は山体崩壊の痕跡である。

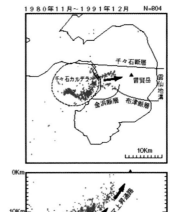

図15-9　島原半島と橘湾（千々石湾）の1980年から1991年の微小地震分布。九州大学地震火山観測研究センターによる。シンボルの色は原論文の赤色のままである。

図15-9は1980年から1991年までの微小地震分布である。1989年
の秋，橘湾の旧カルデラと思われる場所の深度15kmから10km辺
りで微小地震が群発し始めた。震源は，矢印の様に次第に東の方に移動し，浅くなり，普賢岳に向か
った。

1990年11月，普賢岳山頂近くで小規模水蒸気噴火が始まった。微小地震が次第に普賢岳山頂近くで
起こるようになった。

1991年5月15日，水無川で最初の大土石流が流れ下り，河床と周辺部が土砂で埋められた。1m程の
多数の巨石が土石流にのって流れ下る映像がテレビに流れた。巨石が土石流に乗って流れる下るとは，
テレビの映像を見なければとても納得できなかったであろう。

5月20日頃には，普賢岳山頂から東に700m程の場所にデイサイト質の溶岩ドームが顔を出すように
なった。ハワイ火山の玄武岩溶岩はさらさら流れるが，安山岩，デイサイトとなるに従って粘性が高
く（ネバネバする）なり，普賢岳の平成新山や洞爺湖畔の昭和新山の様に水平断面が楕円の岩体が地
表に突き出る様になる。

6月3日午後4時頃，重さに耐えられなくなった溶岩ドーム頂部が突如崩れ，火砕流となって東麓を海
岸部に向かって流れ下り，黒煙は空を覆った。報道関係者や住民など43人もの犠牲者をだした。

その後も，普賢岳では火砕流と土石流を繰り返し，1995年頃に至ってようやく終息した。火砕流を
噴出させた溶岩ドームは平成新山と名づけられた。

図15-9は普賢岳噴火に至るまでのマグマの移動に伴う地震現象を示す。しかし，気象庁の観測デー
タでは，火砕流噴火の前の一ヶ月の間に普賢岳周辺2km以内で起こった地震は，M1以上が5発，M0か
ら1が7発しかない。図15-9のほとんどの微小地震は，九州大学大学地震火山観測研究センター（当時

は島原地震火山観測所）が雲仙岳とその周辺に展開した観測網で捉えられたものである。そのデータがなければ，図15-9を描くことが来ず，噴火活動把握の主要部分を欠いていただろう。

1996年以降は，M2以上で見る限り，島原半島の地震活動はほとんどなくなった。

実は，筆者は，噴火2瞬間ほど前の1991年5月16日，山頂近辺の観測機器メインテナンスに行く島原地震火山観測所の研究者達について普賢岳山頂近くまで登った。火山灰に覆われた荒涼たる光景を呆然と眺めていたある瞬間，ぐらっと足下が揺れた。間近で体験した火山性地震であった。同時に，観測所から「山頂直下で微小地震が起こり始めたので直ちに下山するように」との緊急の無線連絡が入り，全員で急いで山を下った。火砕流の17日前であった。

この体験で，筆者は次の三つの要素が火山防災に重要であることを痛感した。

一つ目は，情熱をもって観測研究を継続している研究者の存在である。私が雲仙で目撃したのは，ほとんど国民の目には入っていないが，地元の研究者が，火山災害の減少を目指して，危険を冒して地味な観測研究を続けているという事実であった。

二つ目は，2kmから3km程度の間隔の観測点を展開する微小地震観測網である。「山頂直下で微小地震が起こり始めた」ことは，そのような観測網があったからリアルタイムで分かったのである。

三つ目は，観測所や行政からの情報をリアルタイムで市民や登山者に伝える情報基盤が不可欠だということである。雲仙噴火の頃には公衆回線などを通してリアルタイムで地震記録を観測所に送るようにはなっていたが，危険情報を即座に市民や登山者に伝える通信基盤はなかった。筆者は，その様な情報基盤と体制があれば火山災害の犠牲者を大きく減らすことができる可能性を我が身を以て感じたのであった。

§15-7. 1995年兵庫県南部地震

1995年1月17日午前5時46分52秒，六甲・淡路島断層帯でM7.3兵庫県南部地震が発生した。

最初に明石海峡の深度15kmから10kmで断層滑りが始まり，南西に向かって数秒後に北淡町（ほくだんちょう。現在は淡路市の一部）に達して多くの家屋を倒壊させて40人程の犠牲者をだし，東北東に向かって数秒後に長田を襲い，7秒〜8秒後に灘を襲い，甚大な犠牲者を出した。その日のうちに有感地震は66発に達した。

筆者は，たまたま，地震の前後1週間程，富山大学（当時は富山医薬大学）附属病院のベッドに上にいた。震度3の地震動に飛び起きてテレビを付けると神戸で大地震が発生したことを告げていた。各地の震度が流れたが，神戸の震度はなかった。不安な気持ちでテレビを見続けていると，そのうちヘリコプターからの遠景が流れ始めた。しかし，朝7時のニュースでも，JRも阪急も阪神も国道もすべて止まっている事以外は，「神戸の中心部で大きな被害が出ている模様です」と繰り返すばかりであった。午前8時のニュースでも犠牲者18人としか伝えていなかった。激烈な災害にあっては，現地の人々でも何が起こっているのか把握できず，通信基盤が破壊されて情報を外に送り出すこともできないことを痛烈に思い知らされた。

その後わかったことによれば，犠牲者は神戸市内で4571人，全体で6434人に達した。圧死と窒息死が73%，焼死が12%であった。全壊や半壊の民間住宅は約7万9300戸に達した。全体の15%の住宅が失

われ，34万人の人々が避難民になり，多くの人々がテント生活を余儀なくされた。特に震度7の激烈な地震動で多くの犠牲者が出た長田から，三宮，灘，芦屋に至る帯状の地域は「震災の帯」（図15-10），災害の全体は「阪神淡路大震災」と呼ばれている。

ライフラインが復旧したのは，

電気は1週間後の1月23日，

水道は1月半後の2月28日に仮復旧，2ヶ月後の3月17日に通水完了，

ガスは3ヶ月後の4月11日，

交通網は，

JR東海道線が4月1日，新幹線が4月8日，

阪急電鉄神戸線が5ヶ月後の6月12日，

阪神電車が6月26日，

名神高速道路が7月29日，

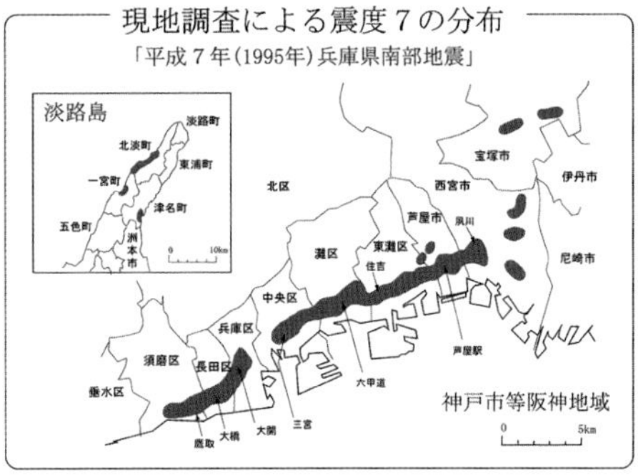

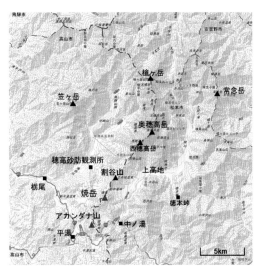

図15-10　1995年兵庫県南部地震による「震災の帯」。気象庁のＨＰの『「阪神・淡路大震災から20年」特設サイト』による。

であった（兵庫県のＨＰ）。被災者はつらい避難生活を強いられた。

首都圏直下型地震が発生した場合の東京都民も，呉羽山断層で地震が起こった場合の富山市から射水市の住民も，邑知潟断層で地震が発生した場合の小矢部市，高岡市，氷見市の住民も，阪神・淡路大震災の場合よりも一層つらい避難生活を強いられると思っておくべきであろう。

兵庫県南部地震震によって痛感させられたことは，日本は地震多発国であるにも関わらず，地震の全体像を的確に捉えるためのデータが乏しいという現実であった。そのため，高感度地震観測網 Hi-net やGPSを用いた地殻変動観測網GEONETが計画されたことは前章で述べた通りである。

§15-8. 1998年飛騨上高地群発地震

図15-11は槍・穂高・上高地地域の地形図である。尾根部には，北から，槍ヶ岳（3180m），奥穂高岳（3190m），西穂高岳（2909m），割谷山（わるだにやま）（2224m），焼岳（2455m），アカンダナ山（2109m）が並んでいる。奥穂高岳は日本で3番目，槍ヶ岳は日本で5番目に高い山である。東側には上高地，西側には奥飛騨温泉群がある。四季いずれにも眼前に雄大な景色を楽しめる，日本で屈指の景趣の地である。

以下ではこの地図を参照しながら話を進める。

この地域の焦点の一つである焼岳（写真7-1）は，有史以来，頻繁に水蒸気噴火を繰り返してき

図15-11　槍・穂高・上高地地域の地形図。「国土地理院地図」に主要地点を加筆。

た（§7-4）。1915年（大正四年）6月の水蒸気噴火では，大量の土石流が東斜面を流れ下って梓川をせき止め，大正池が生まれた。

　1980年代から安房トンネルの調査坑の堀削工事が始まった。安房トンネルは中部縦貫自動車道（国道158号線）の一部として岐阜県側の奥飛騨温泉と長野県側の中ノ湯を結んでいる。それは焼岳山頂から南へ3km程の活火山であるアカンダナの山頂南1km程で活火山山体を貫くという世界でも希有のトンネルである。

　図15-12は（左）1998年飛騨上高地群発地震前10年間と（右）1998年1年間のM2以上の3次元地震分布である。（左）の地震がばらつくのは，古いほど震源決定の精度が悪いからである。

　立山・黒部地域の1990年より前のM4以上の地震は，1936年に発生した越中沢岳近くのM4.4と奥黒部のM4.5，1961年の鉢ノ木岳のM5.0のみであった。

　1990年以降，立山・黒部地域は次第に活発化した。

　1990年2月，後立山連峰の鉢ノ木岳でM4.6の地震が発生して黒部峡谷の群発地震となり，活動域は南に向かって拡大したが，野口五郎岳北側で止まった。

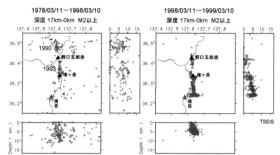

図15-12　槍・穂高・上高地地域の（左）1978年3月11日から1998年3月10日まで10年間と（右）1998年3月11日から1999年3月10日まで1年間のM2以上の地震の3次元分布。左図の数字1990と1993は群発地震の発生年。

　1993年7月19日槍ヶ岳北山腹でM4.7（深度4km），20日にM5.0（深度4km）が発生して群発地震になり，図15-12（左）中央のように活動域は北に向かって拡大したが野口五郎岳周辺で止まった。

　図15-12の左右を比較して野口五郎岳北側に活動域の境界があることに気づく。それ以外にも（図19-4），飛騨山脈の地震活動は野口五郎岳北側で以北と以南で分かれるように見える。本書ではこの境界を「野口五郎岳境界線」（北緯36.44度）と呼ぶことにする。

　野口五郎境界線の2km程南に標高2986mの水晶岳が位置している。山体は白亜紀花崗岩からなっており、名前が由来するように、山中からは水晶が産出し、ザクロ石の鉱脈が発見されている。さらにその南の鷲羽岳（2924m）は活動時期が12万年前以降の活火山である。

　1995年2月，中ノ湯周辺の梓川右岸の工事現場で水蒸気爆発が起こり，工事関係者4人が犠牲になった。中ノ湯の地下1kmには焼岳やアカンダナ山からマグマ溜まりが延びてきており，それに由来する火山ガスが水蒸気爆発の原因とされている（三宅・小坂，1998）。つまり，中ノ湯の水蒸気爆発は水蒸気噴火だったのである。

　安房トンネル工事自体は，幸い高熱マグマに直接ぶつかることもなく，大規模な事故もなく無事に終わり，1997年12月には営業が始まった。

　1998年8月，飛騨上高地群発地震が発生した。図15-13は1998年8月から10月まで3ヶ月間の60発程のM3以上の地震の震央分布である。北は野口五郎岳境界線から南は焼岳周辺まで南北25km程，東西5km程の範囲であった。M4以上は20発で，8月16日にはM5.6（深度3km）の最大地震が槍ヶ岳山頂西側で発生した。図中の（A）から（E）の区間名に添えられた深度は，M2以上の地震の90%以上を含

む地震発生層の深度範囲である。

　M2以下の微小地震を含める（図15-12右）と（A）から（D）まで連続的に分布するが，2020年の群発地震の時空間分布を含めて検討すると，M2以上の震央分布は図15-13の様に（A）から（E）の5つの区間に分かれる。一部を先取ることになるが，XA1，XA2，XB，XCは緯度の差が0.2分（0.37km程）以内，経度の差も0.2分（0.24km程）以内で1998年にも2020年にもM4以上の地震が発生した特異な地点である（表19-1）。

　なお，図15-13の地震のシンボルが不自然に大きいように見えるかもしれない。しかし，地震現象の指数関数的性質（式14-1）からは震源断層の長さはM6で10km程，M5で3km程，M4で1km程，M3で0.3km程，M2で0.1km程である。従って，M5では小さ過ぎ，M2では大き過ぎであるが，M3からM4の地震はシンボルのサイズは地震断層と同程度なのである。それが，本書で「震度データベース検索」によって作った図を多用する理由の一つである。

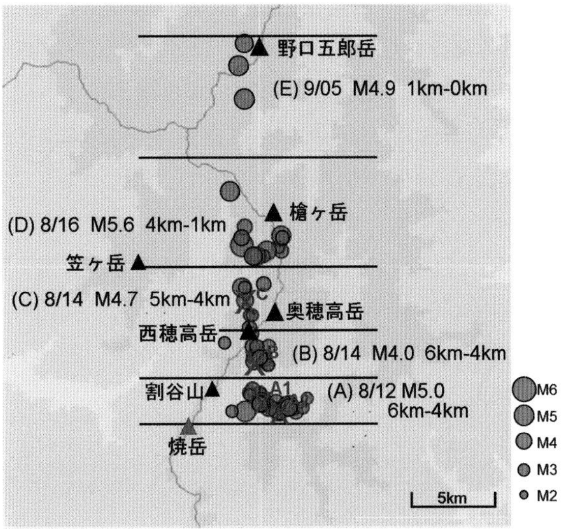

図15-13　1998年8月から1998年10月のM3以上の地震の震央分布。「震度データベース検索」によって作図。震央分布は（A）から（E）の区間に分かれる。領域名に添えられているのは各領域の最大地震の発生日，M，M2以上の地震発生層の深度範囲。境界線の緯度は，南から，北緯36度14.0分，36度15.5分，36度16.6分，36度18.8分，36度22.3分，36度26.4分。XA1とXA2の意味は本文参照。

　図15-14は群発地震活動の時空間的移動を示す。時間区切りに注意しながら，群発地震活動域の思いがけない変遷を追ってみよう。

　見通しを良くするために要点の一つを先に述べておくと，「群発地震は滝谷花崗岩体の中で発生した」ことである。

　期間［1］には，もっぱら区間（A）で群発地震活動が生じた。この様な場合，以下では時空間【1，A】と表示することにする。

　時空間【1，A】：8月7日14時47分，東端で最初のM3以上の地震（M4.2，深度5km）が発生し，活動域は次第に西方向に延び，9日12時45分にXA1でM4.6の地震（深度4km）が発生して一旦静穏化した。12日9時40分にXA2でM4.6（深度4km）が発生し，活動域は一気に割谷山に向かって延びた。15時13分にはこの時空間で最大のM5.0（深度3km）の地震が発生し，上高地の震度は5弱に達した。

　時空間【2，C】：14日11時34分にM3.1，19時36分にM4.7の最大地震（深度5km）が発生し，活動域は西穂高岳尾根部に向かって「南」に延びて行き，半日程で沈静化した。

　時空間【3，B】：同日23時52分，南端近くでM4.0（深度5km）の地震が発生し，活動域は西穂高岳尾根部に向かって「北」に延びて行き，1日程で沈静化した。【2，C】と【3，B】では半日の時間をおいて逆方向の拡大が起こったのである。

　図15-13では（B）と（C）の震央分布は西穂高岳尾根部を越えて連続しているように見えるが，実は，西穂高岳尾根部は，明らかに，地震活動の境界になっていることが認識できる。地震の深度は北

225

と南で特に変わる訳ではない。

時空間【[4]，D】：槍ヶ岳山頂西山腹に飛び，8月16日の早朝，3時28分から3分の間に，M4.4，M4.5，M5.6（いずれも深度3km）と連発し，半時間程で沈静化した。

この時，蒲田川源流部一帯に斜面崩壊が起こった。写真15-2の様にロープウェイ乗車場近くの温泉旅館深山荘の両側で岩屑なだれが生じ，露天温泉を埋積してしまった。ただし，普段は，焼岳に登って汗をかいた後の深山荘の露天風呂からみる穂高岳西壁の眺めに圧倒される。

時空間【[6]，A】：8月19日に（A）に戻り，22日

写真15-2　1998年の飛騨上高地群発地震の期間「4」の8月16日にM5.6の地震によって蒲田川源流部で生じた岩屑なだれ。中央下は蒲田川右岸の温泉旅館深山荘。旧上宝村による。

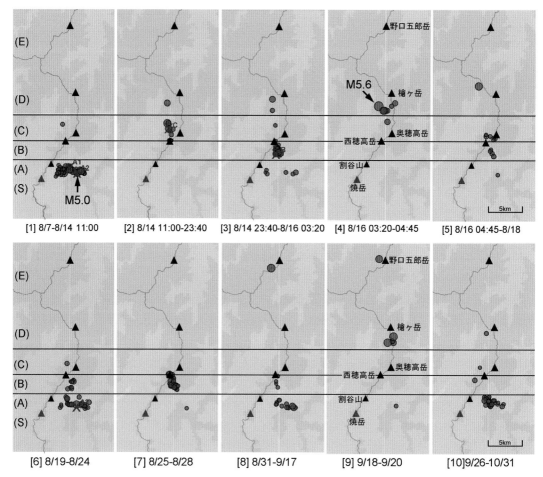

図15-14　1998年飛騨上高地群発地震の期間 [1] から [10] のM2以上の地震の時空間分布。[7] と [8] の間の隙間は地震数が少ない期間。図15-13の補助線を全部書き込むと煩瑣になるので（B）と（C）の境界線のみを示した。原図の震央分布は「震度データベース検索」によって作図。

3時55分にXA2でM4.6（深度4km）の地震が発生した。XA2では7日間隔でM4.6の地震が繰り返したことになる。

　　時空間【7】，B：8月25日に再活発化した。

　　時空間【8】，A：主たる地震活動は（A）に移った。9月5日10時8分，25km程北に飛んで富山・長野県境の野口五郎岳南山腹（E）でM4.9（深度1km）の地震が発生した。

　　時空間【9】，D：9月18日に40秒間隔でM4.8，M4.7と連発した。

　　時空間【10】，A：（A）に落ち着き，年内には終息した。

　　単純化すると，活動域は（A）→（C）→（B）→（D）→（A）→（B）→（A）→（D）→（A）と移動した。別の言い方をすると，「時空間的に隣接しながらも明確に分離」していたのである。

　　本書では，この様に，「時空間的に分離され，一定の時間で主要活動を終えるような群発地震活動が時間と区間を変えて断続的に発生する」ような群発地震を「上高地型群発地震」と呼ぶ。

　　震源断層の長さはM5で3km程，M4で1km程度なので，（B）は顕著に群発地震型であるが，（A）と（C）は群発地震型と本震―余震型の混在型，（D）と（E）は本震―余震型の性質が強い。つまり，飛騨上高地群発地震全体としては群発地震型であるが，数kmの区間に分けて大きく見れば，それぞれは本震―余震型と群発地震型の混在型である。

　　また，M2以上の地震による地震発生層の深度は(A)と（B）では6kmから4km（深度の誤差を考慮すると6.5kmから3.5kmまで厚さ3km）で，それより浅い部分には分布しない。（C）（地震発生層の深度5.5kmから3.5km）も同様である。地表に近い部分は突発的な断層滑りである地震が発生する温度条件の300℃～400℃より低いはずなのに不思議である。なお，本書では，単に「地震発生層」と言えば，M2以上の地震によって決めたものを指す。

　　図15-15のように表層地質と各区間の群発地震生域を対応させると，北から順に次の様になる。

（D）西側主要部が滝谷花崗岩体の分布域の北縁。東側の槍ヶ岳山頂部は175万年前頃の巨大カルデラ噴火による溶結凝灰岩。

（C）滝谷花崗岩体の分布域の中央部

（B）滝谷花崗岩体の分布域の東縁部。

　　図4-2の傾斜構造を考慮すると，（D）から（B）の地震発生層は滝谷花崗岩体の中に入ることが分かる。つまり，単純化すれば，「飛騨上高地群発地震の（B）から（D）は滝谷花崗岩の中で発生した」のである。

　　（A）については，西半分は溶結凝灰岩分布域，東半分は白亜紀花崗岩（有明花崗岩）分布域であるが，地震発生層が滝谷花崗岩体の中かどうかは判別できない。

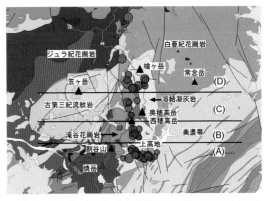

図15-15　槍・穂高・上高地域の地質図に図15-13の震央分布を重ねたもの。地質図は地質図Naviによる。ただし，地質図の滝谷花崗岩体も地震のシンボルも共に赤色で判別しにくいので，滝谷花崗岩体の赤は薄くした。

§15-9. 2004年中越地震，2007年能登半島地震，中越沖地震

図15-16は新潟から能登半島までの（上）東北地震前10年間と（下）以降10年間のM3以上の地震分布である。

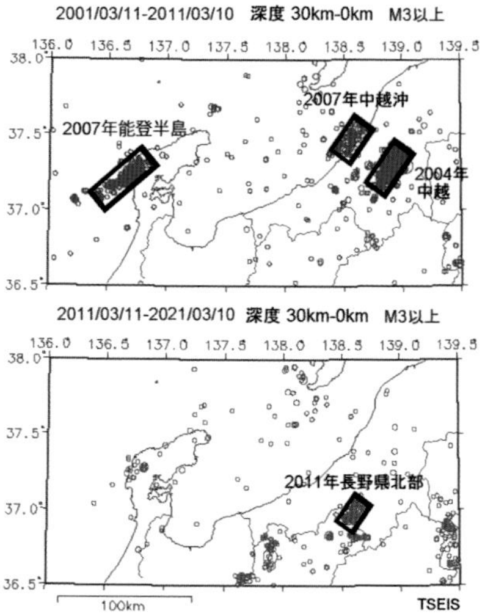

§15-9-1. 2004年中越地震

2004年10月23日，M6.8中越地震が発生した。北西－南東方向に圧力軸を持つ逆断層型であった。新潟県では1964年新潟地震以来40年ぶりのM7クラスの地震であった。長岡市川口町（当時は川口町）が震度7，中越地域ほぼ全域が震度6弱以上の地震動に襲われた。

震源近傍の激烈地震動のため，68人の犠牲者を出し，約3200棟が全壊，約14000棟の家屋が半壊した。至る所で道路と鉄道が寸断された。時速200kmで走行中の上越新幹線の新潟行き「とき325号」が長岡駅の9km南で脱線したが，幸い横転には至らず，死傷者は出なかった。

長岡市山古志地域（当時は山古志村。余震分布の中央）の被害は特に深刻で，多くの場所で斜面崩壊が起こり，土石流が発生，全村で交通が途絶え，多くの場所で地震ダムが生じた。村民約2200人がヘリで長岡市内の避難所に避難した。

図15-16　北陸地方の東北地震の（上）前10年間と（下）以降10年間のM3以上の地震の震央分布。

浦佐から長岡まで北北東－南南西方向に約30kmの範囲で余震が発生し，本震から1時間以内に震度6強以上の地震動が3回，5弱以上の地震動が9回も襲った。2016年4月の熊本地震でも，1時間以内に震度5弱以上が観測されたのは前震のときに2回，本震の時に3回だけであった。中越地震に伴ったのは例外的に強い余震の続発現象であった。

この地震の震源域の南側には，活断層の長期評価の対象となっている六日町断層が北東－南西方向に走っている。この地震が発生した断層を六日町断層の一部と見なしていいのかどうかについては専門家の間でも意見が分かれている。

気象庁によって地震記録に基づいて震度7が記録されているのは，図15-17に示すように，1995年M7.3兵庫県南部，2004年M6.8中越地震，2011年M9.0東北地震，2016年M6.5熊本地震前震，同M7.3熊本地震本震の6発しかない。兵庫県南部の震度7は被害分布から決められたものなので，中越地震は，地震記録に基づいて震度7となった最初の地震であった。

§15-9-2. 2007年能登半島地震

2007年3月25日，能登半島先端部でM6.9能登半島地震が発生し，能登半島ほぼ全域が震度6弱

図15-17　気象庁一元化震源の中で地震記録から震度7以上を記録した6発の大地震。

以上の地震動に襲われた。犠牲者1人，全壊361棟と一部損壊2000棟以上の被害を出した。特に震源域直近で，しかも軟弱地盤が多い輪島市門前周辺に被害が集中した。多くの場所で斜面崩壊が起こり，土石流が発生し，道路が寸断された。能登半島の動脈とも言える能登有料道路でも数箇所で路盤が崩落して不通となった。なお，能登有料道路は，現在では，のと里山海道として無料開放されている。

　門前の総持寺は1321年（元亨元年）創建以来曹洞宗の大本山であった。しかし，1898年（明治三十一年）の火災によって全山焼け落ち，1911年（明治四十四年）に横浜市鶴見区に移転した。輪島の総持寺は祖院という位置づけになった。2007年の地震では一部損壊の被害を受けた震源域から南東25km程の北陸電力志賀（しか）原子力発電所は定期点検のために運用停止中であった。

　本震（深度11km）は，中越地震と同様，西北西－東南東方向の圧縮圧力の逆断層型であった。余震分布（図15-16）は，門前周辺を東端に，北東―南西方向の長さ40km程（深度12kmから3km）の南東傾斜であった。

　地震調査委員会の「地震動予測地図」では，能登半島北部は「今後30年以内に震度6弱以上の揺れに見舞われる確率」は「0.1%未満」とされていた。2007年3月29日の北國新聞において，金沢大学の平松教授は，「＜30年以内に震度6弱以上の揺れに見舞われる確率0.1%未満＞は誤って安全宣言と受け取られかねない。政府に発表のあり方に配慮をお願いするとともに，国民としても，政府が出す数字はあくまで目安と考え，日頃の防災対策を怠らないようして頂きたい」と警告を発した。

§15-9-3.　2007年中越沖地震

　2007年7月16日10時13分，柏崎沖から出雲崎沖でM6.8中越沖地震（深度17km）が発生した。長岡市海岸部，出雲崎町，刈羽村などが震度6弱の地震動に襲われ，15人の犠牲者と，1331棟の全壊家屋，5710棟の半壊家屋を出した。

　本震のメカニズムは北西－南東方向に圧縮圧力軸を持つ逆断層型で，余震は，柏崎沖から出雲崎沖まで，海岸に並行に，北東―南西方向の長さ約30kmに分布した。余震の深度は23kmから14kmの下部地殻の地震であった。

　この地震の時，世界でも最大級の電力出力の東京電力柏崎刈羽原子力発電所は，設計時の想定地震動を超える680ガル（震度6強）の地震動に襲われた。液状化によって一部の地下埋設物が浮かび上がり，敷地内の道路には陥没や段差が生じた。変圧器に火災が生じ，放射性廃棄物が入ったドラム缶が数100本も倒れた。使用済み燃料プールの水があふれ，あってはならないはずの海水や大気への放射能漏れが発生し，柏崎市長は発電所に緊急使用停止命令を出した。

　話は2004年中越地震に戻る。

　地震直後，京都大学と九州大学は余震域に3点の観測点を臨時に設け，3ヶ月程の余震観測を行った。それと気象庁一元化震源を併せて，全体として北北東―南南西方向に35km程，西北西－東南東方向に幅15km，深度15kmから2km程の精密な分布が得られた。図15-18は，その余震分布の中央部の西北西－東南東方向の断面図の一部である。図には，4kmから5km程離れた平行な2枚の西落ちの分布面と，それに直交する分布面が明確に見えたのである。

　1997年M6.6鹿児島県北西部地震など余震分布が必ずしも1枚の面でない観測事例は存在したが，図15-18ほど明瞭に複数の余震分布面が見えたのは筆者には初めてであった。それは筆者にとって衝撃的であった。

余震観測は地震後に行われたので，残念ではあるが，本震の断層面（赤）と同時に他の余震分布面でも断層滑りが生じた（地震になった）のか？　本震から時間遅れで断層滑りが生じたのか？は分かっていない。しかし，地震の時に断層滑りが生じた面が単一でない可能性を強く印象付けられた。それは，後に，§17-3のM8.4スーパーサブ地震の発想の源になった。

この様な経験もあったので，本書をまとめ始めた当初は各大学や研究所などから地震予知連絡会報に報告されている資料を使わせて頂くつもりでいた。しかし，研究機関ごとにシンボルの使い方，空間スケール，縮尺，時間の区切り方などが異なり，各地の地震活動をできるだけ同じ時空間規模で比較検討したいという筆者の意図に必ずしも向いていない思ったので，自分でTSEISで3次元地震分布を作成することにした。

もちろん，地震学は地震分布を求めるだけでなく，地震現象理解については多様で素晴らしい発展を遂げている。それらを紹介したいという誘惑に駆られるが，

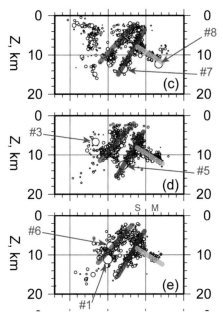

図15-18　2004年中越地震の京都大学と九州大学合同観測による余震分布の中央布の西北西－東南東断面の一部。本震は(e)の#1。Shibutani et al. (2005) による。

それは専門的になり，本書の射程から外ればかりなので，本書ではTSEISによる地震分布に留める。それは簡単なことで済ませようということではない。ごく基本的なデータから地震理解に本質的で重要なヒント（図15-14，図16-14，図19-12，図19-15など）を得ることが出来ることなどを示したいと思ったからである。前節で「構造はダイナミクスである」と述べたが，活動域の推移がダイナミクスを直接反映しているという意味で，「地震分布もダイナミクス」なのである。

特に断らない限り，TSEISの地震分布図は，東西幅0.5度（40km程），南北幅0.4度（44km程），深度は0kmから17.2km，M2以上を基本とする。状況に応じて空間スケールを2分の1や4分の1にする場合もある。図17-22の深部低周波地震などの場合など，深度方向を2分の1に圧縮する場合もある。Mの下限を下げることもある。東北地震前と以降の場の変化を示す基本的資料なので，年度区切りは3月11日とすることを原則とする。特に断らない限り，地震のシンボルの色は，東北地震前の場合は青，東北地震以降の場合は赤，前後通してプロットする場合は黒を用いる。

深部低周波地震はほとんどM1未満の極微小地震なので，深部低周波地震をプロットする多くの場合は下限はM0を基本とした。

比較的大きな地震を検討対象にしたい時には気象庁のＨＰの「震度データベース検索」によって作図した震央分布，M2以下の小さな無感地震まで含めた３次元分布が有用なときはTSEISと役割分担させる。

火山のシンボルは赤色を用いるが，地震の多発地帯では地震と火山のシンボルが区別できなくなるので，火山には黒，場合によっては白抜きの三角形を用いる場合もある。

参考文献

藤井昭二・中村俊夫・酒谷幸彦・高橋裕史・工藤裕之・山野秀一，常願寺川扇状地の形成と災害についての２，３の知見，立山カルデラ研究紀要，12，1-10，2011.

Kawasaki, I., The focal process of the Kita-Mino earthquake of August 19, 1961, and its relationship to a quaternary fault, the Hatogayu-Koike fault, Journal of Physics of the Earth, 23, 227-250, 1975.

川崎一朗・松原勇・川畑新一・和田博夫・三雲健，跡津川－牛首断層系と長波長地形，京都大学防災研究所年報，33，B-1，75-84，1990.

木股文昭，『御嶽山』，信濃毎日新聞社，2010.

熊木洋太，跡津川断層周辺の活断層に関する二，三の知見，月刊地球，5，549-552, 1983.

三宅康幸・小坂丈予，長野県安曇村中ノ湯における1995年2月11日の水蒸気爆発，火山，43，3，113-121，1998.

Shibutani, T., Y. Iio, S. Matsumoto, H. Katao, T. Matsushima, S. Ohmi, F. Takeuchi, K. Uehara, K. Nishigami, B. Enescu, I. Hirose, Y. Kano, Y. Kohno, M. Korenaga, Y. Mamada, M. Miyazawa, K. Tatsumi, T. Ueno, H. Wada and Y. Yukutake, Aftershock distribution of the 2004 Mid Niigata Prefecture earthquakes derived from a combined analysis of temporary online observations and permanent observations, Earth Planets Space, 57, 545-549.

宇佐美龍夫，飛越地震と大町地震，地震予知連会報，33，1985，3－5，1985.

和田博夫・伊藤潔，中部地方北西部の地震活動域，まるごと中部日本，月刊地球，12，03，929-937，2003.

Wakita, H., N. Fuiii, S. Matsuo, K. Notsu, K. Nagao and N. Takaoka, "Helium spots": caused by a diapiric magma from the upper mantle, Science, 200, 430-432, 1978.

ＨＰ

兵庫県の「阪神・淡路大震災の支援・復旧状況　https://web.pref.hyogo.lg.jp/kk41/pa17_000000002.html

気象庁の『「阪神・淡路大震災から20年」特設サイト』
　https://www.data.jma.go.jp/svd/eqev/data/1995_01_17_hyogonanbu/data.html

松代地震観測所の「松代群発地震50年特設サイト」
　http://www.data.jma.go.jp/svd/eqev/data/matsushiro/mat50/index.html

地震本部の「主要活断層帯の長期評価」の「糸魚川－静岡構造線断層帯の長期評価（第二版）」(2015),
　https://www.jishin.go.jp/evaluation/long_term_evaluation/major_active_fault/

第16章　立山・黒部マグマ溜まりと立山・黒部隆起

§16-1. 1989年立山黒部アルペンルート臨時観測（地震学）

　図16-1は立山・黒部地域の地図である。図の中央に，北から剱岳（2999m），立山（雄山は3003m，大汝山は3015m），薬師岳（2926m）の立山連峰が南北にそびえている。黒部峡谷を挟んで，後立山連峰にも，北から，鹿島槍ヶ岳（2889m），爺ヶ岳（2670m），赤沢岳（2678m），鉢ノ木岳（2821m），烏帽子岳（2066m），野口五郎岳（2924m），鷲羽岳（2924m）の3000m級の山々がそびえている。黒部ダムから南に向かって黒部湖を眺めたとき，奥の方に孤立峰のように見えるのは赤牛岳（2864m）である（写真19-1）。

　これらの山々の間を縫うように，本章以下で話題となる扇沢，十字峡，東沢谷，上廊下，高瀬ダムなどが位置している。

　立山の西側に弥陀ヶ原台地が富山平野に向かって延びており，その南に立山カルデラがある。

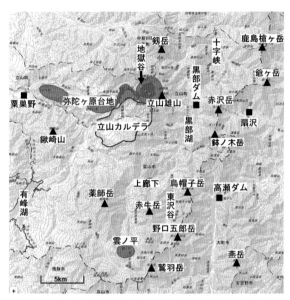

図16-1　国土地理院の「火山の活動による地形」に本章で議論の対象となる場所を加筆。

　富山地方鉄道立山駅（粟巣野。475m程）から立山室堂平（2450m程），黒部ダム（1470m程）を経て長野県側の扇沢（1430m程）までは立山黒部アルペンルートと呼ばれている。なお，本来，扇沢は爺ヶ岳から南西へ下る沢を指す自然地名であるが，本書では，立山黒部アルペンルートの東の入り口である関電トンネル扇沢駅（標高1430m程）周辺を指す。なお，結びつきのある地名や名詞を繋げるときは立山・黒部のように中黒（・）を用いるが，「立山黒部アルペンルート」の様に中黒なしで一つの固有名詞として使われている場合には本書でも中黒なしで表記する。

　1960年代に始まった国の地震予知計画によって，1965年，京都大学防災研究所は高山市上宝町本郷（当時は上宝村本郷）に上宝観測所（当時は上宝地殻変動観測所）を設置し，飛騨山地から飛騨北部，富山県，石川県一帯に観測網を展開した。1969年，名古屋大学理学部は高山市清見（当時は清見村）に高山地震観測所（現在は廃止）を設け，飛騨山地，飛騨南部，美濃北部の地震観測を担うようになった。東京大学地震研究所は，1964年新潟地震をきっかけに柏崎観測所（新潟県柏崎市），1965年に始まった松代群発地震を契機に1967年に北信微小地震・地殻変動観測所（長野県長野市）を発足させ，飛騨山脈の東側の観測を担うようになった。1985年には両者は統合されて信越観測所（長野県長野市）となった。

　当時は研究者が各観測所に常駐した。関係者たちの大変な努力によって，1970年代，飛騨山脈を挟んで，北陸から信越一帯の地震活動が次第に明らかになっていった。ところが，研究者たちは奇妙なことに気が付いた。京都大学や名古屋大学の研究者たちが飛騨山脈西側の記録によって決めた地震をプロットすると東側の長野県は地震が少なく（例えば図15-5），逆に東京大学の研究者たちが長野県の観測網の記録によって決めた震央をプロットすると飛騨側は地震が少なかったのである。それは，飛騨山脈の下に地震波を減衰させる（振動エネルギーを奪って振幅が小さくなる）マグマ溜まりが分布していると想像するほかなかった。

　1980年代初頭，名古屋大学のグループは立山黒部アルペンルートで重力観測を行い，飛騨山脈では，マグマ溜まりによって地殻の弾性的な部分が薄くなり，東西圧縮の地殻応力によって座屈変形を起こしたものと推定した（例えば，山岡耕春（1996））。

　1989年夏から秋，東京大学地震研究所の大学院生だった勝俣啓（現在は北海道大学）は，図16-2に示すように，立山黒部アルペンルート東端の大町市小熊山から西端の富山市大山町本宮（当時は上新川郡大山町本宮）まで東西ほぼ40kmに11台の地震計を置き，立山・黒部直下を通ってくる地震波の観測を行った。勝俣（1995）は，地震波の走時の遅れ，Ｓ波の減衰，重力データを使い，図中央のような衝撃的な地殻構造モデルを提唱した。走時とは，震源から観測点まで，地震波が伝播に要する時間である。

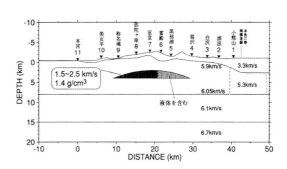

図16-2　勝俣（1996）による立山黒部アルペンルート直下の地殻構造モデル。中央のレンズ状の部分が低速度異常体。

　勝俣のモデルでは，立山山頂部を中心に，東は大町市扇沢から西は称名滝あたりまで東西20km程，深度4kmから2kmにレンズ状の「低速度異常体」が分布し，その中のＰ波速度は1.5km/秒から2.5km/秒，密度は1.4gr/cm³であった。

　花崗岩のＰ波速度は6.0km/秒，密度は2.6〜2.7gr/cm³である。一方，水中ではＰ波は音波として伝わり，Ｓ波は存在しない。音波の伝搬速度Ｖpは1.5km/秒，密度は1gr/cm³に過ぎない。衝撃的と述べたのは，「Ｐ波速度が1.5km/秒から2.5km/秒，密度1.4gr/cm³」が，溶けた岩石を意味するマグマではなく，粘土・砂などの多孔質岩石と熱水や炭酸ガスなどの気体からなる熱水混合層を意味するからである。

　筆者の第一印象は「ありえない！」であった。なぜなら，弥陀ヶ原台地を覆っている火山噴出物は山体に比べて小規模なので地下のマグマ溜まりも小規模に違いないと思い込んでいたからであった。とはいえ低速度異常体説は立山・黒部に関心のある研究者達の研究者スピリットを大いに刺激した。

§16-2. 1991年吾妻−金沢人工地震探査（地震学）

　1991年10月，東大地震研の吉井敏尅を中心とする爆破地震動研究グループによって，図16-3のように，群馬県吾妻郡東吾妻町S-1，長野県長野市松代町S-2から立山黒部アルペンルートを通り，富山県

長野市大山町S-3，石川県金沢市の富山県境部S-4まで東西180km程の吾妻−金沢人工地震探査が行われた。全国の大学と研究機関の100人近い地震研究者や大学院生が協力してほぼ1km間隔で150台の地震計を展開し，10月19日の午前1時から10分おきにS-1からS-4で1トン程のダイナマイトを爆発させ（発破と呼ぶ），測線全体で地震記録がとられた。

　図16-4はS-4の発破，図16-5はS-2の発破によるP波レコードセクション（record section）である。それは，横軸に発破点からの距離（D），縦軸に「発破点から観測点までの観測走時（Tp）」と「P波速度（Vp）6km／秒で伝播した場合に期待される理論走時（D/Vp）」との差（Tp − D/Vp）をとり，観測波形を並べたものである。（Tp − D/Vp）はreduced travel time と呼ぶが，record section と共に分かりやすい訳語はない。振幅は各記録の最大振幅で割って規格化されており，図16-4の右端と図16-5はノイズレベルが高いわけではなく，発破からの地震波が届いていないことを意味する。

　図16-4と図16-5では理論走時（D/6.0km／秒）を差し引いているので，上部地殻のP波速度

図16-3　S-1 から S-4 は1991年吾妻−金沢人工地震探査測線の発破点（酒井・他，1996）。跡津川断層などを南北に横切る点線は，京都大学，富山大学，金沢大学，富山地方気象台，産総研によって展開された北は上市から南は丹生川までの南北副測線（伊藤・他，1993）。

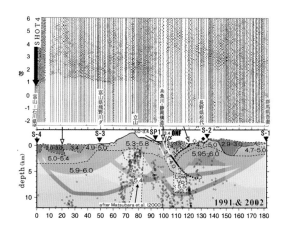

図16-4　（上）金沢 S-4 における発破による観測記録のP波レコードセクション。縦軸は，走時（T）から，観測点（距離R）まで，P波速度（Vp）6 km/sで伝播するのに要する時間を差し引いた時間（T-R/Vp）。酒井・他（1996）に加筆。

が6km／秒で一定なら，レコードセクション上では「P波の始まり」は横一線に並び，Vpが6km／秒からずれると傾くはずである。それらが一目で分かるように工夫したのがレコードセクションである。なお，発破は急激に四方に大きな圧力が生じて地震動を送り出すので，P波のみでS波はない。

　図16-4の左端を見ると，S-4から10km周辺ではP波の始まりが右上がりになっていることが分かる。それは，S -4周辺では，深度1km以浅に柔らかい堆積層が分布しており，発破点から出た地震波が速度の遅い堆積層の中を遅れて伝播してきたことを示している。そこから立山・黒部辺りまで70km程はP波の始まりは東に向かって小さく傾いているので，そこの基盤は東に向かって浅くなっていることが読み取れる。

　図16-5では，松代町から離れるほどP波の立ち上がりが遅れていくので，松代の発破点から西に20km程のフォッサマグナ西縁（長野盆地から糸魚川−静岡構造線の間）と東に15km程の群馬県長野原に日本海拡大期以降の地層が厚く分布していることが読み取れる。しかし，そこから遠ざかると，東にも西にもP波の始まりはほぼ横一線なので，数10kmの空間スケールで見た場合には，全体とし

てＰ波速度は6km/秒（つまり花崗岩）である。それは，この辺りの基盤が花崗岩であることを示している。

　このような走時のずれを速度構造に変換したのが，Takeda et al.（2004）による図16-4から図16-5の（下）の地殻構造東西断面図である。

　研究者たちが興奮したのは，地震波がS-2から来た場合も，S-4から来た場合も，立山・黒部を越えると地震波が見事に消えたことであった。他の場所で行われてきた人工地震探査では，1トン程の発破を行うとＰ波は200km遠方まで観測される。100kmも行かないうちに減衰してしまうのは尋常ではない。西から来ても東

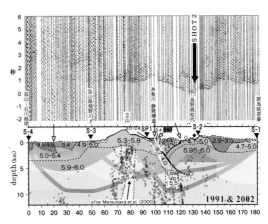

図16-5　（上）吾妻－金沢人工地震探査の時に，松代 S-2における発破による観測記録のＰ波レコードセクション。他は図16-4と同じ。

から来ても立山・黒部を越えると消えるので，立山・黒部直下にマグマ溜まりが存在することは間違いない。

　本測線と並行して，北陸地震研究会グループ（金沢大学，富山大学，福井高専，富山地方気象台，京大防災研，産総研）は，大学院生の協力を得て，北は上市から南は丹生川まで，図16-3の南北点線の様に跡津川断層を横断する南北約70km，約40観測点の副測線を展開した。

　図16-6の（左）はS-4，（右）はS-2の発破による南北副測線のＰ波レコードセクションである。

S-4から地震波がやってくる場合はＰ波の始まりは明瞭である。一方，東側のS-2からやってくる場合にはＰ波の始まりはノイズレベル以下でほとんど見えない。この観測事実は，地震波を強力に減衰させるマグマ溜まりは，北は剱岳から南は焼岳まで，飛騨山脈の脊梁部全体に分布していることを明らかにしている。望外の成果であった。

　面白いデータを挙げておこう。図16-7の（A）は2011

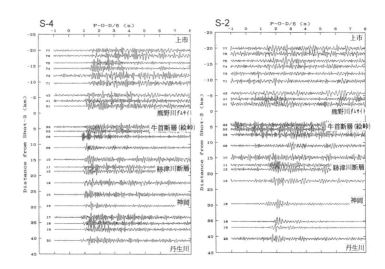

図16-6　南北副測線によって得られた（左）S-4と（右）S-2の発破によるＰ波レコードセクション。伊藤・他（1993）による。

年6月 M5.4長野県松本市の地震，（B）は2021年2月13日 M7.3福島県沖地震による震度分布図である。いずれも，長野県ほぼ全域で有感であったが，岐阜県飛騨地方と富山県ではほぼ全域で無感（四角のシンボルなし）であった。それは，自然地震でも，図16-6と同様に地震波がブロックされていること

を明瞭に示している。

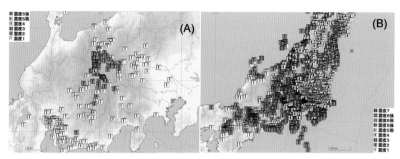

図16-7　(A) 2011年6月30日長野県松本市の地震 (M5.4) と (B) 2021年2月13日福島県沖地震 (M7.3) による震度分布。赤Xは震央, 黄色の四角は震度5, 淡黄は震度4, 濃青は震度3, 淡い青は震度2, 無色は震度1, 無感は記載なし。「震度データベース検索」による。

§16-3.　1996年立山黒部アルペンルート臨時観測（地震学）

　1996年の7月から10月まで4ヶ月, 東京大学地震研究所の平田直を中心に全国大学の中部山岳合同地震観測が行われた。既存の大学観測点の間隙を埋めるように臨時観測点を設置し, この地域で稠密地震観測を行ったのである。

　副プロジェクトとして, 東大地震研と富山大学を中心に, 立山黒部アルペンルート直下のマグマ溜まりを標的に, 富山県中新川郡立山町千垣から長野県大町市の木崎湖近くまで東西50kmに, ほぼ1km間隔で45台の地震計が臨時に設置された。

　Matsubara et al.（2000）は, この立山黒部アルペンルート観測から, 東西50kmの立山・黒部P波速度断面図（図16-8）とS波速度断面図（図16-9）を得た。立山・黒部を理解するために本質的に重要な地震波速度不均質の断面図である。本書では, 2図を「立山・黒部地震波速度断面図」と呼ぶ。なお, 図中の空白の部分は, そこを通過した地震波の数が少なく, よく解けていない（分からない）部分である。

　「不均質」とは奇妙な術語であるが, 同じ深度でも, 速度や密度が大域的・平均的な構造から微妙にずれることを指す。具体的には, 大勢としては花崗岩で占められている上部地殻に, マグマ溜まりや異種岩石である玄武岩や堆積岩が存在したりすることによって, そこの地震波速度が花崗岩の

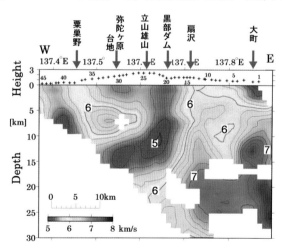

図16-8　1991年吾妻-金沢人工地震探査と1996年立山黒部アルペンルート観測の記録から得られた立山黒部アルペンルートのP波速度断面図。縦軸と横軸の縮尺は同じ。図中の数字はP波速度。赤矢印で測線に近い場所を示した。Matsubara et al.（2000）の図に加筆。

地震波速度（Vp=6.0km/秒，Vs=3.5km/秒）からずれることに他ならない。

　断っておくと，図16-8と図16-9は相当違うような印象を受けるかも知れないが，それは主として地震波速度の色分けによるものであり，2枚の図の意味するところは全体としては大きくは違わない。例えば，弥陀ヶ原台地直下の深度15km辺りでは，S波速度断面図（図16-9）では黄色で特に低速ではないように見えるが，数字で見ると3km/秒程で14%程の速度低下である。同じ部分がP波速度断面図（図16-8）では赤色で著しい低速に見えるが，数字では5km/秒で，17%程の速度低下で，P波速度の低下の方が多少大きい程度である。

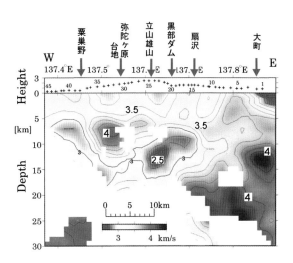

図16-9　立山・黒部S波速度断面図。図中の数字はS波速度。他は図16-9と同じ。

　ただし，立山・黒部直下深度15kmから10kmでは，S波速度断面図（赤色部分）では2.5km/秒程で30%程の速度低下，P波速度断面図では5km/秒程で17%程の速度低下で，この部分ではS波速度の低下の方が顕著に大きい。それは，低速度領域の中でも特に熱水の割合が大きいことを意味している。

　Matsubara et al.（2000）は，図16-8と図16-9から，図16-10のようなマグマ上昇システムのモデルを提唱した。「弥陀ヶ原台地直下，深度15kmあたりに，デイサイト質／流紋岩質マグマ溜まりが存在する。そこから火道を通って遊離した熱水を多く含むマグマが上昇して行く。黒部峡谷直下深度3kmから0kmで，再び浅部マグマ溜まりを形成する。そこでの速度低下は顕著で10%から20%もの熱水を含んでいると思われる」というものである。本章では，これを「松原モデル」と呼ぶ。

　ここで地震波速度断面図を得る原理を簡単に述べておく。医学で用いられるCTスキャンのCTはComputed Tomography の頭文字である。日本語ではコンピュータ断面撮影と呼ばれている。あらゆる方向から人体にX線を通し，

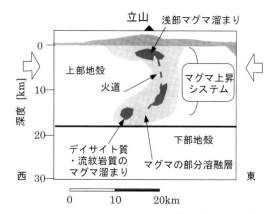

図16-10　立山・黒部地震波速度断面図（図16-8と図16-9）に基づいて Matsubara et al.（2000）が提案したマグマ上昇システムの概念図（松原モデル）。原図の英語を日本語に変更した。

通過して来たX線の強弱をコンピュータの力を借りて人体内部のX線透過率の分布に変換した断面図を作り，病変部を浮き彫りにする。CTスキャンの登場によって，医療が飛躍的に向上したことはよく知られている通りである。

　地球内部を通ってくる地震波を使って同様の断面図を求める方法は「地震波トモグラフィー」と呼

ばれている。人体のＣＴと異なるのは，Ｘ線の発信源に対応する地震波発信源の地震分布が極端に片寄っており，Ｘ線の受信センサーに対応する観測点分布も片寄っていることである。そのため，観測点と震源の組み合わせで，地震波が通ってこない（あるいは通って来る地震波の数がすくない）図16-8と図16-9の断面図の左下のような空白部が生じることになる。地球を相手にするトモグラフィーの場合は，このようなことが避けられない。

　また，ここで確認しておきたい。立山・黒部地震波速度断面図は1990年代のものである。多くの学問分野では20年も経つとデータの精度が大きく向上し，モデルも考え方も変わってしまっていることが多い。では，最新の技術を用いてやり直すと立山・黒部地震波速度断面図が大きく改訂されるかと言うとそうでもない。それは現在でも充分に通用するのである。

　地震記録を解析して得られる震源の位置，地震発生時刻，地殻構造モデルの精度や分解能を左右するものとしてまず思いつくのは観測点の置かれている場所や観測点の間隔などであろう。立山黒部アルペンルートの地下構造はアルペンルートに地震計を置いて観測しなければ良く把握できず，観測点間隔が短いほど詳細な構造を描けることは誰でも分かることであろう。意外な誤差要因は，観測点の収録装置ごとの時刻のばらつき，従って地震記録の時刻のばらつきなのである。時刻のばらつきは，そのまま，震源の位置，地震発生時刻，地殻構造モデルの誤差になる。

　昔は，地震観測点には地震計と収録装置のペアが設置され，収録装置の時計によって地震記録に時刻が付けられていた。1980年頃からクォーツ時計が一般化し，収録装置の時間を刻む速度の精度は大きく向上したが，時刻そのものが高精度になった訳では無い。

　地震計から出てくる電気的信号を通信回線を通して観測所に集め，同時に収録すれば，地震記録ごとの時刻のばらつきを回避することができる。それが現在では普通になったテレメーター・システムの意義である。

　しかし，人工地震探査などの臨時観測ではテレメーターは難しく，地震計と収録装置をペアで設置するやり方で行わざるをえない。ラジオの時報を同時に記録し，収録装置の時刻の較正に使うなどの工夫をすればばらつきを小さくできる。とは言え，どうしても観測点ごとの時刻のばらつきは多少残った。

　GPSは位置を高精度で決定するシステムであるが，内部では，地震観測に必要とされるより何桁も高精度で時刻も同時に決定している。1996年の集中観測の頃から，収録装置の時刻にGPSの時刻を利用するようになり，臨時観測における時刻のばらつきの問題は解消した。それが，立山・黒部地震波速度断面図が現在でも通じる理由である。

§16-4. 1996年雲ノ平臨時観測（地震学）

　富山地方鉄道立山線の有峰口駅で降り，バスにのって有峰ダムを経て折立（1360m程）に向かう。そこから標高差1000mの単調な登山道を登り詰めると尾根部の太郎平小屋（2330m程）に至り，南東側に雲ノ平が望める。そこから3.5km程，標高差400m程を下ると，黒部川源流の左岸の薬師沢小屋（1920m程）に出会う。吊橋を渡り，再び登り道になり，3km程で標高差700mを越える急坂を登ると雲ノ平の平坦面（2500m程）にいたる。雲ノ平は，30万年前頃から10万年前頃の溶岩台地である。

　高山植物が素晴らしい雲ノ平は山好きには大変な人気である。ここは都会から日帰りでは来ることが出来ず，必ず山小屋に泊まる必要がある。1996年の臨時観測の時には雲ノ平山荘に一泊したが，薬師岳から北ノ俣岳の素晴らしい夕焼けに感動した。それも雲ノ平の魅力であろう。

　以前から，研究者の間では，奥黒部で時々例外的な微小地震が起こることは知られていた。それが10万年前に活動を停止したはずの雲ノ平火山の下にまだマグマ溜まりがあり，噴火の余力を残していることを意味しているのかどうかを知りたいと思っていた。しかし，雲ノ平は地震観測網の空白域で，手掛かりがなかった。

　1996年中部山岳合同地震観測のとき，東京大学，富山大学，金沢大学の副プロジェクトとして，環境庁（当時）の許可を取った上，太郎平小屋（図16-11のTRD。2330m程），薬師沢小屋（同YKZ。1900m程），黒部湖最奥部の奥黒部ヒュッテ（同OKB。標高1470m程）の傍に地震計を置かせて頂いた。この観測によって，第四紀火山である雲ノ平を中心とする奥黒部地域の微小地震活動が初めて記録された。図16-11の地震分布はその成果である（岩岡・他，2000）。

　国立公園内なので地震記録のノイズレベルを下げるために地震計を埋める穴を掘るような作業は許されない観測条件であったし，観測期間も短かったが，1996年の時点でも黒部湖周辺の数発の地震は2km以浅であった。雲ノ平直下のM1以上の10発程度の微小地震の深度は3km程であった。当

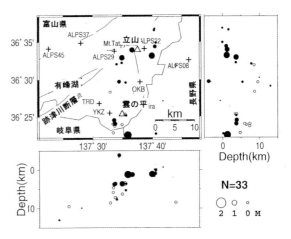

図16-11　1996年中部山岳合同地震観測の一翼として行われた奥黒部臨時観測の成果。雲ノ平直下にM1程度の微小地震を10発ほど検出することが出来た。岩岡・他（2000）による。

時は深度2kmや深度3kmの意味は分からなかった。今ではこの地域の温度構造を反映していることが分かるようになった。

§16-5. 重力異常による超低密度域（測地学）

　次は重力異常である。§3-2で述べたように，地球表面における標準重力からの揺らぎ（重力異常）は地下における密度分布の不均質を教えてくれる。

　金沢大学で重力の観測研究に生涯を捧げた河野芳輝（1938-2010）は早くから飛騨山脈における重力観測の重要性に着目していた。1984年夏，河野自らラコステ重力計を抱え，大学院生とともに，約10日かけて，立山，薬師岳，黒部五郎岳，三又蓮華岳（富山・岐阜・長野県境），槍ヶ岳，穂高岳を縦走し，3000m級の尾根部の重力観測を敢行し，立山・黒部を理解するための重要なデータを残した。当たり前のことだが，現地の観測データがなければ現地のことは十分な分解能では把握できない。

　図16-12は，飛騨山脈尾根部縦走の重力観測データを核心として金沢大学の大学院生であった源内・他（2002）が求めた立山・黒部直下の密度分布である。その中で，下端は深度は6kmから5km，上端

は深度は3kmから2kmの黒く塗りつぶした密度2.1-2.2gr/cm³部分を，彼らは「超低密度域」と呼んだ。水平方向の拡がりは，立山連峰（剱岳，立山，薬師岳）と後立山連峰（鹿島槍ヶ岳，爺ヶ岳，烏帽子岳，野口五郎岳）の間の東西15km程，南北30km程で，奥黒部と立山カルデラの大半を含む。東西15km，南北30kmと言えば，京都盆地や奈良盆地と同じ程度の規模である。

表16-1は，ここまで述べてきた各モデルの低速度層と水や花崗岩の地震波速度と密度を対照し

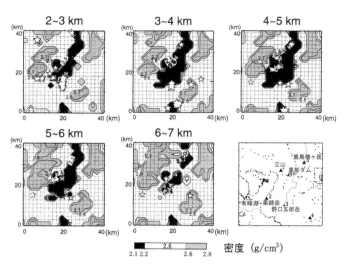

図16-12　立山・黒部直下の超低密度域の分布図。各分布図の枠の上の数字は深度。右端下は観測定点分布。源内・他（2002）による。

立山直下の浅部低速度層の地震波速度と密度

モデル名	深度	Vp	Vs	密度	水の割合	文献
低速度異常体	3-0km	4.1km/s	1.5km/s	1.4gr/cm³	10%-20%	(1)
低速度層	4-2km	1.5-2.5km/s		2.1-2.2gr/cm³	70%	(2)
超低密度域	6-2km				30%	(3)
水		1.5km/s		1.0gr/cm³		
花崗岩		6.0km/s	3.5km/s	2.7gr/cm³		

表16-1　(1) 勝俣（1996）の低速度異常体，(2) Matsubara et al. (2000) の低速度層，(3) 源内・他（2002）の超低密度域，水，花崗岩の地震波速度と密度の比較。

たものである。密度を単純に換算した熱水の割合は，勝俣の低速度異常体では70%程度，Matsubara et al.（2000）の低速度層では10%から20%，源内の超低密度域では30%程度になる。

　岩石が溶けても，密度も地震波速度も10%以上は低下しない。従って，密度1.4gr/cm³から2.1gr/cm³の物質はマグマではなく，岩石と数10%もの遊離した熱水の熱水混合層である。

　しかし，高い壁にぶつかることになった。研究者の間では熱水混合層説への否定的意見が圧倒的であった。何故なら，「山体の荷重によって，熱水などは容易に地表に押し出されてしまであろう」と考える方が常識的だったのである。確かに，高温の熱水によってマグマ溜まりの頂部の岩石が溶けて隙間が生じ，熱水が次から次へと地表まで上昇してきても不思議ではない。何が熱水を閉じ込めているのかを説明できなければ熱水混合層説は学説として完結しない。

§16-6.　自己閉塞層（地球化学）

　富山大学と岡山大学地球内部研究センターで地球化学の研究を推進してきた日下部実（Kusakabe et al., 2003；日下部，2018）は熱水地球化学の視点から次のような答えを示した。

　図16-13は，分子動力学の考え方に立脚した数値シミュレーションによって求められた石英の溶解度の温度依存性である（Bodnar and Costain, 1991）。石英は岩石を構成する基本的な鉱物なので，図はシリカ（SiO2）の溶解度と置き換えてもよいだろう。

　図中の30の添え字の破線は水圧30MPaにおける水への溶解度の温度変化を表し，他も同様である。花崗岩の密度を2.5gr/cm³とすると，30MPaは深度1.2km程，50MPaは深度2km程，100MPaは深度4km程に対応する。重要なのは，中央影部の350℃程から550℃程の領域が，温度が高くなると溶解度が下がる逆転領域になることである。

　この図から読み取ると，深度1.2kmだと350℃から450℃，深度1.9kmだと400℃から550℃，深度3kmだと450℃から550℃の範囲が逆転領域である。ただし，この温度と圧力の元では水は超臨界水のはずである。超臨界水

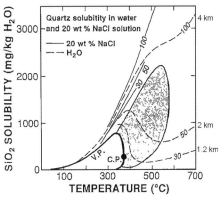

図16-13　破線は水における石英の溶解度の温度変化。添えられた数字は圧力。中央の影部が溶解度の逆転領域。圧力に対応する深度を右枠外側に加筆した。Bodnar and Contain（1991）による。

は極めて不安定なので，図16-13の様な推定には相当の不確実さがあるものと思われる。図から読み取った逆転領域の境界にはある程度の幅があるはずである。

　溶解度逆転領域境界面では次のような現象が起こるはずである。地下水が上から深部に染みこんで行き，深くなるに連れて溶解度が大きくなり，多くのシリカを溶かし込むようになる。逆転領域に達すると急激に溶解度が下がり，溶かし込んでいたシリカを固体として析出する。それは境界面の空隙を閉塞させる。熱水が深部から上昇してきた場合も同様のことが起こる。この様に閉塞した境界面を自己閉塞層（self-sealing zone）と呼ぶ。自己閉塞層（350℃程度）とマグマの上端（融点の700℃程度）との間では岩石は固体である。そこは固体の岩石と熱水との混合層になるはずである。

　溶解度逆転による自己閉塞層の考えによって，ようやく，「山体の荷重によって，熱水などはたちまちの地表に押し出されてしまうであろう」という常識を打ち破り，安定的に存在する熱水混合層説を堂々と主張できるようになった。

　ただし，熱水の存在形態は分からない。想像する他ないが，恐らく，頂部近くでは全体として連結的に繋がって分布する熱水の中に固体の岩石が孤立的に分布し，逆に底部近くでは熱水が固体の岩石の隙間に閉じ込められて孤立的に分布しているのであろう。

　一つ目の壁に乗り越えたが，次に二つめ目の壁にぶつかった。それは自己閉塞層（低速度層の上端）の深度であった。勝俣（1996）の低速度異常体の深度は「4kmから2km」，Matsubara（2000）の浅部低速度層は「3kmから0km」，源内・他（2002）の超低密度域の「底部の深度は7kmから6km，頂部は3kmから2km，底部は7kmから6km」とモデルによって異なるのである。とりあえず，定性的には互

いにおおむね調和的と考えて差し支えなさそうであるが，自己閉塞層の深度はできるだけ一意的に決めたい。

トモグラフィーや重力異常による地殻構造モデルには，方法上，モデルの一意性に不十分さが残る。トモグラフィーより一意性の高い自己閉塞層の深度決定方法は次の二つである。

一つは固体と液体の境界である自己閉塞層からは反射されてくるはずのS波の反射深度である。

浅い地震の記録を注意深く見ると，震源から観測点に直接やってきた直達S波の後に，直達S波に匹敵する振幅のS波反射波がしばしば観測される。S波反射波が観測される観測点と震源の組み合わせから反射する場所は面状分布をしていることが把握できる。

東北地方では，東北大学の研究者達によって，奥羽山脈脊梁部やその周辺に分布する数多くのS波反射面が検出されてきた（例えば，堀・他（2004））。しかし，立山・黒部では，自己閉塞層と思われる深度より浅い地震活動は極めて乏しく，臨時観測を除いて地震観測点もないのでS波反射面を検出することは不可能であった。

もう一つは地震の分布下端である。熱水混合層の中では固体の破壊である地震は発生しない。しかし，強い地震動によって自己閉塞層に綻びが生じれば，そこから熱水混合層の熱水が染み出して群発地震を引き起こすだろう。その場合，群発地震の分布下端が自己閉塞層である。

しかし，浅い地震活動は乏しく地震分布から自己閉塞層の深度を推定することも不可能であった。筆者は，生きている間に自己閉塞層の深度が決まることはないだろうと諦めていた。ところが，東北地震による誘発群発地震は第19章で述べるように思わぬ知見をもたらした。

ここでは，本章での議論の見通しを良くするために，その知見を先取りし，自己閉塞層の深度は，アルペンルート以南では3km，黒部川花崗岩体では1.5kmとしておく。

ただし，図16-13に従うと深度3kmの自己閉塞層の温度は400℃を超え，深度3kmから2kmほどでは脆性－塑性破壊境界の300℃～400℃を越えることになるが，そこでは，熱水の存在によって300℃～400℃を越えてもM2以下の小地震が起こるのであろう。群発地震の中で相対的に大きいM3以上の地震は2km以浅である。

また，山体も含めると，平地における深度4kmの圧力がかかっていることになり，図16-13の溶解度逆転領域から微妙に外れる。しかしここでは，3km以浅の飛騨花崗岩類は含水量が多いなどの理由で密度が低く，岩圧も100MPaよりも低いと考え，溶解度の逆転領域に入ると仮定しておく。

混乱を避けるために，本書では，特に断らない限り，マグマ起源の成分を主体とするものを「熱水」，天水起源の成分を主体とするものを「地下水」と呼んで区別することにする。ここまでの議論からおのずと明らかなように，以下では，熱水が極めて重要なキーワードである。

もちろん，熱水は純粋な水ではなく，二酸化炭素，硫黄，シリカ，金属成分などを溶し込んでおり，それらの分量によって性質が変わり，ダイナミクスの多様性の一因になっている。

§16-7. 立山・黒部地域の深部低周波地震

§14-5で述べたように，新世代の観測網Hi-netが登場して下部地殻から上部マントルに分布する数多くの深部低周波地震の存在が認識されるようになった。

　図14-10を見ると，北から順に，白馬大池，立山，上廊下，雲ノ平・鷲羽岳，焼岳の下に深部低周波地震が分布することが分かる。一つ一つの地震を調べたわけではないが，上部地殻の広域的な地震発生層から分離したコンラッド面（深度15km前後）より深いM1未満の極微小地震のほとんどは低周波地震と考えることが出来る。

　しかし，筆者にはずっと不思議だと思っていたことがあった。

　不思議1は火山と深部低周波地震の分布の水平方向のズレである。図14-9の様な空間的スケールで見れば，明らかに深部低周波地震の分布は活火山やチバニアン期後期に活動した比較的新しい第四紀火山に対応する。しかし，空間スケールを拡大すれば，図16-14（立山），図17-22（日光白根山や皇海山），図19-12（草津白根山）などの様に，多くの場合5km程から10km程もずれているのである。深部低周波地震がマグマや熱水の上昇を示しているのなら，なぜ素直に直上に上昇してこないのか不思議であった。

　不思議2は，多くの場合，深部低周波地震分布の上端と，15km以浅の上部地殻の地震発生層との間に5kmから10km程の隙間があることであった。

　不思議1も不思議2も多くの火山に該当する以上共通の原因があるはずである。共通の原因というと，15km前後は上部地殻と下部地殻の境界のコンラッド面に熱水がトラップされているという考えがある。しかし，緻密な斑レイ岩の下部地殻より，むしろ粗い構造の花崗岩を主体とする上部地殻の方が熱水は上昇しやすいはずである。

　図16-14は立山近くの深部低周波地震発生域を含む黒部・立山地域の深度26kmから9kmの3次元分布に超低密度域（図16-12の深度4kmから3km）を重ねたものである。図16-14から2ヶ所の深部低周波地震発生域が存在することが認識できる。剱岳と立山の西方の深部低周波地震発生域を地表まで延長すると，立山，剱岳，大日岳に囲まれた早月川源流部である。もう1ヶ所は3県県境部の活火山，鷲羽岳直下である。

　図16-14の深度17kmから11km程の間に隙間（図中のTK1）がある。そこは，図16-10でデイサイト

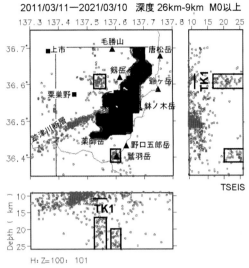

図16-14　超低密度域（図16-12の深度4kmから3km。以下同様）直下深度26kmから9kmの3次元地震分布。剱岳西5km程と3県県境直下の長方形が深部低周波地震の発生域。鷲羽岳は活火山であるが黒のシンボルで示した。外枠の8割ほどのサイズの補助線は図16-12の外枠を示す。以下同様。

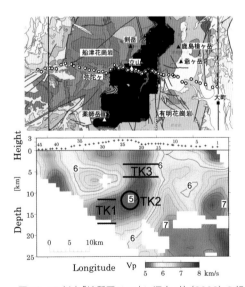

図16-15（上）「地質図Navi」に源内・他（2002）の超低密度域を重ねたもの。両脇の縦補助線は図16-12の外枠を示す。（下）図16-14の立山・黒部P波速度断面図にTK1（下部マグマ溜まり），TK2（上昇するマグマ），TK3（熱水混合層）を加筆。

質／流紋岩質のマグマ溜まりとされている部分と同じ深度で，互いに隣接しているではないか！　それに気が付いた時，不思議1と不思議2の謎が解けたような気がした。

　図16-15（上）は図4-3に図16-12の3-4kmを重ね合わせたもの，（下）は図16-8にTK1，TK2，TK3を加筆したものである。改めて図16-14のTK1と図16-10のマグマ溜まりが同じ深度で隣接していることが分かる。つまり，マグマ溜まりがこの深度で水平に拡がっており，それが地震分布の隙間の意味であると考えるほか無い。

§16-8.　深部地殻構造の整理

　ここでは，以上の検討を参考に，松原モデル（図16-10）の浅部マグマ溜まりの部分を修正して，立山・黒部直下の地殻構造の枠組みを次のように整理しておきたい。深度はアルペンルート沿いの場合で，（）内が黒部川花崗岩体の場合である。

【深度3km（1.5km）程】黒部峡谷直下に自己閉塞層。温度は450℃（350℃）

【深度6km（4.5km）から3km（1.5km）程】黒部峡谷直下東西10km程に熱水混合層TK3。

【深度11km程から6km程】黒部峡谷直下に熱水をふんだんに含むマグマ上昇火道TK2。

【深度17km程から11km程】早月川源流部から弥陀ヶ原台地直下に下部マグマ溜まりTK1。

【深度17km前後】コンラッド面。

　図16-16はその概念図である。マントルから周辺に深部低周波地震を発生させながら上昇してきたマグマと熱水は上部地殻に入ってTK1の下部マグマ溜まりになる。TK1の東縁から熱水をふんだんに含んだマグマがTK2から熱水混合層TK3に向かって上昇していく。TK3に貯留された熱水は自己閉塞層をすり抜けて行くのが困難なので西縁から漏れ出し，弥陀ヶ原台地の地獄谷などに向かって上昇して行く。このように考えれば，不思議1も不思議2も説明可能だと思うのである。ここでは，TK1からTK3の全体を「立山・黒部マグマ溜まり」と呼ぶことにする。

　残った問題は「下部マグマ溜まりTK1のマグマは何故直上に上昇して行かないのか？」である。

　図16-15（下）をみると，下部マグマ溜まりと弥陀ヶ原台地の間，深度10kmから5kmは地震波速度が花崗岩より大きい。そこに分布する玄武岩／斑れい岩体がデイサイト質／流紋岩質のマグマの上昇をブロック

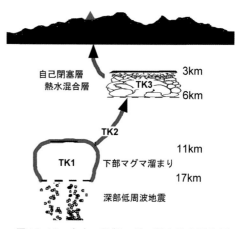

図16-16　立山・黒部マグマ溜まりの概念図。TK1は下部マグマ溜まり，TK2は上昇する部分溶融マグマ，TK3は熱水混合層。右端の深度は立山黒部アルペンルート以南の場合。

している可能性がある。ただし，多くの火山に都合よく玄武岩／斑れい岩体が分布しているとも思えない。現時点では決め手はなさそうである。

　いずれにせよ，立山・黒部マグマ溜まり理解の重要な一歩であった。

　この構造モデルでの熱水混合層辺りに松原モデルでは大きなＳ波速度の低下はなく，多少の矛盾が

残る。その原因として二つの可能性がある。

　第一の可能性は，立山・黒部地震波速度断面図の場合，地震計の間隔は1kmであるが，地下数km
では地震波は高角で伝播してくるので，深度数kmの地震波速度不均質の分解能が相対的に乏しい。
しかも，トモグラフィー的な手法の場合，地震破線（伝播経路）は低速度層を避けるように曲がり，
低速度部分を通過してくる破線数が少なくなって検出されにくくなり，検出されても速度低下が小さ
く見積もられる傾向があることである。

　第二の可能性は，熱水が350℃より高ければ超臨界水となり，密度が下がることである。そうすれ
ば，立山・黒部地域の重力異常を説明するために熱水混合層の4km程もの厚さは必要なくなる。

　推測するほかないが，多分両者が利いているのであろう。

　なお，最新の地震計や収録装置を使って観測をやり直せばこれらのような問題点を解決してくれる
という訳ではない。解決してくれるのは，観測点の分布を立山黒部アルペンルートから南北に面的に
拡大することである。そうすれば，全般的にモデルの深度分解能は高くなり，それにつれて深度数km
の速度構造の分解能も高くなるはずである。将来の課題である。

　シリカ溶解度の逆転現象に基づく熱水混合層と自己閉塞層の考え方がどれだけ多くの火山に適用可
能かは分からない。それを考えるには，図14-11のようなD90が大変参考になる。図16-13の温度条件
からはD90が5kmより浅い，白山，苗場山，日光白根など火山には熱水混合層が存在しうることが分
かる。単純で基礎的な資料としてD90が重要な理由である。

　また，興味深いのは，次の2点の位置関係である。

　第一点は，立山・黒部マグマ溜まりの北半分が第四紀に急速隆起してきた黒部川花崗岩体（図4-3）
の分布域とおおまかにオーバーラップすることである。黒部川花崗岩体を大きく持ち上げ，図4-3の爺
ヶ岳の傾動を引き起こした力の源はもちろん東西圧縮の地殻応力であろうが，有明花崗岩体が直下の
熱水混合層によって熱せられ，変形しやすくなっていることは重要な脇役であろう。

　第二点は，跡津川断層の東端下部がマグマ溜まりTK1と立山カルデラ西端直下辺りで接しているこ
と，つまり，活断層の終末部がマグマ溜まりTK1を介在して深部低周波地震発生域と繋がっているこ
とである。つまり，根を共有しているのである。

§16-9. 同位体地球化学（地球化学）

　同位体地球化学は，様々な原子の同位体比の差異を調べ，太陽や惑星の進化から地球深部のダイナ
ミクスまでを探る研究分野である。それは，質量がわずかにしか違わない原子の存在量の比を測定す
る極めて精密な技術に基づいている。

　§3-2の日本海拡大の議論で言及したように，地下から地表への熱の流れ表す地殻熱流量は大地のダ
イナミクスを考える上で基本的なデータである。

　しかし，それには，100m以上のボーリング坑を掘って（ほかの目的で掘られたボーリング坑を使わ
せもらう場合も多い）上端と下端の温度差を測り，その間の岩石を実験室に持って帰って熱伝導率を
測定し，それを用いて地殻熱流量に換算する。地下水に温度分布が乱された様なデータは使えない。
お金がかかり，時間がかかる割には成果が上がりにくい地味な研究分野なので，重要な割には測定デ

ータの数は多くはない。Hi-netの観測点設営のために多くのところでボーリングが行われて地殻熱流量量が測定されたこともあり、日本全体ではデータの数は増えている。とは言え、飛騨山脈脊梁部の地殻熱流量のデータはない。

それなら高温の温泉の分布が多少代わりになるかもしれない。日本列島では、地殻浅部の地温勾配は100mで3℃程なので、1kmも掘れば40℃以上になり、何処でも温泉が出る。それは、地下に高温マグマが存在することを意味する訳ではない。しかし、100℃近い高温温泉水が地表に湧き出ていれば、温泉水の熱源は地下のマグマ溜まりと考える他ない。実際、飛騨山脈一帯には高温の温泉が多い。

高温熱水や火山ガスの素性を教えてくれる重要な情報は、水素（元素記号H、原子番号1、原子量1）、ヘリウム（元素記号He、原子番号2、質量数4）、酸素（元素記号O、原子番号7、原子量16）などの同位体比である。

ヘリウムの場合には二つの同位体があるが、地球にもっとも多く存在するのは、原子量4のヘリウム4で、その次が原子量が3のヘリウム3である。同位体は原子名に原子量を付けてヘリウム4やヘリウム4のように表記される。ヘリウム3と4の存在比を3/4比と呼び、本書では、10のマイナス6乗を単位として表す。

地球内部における3/4比は10程度、大気中では1程度である。もし温泉ガスや火山ガスの3/4比が10に近ければ、そのヘリウムが上部地殻内のマグマ溜まりか、もっと深いマントルから上昇してきた証拠になる。

図16-17には飛騨山脈や白山周辺の温泉ガスや火山学ガスのヘリウム3/4比がプロットされている。飛騨山脈脊梁部の多くの3/4比が4以上なので、この地域の温泉ガスや火山ガスには、立山・黒部マグマ溜まりなど地下深部型から上昇してきた成分が多く含まれていることが分かる。富山県西部から石川県の平野部としてはヘリウム3/4比が大きいが原因は不明である。

温泉水の熱源はマグマ溜まりと述べたが、酸素同位体比からは、温泉水自体はほとんどの場合は天水起源である。天水とは、何年前か、何千年前か、何10万年前かの雨水が地下に染みこんで行き、閉じ込められた地下水である。いずれにせよマグマ溜まりやマントルから上昇してきた熱水ではない。

§7-6で述べたように、立山カルデラ内の立山温泉跡地近くのボーリングでは、地表から深さ90m程の花崗岩の基盤と堆積物の間に160℃

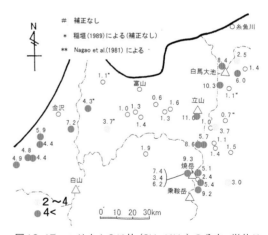

図16-17 ヘリウム3/4比（3He/4He）の分布。単位は10マイナス6乗。オレンジの○は4より大きいサンプリング点。大和田・他（1998）による。

程の地下水脈の存在が明らかにされた。高温に加え、ガスのヘリウム3/4比が大きく、硫黄などの化学成分を含んでいることなどから、160℃程の地下水脈に含まれるガスは地下の熱水混合層やマグマに由来することが分かる。

立山温泉跡から2km程上流の新湯（場所は図7-6）の水は強い酸性で、酸素同位体比からはマグマ

起源の水が半分程含まれており，塩素，ナトリウム，二酸化炭素も多く含んでいる。なお，塩素とナトリウム（つまり塩）というと化石海水起源と思い込みがちであるが，高温高圧の元では岩石と熱水の化学反応でも生じる。

以上の様に立山・黒部マグマ溜まりの兆候はいくつもあるのである。

本節の最後は，立山黒部地域の隆起プロセスの復元像の背骨とも言うべき黒部川花崗岩体の同位体年代である。

山田（1999）は，フィッション・トラック法によって黒部峡谷の仙人峡から阿曽原周辺と，長野県側の大町から高瀬川ダム周辺の多くの標高の花崗岩の年代を決定し，「標高が1500mより低いところほど年代が若い」ことを示した。

伊藤・他（2013）は，ウラン・鉛法によって，阿曽原の登山道（標高0.9 km程）から80万年前頃の世界で一番若い花崗岩を発見し，黒部川花崗岩体南端の扇沢からは100万年前頃の花崗岩を見出した（図16-18の赤二重丸）。ウラン・鉛法は，ウラン（原子番号92の元素。元素記号はU）の原子核壊変を利用した年代測定法である。

末岡・他（2021）は，地質温度圧力計の方法によって，550万年前の花崗岩（標高1.6kmから1.7km）と80万年前の年代の花崗岩（標高0.9km程）が固化した深度を10kmから6kmと8kmから6kmと決定し，それから上昇速度を550万年前から80万年前までは40m/10万年から45m/10万年，80万年前から現在までは750m/10万年から1000m/10万年と見積もった。地質温度圧力計とは，温度と圧力によって安定な鉱物と化学組成が異なることを利用して，対象となる岩石の化学組成の微小な変異から固化したときの温度と圧力（従って深度）を推定する方法である。

扇沢（標高1.4km程）の100万年程の年代の花崗岩の場合も同様に計算して，上昇速度は600m/10万年から800m/10万年になる。

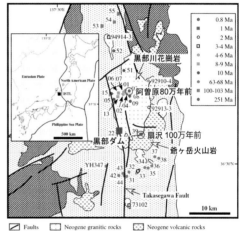

図16-18　伊藤・他（2013）による黒部川花崗岩体と高瀬川ダム周辺の白亜紀から古第三紀の有明花崗岩のウラン・鉛法年代の分布に，阿曽原と扇沢の地名と年代を加筆。

§16-10. 立山黒部アルペンルートGPSデータ（測地学）

立山・黒部は同位体年代学の成果から予想されるような速度で現在も上昇しているのだろうか？この問題に答えるために重要なのは次の観測研究である。

①明治以来の測地測量データのまとめ（鷺谷・井上，2003）。

②日本列島の1996年から2003年までのGEONETデータによる全国の上下変動（村上・小沢，2004）。

③GEONETデータに富山大学の浄土平における繰り返し観測のデータを加えた1996年から2004年までの立山黒部アルペンルート測線の上下変動（道家・他，2004）。

④2005年から2010年までの立山黒部アルペンルートのGEONET測線の上下変動と周辺の広域的上下変動（西村・国土地理院穂高岳測量班，2012）。
⑤信州大学の焼岳と西穂高岳での1992年から2000年までの繰り返しGPS観測（角野・他，1997：角野，2000）。

　1996年頃にGEONET観測網が整備され，2004年には立山室堂平にも観測点が設置された。ただし，東北地震によって中部地方一帯の地殻変動場は大きく乱れたので，ここでは，東北地震の前の成果のみを参照する。といっても，その期間にも永年的でないと思われる大きな広域的変動が存在するので一筋縄では行かず，解釈や仮定がつきまとう。GPSによる地殻変動は立山隆起理解にとって核心の一つなので多少詳しく述べよう。検討対象は上下成分のみに絞る。

　まずは原点に戻って，明治以来の測地測量のデータを参照しよう。鷺谷・井上（2003）によれば，図16-19が示すように，過去100年の水準測量では，中部地方の北緯36度以北には，軟弱地盤の市街地にある少数の観測点を除いて顕著な上下変動は見られず，上下変動速度は1mm/年以下で永年的に安定している。この観測事実は，能登半島の輪島における過去100年の年平均潮位が10cm以内と安定していることと調和的である。単純化して「中部地方の北緯36度以北の永年的な地殻変動上下成分はゼロ」と仮定してもいいだろう。

　図16-19が図16-10の最近90年程の水準測量の成果と矛盾はないかどうかは，富山・金沢定常沈降帯説のチェックポイントである。

　富山・金沢定常沈降帯が正しければ，宝達山地以外では，黒部から高岡まで旧北陸線にそって90年で-4cmから-5cmのはずである。富山と高岡の都市中心部を除けがほとんどの地点で沈降（□）で多くが-10cm以下の沈降に収まり，全体的には，定性的には調和的と言って良いだろう。ただし，宝達山地周辺では-10cm程度であって良いはずであるが-5cmより小さい。精度も考えればこれ以上の議論は将来の課題としたい。

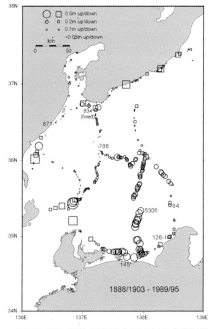

図16-19　明治以来過去100年の水準測量のまとめ。○は隆起，□は沈降。鷺谷・井上（2003）による。

　富山から南に向かって県境まで，国道41号線に沿ったルートでは，図16-19では+10cm程であるが，呉羽山周辺の定常的隆起がどの辺りまで及んでいるのか分からないので，調和的かどうかの判断はできない。

　次に，図16-20のGEONET観測点のGPS記録を見よう。GEONET観測網が整備された1996年頃から2005年頃まで，飛騨山脈の脊梁部西側の栗巣野，上宝，東側の大町，豊科，奈川が最大5mm/年に達する速度で沈降したことが分かる。2005年以降，この沈降は低速化したが，糸魚川ー静岡構造線東側のフォッサマグナ地域では4mm/年程の広域的な高速沈降が続いた。上記の仮定とは矛盾である。

　なお，立山黒部アルペンルートのGEONET観測点は，西から，大山（大山町栗巣野。地鉄立山駅

の近く），立山Ａ（立山室堂平），Ｒ大町3（大町市扇沢）の3点である。ただしこの観測点名では直感的に分かりにくいので，本章では，地名の粟巣野，立山室堂平（または単なる室堂平），扇沢と表記する。

　図16-21は，図16-20の様な原データの全国平均を基準とした1996年から2003年の上下変動である。中部地方北部，特に飛騨高原からフォッサマグナの大きな沈降速度が読み取れる。

　さて，GPS観測を行うには，当たり前のことだが，電源と情報基盤が必要である。GEONET観測点は交流100ボルトの商用電源と情報基盤が及んでいる場所に設置されているが，商用電源が存在しない山岳部などでは，観測機器と重たいバテリーを運び上げ，数週間から数ヶ月の記録をとり，毎年それを繰り返すことになる。その様な観測を「繰り返しGPS観測」と呼ぶ。

　富山大学の竹内のグループは1996年以来浄土山（2831m）山頂近くの浄土平において繰り返しGPS観測を行ってきた。図16-22は，1996年から2004年まで，石川県

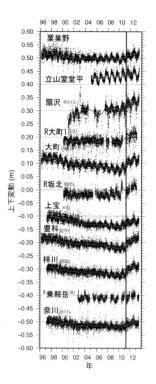

図16-20　西村・穂高岳測量班（2012）による飛騨山脈周辺のGEONET観測点の1996年から2012年までのGPS上下変位記録。観測点名または地名を加筆。

羽咋郡宝達志水町（当時は押水町）から長野県大町までのGEONET観測点に浄土平の観測成果を加えたプロファイルである（道家・他，2008）。各観測点の上下変位から富山観測点の上下変位を差し引き，富山観測点を基準としている。粟巣野は2.5mm/年程，浄土平は4mm/年程，長野県大町は0.5mm/年程の隆起である。西村・国土地理院穂高岳測量班（2012）の立山室堂平は8mm/年程の隆起である

が，これには不規則な変動も乗っているので参考に留める。

　次に2005年から2010年のデータを見よう。この時期には立山室堂平にGEONET観測点が設置され，連

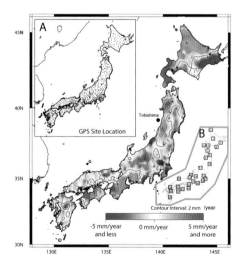

図16-21　1996年から2003年の全国の全国平均を基準とするGPS上下変動。飛騨山脈からフォッサマグナは大きな沈降になっている。村上・小沢（2004）による。

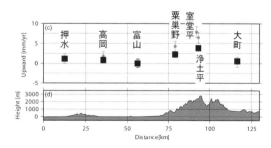

図16-22　立山を東西に横断する1996年から2004年のGPS変位速度。基準は富山観測点。浄土平は富山大学グループによる観測，他はGEONET。観測値のシンボルは大きな四角に置き換えた。道家・他（2004）に地名または観測点名を加筆。

続観測になった。

　図16-23はGEONET記録による2005年から2010年までの（左）水平変動と（右）上下変動である。（左）からは水平変位が飛騨山脈に向かって収束しているように見える。歪みが飛騨山脈に集積されているのである。（右）からは扇沢や穂高岳が上昇し，大町以東が沈降していることが分かる。歪みが集積している飛騨山脈地域が隆起しているのはわかりやすい。

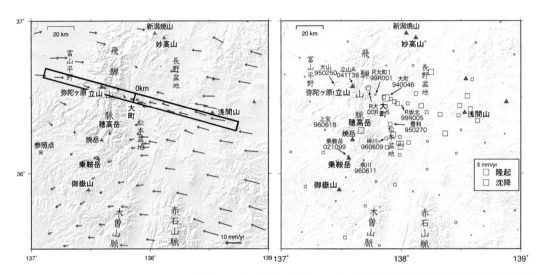

図16-23　2005年から2010年までの（左）GPS水平変動と（右）GPS上下変位。糸魚川静岡構造線一帯は比較的大きな沈降。西村・穂高岳測量班（2012）による。

　図16-24は，図16-23（左）の長方形の立山黒部アルペンルート測線の上下動プロファイルである。この図によると，2005年から2010年の間，粟巣野で0mm/年，立山室堂平で2.5mm/年程，扇沢で4mm/年程の隆起，それ以東の糸魚川－静岡構造線周辺は4mmから3mm/年程の沈降である。

　問題は，図16-21や図16-23の広域的な沈降が永年的なものか？一時的なものか？である。ここでは上記の仮定に従い，広域的な沈降は一時的なものとみなすことにする。

　2005年から2010年まで，富山は1mm/年程，大町は3mm/年程の沈降なので，その平均の2mm/年の沈降を近似的に一時的な広域的上

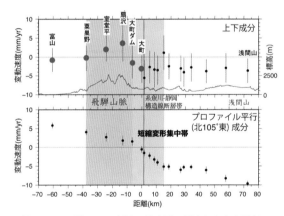

図16-24　図16-23（左）の長方形で囲まれた立山黒部アルペンルート測線の上下変位速度。地形断面は長方形の中央の標高なの大町扇沢観測点が3000 m近いが実際は1480 m程。富山から大町までの観測値を赤丸にし，地名または観測点名を加筆。

下変動と見なして図16-24に2mm/年隆起のゲタを履かせてゼロオーダーの近似ではあるが永年的でない上下変動を取り除き，図16-22に重ねると，図16-25になる。二つの期間の上下変動のパターンはよく似ている。この事実は，図のパターンが永年的なものであることを示唆している。

図16-25から，「立山隆起に伴う永年的な上下変動は，栗巣野で2mm／年程，立山室堂平で4mm／年程，扇沢は6mm／年程の隆起」と結論できよう。扇沢の6mm／年の大きな上昇は意外に見えるかもしれない。しかし，前節の図16-18のように，同位体データからの700m／10万年程の上昇とは調和的なのである。

見通しを良くするために，ここまで言及した立山周辺の隆起速度の概数を地図上に落としたのが図16-26である。西から，高位段丘の115m／10万年から155m／10万年，栗巣野の200m／10万年程，立山室堂平の400m／10万年程，扇沢の600m～800m／10万年程，黒部川花崗岩体の750m～1000mm／10万程の隆起と系統的であることがよく分かる。

§6-6において，十二貫野と東福寺野の地殻変動を80万年前まで遡らせ，それぞれ深度1km程，深度1.2km程になったとき，筆者は違和感を抱いたがそのままにしておいた。栗巣野の200m／10万年の隆起を80万年前まで遡らせると深度1km程になることに気が付いて，「高位段丘や栗巣野が80万年前頃の深度1km前後の時期に，黒部川花崗岩体の急上昇に伴って富山平野東縁の地殻変動が沈降から隆起に逆転した」のではないかと思うようになった。

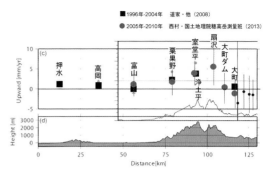

図16-25　図16-24に＋2mm／年のゲタを履かせて図16-23に重ねたもの。上下成分のみ。赤丸は前図の赤丸と同じデータ。

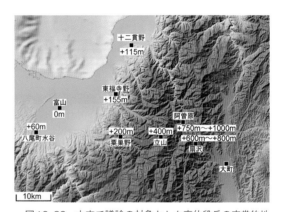

図16-26　本文で議論の対象とした高位段丘の定常的地殻変動上下成分，阿曽原の花崗岩の80万年前の同位体年代などから推定される上昇速度，GPSによる上下変位を同じ地図に落としたもの。「国土地理院地図」に加筆。

研究者の節度としては，15年程のGPS観測データと花崗岩の100万年の時間スケールの同位体年代を同列に扱って「立山隆起の中軸は幅10km程の黒部峡谷。過去80万年程，立山室堂平は400m／10万年で隆起，黒部川花崗岩体は＋750m～＋1000m／10万年程の速度で上昇してきた」と言い切ることには躊躇を感じるところである。しかし，本章で検討の対象とした諸要素がここまで調和的だと，そう言い切ってもいいだろう。結論として黒部川花崗岩体は（地球科学的時間スケールで）高速で上昇中の生きた岩体なのである。

筆者は，コロラド大学ボールダー校に招かれ，アメリカで最も美しい町と言われるコロラド州ボールダーで1984年9月から1年を過ごした。ボールダーは，デンバーから北西に40km程，大平原の西端の標高1600m程に位置している。

ロッキー山脈の最高峰はデンバー南西150km程の標高4401mのエルバート山である。ボールダー北西40km程には，よく整備されたロッキー山脈国立公園があり，標高3700m近くまで車で上ることが出来る。公園内でもっとも高い山は標高4346mのロングスピークである。ボールダーとの比高はいずれも2800mほどである。

ボールダーの町のすぐ西側にフラッグスタッフ山があるので町の中からロッキー山脈の4000m級の峰々は見えない。しかし，デンバー市街やデンバー国際空港などからはロッキーの雄大な眺望がえられる。あるとき，早朝の飛行機で東海岸に向かう事になり，その前日，デンバー国際空港の近くのモーテルに投宿した。そこから見たロッキー山脈の夕焼けは，筆者の人生で見た最も印象的な光景の一つであった。

　ロッキー山脈の雄大さには圧倒された。しかし，ウエストン（『日本アルプス』，岡村精一訳，1995）が飛騨山脈に感じた「壮麗」（原書では magnificence）という印象とは異なり，「なだらか」という印象であった。飛騨山脈が「壮麗」なのは，隆起してきた年代が極めて新しく（100万年程），山腹の全体的な傾斜が急だからであろう。

　立山・黒部に匹敵する速度で隆起している場所は，室戸岬（2mm/年程），房総半島先端部（3mm/年程），赤石山脈（4mm/年程。図16-19参照）くらいしかないが，地殻構造，重力異常，花崗岩の年代決定学，高位段丘の高速隆起などのデータが立山・黒部地域ほど体系的に揃っている場所は他にはない。

　第5章と第6章において，主要活断層の長期評価の結果が，第0近似とは言え，100万年程度まで外挿可能であることが分かったときは大きな感動であったが，100万年の時間スケールの同位体年代のデータから予測される上昇速度で現在も立山が上昇し続けていると確信したときはそれ以上の感動であった。

　隆起の中軸が黒部峡谷にあることがはっきりしたので，以後は立山・黒部隆起と呼ぶことにしたい。

　槍・穂高・上高地地域も立山・黒部地域と同じように隆起しているのだろうか？

　信州大学の角野のグループは，1992年から2000年，焼岳と西穂高岳で繰り返し観測を行ってきた（角野・他，1997：角野，2000）。その結果，焼岳山頂は5mm/年〜10mm/年の速度で北東に移動していることが分かった。この時期には焼岳の群発地震活動はなかったので，著者達は，図4-1の様な傾動変動が継続していることが原因と考えた。

　国土地理院の穂高岳測量班は，1999年から2012年まで，前穂高岳山頂部でGPSの繰り返し観測を行った。西村・国土地理院穂高岳測量班（2012）によると，1994年から1999年までの間に5cm程沈降したが，奇妙なことに，その後10年程は5mm/年程で高速隆起（図16-23右）し，ほぼ元に戻った。これらの観測期間に何があったかというと1998年の飛騨上高地群発地震である。しかも群発地震に伴って発生したM5クラスの地震よる上下変動では5cmもの沈降や隆起は説明できない。つまり，槍・穂高・上高地地域のGPSの上下成分の不規則な動きは原因不明である。多くの研究者が流した汗にもかかわらず，残念ながら，槍・穂高・上高地地域については，神様は感動を先送りにされたようである。

§16-11．立山・黒部隆起の復元像

　本節では，ここまで言及してきた諸要素の検討成果や地質分布に基づいて，立山・黒部地域の隆起の復元像を描いてみよう。

　出発点を箇条書きすると以下の［1］から［3］の仮定／要素である。

　　［1］黒部川花崗岩体は，550万年前頃から80万年前頃まで45m/10万年（末岡・他（2021）の上限）

程で上昇した。

［2］同じく，80万年前から現在まで875m/10万年（末岡・他（2021）の平均）程の速度で急上昇した。

［3］80万年前から現在まで，立山山頂部（標高3km程）は室堂平と同じ400m/10万年，粟巣野（標高600m程）は200m/10万年の速度で隆起してきた。

　［1］から［3］を内挿／外挿することによって次のような立山・黒部隆起の復元像が導かれる。研究成果が存在しない部分については，既存の研究成果に矛盾しない範囲内で多少の推測を加えた。

【隆起以前】立山の西側では，古生代の飛騨帯，中生代の飛騨花崗岩類（船津花崗岩など），中生代の堆積層の手取層などは地下で眠っていた。立山山頂部もその中にあった。東側の地殻浅部には古生代から中生代の飛騨外縁帯（後立山連峰の東山腹。焼岳・穂高岳では西側），白亜紀の有明花崗岩体，ジュラ紀の付加体である美濃帯などが地下で眠っていた。グリーンタフが全体を覆っていた。

【550万年前から300万年前】沈み込むプレート境界から上昇してきたマグマが地殻に下付けした（図4-8）。その一部は地殻内を上昇し，その上端は−7.5km程で固化して黒部川花崗岩体となり，+45m/10万年程で上昇するようになった。

【300万年前頃】550万年前の年代の花崗岩は−6.4km程になった。侵食が大きいので地表部がどうなっていたのかを推測することは不可能であるが，§4-4で言及した上市の丸山運動公園の呉羽山礫層などを参考にすれば，250万年前頃には飛騨花崗岩類の当時の上端は既にある程度高かったものと思われる。

【165万年前〜160万年前】550万年前の年代の花崗岩は−5.7km程になった。爺ヶ岳で巨大カルデラ噴火が起こり，分厚い火山岩層が現在の立山・黒部地域を覆った。丸山運動公園や呉羽丘陵の呉羽山礫層の礫を供給した古い山体の山頂部は侵食で次第に失われた。

【160万年前から80万年前】黒部川花崗岩体は+45m/10万年で上昇を続けた。一方，富山・石川沈降帯では大きな沈降が続いた。

【80万年前頃】550万年前頃の年代の花崗岩は−5.3km程になった。この時期に−6.0km程で固化したのが，阿曽原の80万年前頃の年代の花崗岩である。花崗岩体の上昇速度は+875m/10万年程になった。立山や剱岳の現在の山頂部は+0km前後になった。

【80万年前から50万年前】黒部川花崗岩体の中央部から染み出してきた熱水による変質や硫黄や硫酸塩による化学的変質によって弱くなり，侵食が進行し，古黒部川が誕生した。褶曲構造発達の数値シミュレーション（例えば，Tsukahara and Takada, (2018)）などからの類推を許せば，黒部川による侵食が進むと，それは翻って花崗岩体の上昇を加速し，上昇の加速は黒部川の侵食を一層増大させ，花崗岩体の上昇を一層加速したと思われる。黒部川花崗岩体の東側では，爺ヶ岳の巨大噴火による火山岩体や有明花崗岩が黒部川花崗岩体の上にのし上がり，図4-4のように大きく傾動するようになった。黒部川花崗岩体の隆起の影響が富山平野東縁にまでおよび，高位段丘が分布する場所は急速隆起に転じた。

【50万年前頃】阿曽原の花崗岩は−3.5km程になった。現在の立山山頂部は+1.0km程，粟巣野は−0.4km程になった。

【30万年前頃】阿曽原の花崗岩は－1.7km程になった。立山山頂部は＋1.8km程になり，粟巣野は＋0km程になった。この前後，40万年前から20万年前にスゴ乗越，30万年前から10万年前に雲ノ平などの火山活動が盛んになった。

【20万年前頃】阿曽原の花崗岩体は－0.85km程になった。現在の立山山頂部は＋2.2km程になり，立山火山の活動が始まった。粟巣野は＋0.2km程，東福寺野などの高位段丘は次第に＋0kmに近づいた。

【10万年前頃】阿曽原の花崗岩体は＋0.0km程になった。現在の立山山頂部は＋2.6km程，粟巣野は＋0.3km程になった。現在の立山カルデラ最奥部の火口から大量の安山岩質の溶岩を流し出し，弥陀ヶ原台地を覆った。

【現在】550万年の年代の花崗岩は＋1.6kmから1.7km，阿曽原の黒部川花崗岩体は＋0.9km程になった。立山山頂部は＋3km程，粟巣野は＋0.6km程，高位段丘は＋0.15km程になった。

　以上が，地殻構造（地震学），重力異常（測地学），自己閉塞層（火山学・地球化学），深部低周波地震（地震学），世界で一番若い花崗岩（岩石学・年代決定学），高位段丘の高速隆起（活構造学・活断層学），アルペンルートGPSデータ（測地学）を総動員し，互いに矛盾のないように組み立てた隆起復元像である。

　この隆起復元像は，§4-4の地質学からの立山隆起論とは大きく異なる。1990年代の地質学における立山隆起論は，富山平野東縁の高位段丘面の上市の丸山公園などの第四紀初期の呉羽山礫層から飛騨山脈から流れ下ってと思われる花崗岩の礫が存在することが根拠であった。筆者も，当時は，その考えに納得していた。しかし，花崗岩の同位体年代やGPSの隆起データが出てくると，立山・黒部地域の深部構造と相俟って，チバニアン期以降に，急速隆起してきたと思わざるを得なくなった。地球科学のような分野では，新しいデータを出すことと，異種類の研究成果を総合することが決定的に重要であることが分かる。

　もし丸山公園の呉羽山礫層が250万年前からずっと地表に位置していたら，激しい侵食でとっくに失われてしまったに違いない。定常的沈降によって一旦地下深く閉じ込められたおかげで，現在，数100万年の年月を経て呉羽山礫層を手にすることが出来るようになったと考えるべきであろう。§5-7において言及した馬見丘陵の「前期更新世動物化石」と同じである。

　上述の復元像では，80万年前頃に立山山頂部，30万年前頃に粟巣野，16万年前頃に高位段丘が高度0km程まで上昇し，隆起の裾野が広がっていった様子が復元されている。とはいえ，80万年前頃と30万年前頃などの数値はアルペンルートGPS観測から外挿した不確実さの大きい数字である。前節で，立山室堂平と粟巣野のGPS観測データに＋2mm/年のゲタを履かせたが，このゲタを＋1.5mm/年とすると，立山室堂平と粟巣野の永年的な隆起速度は350m/10万年と150m/10万年となり，高度が0kmより大きくなるのは立山山頂部が86万年前頃，粟巣野が40万年前頃と古くなる。このレベルの不確実さは避けられないことをお断りしておく。

　この隆起復元像が空間的にどの範囲にまで当てはまるのかは分からない。一例として雲ノ平を挙げよう。産総研の「日本の火山」では，「雲ノ平の旧複成火山体（岩苔小谷火山）は約90万年前，新期火山（雲ノ平火山）は30-10万年前」とされている。雲ノ平の北東縁の標高2.25km程の岩苔小谷溶岩の年代は90万年前頃（及川・他，2003）なので，海底火山でなかったとすると，この地域の隆起速度は

250m/10万年より小さいはずである。仮に250m/10万年とすると，新期火山活動が始まった30万年前頃の現在の雲ノ平頂部の標高は1.7km程，現在の標高1910m程の薬師沢小屋周辺は1.2km程であったことになる。薬師沢小屋よりやや高い雲ノ平基底部の40万年前の砂礫層（及川・他，2003）は高度1.数km程，隆起速度が250m/10万年より小さいとするとさらに高いところで砂礫層は形成されたことになる。この程度の復元の試みは可能である。

　何が隆起を駆動するのだろうか？　通常はアイソスタシー的隆起を考えるが，飛騨山脈のサイズは東西20kmから30kmで，地殻の厚さより狭い。従って山体加重によるモホ不連続面の凹凸への影響は小さく，ブーゲ重力異常への影響は小さい。逆に言うと，地殻全体としてのアイソスタシーの効果は小さいので，ブーゲ重力異常のデータによる隆起の議論は行えない。

　単純化して，立山・黒部隆起はプレートの沈み込みに伴う東西圧縮応力による地殻浅部の弾性的座屈と塑性変形としての褶曲の二つの素過程が担っているものと思われる。§4-4で言及した侵食隆起のような素過程ももちろん寄与したであろうが，本章の復元像では主要要素ではない。

　弾性とは，変形させている力を除くと元の形に戻るような性質を指す。花崗岩のような岩石やプラスティックの定規など，身近な物質はほとんど弾性体である。塑性変形や塑性流動とは，加えられた力に応じて変形して行き，力を除いても元の形に戻らない様な固体の変形を指す。身近な例としては軒から渦を巻いて垂れ下がった氷結した屋根雪，山地で言えば岩石の褶曲などである。

　上部地殻浅部の座屈を単純に図化すると，図16-27（下）のように弾性的な部分の厚さは5km程（深度3kmから標高2km）と平均的な上部地殻の厚さの3分の1程度である。そこに東西圧縮の地殻応力が作用すれば，厚さ5km程の部分に歪みが集中し，同図（上）のように変形するであろう。

　東西圧縮の地殻応力と立山黒部マグマ溜まりが，立山隆起の主役である。塑性変形や塑性流動は今後の課題である。

　ここまで述べて来たように，地震波速度不均質は直接ダイナミクスを反映している。ダイナミクスを研究するために，地震学者達は，地球の中を反射屈折して地表に帰ってくる地震波を解析して，地球深部における地震波速度不均質を検出することに血道を上げる。立山・黒部はその典型的な例であった。「構造とはダイナミクス」なのである。

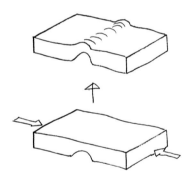

図16-27　単純化した地殻浅部の座屈の概念図。

　なお，上記の復元像に従えば，大伴家持が越中守在任の頃は立山は今より5.5m程低かったはずである。逆に，現在の標高2998.6mの剱岳は350年後には3000mを越えるはずである。

　ただし，『気候変動に関する政府間パネル（IPCC）第6次評価報告書サイクル』の「海洋・雪氷圏特別報告書」（環境省ＨＰ，2020）が危惧する様に，気候変動対策が有効に行われず，温暖化が進行し続けると，2300年には気温は今より4.3度高くなり，海水面は数ｍ上昇する。そうすると，剱岳は，その時点の平均海水面からの高度は3000mを越えないことになる。そうならないためにも，温暖化対策が強力に行われることを期待したい。

参考文献

Bodnar, R. J. and J. K. Costain, Effect of varying fluid composition on mass and energy transport in the Earth's crust, Geophysical Research Letters, 18, 983-986, 1991.

道家涼介・竹内章・安江健一・畠本和也・松浦友紀，GPS観測データから見た北アルプス立山における最近の地殻変動，東京大学地震研究所彙報，83，193-201，2008.

源内直美・平松良浩・河野芳輝，重力異常から推定された飛騨山脈下超低密度域の三次元分布，火山，第47巻，第5号，411-418頁，2002.

堀修一郎・海野徳仁・河野俊夫・長谷川昭，東北日本弧の地殻内S波反射面の分布，地震第2輯，56，435-446，2004.

Iidaka, T., T. Iwasaki, T. Takeda, T. Moriya, I. Kumakawa, E. Kurashima, T. Kawamura, F. Yamazaki, K. Koike and G. Aoki, Configuration of subducting Philippine Sea plate and crustal structure in the central Japan region, Geophysical Research Letters, 30, 5, 12-19, 2003.

伊藤潔・川崎一朗・古本宗充・磯部英雄・和田博夫・西祐司・永井直昭，人工地震による中部日本北部の地殻構造調査　富山−上宝測線，京都大学防災研究所年報，36，B1，325338，1993.

伊藤久敏・山田隆二・田村明弘・荒井章司・堀江憲路・外田智千，黒部川花崗岩のU-Pb年代とネオテクトニクス，フィッション・トラック　ニュースレター，26，29-31，2013

岩岡圭美・川崎一朗・平田直・平松良浩・渡辺了，飛騨山脈中心部の微小地震活動，地震2，53，95-99，2000.

勝俣啓，飛騨山脈下の地震波異常減衰と低速度異常体，月刊地球，18，2，109-115，1996.

河上哲生・末岡茂・田上高広，飛騨山脈黒部地域に産する花崗岩類の固結圧力の推定，日本地質学会第126年学術大会，2019.

川崎一朗，立山における GPS データは第四紀地殻変動や地殻構造と調和的か？，日本測地学会第 132 回講演会プログラム，63，2019.

Kusakabe, M., Ohwada, M., Satake, H., Nagao, K. and Kawasaki, I., Helium Isotope Ratios and Geochemistry of Volcanic Fluids from the Norikura Volcanic Chain, Central Japan: Implications for Crustal Structures and Seismicity. Society of Economic Geologists Special Publication (Giggenbach Volume), 10, 75-89, 2003.

日下部実，熱水地球化学から見た乗鞍火山列群発地震の発生メカニズム，自然災害科学J.JSNDS，37-1，62-72，2018.

Matsubara, M., N. Hirata, S. Sakai and I. Kawasaki, A low V zone beneath the Hida mountains derived from a dense array observation and tomographic method, Earth Planet Space, 52, 143154, 2000.

村上亮・小沢慎三郎，GPS連続観測による日本列島上下地殻変動とその意義，地震2，57，209-231，2004.

西村卓也・国土地理院穂高岳測量班，北アルプス穂高連峰の隆起に関する測地学的検証　～一等三角点穂高岳でのGNSS観測～，国土地理院時報，No.124，117-123，2013.

大和田道子・長尾敬介・日下部実・佐竹洋，北アルプス周辺地域の温泉ガスの組成とHe同位体比，地球惑星科学関連学会1998年合同大会予稿集，48，1998.

及川輝樹・原山智・梅田浩司，飛騨山脈中央部 上廊下雲ノ平周辺の第四紀火山岩類の K-Ar 年代，火山，48，4，337-344，2003.

鷺谷威・井上政明，測地測量データで見る中部日本の地殻変動，月間地球，25，918-928，2003.

酒井真一・岩崎貴哉・飯高隆・吉井敏尅・山崎文人・桑山辰夫，爆破地震動による中部日本地域の地殻構造，月刊地球，18，2，104-109，1996.

末岡茂・河上哲生・鈴木康太・山崎あゆ・鏡味沙那・長田充弘・横山立憲・田上高広，鮮新世～第四紀花崗岩類の形成深度・年代に基づく飛騨山脈黒部地域の削剥史（速報），日本地球惑星科学連合2021年大会，SCG47-P04, 2021.

角野由夫・小林和典・池田直人・近藤奈津子・川合俊一・藤巻ひろみ・細川盛樹・嶋田庸嗣・和田博夫・伊藤潔，焼岳のGPS地殻変動観測（1992-1996），地球科学，51，292-299，1997.

角野由夫，飛騨山脈のGPS地殻変動観測，京都大学防災研究所共同研究12G-5「飛騨山脈におけり応力場と内

陸大地震の研究」, 18-27, 2000.

Takeda, T., H. Sato, T. Iwasaki, N. Matsuta, S. Sakai, T. Iidaka and A. Kato, Crustal structure in the northern Fossa Magna region, central Japan, modeled from refraction/wide-angle reflection data, Earth Planets and Space, 56, 1293–1299, 2004.

Tsukahara K. and Y. Takada, Aseismic fold growth in southwestern Taiwan detected by InSAR and GNSS, Earth, Planets and Space, 70, 52, 2018.

ウエストン, ウオルター, 『日本アルプス』, 奥村精一訳, 平凡社ライブラリー, 平凡社, 1995.

山岡耕春, 地球物理学的観測からみた山脈形成史, 月刊地球, 18, 77-84, 1996.

山田隆二, フィッション・トラック法による北アルプス花崗岩類の冷却史解析, 月刊地球, 21, 12, 1999.

第6部　2011年東北地震以降

第17章　最初の3.5時間に誘発された地震現象

§17-1. GPS地震記録にとらえられた巨大地震波

　2011年3月11日14時46分頃（日本時間），宮城県牡鹿半島200 km沖のプレート境界面に出現した西上がりの逆断層滑り域は，100秒程かけて南北200 km，東西150 kmに拡大し，断層滑りは最大50mに達した。M9の超巨大地震，東北地方太平洋沖地震（以下東北地震と略称する）であった。当初は869年貞観地震以来1140年ぶりの超巨大地震かと思われたが，その後の津波堆積物の研究などから，現在では，東北地方太平洋沖では600年程の間隔でM9クラスの超巨大地震が繰り返していると考えられている。

　滑りの大きさは断層滑り域の中でも大きく変化する。断層滑りが大きく，大きな地震波を放出した部分（図17-1中央部分）を「アスペリティ」と呼ぶ。

　図17-1の断層滑り域（アスペリティ）から放出された周期70秒から200秒程，波長300kmから800km程の巨大地震波が日本列島を席巻した。150年の歴史の日本の地震学が経験したことのない巨大地震波であった。

　例として，図17-2（右）の3観測点のGPS地震記録と，東濃地震科学研究所の陶史の森観測点の応力記録（§14-3参照）を示す。巨大地震動の振幅は仙台では3m，水上で1mを越えた。応力記録の縦軸はメガパスカル（MPa），1メガパルカルは10気圧である。σ_{rr}は地震波の進行方向の伸縮応力（圧縮応力だと符号はマイナス），$\sigma_{\phi\phi}$は地震波の進行方向と直交方向の伸縮応力である。波形一見は穏やかそうに見えるが，単に縦軸と横軸の取り方によって穏やかそうに見えるだけである。

　なお，「特定の場所の地面の揺れの時間変化」という場合は地震動，「それが伝わっていく様子」を示す場合は地震波と使い分ける。

　P波が到達する時刻をTp，S波が到達する時刻をTsとすると，TsとTpの差（Tp−Ts）を「S−P時間」と呼ぶ。高校の地学の授業などで習う様に，S−P時間を9倍するとほぼ震源までの距離になる。筆者が研究生活の中で見てきたほとんどの地震記録は，P波が来て，S波が来て，表面波が来て，S−P時間の2倍程で終息する。

　図17-2の波形の顔付きは互いにまったく異なる。天王（震央距離260km程）の記録の場合，S−P時間（28秒程）の4倍の100秒程の山あるいは谷のような単一の巨大パルスを基本として，それに細か

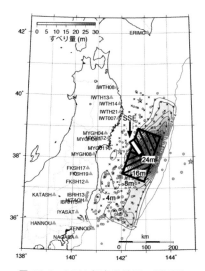

図17-1　2011年東北地震の断層滑りの分布。コンターの間隔は4m。緑の三角は解析に用いられた観測点。灰色の丸は本震発生後1日以内のM5以上の地震。気象庁・気象研究所（2011）の原図に，図17-6の合成波形を計算するために仮定した地震断層（斜線の入った長方形）とスーパーサブ地震（§17-3参照）の地震断層（SSEと示した長方形）を加筆。

な動きが乗っている。Ｐ波とＳ波の到達時刻の差が重要であるようには思えない。このような巨大パルスは一体何を意味しているのだろうか？　それは次節のテーマである。

　図17-2の観測地震波形をよく見ると，揺れが終わった時点で元に戻っていない。それは仙台では2.5mに達する。つまり，地震波は地震性地殻変動も運んでいる，あるいは，地震性地殻変動も含めたものが地震波動の全体像なのである。地震性地殻変動は地震現象理解のキーワードの一つである。第5章と第6章では主役の一人であった。

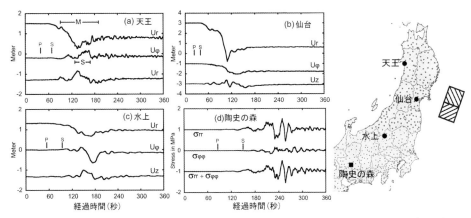

図17-2　(a)天王，(b)仙台，(c)水上は東北地震の時に各観測点で得られた6分間のGPS地震記録。いずれも原記録を東北地震の震源を原点として円筒座標系に座標変換したもの。縦軸は変位(m)。(d)は陶史の森観測点の6分間の応力記録。縦軸は応力(MPa)。ＰとＳのラベルを付けた縦棒は，Ｐ波速度6.8km／秒，Ｓ波速度3.9km／秒を仮定して計算したＰ波とＳ波の到達時刻。サンプリング間隔は1秒。図示しやすい様に記録は適宜上下にずらせてある。横軸は気象庁による地震発生時刻(14時46分18秒)からの経過時間。

　図17-3は，東北地震に伴った地震性地殻変動の分布図である。海底GPSによって記録された日本海溝近くの地殻変動は，東方向に30m程の水平変位，5mから10mの隆起であった。三陸海岸一帯では5mに達する水平移動，1mを越える沈降であった。1000年に一度の巨大な広域的地震性地殻変動であった。

　東北地震の2日前のM7.3三陸沖地震による牡鹿半島の地殻変動の水平成分は東に向かって2cmから3cm程に過ぎなかった。東北地震による地震性地殻変動が如何に巨大であったかが分かる。

　東北地震からほぼ30分後（15時15分），茨城県50km東方沖でM7.6の最大余震が発生した。コロンビア大学ラモント・ドハーティ研究所（アメリカ合衆国ニューヨーク州）による

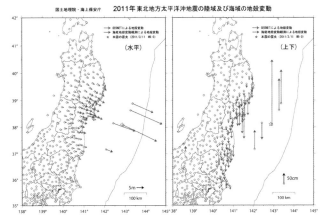

図17-3　東北地震による地震性地殻変動の(左)水平変位と(右)上下変位の分布図。青矢印は海底GPS観測の結果。地震調査委員会のＨＰの「三陸沖から房総沖にかけての地震活動の長期評価(第二版)について」による。

モーメントマグニチュードMw7.9は，1983年日本海中部地震（Mw7.7）や，巨大な津波が奥尻島を襲った1993年北海道南西地震（Mw7.6）を上まわり，1923年関東大地震と同じである。もし単独で発生すれば，首都圏近くで発生した巨大地震として歴史に残ったに違いない。

　　ここで，第17章から第20章の議論の骨組みを予め明示しておきたい。

[1]　地震記録としては，GPS地震記録（変位記録）と陶史の森観測点の応力記録を検討対象にする。

[2]　本震から6分後以降の日本列島の全体的な応力場の時間変化として，陶史の森観測点の応力記録に代表させる。

[3]　気象庁一元化震源に基づくTSEISによる3次元分布図を用い，各地の地震活動を比較検討する。

§17-2．理論合成波形による巨大地震波の見方

　　地震波を理解する基本は，高校の地学の教科書などにも書かれている様に，「P波，S波，表面波から成り立っている」ことである。そのため，図17-2の（a）から（c）のGPS地震記録を見ると，「P波が来て，S波が来て，2分後あたりに大きな表面波が来た」と思わず解釈してしまいそうであるがそれは正しくない。

　　この節では，やや専門的になるが，理論合成波形を用いてGPS地震記録の解釈を行う。ほとんどの地震学の一般書で扱われている地震動は，振子地震計によって記録された地面の動きの「速度」（変位の時間による1階微分）である。GPS地震記録は地面の動きそのものである「変位」の記録である。その違いを認識することは重要なので，この節では多少詳しく説明したい。

　　GPS地震記録の場合も，地震計記録の場合も，ほとんどの場合，観測記録は東西成分，南北成分，上下成分の3成分から構成されている。ポイントを分かりやすくするために，図17-4のように，観測記録を，水平面内の進行方向成分（Ur），それに直交する横断成分（Uφ），上下成分（Uz）の円筒座標系に座標変換する。座標変換の原点は震央（震源直上の地表部）である。以下では，特に断らない限り，地震波形は円筒座標系（Ur，Uφ，Uz）で表示する。図17-2には，すでにこの様に座標変換された地震波形を示した。

　　S波はSV波とSH波に分けることができる。SH波はS波のうちの水平成分，SV波は上下成分である。ただし，SV波とSH波は同じ速度で伝播するので通常は区別しない。

　　表面波は，浅い部分を行ったり来たりしながら遠方までS波速度の90％程の速度で伝播する波群を指し，レーリー波（Rayleigh waves）とラブ波（Love waves）の2種類がある。

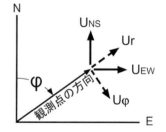

図17-4　東西−南北座標系と，水平面内の進行方向成分（UR）とそれに直交する横断成分（Uφ）の円筒座標系の概念図。原点は東北地震の震央（震源直上の地表部）。

　　地震波が伝播方向に振動するP波はほぼUr成分とUz成分に現れる。SV波とレーリー波は伝播方向に平行な鉛直平面内で振動するのでほぼUr成分とUz成分に表れる。SH波とラブ波は水平面内を伝播方向と直交する方向に振動するのでほぼUφ成分のみにあらわれる。座標変換しないと，各成分の記録にP波，SH波，SV波が混在し，解釈しにくいのである。

　　以上のことを頭に置いて，弾性波動理論に基づいて計算した幾つかの理論合成変位波形を用いて図

17-2の波形の見方を考えよう。

　理論合成変位波形の計算は次のような枠組みと仮定のもとで行った。

　地表面の下に，Ｐ波速度6.8km／秒，Ｓ波速度3.9km／秒の均質な弾性媒質が無限に拡がっているとする。この地震波速度は下部地殻の地震波速度であるが，図17-2の観測波形のように震央距離数100kmで観測された波長数100kmの地震波の解釈に用いる場合には，この様な単純な構造でも大きな不都合は生じない。

　震源の位置は東北地震と同じ，観測点は南西にほぼ360km離れた水上（群馬県）とする。Ｓ－Ｐ時間は28秒である。

　図17-1中央の長方形は，理論合成変位波形の計算のために50mの巨大断層滑り領域を出来るだけカバーするように簡明に想定した震源断層面で，南北160km，東西80km，左辺が下端である。

　断層滑り域の拡大プロセスは，単純に，図17-5のように，震源断層面下端中央で始まり，南方と北方の両方向に三角状に3km／秒の速度で拡大したとする。断層滑りの速度は1m／秒である。使った計算プログラムは筆者の半世紀前の学位論文のKawasaki et al.（1973,1975）と岡田（1985）による。

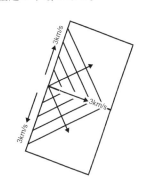

図17-5　断層すべり域の拡大の概念図。理論合成の計算においては，本図の様に，断層面下端中央から断層すべり域を３km／秒の辺速度で拡大させた。断層すべりの大きさは断層面全体で一定。

　言うまでもなく，実際の断層滑り域の分布と拡大過程はもっと複雑である。それを求める研究は地震理解にとって重要であるが，極めて専門的であり，手短に述べることは困難でもあるので本書では言及しない。

　図17-6の左上の［Mw7］は，Mw7の地震を想定して図17-1中央の長方形を10分の1に縮小し，南北方向16km，東西方向8kmにとり，断層ずれは5mとした場合の理論合成変位波形である。地震モーメントは（式14-2）のようにMw9東北地震の1000分の1になる。

　滑り域の拡大速度は3km／秒なので，断層滑り域の拡大が終了するのに要する時間は10秒程になる。これを震源時間と呼ぶ。震源時間（10秒）がＳ－Ｐ時間（28秒）より短いと［Mw7］のようにＰ波とＳ波は明確に分離する。Ｐ波とＳＨ波は，ゼロ線から一方方向に動く単一パルス型で，パルス幅は震源時間である。ＳＶ波にはＳ波速度の9割程の速度で後続するレーリー波が重なるので，図のようにゼロ線をまたぐ1サイクルのパルスになる。これが，震源断層から放出される変位波形のもっとも基本的な枠組みである。

　同図の［Mw8］は，Mw8を想定して，［Mw7］の断層面のサイズと断層

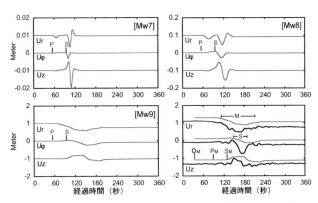

図17-6　［Mw7］はMw7を想定した場合，［Mw8］はＭw8を想定した場合，［Mw9］はＭw9を想定した場合の理論合成波形。右下は［Mw9］の理論合成波形と図17-2の(c) 水上のGPS地震記録の比較。波形のMはパルス幅100秒の主パルス，Ｓはパルス幅35秒のＳＨ波パルス。横軸は地震発生時刻からの経過時間（秒）。

ずれをほぼ3倍に大きくした断層モデル（南北51km，東西25km，断層ずれ16m）による理論合成変位波形である。地震モーメントは東北地震のほぼ30分の1になる。この場合，震源時間の30秒はS－P時間（28秒程）とほぼ同じになり，幅30秒程のP波パルスに連続して幅30秒程のS波パルスが連続することになる。

　同図の［Mw9］は，Mw9を想定して，［Mw7］の10倍（南北160km，東西80km，断層滑り50m（つまり図17-1の中央の長方形）とした断層モデルによる理論合成変位波形である。この断層モデルを東北地震の「主断層モデル」と呼ぶ。震源時間は100秒程となり，S－P時間（28秒）よりはるかに長くなる。つまり，［Mw9］の中央部の100秒パルス（M）は，「幅100秒程の巨大P波パルスと巨大S波パルスがほぼ重なって到達した巨大な単一パルス」である。言い方を変えると，「単一パルスの幅100秒（周期200秒）程は，断層滑り域の拡大プロセスを直接反映したもの」である。このパルスを東北地震による「主パルス」，あるいは「100秒パルス」と呼ぶ。

　［Mw7］から［Mw9］の縦軸から分かるように，Mwが1大きくなるとP波パルスとS波パルスの振幅は10倍程になり，パルス幅は3倍，面積は30倍になる。Mwが2大きくなると面積は1000倍になる。つまり，「変位波形のP波パルスとS波パルスの面積は地震モーメントにおおむね比例する」という認識にいたる。それが断層近くの変位波形理解のポイントの一つである。

　図17-6の3つの理論合成変位波形の比較によって，「S－P時間とP波やS波のパルス幅との兼ね合い」が断層の近傍（断層の規模の数倍以内の距離範囲）の変位波形を規定していることが分かる。同図右下は，図17-2（c）の水上のGPS地震記録と，35秒遅らせた［Mw9］との比較である。［Mw9］は観測波形の主パルスMをおおむね再現していると言えよう。

　図17-7は，図17-2のGPS地震記録や応力記録（黒線）と，35秒遅らせて並べた主断層モデルによる理論合成変位波形（赤線）の比較である。図中のPMとSMは主断層モデルの場合のP波とS波の到達時刻を示す。

　主断層モデルは単純化されているので波形の一致はやや甘いが，（a）天王，（b）仙台，（c）水上の各観測点の100秒パルスがおおむね再現さ

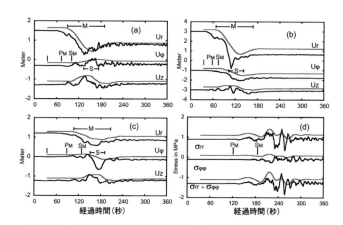

図17-7　（a）天王，（b）仙台，（c）水上のGPS地震記録（黒線）と（d）陶史の森の応力記録（黒線）と理論合成波形（赤線）との比較。横軸は地震発生時刻からの経過時間。

れており，（d）の応力記録の特徴もある程度再現している。

　理論合成変位波形を35秒遅らせるとよく合うようになることは，東北地震は最初はM7〜M8の地震でしかなかったが，35秒程遅れてM9の超巨大地震の断層滑りが始まったことを意味している。

　なお，以下でも，観測記録と理論合成変位波形を比較するときには，観測記録は黒線で，理論合成変位波形は赤線で示す。

　仙台の波形（b）も奇妙である。S－P時間が16秒と震源時間100秒より短く，主パルスの揺れの大

きさに比べて地震性地殻変動（東へ2.3m程，南へ80cm程の移動，20cm程の沈降）の方がずっと大きい。これは，地震波の振幅が距離に反比例して減少していくのに対して地震性地殻変動は距離の2乗に反比例して急減少するという性質による。単純化すると，仙台のGPS地震記録の地震動を震源まで戻していけば，最大50mの断層滑りそのものに帰着する。

　この様な主パルスMを基本に，断層滑り域の拡大プロセスの揺らぎや，モホ不連続面での反射波や屈折波，地殻内の不均質による散乱波などが加わることになる。中でも目立つのが，幅30秒程のSと示したパルスであろう。このパルスは横断成分記録（Uφ）上で特に顕著なのでSH波である。このパルスを「SH波パルス」，または「30秒パルス」と呼ぶ。

　東北地震の時，図17-2の様なGPS地震記録をリアルタイムで見ていれば，地震の専門家なら，35秒程経過してからM9の超巨大な断層滑りが始まったことに気づいたはずである。残念ながら監視体制を担う気象庁の認識が遅れたのは，気象庁がこのような記録をリアルタイムで見るような監視体制になっていなかったからである。担当者が見逃したわけではなく，気象庁の過失というわけではなく，地震学全体がそのような方向を向いていなかったからと言えよう。

　主パルスやSH波パルスなどの長周期の地震波は，巨大な波動エネルギーを運んでいるとは言え，人間社会には直接の影響はない。主パルスやSH波パルスは周期3秒から5秒程のいわゆる長周期地震動よりもずっと長周期なので，超高層ビルを大きく揺らすこともなく，家屋を破壊することもない。

　筆者が大学院生であった1970年代には変位を記録する地震計はなかった。図17-7のように理論合成変位波形を観測波形と直接比較することは夢のまた夢であった。現在ではGPS地震記録という予想もしなかった形で現実になった。ただし，GPSは受信機が地表に置かれているのでノイズが大きく，地震計として利用できるのは大地震に限る。

　一般的な振り子とバネの組み合わせからなる地震計（振子式地震計と呼ぶ）は原理的に速度を記録し，その地震計は速度地震計，記録は速度記録と呼ばれている。加速度を測る地震計は加速度地震計，記録は加速度記録である。普通に見かける地震計記録は，図17-2のGPS変位記録や図17-6の理論合成変位波形などとは顔つきがまるで異なり，短い時間で中央線を行ったり来たりする（例えば，図17-14右）。それは，速度記録は変位記録の一回微分，加速度は二回微分なので長周期成分は落ちてしまい，短周期の変化のみが強調されるからである。

　変位の時間微分が速度ならば，速度記録を一回時間積分すれば主パルスが復元できるような気がする。しかし，周期200秒（パルス幅100秒）では地震計の感度が大きく落ちるので周期200秒の主パルスを忠実に復元することは困難である。加速度地震計の感度も周期100秒をこえると大きく低下するので，記録を2回時間積分しても周期200秒の主パルスと地震性地殻変動を復元することは一層困難である。超巨大地震の大局を一掴みにするにはGPS地震記録や地殻変動連続記録（§14-3）は適任なのである。

　逆の言い方をすると，振子式の地震計による速度記録や加速度記録では，変位を微分したことによって，断層滑り域拡大プロセスの全体像を直接反映している100秒パルスや30秒パルスが落ちてしまっている。東北地震の様な超巨地震の場合はそれは大問題なのである。

§17-3. M8.4スーパー・サブ地震

次に，筆者と共著者の研究によるスーパー・サブ地震（川崎・他，2014）について語りたい。

多くの研究者によって，図17-1を一例とする断層滑り分布が求まり，東北地震の断層滑り域の拡大プロセスの大局は把握されたように思われた。しかし，筆者はGPS地震記録を見ていて釈然としないものを感じるようになった。

ＳＨ波パルスは主としてＵφ成分記録上に表れる。パルス幅は30秒〜50秒（方位によって異なる）。主断層モデルによるＳ波到達時刻から25秒程後に立ち上がる。当初は常識に従い，「ＳＨ波パルスの震源は，プレート境界面上，宮城県沖周辺の断層滑り域内のどこかに生じた副アスペリティに違いない」と考えた。しかし，その前提でいくら理論合成変位波形の試行錯誤の計算を繰り返しても水上観測点のＵφ成分記録を典型とするような大きな振幅のＳＨ波パルスは十分には再現されていないのである。どうも釈然としない。

しかし，考えてみると，本震と同じ逆断層型の副アスペリティだと，日本列島に向かって30秒幅のＳＨ波パルスを放出したのなら，理論上，もっと大きな振幅の30秒幅のＰ波パルスを放出したはずである。ところが，Ｕr成分波形上にはその兆候はない。したがって，ＳＨ波パルスの震源は本震と同じ逆断層型の副アスペリティではあり得ないことに気が付いた。

何かのヒントになるかも知れないと思い，3.9km／秒で伝播する時間を差し引き，地震波形解析の基本であるレコードセクションを描いてみたところ，予想を超える図17-8になった。このレコードセクションでは，2本の上下補助線の間のＳＨ波パルスが上下にまっすぐに並んでいる。この事実から，ＳＨ波パルスの震源は茨城県沖ではなく宮城県沖であること，震源から3.9km／秒の速度で日本列島を走り抜けたことがはっきりした。

ただし，図では，振幅には震央距離と400kmの比を掛け，仮想的に「観測点が震央から400kmの地点に置かれた場合の振幅」に換算されている。レコードセクションの上端から下端まで，振幅がほとんど変わらないのはそのためである。

詳細は省略するが，様々な試行錯誤を経て，ＳＨパルスの放出源は，気象庁による東北地震発生時刻より60秒程遅れ（M9の主断層モデルの破壊より25秒遅れ）で誘発された，震源域直下プレート内の深度70kmから30km，北西−南東走向の高角（西傾斜85度）断層面の左横ずれ断

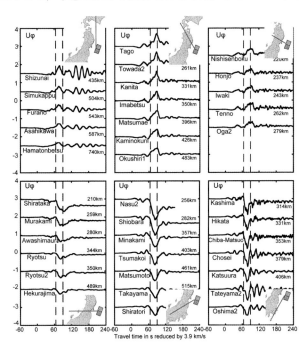

図17-8 東北地震時のときに得られた方位30度間隔のGPS地震記録のＵφ成分のレコードセクション。原点は宮城沖。横軸は，震源から観測点までの距離をＳ波速度3.9 km／秒で割った時間が差し引いた経過時間（秒）。川崎・他（2014）による。

層型（東西圧縮応力）のMw8.4にも達する巨大地震であったという仮説に達した。図17-1でSSEとして示した長方形がその震源断層の震央位置である。

　この解析の途中で、1998年サッカーワールドカップ予選最終試合で途中出場し、延長戦終了間際に初めての本戦出場を決めるゴールをあげたスーパー・サブ、岡野選手が頭に浮かんだので、この地震をスーパー・サブ地震と呼ぶことにした。英語で表記するとSuper Sub-Event、頭文字をとってSSEである。ちなみに、スロー地震も、Slow-Slip event の頭文字をとってSSEと略記される。なお、日本語ではイベントには催事というニュアンスがこびりついてしまっているが、英語では短時間のうちに生起する現象という意味を持ち、地震や噴火などにも普通にeventを用いる。

　図17-9は、スーパー・サブ地震を加えて計算した理論合成変位波形（赤線）と記録（黒線）との比較である。図17-7と比べると、ＳＨ波パルスがおおむね再現され、波形の一致度は有意に向上していることがわかる。

　次のように整理することができる。「東北地震は最初はM7〜M8の地震に過ぎなかった。35秒程たって一回り巨大な断層滑りが始まり、100秒程かけてM9の超巨大地震になり、巨大主パルスを送り出した。M9の断層滑りが始まってから25秒程後（M9の断層滑り破壊が進行中）、沈み込むプレート内でスーパ

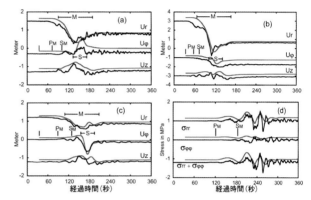

図17-9　(a) 天王、(b) 仙台、(c) 水上のGPS地震記録と (d) 陶史の森の応力記録（黒線）と、スーパーサブ地震を加えて計算した理論合成波形（赤線）との比較。横軸は地震発生時刻からの経過時間。

ー・サブ地震が動的に誘発され、ＳＨ波パルスを送り出した」。単純化され過ぎているきらいがあるが、図17-8や図17-9からはこの様な地震像が読み取れる。

　常識外れの結論に、最初は「自分は解析過程のどこかで勘違いをしているに違いない」と思った。常識外れの結論が出たときには、まず自分の間違いを疑うのが科学研究の常道である。何度も何度も検討を繰り返したが、誤りは発見できなかった。研究集会や学会で発表して批判を仰いだ後、最終的に「大局的には間違いなし」と信じ、2014年に至って論文（川崎・他、2014）にした。

　金森博雄（カリフォルニア工科大学名誉教授）は、カリフォルニア工科大学を拠点に、過去50年間、世界の地震学をリードしてきた。その著書『巨大地震の科学と防災』（朝日新聞出版、2013）に、「最近は（中途略）コンピューターの能力が上がり、解析がコンピューターまかせになっていますが、コンピューターは指定した波しか見てくれません。人が見て気づく波があるのです」と述べられている。それは筆者にとって大きな励ましになった。

　考えてみると、激烈な地震波に痛撃されている本震の震源断層直下のプレート内で他の地震が動的に誘発されても不思議ではない。

　M7クラスの大地震から放出された地震波によってM7クラスの大地震が動的に誘発された事例（図17-10）を紹介しよう。2012年12月7日、日本海溝の東側10km程でM7.2の逆断層型地震①が発生した。8秒後、そこから20km程西側にＳ波が到達したタイミングでM7.4の正断層型地震②が誘発された。な

お，M7.2やM7.4は，1995年兵庫県南部地震（M7.3）と同規模である

そのほか，2011年福島県浜通りの地震（Mw6.6）（引間，2012）や2012年のスマトラ地震（Mw8.6）（Yue et al, 2012）は，複数の断層面がほぼ同時に地震が発生したと考えられている。

ただし，どの様な場合に誘発され，どの様な場合に誘発されないのか，今の地震学では理解できていない。それは地震学の課題といえよう。

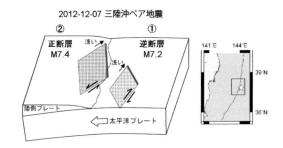

図17-10　2012年12月7日三陸沖ペア地震①と②の位置関係。気象庁のHPの「国内で発生した顕著な地震の震源過程解析結果」による。

東北地震に伴うスーパー・サブ地震が発見できたのは，(1)地震時の断層滑り面のサイズ（200km程）より観測点間隔（20km程）の方が一桁小さいという例外的な観測上の好条件下にあったこと，(2)プレート境界の逆断層型の副アスペリティと異なって，スーパー・サブ地震のメカニズムが横ずれ断層型でＳＨ波が卓越し，本震による波形と区別しやすかったこと，(3)日本列島ではGPS地震記録や陶史の森の応力記録のような優れた観測記録が利用可能であったことの3点が利いたからである。

§17-4.　短周期先行津波

潮位記録は意外な現象を記録した。

図17-11（A）は，能登半島の北側海岸の石川県珠洲市長橋の潮位記録（赤線）と輪島市のGPS地震記録の比較である。GPS地震記録からは，富山から能登半島の大地が，水平方向に50cm程，上下方向に30cm程揺れ動いたことが分かる。

潮位は，陸に固定された観測装置と海水面との差である。サンプリング間隔が15秒なので30秒より短周期の変化は原理的に見えないが，それにしても，大地が振幅30cm程で上下に揺れ動いたのに不思議なことに潮位変化はほとんどない。なお，能登半島の北東端に近い珠洲市長橋は輪島から40km程離れているが，巨大地震波の波長が300kmから800kmなので対照するのに問題はない。

実は，波長数100km，周期100秒から200秒の巨大地震波の場合は，原理的に，観測点の周囲数10km程度は陸地も海も一体となって動き，潮位にはほとんど変化は生じないはずなのである。物理的には合理的なのである。実際，多数の観測点では同図（A）同様に2分ほどの巨大地

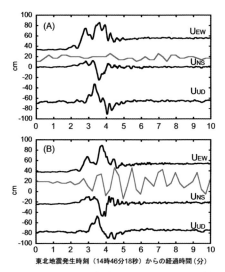

図17-11　黒の波形はGEONETのGPS地震記録，赤の波形は潮位記録。潮位記録のサンプリング間隔は15秒で振幅は3倍されている。観測点は(A) GEONET輪島観測点と珠洲市長橋の津波計，(B) GEONET富山観測点と富山市岩瀬の気象庁富山検潮所。記録は互いに重ならないように適宜上下にずらせた。

震波に同期する有意の潮位変化はなかった。原理的には潮位変化はないはずでも，実際の記録で確認

できたことは感激であった。

　逆に不思議なことに，幾つかの観測点で，同図（B）のように，最初の2分程，巨大地震動に同期して振幅10cmレベルの潮位変動が生じた。これを短周期先行津波と呼ぶ。Murotani et al. (2015)によれば，その励起源は巨大地震波による「水平動」である。海底面に起伏や傾斜があると，慣性で空間に対して静止している海水に起伏や傾斜面が衝突し，海水の運動を引き起こすのである。実際，日本海側で有意な短周期先行津波が観測されたのは，富山検潮所に加えて，信濃川河口の新潟巨大津波計，最上川河口の酒田巨大津波計など，局所的に河床面／海底面の起伏が大きい河口内などの閉鎖的な観測環境に設置されている潮位観測点に限られる。

　短周期先行津波の後には，富山検潮所では周期2時間ほどの富山湾の固有振動になって行く。それは長周期先行津波と呼ばれている。

　巨大地震動に揺り動かされても変動が誘発されない場合もあり，誘発される場合もある。自然は巧みに謎かけしてくると思った。

　次に太平洋側の津波記録を見よう。

　図17-12には，宮古，大船渡，石巻鮎川，小名浜の潮位記録に加えて，参考までに富山検潮所の記録の振幅を10倍して並べた。

　図17-7(b)のGPS地震記憶から分かるよう，仙台は，東北地震発生後2分ほどの間に振幅0.5m程の振幅で上下に揺れ動き，最終的に50cm程沈降した。震源により近い宮古，大船渡，石巻鮎川は，2分ほどで1m近く急激に沈降した。それにも関わらず，東北地震発生後3分程の潮位変化は10cmから20cmしかない。理由は図17-11（A）の場合と同じである。

　震源域では巨大な地震性地殻変動によって日本海溝近くの深海底が5mから10m隆起し，膨大な海水が持ち上げられた。それが四方に伝播して行ったのが巨大な東北地震津波である。持ち上げられた海水の位置エネルギーが巨大津波のエネルギー源である。本体の巨大津波と先行津波は生まれが違うのである。

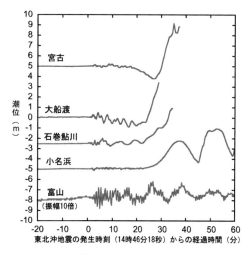

図17-12　三陸沿岸と日本海沿岸の5観測点の東北地震後60分後までの潮位記録。横軸は気象庁による東北地震発生時刻からの経過時間（分）。縦軸は潮位（m）。記録が互いに重ならないように適宜上下にずらせた。富山の記録のみ10倍に拡大。記録は気象庁による。

　宮古，大船渡，石巻市鮎川の潮位は20分過ぎから2m近く急上昇した。海溝近くの震源域の巨大な地震性地殻変動によって生み出された巨大津波が次第に到達しはじめたのである。さらに5分から10分と経つにつれて，それは，5m，10mと急上昇してゆき，岩手県大船渡や陸前高田ではほぼ30分後，宮古ではほぼ35分後，気仙沼ではほぼ40分後，名取ではほぼ60分後に，波高10mを超える破壊的な津波となって市街地を遅い，無念にも，死者行方不明合わせて2万人もの犠牲者を出してしまった。

　本震からほぼ2時間後，それは波高15mにも達する巨大津波となって福島第一原子力発電所（福島県双葉郡大熊町・双葉町）を襲った。原発は電源停止の状態に陥り，次の日には一号機，3日目には第三号機で炉心溶融（メルトダウン）が起こり，核燃料が原子炉の底を溶かして格納容器の底に落下した。

かろうじて格納容器の破壊は免れたが世界最悪の原子力発電所事故となった。

　格納容器底に溜まった核燃料，金属部品など，猛烈な放射能を帯びた混合物は核燃料デブリと呼ばれている。2017年に格納容器に送り込んだカメラによって初めて映像として確認され，2019年に至って，ようやく，格納容器内に送り込んだ調査ロボットによってデブリに直接接触する試みが行われた。東京電力は30年から40年後には200トンものデブリの取り出し作業を完了すると言っているが，燃料デブリは，格納容器から取り出したとしても，これから長期にわたって放射線を出し続ける。やっかいなものを子孫に残してしまった。

　巨大津波と原発事故のため，当初は30万人の人々が避難生活を余儀なくされ，2021年3月の時点でも，4万人を超える人々が避難生活を続けている。

　原子力発電所事故は日本の社会にとってゆゆしき大問題であるが，既に多くの出版物が存在するので，詳細はそれらを参照されたい。

　巨大津波が150年の歴史の地震学としては初めての経験であったのはもちろん，気圧変化が原因ではない数10cmもの振幅の先行津波も，150年の歴史の地震学としては初めての経験であった。

§17-5. 最初の30分の巨大コーダ波　地殻の共鳴

　図17-2のGPS地震記録などを見ると，巨大地震波の通過後には地震動はなくなったように見えるかもしれない。しかし，実は，日本列島の地殻内にトラップされ，エネルギーを次第に失いながらも地殻内を行ったり来たりした地震波によって日本列島は大きく揺れ続けた。このような地震波をコーダ波と呼ぶ。コーダ（coda）とは終結部という意味である。

　図17-13に（上）本震発生時刻から20分間と（下）地震発生20分後から20分間の陶史の森の応力記録を示す。縦軸は図17-2や図17-9の（d）に比べて10倍程大きく拡大されている。

　（上）の中央部は東北地震から放出された巨大地震波，（下）の中央部右は，本震30分後，15時16分に茨城県沖で発生したM7.6，Mw7.9の最大余震による地震波である。（下）の中央左の小さな振幅の波形は本震12分後に発生したM6.6の余震による地震波であるが，この縦軸のスケールではあまり目立たない。巨大地震波が3分程で終了してから（下）の最後当たりまでが日本列島の地殻内を行ったり来たりしたコーダ波である。コーダ波の最初の部分の振幅（100kPa程）は最大余震による地震波の半分程度である。

　この比較から，単純化すると，東北地震のコーダ波は，M7.5からM7レベルの地震が東北地震の震源域において，30分間ほど，数分間隔で

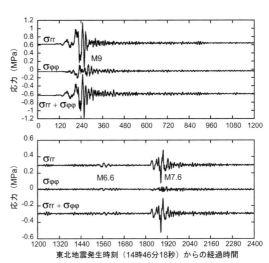

図17-13（上）14時46分から20分間と（下）20分後から20分間の陶史の森の応力記録。縦軸は応力。横軸は東北地震発生時刻からの経過時間。応力記録は東濃地震科学研究所による。以下同じ。

270

絶え間なく発生し続けたような時空間スケールの地震動であったことが分かる。本節の見出しの「30分」にはこの様な意味が込められている。

コーダ波の継続時間の基準はないが，ここでは東北地震発生6分後（14時52分頃）か30分後（15時16分頃）まで24分間としよう。以下では，14時52分から15時16分までを「コーダ波時間帯」と呼ぶことにする。もちろん，24分という数字に厳密な意味があるわけではなく，コーダ波の継続時間の基準はないが，ここでは東北地震発生6分後（14時52分頃）か30分後（15時16分頃）まで24分間としよう。以下では，14時52分から15時16分までを「コーダ波時間帯」と呼ぶことにする。もちろん，24分という数字に厳密な意味があるわけではなく，コーダ波は次第に消えて行く。

東北地震の巨大コーダ波の周期は13秒から15秒前後である。それは日本列島の厚さ30 km程の地殻の共鳴であることを意味している。この周期だと，主パルスやSHパルスと同様，人間も感じないし，超高層ビルを揺らすこともない。

次第に消えていくと述べたが，記録をよく見ると，周期15秒前後の共鳴は振幅を次第に減少させながら延々と続く。東北地震10分後から20分後には20kPa程度であったものが，2時間後には1kPa程度になり，4時間後には0.2kPa程度となり，その後は検出限界以下になる。

この様に数時間も続く地殻の共鳴が初めて認識できたのは，東北地震があまりにも巨大であったことにもよるが，陶史の森の応力記録など優れた地殻変動連続観測が存在したからである。GPS地震記録が東北地震の全体像を一掴みにするのに極めて有効であった（前節）のは繰り返すまでもないが，観測装置が地表にあるため，残念ながらノイズレベルが相対的に高く，巨大コーダ波は認識するのはむつかしい。

図17-14には，東北地震によるコーダ波時間帯内の動的誘発の様子が端的に表現されている。動的誘発は英語ではdynamic triggerである。dynamicを直訳すると「動力学的に」であるが「時間変化をする物理現象によって」という意味で使われ場合が多い。

同図（左）は，東北地震の前後，2月から4月まで3ヶ月間の100km以浅，M2以上の地震の震央分布，中央の黒点塊は東北地震の余震である。（右）は，14時45分から15時までの広帯域地震計速度記録の上下成分と誘発地震（赤丸）の対応である。図には，本震ほぼ3分半後に誘発された新島沖のM4.7の地震（図17-18），5分後のM6.8，12分後のM6.6の大余震，四国と紀伊半島中部の30kmあたりで誘発された深部低周波地震などが見える。

図17-15は，屏風山観測点（岐阜県瑞浪市）の深さ1020mのボアホール底に設置された歪

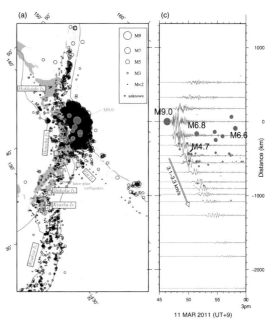

図17-14（左）2011年2月から4月まで3ヶ月間の深度100km以浅，M2以上の地震分布。（右）東北地震発生（14時46分）後ほぼ13分間の広帯域地震計記録上下成分と誘発地震（赤丸）。Miyazawa（2011）の原図にM9.0, M6.8, M6.6, M4.7等を加筆した。

み計による（上）2011年東北地震のと（下）2004年スマトラ地震の30分間の歪み記録を同じ振幅スケールで比較したものである。2004年にはまだ陶史の森の応力記録はなかったので歪み記録を比較する。

　同図は、5000km程離れたスマトラ地震震源からの直達やってきた地震波は、東北地震のコーダ波と同程度かやや小さい程度であることを示している。同程度の振幅なのに、日本列島の反応は東北地震の場合とはまったく異なった。スマトラ地震の時には、プレート境界の微小地震が巨大地震波と共に移動していくという興味深い誘発現象が見られたが、最大地震はM1.5に過ぎず（Miyazawa and Mori, 2006）、有感地震は一発もなかった。

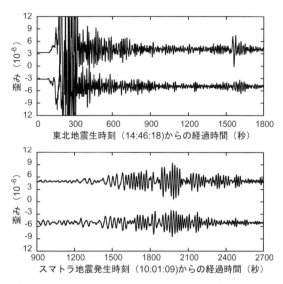

図17-15　（上）2011年東北地震と（下）2004年Mw9.0スマトラ島沖の屏風山観測点の30分の歪記録。縦軸は歪み。横軸は地震発生時刻からの経過時間（秒）。記録は東濃地震科学研究所による。

　同じような振幅なのに、誘発地震の起こり方がまったく違うのは不思議である。

§17-6.　活火山地域の誘発群発地震

　地震波の巨大さが分かりやすいような形でGPS地震記録を示そう。図17-8と一部重複するが、図17-16は宮城沖の震源から立山と槍ヶ岳・穂高岳を望む南60度西から南65度西の方位角内のGPS地震記録の3成分レコードセクションである。挿入地図の2本の補助線の間のGEONET観測点のGPS地震記録がすべて並べられている。震央距離300km程の福島県只見地域から700km程の福井県若狭地域まで、1000年に一度の巨大地震波が飛騨山脈を駆け抜けていく様子がよく見える。いずれの観測点でもUφ成分記録上の振幅50cm程のSH波パルスが顕著なのは図17-7（c）と同じである。

　長野、松本、富山、高山などでは、地震波が過ぎ去った後に残った地震性地殻変動は、東に20cmから30cmと北に5cmから10cmの水平移動、2cm程

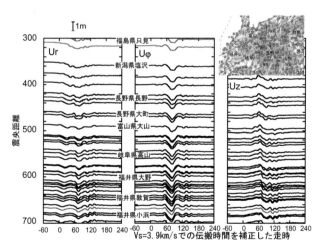

図17-16　宮城沖の震源から立山と焼岳を望む方位角内（南60度西から南65度西）のGPS地震記録のレコードセクション。ただし、振幅は400kmの距離に規格化されている。横軸は東北地震発時刻からS波速度3.9km/sで伝播した時間を差し引いたもの。縦軸は東北地震震央からの距離。川崎・西村（2015）による。

の隆起である。つまり，飛騨山脈の標高は巨大地震波が
通過する数分の間に2cm程高くなったのである。

　図17-17は東北地震発生後3.5時間以内（コーダ波時間帯
と周回表面波時間帯）のM3以上の地震の分布である。た
だし，巨大地震波とコーダ波に隠れて認識できなかった
地震も少なくなかったはずである。スーパー・サブ地震
もその一例である。

　ここまで余震域を定義しないで使ってきたが，以下で
は，同図の赤斜線より東側を「余震域」，西側を単に「日
本列島」と呼ぶことにする。震源域では余震が発生しや
すく，発生数が日本列島より桁違いに多く，震源域の余

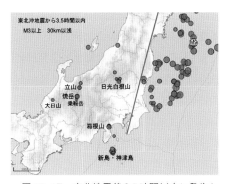

図17-17　東北地震後3.5時間以内に発生し
た30 km以浅，M3以上の地震。赤斜線の西側
を日本列島，東側を余震域と呼ぶ。「震度デー
タベース検索」によって作図。

震と日本列島や誘発地震を同列には議論できないので，以下では，基本的に議論の対象は日本列島の
地震に限る。

　表17-1は，図17-17に示されている日本列島の活火山地帯のリストである。この節では，表17-1のそ
の日の内に誘発された群発地震の地震環境を手短に整理する。

火山名	時刻	M	深度	最大地震	Mx	深度	群発深度	震度
新島	14:50	4.7	10km	3月11日	4.7	10km	14km- 6km	5弱 -5強
立山	14:54	4.1	0km	5月17日	4.5	2km	3km- 0km	2-3
焼岳	14:57	4.7	2km	3月21日	4.8	3km	5km- 2km	3
日光白根山	15:03	3.0	7km	3月12日	4.5	6km	8km- 3km	4-5弱
箱根山	15:08	4.6	6km	3月11日	4.6	6km	7km- 0km	4
乗鞍岳	15:13	3.1	2km	6月06日	4.1	8km	10km- 2km	2
大日山	18:11	3.2	7km	3月11日	4.0	9km	9km- 7km	1

　　表17-1　東北地震から3.5時間以内にM3以上の地震が誘発され，群発地震となった活火山と
　　第四紀火山。2番目から4番目の列はM3以上の地震が発生した時刻，5番目から7番目の列は
　　その後の最大地震の発生日，M，深度。発生日，M，深度。8番目の列は，M2以上の群発地震を深
　　度順に並べ，最も浅い5％と深い5％を除いた地震発生層の深度範囲。最後の列は本震の時の周
　　辺の震度。

§17-6-1．新島・神津島誘発群発地震

　図17-18（左）は新島と神津島の地図であ
る。新島も神津島も活火山（活動時期は10
万年前ないし数万年前以降）である。

　巨大地震波が通過中の14時50分（東北地
震発生ほぼ3分30秒後）頃，新島5km西方沖
でM4.7（深度10km）の地震が誘発されて群
発地震になり，半日以内に14発のM3以上の
地震が発生した。

　図17-18（右）は新島観測点のGPS地震記
録で，最大振幅は50cm程である。M4.7の地

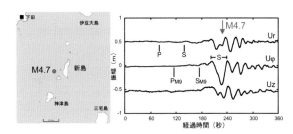

図17-18（右）東北地震の時に得られた新島観測点（東京都）
のGPS地震記録。図中縦矢印はM4.7の誘発地震が新島10
km沖で発生した時刻。横軸は地震発生時刻からの経過時間
（秒）。（左）M4.7誘発地震の震央。「震度データベース検索」で
作図。

震は巨大地震波が通過中に誘発されたことが分かる。ただし，M4.7の地震の場合は周期が1秒程の地震波しか放出しないので，1秒サンプリングのGPS地震記録の図17-18にはその徴候は見えない。

§17-6-2. 立山・黒部地域誘発群発地震

図17-19は，（左）2001年3月11日から2011年3月10日まで東北地震前10年間と，（右）2011年3月11日から2021年3月10日まで10年間，北は白馬岳から南は野口五郎岳境界線までのM2以上の地震分布である。左右の図の比較から，静穏であった立山・黒部地域が，東北地震を境に活発化したこともわかる。

立山・黒部地域では，コーダ波時間帯に赤沢岳（2678m）（扇沢と黒部ダムの間）南側で14時54分頃にM4.1（深度0km）

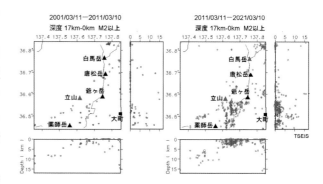

図17-19　立山・黒部地域の（左）東北地震前10年間と（右）以降10年間のM2以上の地震の3次元分布。下端は野口五郎岳境界線（北緯36.44度）。東西に0.5度（46 km程），南北に0.4度（45 km程），深度は17.2 kmから0 km。

と15時02分頃にM3.2（深度1km），白馬岳で15時32分頃にM3.6（深度0km）の地震が発生した。5月17日には，東沢谷でM4.5（深度2km）の地震が発生した。東沢谷は赤牛岳と烏帽子岳の間の谷である。山好きにしか知られていない山奥の地名であるが，他に分かりやすい地名もないので，本書では東沢谷の地名を用いる。

源内・他（2003）の超低密度域の図（図16-12）を初めて見て以来，超低密度域が立山・黒部アルペンルート辺りで北側が東に南側が西に右ずれにずれていることが気になっていた。図17-19のように東北地震による誘発群発地震の分布が立山・黒部アルペンルート以南に限られるのを見て，ずれていることには構造的な意味があるに違いないと確信するようになった。ただし現時点ではその意味は分からない。

なお，Mの下限を0.5まで下げた図16-14では跡津川断層の微小地震分布の東端が深度15kmから10kmで立山・黒部マグマ溜まりの西端に接していたが，M2を下限とした図17-19ではそれはほとんど見えない。

§17-6-3. 槍・穂高・上高地誘発群発地震

図17-20は，槍・穂高・上高地地域の地震の3次元分布である。この地域は，1998年飛騨上高地群発地震（§15-8）以降は静穏化したが，東北地震後に県境尾根部の焼岳と割石山の周辺で再活発化した。割谷山は，7万年前頃に噴火した第四紀火山である。

コーダ波時間帯の14時57分，割谷山の山頂から1km程西側山腹でM4.7（深度2km），3月21日にはM4.8（深度3km）の地震が発生し，尾根部と蒲田川の間で群

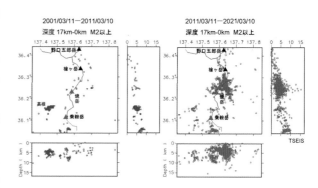

図17-20　槍・穂高・上高地地域の（左）東北地震前10年間と（右）以降10年間のM2以上の地震の3次元分布。上端は野口五郎岳境界線。

発地震になった。

　南に25km程の乗鞍岳では，15時13分にM3.1の誘発地震が発生し，小規模な群発地震になった。

　立山・黒部地域と槍・穂高・上高地地域については，次章で改めて言及する。

§17-6-4. 日光地域誘発群発地震

　栃木県北西部の図17-21の範囲内の活火山は，日光白根山（2578m）（2万年前以降），男体山（2486m）（90万年前以降），燧ヶ岳（2356m）（16万年前以降）である。日光白根山は，栃木県と群馬県の県境に位置する関東地方の最高峰の山である。それより北では北海道まで2500mを超える山はない。

　皇海山（すかいさん。2144m）は，庚申山と袈裟丸山を含めて，活動時期160万年前から90万年前の第四紀火山とされている。

　日光白根山の山頂部から群馬県側には分厚い火砕流堆積物が分布しているが，有史以来顕著な噴火はなかった。1990年代中頃

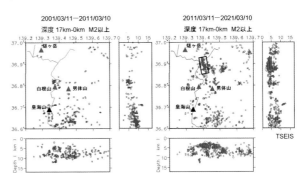

図17-21　日光地域の（左）東北地震前10年間と（右）以降10年間のM2以上の地震の3次元分布。長方形は2013年2月のM6.3の地震。

から，北側山腹で小規模な微小地震活動が生じていたが，噴気活動は見られなかった。

　図17-21は日光地域の地震の3次元分布である。地震活動は男体山以北と以南に分かれている。東北地震前は地震活動の中心は男体山以南で，M4以上の地震は2005年の2発のみであった。

　東北地震によって状況は一変した。静穏であった男体山以北が突然活発化した。コーダ波時間帯の15時03分に川俣湖近くでM3.0（深度7km），周回表面波時間帯（次節）の17時40分に中禅寺湖の近くでM4.2（深度4km），17時50分に県境を越えて福島県側の奥只見湖近くでM3.3（深度6km）の地震が発生し，次の日の0時半頃，この時期最大のM4.5（深度6km）の地震が白根山の北西山腹（群馬県側）で発生した。その後，北に向かって男体山以北一帯に群発地震域は拡大し，15km四方，深度8kmから3kmの水平分布（図17-21右）となり，2021年3月10日まで10年間にM4以上の地震が14発と多発した。

　その中で，2013年2月25日には，群発地震発生域の北西端の三県県境部でM6.3（深度3km）の地震が発生して日光の温泉地を驚かせた。東北地震1年後以降，日本列島で発生した最初のM6以上の地震であった。余震域（図17-21（右）の長方形）は三県県境部から金精峠までほぼ10km，西北西－東南東方向の圧縮圧力軸を持つ高角断層面の左横ずれ断層型の地震であった。

　図17-22は同じ範囲内の深度45kmから

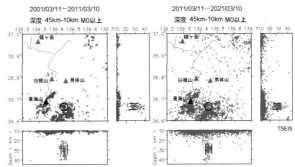

図17-22　日光地域の（左）東北地震前10年間と（右）以降10年間の深度45kmから10kmのM0以上の3次元分布。平面図の深部低周波地震は○と補助線で示した部分。垂直断面図は深度方向には1/2に圧縮されている。したがって，筒状分布は，実際はこれより上下に2倍細長い。

10km，M0以上の地震の3次元分布である。深部低周波地震は，日光白根山から東南東にほぼ14kmの庚申山下の深度40kmから20kmに筒状に分布している（○と補助線の部分）。深部低周波深発地震の発生域が活火山から10km以上ずれていること，円筒状分布の上端が深度20km程で，その上に5km～10kmの隙間があること分かる。

§17-6-5．箱根山地域誘発群発地震

次は，箱根山（神奈川県。標高1438m）（活動時期は60万年前から現在まで）である。現在のカルデラが形成されたのは6万年前頃の巨大噴火のときであった。

図17-23は箱根山地域のM2以上の地震の3次元分布である。コーダ波時間帯の15時8分に外輪山の南西県境部の箱根峠でこの時期の最大地震（M4.6，深度6km）が発生し，6km以浅の激しい群発地震活動が誘発された。最大地震の発生場所からは1930年M7.3北伊豆地震の震源断層となった北伊豆断層が南に向かって伸びている。

2015年4月，箱根山は再び活発化し，5月には震源が外輪山の三国山に向かって浅くなり，大涌谷温泉で噴気が増え，6月末に火山性微動が発生し始め，小規模水

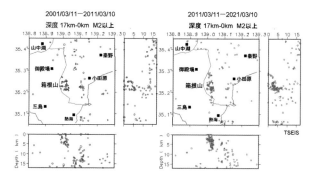

図17-23　箱根山地域の（左）東北地震前10年間と（右）以降10年間のM2以上の地震の3次元分布。

蒸気噴火によって灰が吹き上げられ，関係者の間に緊張が走ったが，年末には静穏化した。

以上をまとめると，表17-1のコーダ波時間帯の誘発群発地震の共通要素は次のように箇条書きできる。

(1) 新潟－神戸歪み集中帯や伊豆半島など，広域的歪みが顕著に集中している地域に限られる。

(2) 箱根山を除いて，東北地震前10年程は比較的静穏であった。

(3) 新島・神津島地域を除いて10kmより浅い。特に飛騨山脈は3kmより浅い。

(4) 最大地震は群発地震発生域の境界部で発生した場合が多い。

(5) 立山と跡津川断層，焼岳と神谷断層，箱根山と北伊豆断層のように群発地震域の境界部から活断層が延びている場合が多い。

(6) 新島・神津島地域を除いて周辺に深部低周波地震発生域を伴うが，水平距離は5kmから10km程度ずれている。

§17-7．地球周回長周期表面波群による誘発現象

地震発生当日の余震や各地の誘発群発地震を調べていて奇妙なことに気が付いた。試行錯誤の過程を整理すると次のようになる。

表17-2は4つの時間帯ごとの東北地震余震域（図17-24（A））の地震発生数である。それは次のような時間的推移になる。

［1］コーダ波時間帯の30分間にM7以上が3発，M6以上11発，

[2]　その後の1時間はやや沈静化してM6以上10発,

[3]　16時16分から18時16分まで2時間にM6以上が12発発生した。M6以上の1時間当たりの地震数は増えた訳ではないが, M5.5以上の地震の増加は明らかなので, ここでは再活発化したとしておく。

[4]　その後は急減して4時間（18時16分から22時16分）にM6クラスが3発のみ。

期間［3］の地震発生後1.5時間後から3.5時間後と言うと地球を周回した周期100秒から200秒の長周期表面波群が日本に帰って来る時間帯である。いくら超巨大地震から放出された表面波群とは言え, 地球を一周してくると振幅は10kPaまで落ちているはずである。普通

	時間	時間幅	M8以上	M7以上	M6以上	M5以上
[1]	14:46 − 15:16	0.5 時間	1	3	11	15
[2]	15:16 − 16:16	1 時間	0	1	10	36
[3]	16:16 − 18:16	2 時間	0	0	12	53
[4]	18:16 − 20:16	2 時間	0	0	1	21
	20:16 − 22:16	2 時間	0	0	2	28

表17-2　東北地震発生以降の余震域（図17-23（A））で発生した時間帯ごとのM別地震数。期間［1］のM8以上の1発は東北地震本震。

に考えると10kPa程度の応力変化でM6からM7の地震を誘発するとは思えない。

「まさか？」と思いながら周回表面波群と余震域の地震の時間的推移を比較したのが図17-24である。

（A）は震央分布, （B）はM－T図である。M－T図とはMに対応する長さの縦棒を発生時間に応じて並べたものである。（C）は陶史の森の応力記録に30秒から300秒のバンドパスフィルターをかけ, 地球を周回して日本列島に帰ってきた周期100秒から200秒の長周期表面波群を抽出したものである。30秒より短周期のコーダ波を除くことによって, 誘発された余震による地震動は除かれている。

地震発生から1.5時間後前後のHRとラベルを付けた1次の高次モードのレーリー波は地表から地球中心部のコアまでの間を行ったり来たりして日本列島に帰ってきた

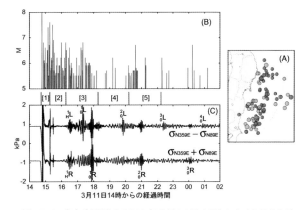

図17-24（A）余震域の2011年3月11日14時から12日の2時まで12時間のM5.5以上の地震分布。「震度データベース検索」で作図。（B）はそのM-T図。(C)は陶史の森の応力記録に30秒から300秒のバンドパスフィルターをかけたもの。LとRについては本文参照。川崎, 他（2016）による。

波群である。地球深部を伝わるので伝搬速度は7.5km/s程と大きい。

2時間半後前後には, 深度数100km程度までの上部マントルにトラップされて地球を一周して日本列島に帰ってきたS波波群である基本モード（0次モード）の長周期ラブ波（$_0^1$L, 伝搬速度4.4km/s程）, 3時間後前後には同じく基本モードの長周期レーリー波（$_0^1$R。同3.7km程）の顕著な波群が見られる。

以下では, この時間帯（1.5時間後から3.5時間後）を「周回長周期表面波時間帯」（あるいは省略して表面波時間帯）と呼ぶことにする。周回長周期表面波時間帯の後に, M5.5以上の余震が一気に減少したことは明らかである。

なお，念を押しておくと，17時頃からずっと続く周期の長い揺れはノイズでは無い。深部のマントルの速度構造を反映する周期300秒から500秒のマントルレーリー波と呼ばれているれっきとした表面波である。

　ピークとピークの対応は必ずしも１対１では無く，これが長周期表面波の誘発かどうかについては意見が分かれるところかも知れないが，少なくとも図のような対応があることを示しておく。

　$_1^0R$や$_0^1L$のような記号が出てきたが，Rはレーリー波，Lはラブ波を意味し，左肩上は地球を周回した回数，左下は固有モードの次数である。固有モードの次数という奇妙な専門用語が出てきた。例を挙げると，ピアノの鍵盤数は88であるが，中央にラ音がある。その弦が全体として振動したときのモードの次数は0（基本モード）で周波数は440ヘルツである。弦が中央を節に二つに分かれて振動したときにはモードの次数は1，周波数は880ヘルツ，弦が三つに分かれて振動したときにはモードの次数は2，周波数は1320ヘルツである。複雑になるので詳細は省略するが，地球の表面波には多様なモードが存在する。

　では日本列島の誘発群発地震の場合はどうであろうか。

　図17-25（B）は新島・神津島近海の誘発群発地震のＭ－Ｔ図である。最初の1時間程はM3レベルの地震が多数誘発され，その後一旦静穏化した。そのまま減少して行ったのかと思ったが，次の2時間（1.5時間後から3.5時間後，16時16分から18時16分）にはM4以上4発，M3以上M4未満は12発と盛り返したが，1.5時間後（16時16分）頃に周回表面波時間帯にはいると地震活動が盛り返し，3.5時間後（18時16分）頃から周回表面波群との対応が曖昧になって行った様子が見える。

　飛騨山脈（図17-26）では新島・神津島近海ほど明瞭ではないが，同様の傾向が存在する。

　ただし，図17-24から図17-26のような目で見て分かる対応は飛騨山脈と新島・神津島地域以外では乏しかった。そこで日光地域と箱根山の地震を加えて地震数を数えると表17-3の様になった。時間順に追うと次のようになった。

　［1］コーダ波時間帯の30分にM4以上が4発，M3以上が14発。

　［2］1時間にM3以上が7発。

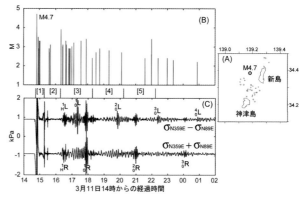

図17-25　新島・神津島地域の場合。図の意味は図17-16と同じ。川崎，他（2016）による。

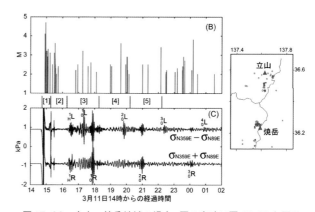

図17-26　立山・焼岳地域の場合。図の意味は図17-16と同じ。川崎，他（2016）による。

［3］2時間にM3以上が16発生。大きく見れば経過時間に反比例して余震の発生数が減衰するという大森公式を基準にすれば再活性化したと言えよう。

［4］その日の内のM4以上5未満は2発と減少した。

群発地震域以外では18時16分には，福島県中通りの福島・宮城・山形3県県境近くでM5.1（深度7km），20時31分には蔵王山でM5.2（深度9km）の地震が発生した。それは15時11分の北茨城のM5.5の地震を余震域内として除けば，日本列島で本震後12時間以内に発生した最大の地震であった。

	時間	時間幅	M4以上	M3以上	M2以上
[1]	14:46 − 15:16	0.5 時間	4	13	18
[2]	15:16 − 16:16	1 時間	0	6	13
[3]	16:16 − 18:16	2 時間	4	16	20
[4]	18:16 − 20:16	2 時間	2	13	17
	20:16 − 22:16	2 時間	0	3	12

表17-3　東北地震発生時刻以降の各時間帯の，新島・神津島近海，飛騨山脈，日光，箱根山の群発地震域の時間帯別地震数。

周回表面波群の顕著な波群と地震との対応には多少甘いところもあるが，［3］の時間帯に多少とはいえ再活発化し，［4］の時間帯に減少したと言うことも出来る。

さて，問題は周回表面波時間帯における再活発化の原因である。M6の地震といえども，断層面の摩擦に抗して地震を引き起こす剪断応力は数10MPaである。2004年スマトラ地震の時に日本列島を席巻した振幅100kPaレベルの巨大地震波でも有感地震は1発も誘発されなかったのに，その10分の1レベルの数kPaの周回表面波群によって，余震域でM6以上，日本列島でM4以上の地震が何発も誘発されたなどと言うことは研究者の直感としては「ありえない」。

なお，参考までに述べておくと，月の引力のために海では潮汐が生じているが，地球の固体部分にも潮汐が生じており，大地は最大30cm程上下している。その固体の潮汐によって生じる地殻応力は1kPa（1気圧の100分の1）程である。

話題を転じるが，飛騨市神岡町市街地とスーパーカミオカンデの中間に割石温泉がある。1981年，鉱石探査の深さ850mのボーリング坑から噴き出した間欠泉である。

岐阜大学グループは地元の協力を得て湧出量の連続観測を継続してきたが，東北地震のときの湧出量記録に，地球を一周してきた1次の高次モードのレーリー波$_1^1$R，基本モードの長周期レーリー波$_0^1$R，地球を二周してきた$_0^2$Rなどが記録されていたのである（田阪，2020）。

図17-27（上）は陶史の森の応力記録，同図（下）は割石温泉の湧出量の1秒サンプリング記録である。湧出量記録には，応力記録に表れている長周期レーリー波と同期した変化が現れており，拡大すると両者はそっくりの波形になる。

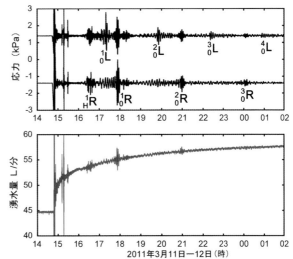

図17-27　（上）図17-20（下）の陶史の森の応力記録と同じ。（下）田阪茂樹（2020）のデータによる割石温泉の湧出量。

原理的には，圧縮応力が増大すると地下の貯留層が圧縮されて小さくなり，温泉水が押し出されて湧出量が増大する。圧縮応力が減少すると逆のことが起こって湧出量も減少する。たった数kPaのレベルで原理通りに反応したのである。理屈の上では当たり前かもしれないが，複雑な自然界の現象としては驚異的であった。

しかし，逆に，巨大地震波が到達した14時46分には，圧縮応力が低下したにもかかわらず湧出量が増大した。長周期表面波とは逆のことが起こったのである。それを理解する手掛かりは，割石温泉はほとんどの地震の場合に，地震波が到達すると同時に湧出量が増大してきたことである。Brodsky et al.（2003）を参考にすれば，それは地下深部の温泉導管にこびりついた湯の花が地震動によって剥がれ落ちたことが原因と考えられる。

割石温泉の湧出量記録は，湧出量の変化が，「湯の花の剥がれという偶然的要素」と「弾性力学的な反応という物理的な要素」の2要素から成り立っていることを強く認識させられた。それは，余震域や活火山の誘発現象の原因を考えるための重要なヒントであった。

誘発現象の原因としては，「東北地震の激烈な断層滑りが生じたプレート境界面とその近傍や，巨大地震動に揺り動かされた活火山地域の地殻内の熱水脈で湯の花の剥落に類するようなことが起こり，普段は地層の中に孤立的に分布する熱水を満たした間隙から熱水が染み出し，それらが連結的になって熱水の移動が起こりやすい状態になっていたために。周回長周期表面波のような小さな応力の追加だけで熱水が移動し，M6クラスの余震が誘発された」と考えることができる。逆に言うと，たった数kPaの応力変化でM6以上の地震が誘発されたとすれば，それは余震域の断層面は激しくガサガサになり，熱水が移動しやすい不安定な状態になっていたことを意味する。

ガサガサとか，不安定とか，定性的な表現であるが，プレート境界のM6クラスの余震や日本列島の活火山地域のM4クラスの誘発地震についての一つの仮説としておこう。

1960年代後半の松代群発地震（§15-4）の経験もあり，余震の要因としての水の重要性も専門知識としては既に認識されている。そうとは言え，振幅数kPaレベルの地球周回長周期地震波がM6レベルの余震発生に寄与しているとは大きな驚きであった。

§17-8. 東北地震直後の中期予測

東北地震が発生した3月11日，全国各地は繰り返し有感地震動に襲われた続けた。その原因はコーダ波でも，周回表面波群でもない。人間が感じる短周期の地震動を放出した余震や誘発地震が発生し続けたからである。

岩手県盛岡市の例を挙げよう。本震時の震度は5強であった。それらを含め，本震からコーダ波時間帯の30分に13回もの有感地震動に襲われた。そのうち9回は震度3以上であった。その日の内に総計169回もの有感地震動に襲われた。筆者の知人は，「その日は，ずっと地面の揺れに酔ったような気分がした」と私に語った。その様な現象は「地震酔い」と呼ばれている。それに続いて，12日には92回，13日には37回，14日には26回，15日は22回，16日には14回の有感地震動があり，次第に減少して行った。

震源近くの三陸沿岸部ではもっと苛烈であったことは言うまでもない。それは，回数という尺度では測れないほど絶え間なく揺れ続けたであろう。それは，酔いなどというようなものではなく，不安

と恐怖であったに違いない。

東北地震当日は盛岡市全域が停電し，住民は三陸海岸で激甚な被害が生じていることもほとんど分からない状態で夜を過ごした。次の日から徐々に復旧し，3日後に盛岡市全域で復旧した。住民はテレビ画面から流れてくる三陸海岸の被害の様相に衝撃を受けることになった。

筆者は，連日テレビから流れてくる地震関連のニュースを見ながら，日本列島の中期予測として二つの可能性があると思った。

【可能性1】1000年来の激烈な地震波に直撃されたので，大地震も火山噴火も多発する。

【可能性2】1000年間なかったほど東西圧縮応力が低下したので，大地震も火山噴火も減少する。

筆者は，躊躇なく，【可能性1】の「活発化する」だろうと思った。実際，3月12日の深夜には長野県北部地震が発生し，3月13日には霧島新燃岳が噴火した。筆者は「日本列島でも各所でM7クラスの被害地震が多発するのではないか？」と不安に陥った。「もし福島第一原子力発電所直下でM6クラスの余震でも発生したら恐ろしい事態になるに違いない」と強い危惧を感じた。多分，ほとんどの地震研究者は同様であったであろう。

しかし，1年以内に余震域では30数発のM6.5以上の地震が発生したが，日本列島の陸部で発生したM6以上の地震は，3月12日の長野県北部地震（M6.7），秋田県沖地震（M6.4），3月15日の富士山（M6.4），8月1日の駿河湾（M6.2）のみであった。日本列島と震源域の境界部では4月11日の福島県浜通りではM7.0の地震が発生した。M7を越えるものは1発もなかった。

5年後までには，日本列島では，M7以上は，2015年M7.1薩摩半島西方沖のみであった。

火山噴火も自然現象としては小規模な水蒸気噴火ばかりであった。1986年伊豆大島噴火，1991年雲仙普賢岳噴火，2000年有珠山噴火の様なマグマ本体の上昇を示すマグマ噴火はない。

東北地震の前10年間に，2001年M6.7安芸灘地震，2004年M6.8中越地震，2007年M6.9能登半島沖地震，2007年M6.8中越沖地震，2008年M7.2岩手宮城内陸地震，2009年M6.5駿河湾地震などが発生したのに比べると，日本列島は全体として不思議な静穏さであった。

筆者の中期予測は見事に外れた。そこで，筆者は，遅まきながら，GPS地震記録や陶史の森観測点の応力記録を調べ，加えて東京大学地震研究所のTSEISで各地の地震活動の変化を調べ，東濃地震科学研究所の同僚など議論を重ねた。その結果，M8.4スーパーサブ地震，立山など活火山における誘発群発地震，日本海沿岸部の先行津波，仙台大倉ダム周辺や会津盆地など日遅れの誘発群発地震など，150年の歴史の地震学の理解の枠組みに収まりきらない規格外の地震現象が日本列島で多発していることが認識できた。その成果が第17章から第20章である。

参考文献

Brodsky, E. E., E. Roeloffs, D. Woodcock, I. Gall, and M. Manga, A mechanism for sustained groundwater pressure changes induced by distant earthquakes, Journal of Geophysical Research, １０８，B８，２３９０，doi:10.1029/2002JB002321, 2003.

引間和人，2011年4月11日福島県浜通りの地震(M7.0)の震源過程—強震波形と再決定震源による2枚の断層面の推定—，地震2，64，243-256，2012.

金森博雄，『巨大地震の科学と防災』，朝日新聞出版，2013.

Kawasaki, I., Y. Suzuki and R. Sato, Seismic waves due to a shear fault in a semiinfinite medium. Part I: Point source, Journal of Physics of the Earth, 21, 251284, 1973.

Kawasaki, I., Y. Suzuki and R. Sato, Seismic waves due to a shear fault in a semiinfinite medium. Part II: Moving source, Journal of Physics of the Earth, 23, 4361, 1975.

川崎一朗・石井紘・浅井康広・西村卓也，2011年Mw9.1東北地震に伴ったスーパーサブイベント，地震2，67，87-96，2014.

川崎一朗・西村卓也，GPS1秒サンプリング記録による巨大疑似ロングショット，日本地震学会秋季大会講演予稿集(S06-20)，64-64，2015.

川崎一朗・西村卓也・石井紘・浅井康広，2011年Mw9東北地震の時に房総半島南部で生じたハイパーレゾナンス，日本地球惑星科学連合2015年大会予稿集(SSS26-07)，2015.

川崎一朗・石井紘・浅井康広・西村卓也，地球を周回してきた巨大表面波によるダイナミック・トリガーリングの可能性，日本地震学会秋季大会講演予稿集(S09-09)，2016.

Koketsu, K., Y. Yokota, N. Nishimura, Y. Yagi, S. Miyazaki, K. Satake, Y. Fujii, H. Miyake, S. Sakai, Y. Yamanaka and T. Okada, A unified source model for the 2011 Tohoku earthquake, Earth and Planetary Science Letters, 310, 480-487.

Miyazawa, M. and J. Mori, Evidence suggesting fluid flow beneath Japan due to periodic seismic triggering from the 2004 Sumatra-Andaman earthquake, Geophysical Research Letters, 33, L05303, 2006.

Miyazawa, M., Propagation of an earthquake triggering front from the 2011 Tohoku - Oki earthquake, Geophysical Research Letters, 38, L23307, 2011

Murotani, S., M. Iwai, K. Satake, G. Shevchenko and A. Loskutov, Tsunami Forerunner of the 2011 Tohoku Earthquake Observed in the Sea of Japan, Pure and Applied Geophysics, 172, 3–4, 683–697, 2015.

岡田義光，1980. 理論歪地震記象とその応用，地震研究所彙報，55, 101-168.

Takada, Y. and Y. Fukushima, Volcanic subsidence triggered by the 2011 Tohoku earthquake in Japan, Nature Geosience, 6, 637-641, 2013.

田阪茂樹，2004年から2019年の割石温泉における湯量観測，地殻活動研究委員会報告書（令和元年度），東濃地震科学研究所，87-98，2020.

Yue, H., T. Lay, and K. D. Koper, En échelon and orthogonal fault ruptures of the 11 April 2012 great intraplate earthquakes, Nature, 490, 245-249, 2012.

ＨＰ

地震調査委員会のＨＰの「三陸沖から房総沖にかけての地震活動の長期評価（第二版）について」(2011).
　https://www.jishin.go.jp/main/chousa/11nov_sanriku/f11.htm
気象庁のＨＰの「初動発震機構解データ」
　https://www.data.jma.go.jp/svd/eqev/data/bulletin/eqdoc.html#table5
気象庁・気象研究所，「平成23年（2011年）東北地方太平洋沖地震」の断層すべり分布の推定－近地強震波形を用いた解析－，https://www.data.jma.go.jp/svd/eqev/data/sourceprocess/event/2011031114461812near.pdf
国土地理院のＨＰの「電子基準点データ提供サービス」，https://terras.gsi.go.jp/

第18章　日遅れ・月遅れの誘発群発地震

§18-1.　中部地方から関東地方の日遅れの群発地震

　地震が発生すると断層滑り域の境界部では地殻歪みはむしろ増大し，余震が発生しやすくなる。その極端な事例は2004年12月26日のMw9.0スマトラ島沖地震の南側で2005年3月26日に発生したMw8.6の巨大地震である。この様な事例があったので，東北地震の後，千葉県沖でM8を越える巨大余震が発生し，首都圏を直撃することが危惧された。不幸中の幸い，東北地震30分後に発生した茨城県沖のM7.6（Mw7.9）の最大余震を越える巨大余震は発生しなかった。

　参考までに日本列島と余震域の地震活動度を比較したいと思ったが，余震域の方が発生数が桁違いに多く，Mも大きく，意味のある比較は難しい。そこで，深度20km以浅に限定することによって余震域の地震数を減らし，発生数がほぼ100になるMと期間の組み合わせを選んでプロットしたのが図18-1である。当初は余震域に圧倒的に集中していた地震活動が，次第に西南日本に向かって拡散して行った様子が読み取れる。

　本章では，日遅れ，月遅れの誘発群発地震の検討を行うが，見通しを良くするために，予め，表18-1に，日遅れ，月遅れで発生した日本列島の誘発群発地震を整理しておく。表の2番目の列は最初のM3以上の地震の発生日，他は表17-1と同じである。小規模な群発地震まで含めると数が多くなるのでM3以上の地震が発生した群発地震に限定した。

　以下では個別の誘発地震や誘発群発地震に言及するが，目的は，M，深度，深部低周波地震，火山や活断層との位置関係を手掛かりに，150年の地震学の枠組みからは規格外れの誘発地震現象の原因を探ることである。小見出しの日付は，最初のM3以上の地震が発生した日である。

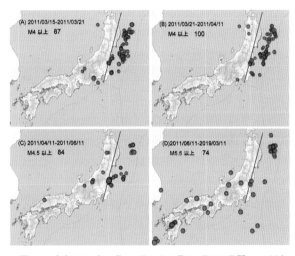

図18-1（A）2011年3月15日から3月21日の6日間，M4以上，(B) 3月21日から4月11日の3週間，M4以上，(C) 4月11日から6月11日の2ヶ月，M4.5以上，(D) 6月11日から2016年3月11日の5年半，M5.0以上，20 km以浅の地震の震央分布。日の区切りは14時46分。Mの右隣の数字は各期間の地震数。「震度データベース検索」で作図。

§18-1-1.　長野県北部地震（3月12日）

　3月12日の早朝4時頃，東北地震からほぼ13時間後，M6.7長野県北部地震が発生し，長野県最北端の栄村に大きな被害をもたらした。東北地震以降に日本列島陸部で最初に発生したM6を越える地震であった。メカニズムは，北東に低角で傾斜する断層面の上盤が南東に動く左横ずれ断層型であった。富山は震度3に過ぎなかったが，東北地震が頭にこびりついていたため，筆者は飛び起きてテレビの地

地域	開始日	M	深度	最大地震	Mx	深度	群発深度	震度
東京湾北部	3月12日	3.9	25km	3月15日	4.1	23km	27km-19km	5 弱
苗場山	3月13日	3.3	0km	4月12日	5.6	0km	3km-0km	3-4
松本	3月14日	3.1	3km	6月30日	5.4	4km	10km-3km	3
富士山	3月15日	6.4	14km	3月15日	6.4	14km	15km-6km	4-5 弱
大仙	3月14日	3.1	7km	4月19日	4.9	6km	10km-4km	4-5 弱
会津盆地	3月19日	3.0	9km	5月07日	4.6	8km	9km-7km	4
北秋田	3月26日	3.4	12km	4月01日	5.0	12km	13km-12km	4
大倉ダム	4月30日	3.2	13km	6月03日	3.4	12km	13km-11km	6 弱
月山	7月30日	3.7	6km	7月30日	3.7	5km	10km-5km	4
森吉山	12月05日	3.1	6km	12月15日	3.2	6km	10km-5km	4

表18-1　東北地震以降の，日遅れ，月遅れの誘発群発地震。2番目の列は最初のM3以上の地震が発生した日。他は表17-1と同じ。

震速報を見た。中部，関東，北東に住む多くの人々は同様であったに違いない。

　図18-2は長野県北部地域の地震分布である。（右）の上半が長野県北部地震の余震分布で，それは1847年M7.4善光寺地震と2004年M6.8中越地震の間を埋めている。余震域の南の秋山郷は長野県下水内郡栄村と新潟県中魚沼郡津南町に跨がって拡がっている。そこは江戸時代の雪国の人々の生活を書き残した鈴木牧之の『北越雪譜』の主要な舞台の一カ所である。

　長野・新潟県境の苗場山は80万年前から20万年前に活動した第四紀火山で，苗場山麓ジオパークの核心である。3月13日の11時過ぎ，苗場山の西10km程でM3.3（深度0km）の地震が発生し，図18-2（右）の水平分布下部の群発地震となった。水平分布図から分かるように，12日のM6.7長野県北部地震の余震域から10km程南に離れており，別の群発地震である。4月12日にはM5.6の地震が発生

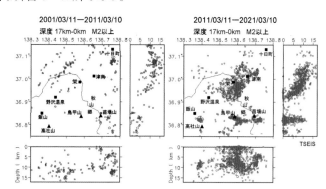

図18-2　2011年3月12日午前3時59分に発生した長野県北部地震の余震域（左図北半分）の東北地震前10年間と（右）以降10年間のM2以上の地震の3次元分布。

したが，5月に入って次第に沈静化し，2012年に入って有感地震はほぼなくなった。深度分布はM2以上に限定すれば2kmから0km，M1まで下げれば10kmから0kmと極端な違いがある。

　松本では，東北地震後，牛伏寺断層線に沿って有感地震が多発するようになった。その後しばらく静穏化したが，6月に入ると松本駅西側で群発地震活動が活発化，6月30日の朝8時過ぎにM5.4の地震が発生した（図16-7A）。松本城の天守閣の壁面の一部にひびが入り，一部の石垣が破損した。

　活断層長期評価が想定するM7.6の大地震が発生するのかと危惧されたが，このときはM6以上の大地震には至らなかった。とはいえ，6月29日と30日の2日間で20発以上のM2前後の有感微地震が発生した。松本市民の不安は大きかったであろう。

　2012年7月10日には，第四紀火山の高社山（飯山市。30万年前から20万年前）でM5.2（深度9km）が発生し，群発地震（深度11kmから7km）となった。

§18-1-2. 東京湾北部下部地殻群発地震（3月12日）

図18-3に示すように，東京湾北部はフィリピン海プレート上面の1923年M7.9関東大地震の震源断層域の北端にあたり，1989年にはM6規模に匹敵するスロー地震（広瀬・他，2000）も発生した興味深い場所である。ここの誘発群発地震は中部地方の他の誘発地震と性質が異なって火山地域ではないが，2018年胆振東部地震（§20-6）と下部地殻地震という共通点があるので取り上げておく。

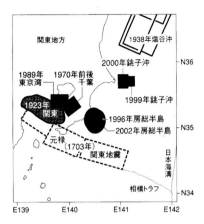

図18-3　東京湾周辺のプレート境界型地震，スロー地震など，テクトニックな地震環境。川崎（2006）による。

東京湾北部では，深度30kmから20kmで時々M4以上の下部地殻地震が発生してきた。2005年6月1日には羽田周辺でM4.1からM4.3の3発の地震（深度29kmから28km）が発生した。都心部の最大震度は3であった。

図18-4は，東北地震から1ヶ月間の東京湾北部の下部地殻のM1以上の地震の3次元分布である。東北地震の次の日の12日16時頃にM3.9（深度25km），15日5時頃にM4.4（深度23km）のこの時期の最大地震が発生し，続いて1週間以内に8発のM3以上の地震（深度27kmから19km）が続いた。これを「東京湾北部下部地殻地震」と呼ぶ。

2001年から2020年までの東京湾北部の下部地殻地震分布は図18-4によく似ているので改めては示さない。

最大地震のメカニズムは，ほぼ東西走向の高角断層面の西北西－東南東方向の圧縮応力の右横ずれ断層型である。

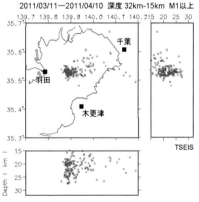

図18-4　東京湾北部の東北地震以降1年間のM1以上の下部地殻地震の3次元分布。

東京都千代田区は，3月11日に108回，12日に50回の有感地震動に襲われ，その後も有感地震動に襲われ続けたが，そのうち7回（12日に1回，13日に4回，15日に2回）が東京湾北部の下部地殻地震であることなど誰も気にしなかったであろう。しかし，東北地震の直後でなければ，同じような群発地震が発生すると「すわ首都圏直下型地震か」と相当の緊張が走ったはずである。

最近，中村・他（2020）は，江戸時代末期の歌舞伎役者中村仲蔵の新しく発見された自筆記録から，1855年安政江戸地震のS－P時間を従来の見積もりより短いと判断し，東京湾北部の下部地殻地震であった能性を示した。

東京湾北部では，過去20年，2005年6月1日のM4.3（深度28 km）が最大であるが，2007年中越沖地震（§15-9）や2018年胆振東部地震（§20-6）を参考にすれば，東京湾北部でも下部地殻地震も警戒すべきであろう。もし，中越沖地震や胆振東部地震と同規模の地震が東京湾北部の下部地殻で発生すると，東京湾北部沿岸部から東京都23区内，千葉市市域一帯が震度6強になるだろう。東京湾北部一帯は地盤が悪いので，大阪府北部地震の震度6強の被害からから類推されるよりはるかに深刻な被害が生じることは確実である。

§18-1-3. 富士山地震（3月15日）

　次は，最近8万年程の間に日本で一番高い山に生長した富士山（静岡・山梨県境）の地震である。富士山は，2000年から2001年には低周波地震が多発してマスコミを賑わせた。

　図18-5は，富士山の北東−南西走向の長さ70kmのMT法（地磁気地電流法）測線で得られた地下深部電気伝導度の逆数の分布（Aizawa et al., 2004）である。富士山直下の20km以深（図中のC1の赤色など暖色系の部分）は電気伝導度が大きく（電気を良く通す），マグマ溜まりと解釈されている。

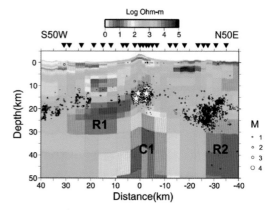

図18-5　富士山の北東−南西走向の長さ70 kmのMT法（地磁気地電流法）測線で得られた電気伝導度の逆数の分布。震度20 kmから10 kmの星印は深部低周波地震。Aizawa et al.（2004）による。

　地磁気地電流法探査とは，地球磁場の乱れに反応して生じた地表電位の変化を連続測定し，地下の比抵抗構造を求める観測研究手法である。比抵抗は電流の通しにくさである。地下に熱水や地下水など電流を通しやすい物質が分布していると，そこは外部の地球磁場の変動に大きく反応する。観測点ごとの反応の違いを分析することによって，地下の比抵抗の分布を推定することが出来る。

　図18-6は15日と16日のM2.5以上の地震の3次元分布である。3月15日の22時31分頃，富士山の南側でM6.4の地震が深度14kmで発生した。深部低周波地震は深度20kmから10kmに定常的に発生しており，M6.4の地震は深部低周波地震の発生域の中で発生したことが分かる。

　余震の深度は，最初の20分は15kmから11kmに限られていたが，20分後から1時間後は深度13kmから7kmと浅くなり，その後は深度15kmから6kmの間で散発するようになった。

　気象庁ＨＰの「国内で発生した顕著な地震の震源過程解析結果」によると，上下方向に細長い長さ10km程の南北走向の高角断層面の東北東−西南西方向の引張応力（または北北

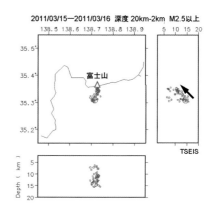

図18-6　2011年3月15日22時半頃の富士山直下のM6.4（深度14 km）の2日間のM2.5以上の余震の3次元分布。

西−南南東方向の圧縮応力）による左横ずれ断層型の地震であった。単純化すると，図18-6の余震分布をほぼ東西に2分するような南北走向の鉛直断層面である。

　分布図は，巨大地震動によってマグマ溜まりから染み出してきた熱水がM6.4の地震を引き起こし，地震が発生してしまうと逆に震源断層面に沿って熱水が図中の矢印の方向に上昇しながら余震を引き起こしていった様子を示しているものと思われる。

§18-2. 東北地方陸部の静穏化

　図18-7は，東北地震後3ヶ月以内の海域部は除いた東北地方陸部のみのM3以上の地震の震央分布である。本章で言及する群発地震は予めここに示されている。

　東北地方は数MPaの巨大地震動に揺り動かされた。その意味では東北地方陸部でこそ大規模な誘発地震現象が多発してもおかしくないような気がする。しかし，巨大地震波の後に残された地震性地殻変動は東北地方脊梁部あたりで1MPaもの1000年に一度の東西圧縮応力の低下であった（Yoshida et al., 2012）。その意味では地震活動は静穏化しても不思議ではない。なお，低下した圧縮応力の方向は当然ながら場所によって東西から多少ずれることをお断りしておく。ただ，簡明のため，東西圧縮応力と表記する。

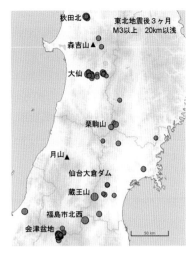

図18-7　東北地方陸部の東北地震以降3ヶ月以内，M3以上，20 km以浅の地震の震央分布。

　図の範囲では，最初の6時間以内に誘発されたM5以上の地震は，蔵王山（標高1841m）の近くの18時16分のM5.1（深度7km）と20時31分のM5.2（深度9km）の2発，1年以内では4月1日の北秋田のM5.0（深度12km）の地震しかない。M6以上の地震は，2019年6月18日のM6.7山形県沖地震（深度14km）まで8年間に1発もなく，M5以上では明瞭な静穏化であった。それから分かることは，東西圧縮応力の1MPaもの低下が支配的な要因だったと言うことである。数MPaの激烈地震動に襲われたからといって，それだけでは，地図の範囲内の陸部では有感地震レベルの地震はほとんど誘発されなかったことは確かである。

　そこで，東北地方陸部の静穏化を定量的に示すために東北地震前と以降の地震活動の比較も試みたが，東北地震前には，2003年M6.4宮城県中部地震や2008年M7.2岩手・宮城内陸地震などの余震が数多く発生しており，M3以上（図20-4）では意味のある比較はむつかしかった。

　下限をM2に下げるとどうなるのかと思い，東西0.5度，南北0.4度の標準的な枠を動かして静穏化の場所を探したが，ほとんどの場所で有意の変化はなく，群発地震の発生している場所では地震数は大きく増えていた。下限をM2に下げるとむしろ活発化したように見えた。

　静穏化が認識できたのは図18-8の福島県南西部だけであった。プロットされている地震数は（左）地震前10年間の901発から（右）以降10年間の285発まで3分の1程度にまで減少した。図の範囲には，活火山とされている沼沢湖（約11万〜5400年前）が

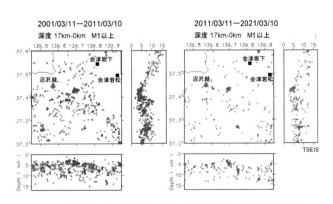

図18-8　福島県南西部地域の（左）東北地震前10年間と（右）以降10年間のM1以上の地震の3次元分布。東北地震発生以降，この地域では，地震頻度が3分の1程度にまで低下した。沼沢湖は活火山。

あり，下部地殻に深部低周波地震も存在する地震環境であるにも関わらず，地震活動は顕著に低下した。

次に，大地震の余震活動の変化に着目しよう。図18-9（上）は，2008年M7.2岩手・宮城内陸地震の余震域の2001年3月11日から2021年3月10日まで20年間のM3以上の地震分布である。北端を第四紀火山の焼石岳（100万年前から20万年前），南端を活火山の鳴子火山（約17万年前以降）（図の下辺枠外）に限られ，中央に活火山の栗駒山（1626m）が位置している。同図（下）は（上）の枠内のM2以上の地震数の推移である。岩手・宮城内陸地震の後，年間余震数は次第に減少していたが，東北地震を境にして急低下したことが分かる。

なお，2004年中越地震，2007年能登半島地震，2007年上越沖地震の余震については，図18-9の様な地震活動度の急低下は見いだされなかった。

深部低周波地震の場合は複雑であった。

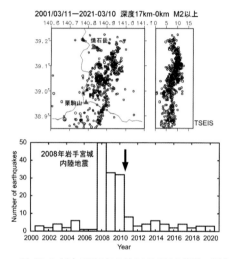

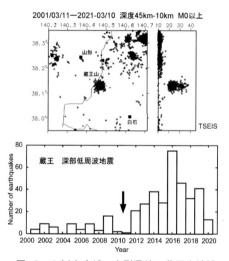

図18-9（上）2008年6月14日M7.2岩手・宮城内陸地震余震域の2001年3月11日から2021年3月10日まで20年間のM3以上の地震分布。（下）地震数の年別柱状グラフ。

図18-10（上）宮城・山形県境の蔵王山地域の（左）東北地震前10年間と（右）以降10年間の深度40kmから5kmのM0以上の地震の三次元分布。上下方向には半分に圧縮されている。（下）（上）図の内の深度40kmから15kmのM0以上の深部低周波地震の年別柱状グラフ。

小菅・他（2017）によると，東北地方の火山の深部低周波地震の発生数は，東北地震前の平均的発生頻度（1年当たりの平均的な発生数）が20発以上の岩手山，鳴子カルデラ，吾妻山，磐梯山では半減し，栃木県の高原山では8割以下まで低下した。

一方，東北地震前には平均的発生頻度が20発以下の活動度が低かった蔵王山（活動時期は30万年前から現在まで）では東北地震以降に増大した。

一例を挙げよう，図18-10（上）は蔵王山の東北地震前と以降の深度40kmから5kmのM0以上の地震の3次元分布である。（下）は深度40kmから15kmに限ったM0以上の深部低周波地震の年別柱状グラフである。2012年に入って深部低周波地震が急増した。1年遅れで活発化したのである。

§18-3. 東北地方陸部の日遅れの群発地震

本節では，図18-7の日遅れ，月遅れの誘発群発地震に手短に言及する。

§18-3-1. 秋田県大仙群発地震（3月14日）

3月14日7時半頃，秋田県内陸南部の大仙から角館西方で最初のM3以上の地震（M3.2，深度7km）が発生し，群発地震になった。4月19日には，北東－南西方向の圧縮応力の横ずれ断層型のM4.9の最大地震（深度6km）が発生した。

図18-11は，大仙地域のM2以上の地震の3次元分布である。（左）東北地震前にはほとんど地震活動はなかったが，（右）東北地震以降に活発化した。M2以上の（右）図ではやや分かりにくいが，M1以上の分布図では震源は長さ4kmから10kmの数本の南北走向の高角面状分布をしており，北側は深度7kmから5km，南側は深度10kmから7kmである。

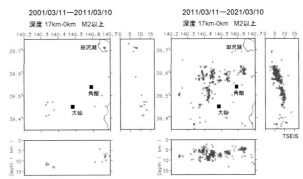

図18-11　秋田県大仙地域の（左）東北地震前10年と（左）後10年のM2以上の地震の3次元分布。

群発地震の発生域の北30km程には第四紀火山の森吉山（110万年前から70万年前），北東40kmには活火山の八幡平（約120万年前以降）が位置しているが，群発地震発生域には火山はなく，新第三紀中新世後期（1530万年前から725万年前）の海成堆積層などが分布している。

§18-3-2. 会津盆地群発地震（3月19日）

3月19日の正午頃，福島・山形県境の飯森山（1595m）の南側でM3.0（深度9km）の地震が発生し，3年以上継続した。3月中は中央部に限られていたが，1ヶ月程して飯盛山から西方の喜多方に拡大し，猛烈な群発地震となり，5月7日にM4.6の最大地震（深度8km）が発生した。本章ではこれを会津盆地群発地震と呼ぶ。主要な地震は西北西－東南東方向の圧縮応力の逆断層型である。なお，県境の飯盛山は戊辰戦争の時の白虎隊の戦いで有名な飯盛山ではない。その飯盛山は会津若松の市街地の東端である。

図18-12は会津盆地の東北地震以降3年間の（左）M3以上と（右）M2以上の地震の3次元分布である。（右）では，深度12kmから5km，南北ほぼ20km，東西ほぼ10kmの団子状の拡がりであるが，M3以上での（左）では，深度9kmから7kmの，長さ5km程の南北走行の線状分布の集合の様に見える。

群発地震の発生域は，山形県側の長井盆地西縁断層帯，福島県側の会津盆

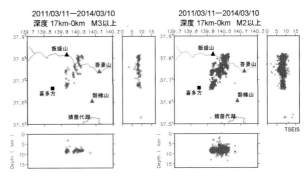

図18-12　会津盆地の東北地震以降3年間の（左）M3以上と（右）M2以上の地震の3次元分布。

地西縁断層帯（1611年慶長会津地震の震源），会津盆地東縁断層帯の隙間に位置している。地表部は第三紀末の流紋岩や大規模火砕流堆積物などに覆われており，第四紀の火山活動の痕跡はない。

　深部低周波地震は，2003年から2005年にかけて，磐梯山南西山腹，深度30km前後で多発していた。東北地震のあと図18-12の地殻浅部の激しい群発地震活動が生じている間は静穏化した。それが2014年頃に沈静化すると，逆に，深度25kmから20kmで再活発化した。蔵王山直下の深部低周波地震よりさらに２年遅れの活発化である。

§18-3-3. 北秋田地震（3月26日）

　3月26日には，半月遅れで，北秋田市直下でM3.4の地震（深度12km）が発生し，4月1日にはM5.0の最大地震（深度12km）が発生した。東北東－西南西の圧縮応力の横ずれ断層型であった。続いて，深度13kmから12km，水平面内で3km四方の範囲内で余震が1年程続いた。指数関数的規則性（式14-1）からM5の地震の震源断層の長さは3km程のはずなので，群発地震の発生域のサイズとほぼ同じである。群発地震型というより本震－余震型に近い。

§18-3-4. 仙台大倉ダム誘発群発地震（4月30日）

　大倉ダムは，仙台中心市街地から西に15km程の広瀬川上流部に位置する。その周辺は，主として新第三紀中新世後期（1530万年前から725万年前）の流紋岩（溶岩・火砕岩）に覆われている。

　図18-13に，（左）1998年3月11日から2001年3月10日までと（右）2011年3月11日から2014年3月10日まで各3年のM1以上の地震の3次元分布を示す。

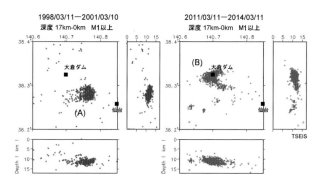

図18-13　仙台大倉ダム地域の（左）1998年3月11日から2001年3月10日までと（右）2011年3月11日から2014年3月10日まで各3年間のM1以上の地震の3次元分布。

　1998年9月，仙台市愛子（あやし）でM5.2（深度13km）の地震が発生し，余震（深度13kmから11km。同図（左）の（A））が続いた。M5.2なら断層の規模は3kmから5kmのはずなので仙台愛子の地震は本震－余震型と言えよう。

　堀・他（2004）によると，愛子地震の余震発生域（A）は，仙台平野と山地の境界を北東から南西に走り，西側に傾く長町－利府断層帯下端部の西への延長上に位置する。活断層の長期評価によれば，長町－利府断層帯は3000年以上の間隔でM7.0～M7.5の地震を繰り返す活断層である。

　なお，図18-13の範囲から東側に外れるが，東松島市を中心に発生した2003年M6.4宮城県北部地震の余震も，深度範囲14kmから8kmのほぼ水平な面状分布であった。

　東北地震のほぼ1ヶ月後の4月17日，仙台大倉ダム周辺でM2.3の地震（深度13km），4月30日には最初のM3以上の地震（M3.2，深度12km），6月3日に最大地震（M3.4，深度12km）が発生，年末までM2クラスの地震が断続的に続いた（同図（右）の（B））。こちらは群発地震型であった。深度範囲は，図の様にM1以上では13kmから8km程度であるが，M2以上では13kmから11kmとより平面的であった。

本章では，このように水平分布をする群発地震を「大倉ダム型群発地震」と呼ぶ。

仙台大倉ダム群発地震については次節で改めて議論の対象とする。

§18-3-5. 第四紀火山の山形県月山（7月30日）と秋田県森吉山（12月5日）

東北地方陸部では，巨大地震波によってその日の内にM3以上のレベルの群発地震が誘発された活火山地域はなかった。ようやく1ヶ月遅れで月山（山形県中央部）（90万年前から30万年前），9ヶ月遅れで森吉山（秋田県中央部）（110万年前から70万年前）で地震活動が生じた。

図18-14（左）は，東北地震以降3年間の月山のM2以上の地震の3次元分布である。図の範囲では東北地震前にはほとんど地震活動はなかったが，4月に入って地表にまで達する筒状分布の群発地震活動が生じ，7月30日にM3.7（深度5km）の最大地震が発生し，ほぼ1年たって終息した。30万年前頃に火山活動を終えたはずの第四紀火山の月山の下で深度6kmから0kmの筒状の群発地震が発生したのである。

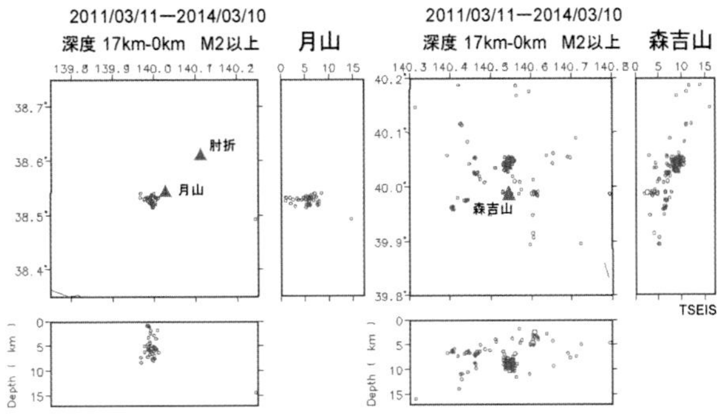

なお，国土地理院の最近100年の水準測量（図16-21）では，月山から朝日山地は2mm/年以上の高速隆起の地域に含まれている。

図18-14（右）は東北地震以降3年間

図18-14　東北地震以降3年間の（左）山形県月山地域と（右）秋田県森吉山地域のM2以上の地震の3次元分布。

の森吉山のM2以上の地震分布（深度10kmから6km）である。3月19日，山頂直下でM3.4（深度7km）の誘発地震が発生したが，その後は一旦沈静化した。12月5日に至ってM3.1の地震が発生した後は群発地震となり，翌年2月10日には最大地震（M3.8，深度10km）が発生した。

§18-4. 仙台大倉ダム群発地震の謎

ここまで，M，深度，深部低周波地震などを手掛かりに，1000年に一度の誘発群発地震の原因を探ることを試みたつもりであるが，多くの複雑系の自然現象がそうであるように，あまりにも多様で，すっきりした原因論にたどり着けそうもない。

特に仙台大倉ダムは活火山でも第四紀火山も分布しない地域にある。しかも，Nakajima et al.（2006）の地震波トモグラフィーでは，大倉ダム群発地震の震源発生層の深度15kmから10kmは周囲に比べて相対的に高速度領域で，マグマ溜まりなど存在していないことを示している。何故そのような場所で日遅れ・月遅れで誘発群発地震が生じたのか，大変不思議である。

東北大学の長谷川のグループはこの問題に一つの答えを出した（例えば，吉田・長谷川，2017：Yoshida and Hasegawa, 2018）。彼らは仙台大倉ダム群発地震の震源を精度良く再決定し，次の様な解析結果を示した。

　①最初は深い方（13km程）で発生し，次第に地震の分布面に沿って斜め上方に浅く（10km程）なる。

②震源は，明瞭に，西北西走向の複数枚の低角の面状に分布する。

③その面がそこで発生した比較的大きな地震の断層面となった。

この解析結果から，彼らは，「東北地震による西北西方向の地殻応力の低下によって地殻下部から熱水が上昇しやすくなり，高い間隙水圧の熱水が湧き出してきたことによって断層面の摩擦強度が低下して地震が発生しやすくなり，地震が群発するようになった」と結論した。

学会発表を聞いたときには大いに研究者スピリットを刺激された。しかし，幾つかの疑問が残った。

第一の疑問は，「地震波トモグラフィーによる地震波速度断面図ではマグマ溜まりや熱水混合層（§16-1）など存在しない様に見える領域のどこに高い間隙水圧の熱水貯留層が存在していたのだろうか？」という点である。

第二の疑問は，「熱水が上昇しやすい環境になったのなら，何故，2011年の大倉ダム群発地震の中から1998年M5.2仙台愛子地震を越える地震に成長するものが出なかったのか？」である。

第三の疑問は，「何故群発地震が活発化するまでに1ヶ月程の時間を要したのか？」である。

もしかしたら1秒程度の周期帯の地震動の強さを反映する本震の時の震度が支配的要因なのかもしれないと思ったので表17-1の最後の列に本震の時の震度を加えた。東北地震当日に誘発地震が生じた立山や焼岳は震度3前後，日遅れ・月遅れで誘発地震が生じた東北の各地は震度4前後で，表の範囲内では仙台大倉ダム周辺のみ震度6弱で一番大きい。相関は逆なのである。

地震動で考えていても答えが見えてこないのなら，別の視点を導入するほかない。それは松代地震の経験（§15-4）によって日本の地震学の世界で強く認識されるようになり，§17-7では地球周回表面波による余震誘発の要因と考えた熱水しかない。しかし，§17-7の議論をそのまま当てはめるだけでは日遅れ・月遅れは説明出来ない。問題は何に時間を要したのか？である。

図18-15（a）と（b）のような開口亀裂状の熱水脈を想定しよう。なお，「開口」とは岩石に空隙が生じているという意味である。図の矢印のような圧縮応力が加わると（b）は閉じ，（a）は上下に幅が広がり，亀裂先端では熱水脈が拡大するだろう。

地殻内では，熱水を満たした開口亀裂が図18-16の概念図のように狭い熱水脈を通して互いに連結しているであろう。熱水に満たされた開口亀裂の頻度，中を満たすマグマや熱水の密度や粘性，亀裂の縦横比などの形態などの違いによって様々なダイナミクスが現れる。

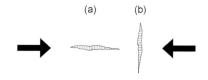

図18-15　地殻内の圧縮応力と開口割れ目の方向の関係。

東北地震が発生して東西圧縮力が低下すると図18-15と逆のことが起こる。（b）の様な南北走向の熱水脈は東西に幅が拡がる。同時に南北と上下に拡大して行き，次第に周辺の熱水脈と連結的になって分布密度が大きくなるほど上昇しやすくなり，今までマグマも熱水も存在しなかった場所（13km以深）に熱水層が形成される。そこから地震発生層に熱水が漏れ出して群発地震を発生させる基本的要素であろう。

Nakajima et al.（2006）の地震波トモグラフィーでは，この深度に低速度層が存在しない。このことは，この熱水層が一時的なものであることを示している。大倉ダム群発地震発生層の下部にやや地震波速度の遅い層が分布する。そこには図18-16のような形態の熱水脈が他の場所に較べて高密度で孤立的に散在していたであろう。それが激烈地震動によって連結的になり，浮力を増し，上昇を始めた

のではないだろうか。ところが，たっぷりシリカが溶け込んだ高粘性の熱水が図18-16のような熱水脈を上昇してくる速度は遅いはずである。上昇・集積するのに時間を要し，それが，群発地震の日遅れ・月遅れになったということであろう。

　この推察が正しいと，群発地震発生層の下部で拡大した熱水脈の走向は北北東のはずである。Yoshida and Hasegawa（2018）によれば群発地震の分布面の走向はおおむね北東であるので，大きな矛盾はない。場所は異なるが，地殻応力の低下方向がほぼ東西の大仙群発地震の分布は南北走向の高角面（図18-11右）である。

　この推察は十分に満足できる答えでないかもしれないが，いずれにせよ，日遅れ・月遅れの説明が出来なければ，仙台大倉ダム群発地震の理解は完結しないことは確かであろう。

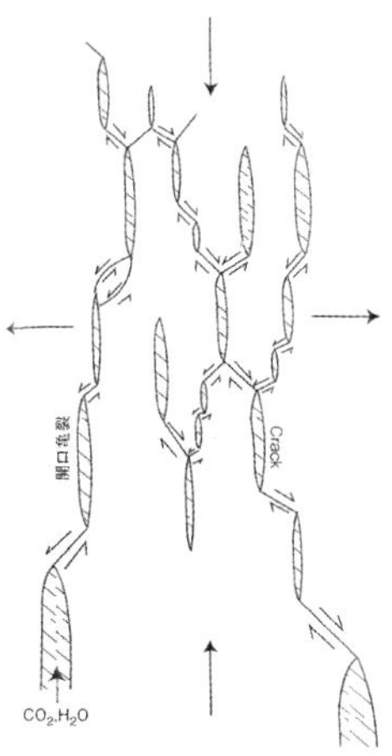

　図18-17は，図18-13の左右の分布図を重ね合わせたものである。(A)と(B)は同じ深度で隣接しており，同じ様な地震環境であることが分かる。

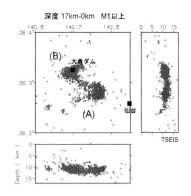

図18-16　温泉などの熱水の通路としての亀裂のつながりの概念図。西村進（2016）に加筆。

とすれば，熱水が上昇しやすくなったのなら，2011年の群発地震からこそ大地震に成長するものが出てもおかしくない。

　しかし，熱水が地震発生層を上昇するにつれて温度が低下し，シリカの溶解度が下がる。するとシリカを析出し，上昇面を閉塞させようとする。1998年には，この閉塞作用よりも東西圧縮応力が勝って断層滑りの一つはM5.2の地震にまで成長することができた。一方，東西圧縮応力の低下した2011年には閉塞作用の方が勝って上昇面が閉ざされてしまい，群発地震のどれも成長できず，最大地震がM3.4の群発地震型で終わってしまったのであろう。

　このような考え方でなければ，疑問1から疑問3に答えることは困難である。何故か？を考える過程で，「粘性の大きな熱水の移動速度が小さいことが現象を左右しているのではないか」という考えに行き着いた。東北地震が与えてくれたヒントであった。

図18-17　図18-13の(左)と(右)の分布図を重ねたもの。

　また，仙台大倉群発地震の場合，熱水は，どうして密閉層から「斜め」に上昇したのだろうか。立山・黒部の黒部湖群発地震（図19-1）や志賀高原群発地震（図19-11）のように高角面の場合も多いが，雲仙普賢岳の場合に至っては西へ15km程離れていた（図15-9）し，富士山の場合も水は斜め面状に上昇した（図18-6）。

　重要なヒントは，富山大学の渡辺了のグループによって行われた実験（増山孝行，1996）の写真である。写真18-1のように水槽の中をゼリー状のもので満たし，ゼリー上面に小荷重（圧縮力源）を置く。水槽の下から面状に水に色を付けた水を注入する。するとゼリーよりも密度が小さい水は（A）から（B）に浮力で上昇していくが，次第に，小荷重に向かって方向をかえる。つまり，山頂に向かって斜めに上昇していくプロセスが実験で再現されたのである。

なぜ小荷重に向かって上昇して行くか，それは図18-15が説明している。矢印のような圧縮力がかかると，（a）の様に位置している割れ目はかえって開き，先端を拡げて行くからである。

もちろん，これで全部が説明出来るわけではない。しかし，「圧縮応力源に向かって斜め上方に上昇していく」と言葉で言われてもピンと来ないが，実験で見せられるとすごく納得できる。このようなモデル実験の意義である。

以上の様に検討を重ねてきて，つくづくと，当たり前かもしれないが，多くの地震関連現象が，原理的に期待されるように起こっていることに気が付いた。たとえば，巨大地震波によって30cmもの大きな上下方向の揺れにもかかわらずほとんど生じない潮位変化（図17-11（A）），数kPaレベルの微小な応力変化に比例する割石温泉の湧出量変動（図17-27）などである。

同時に，湯の花の剥がれや，粘性の大きな熱水の遅い移動など，偶然的要素，あるいは偶然的に近い要素も大きな役割を果たしており，それは多くの課題を理解困難にしている。

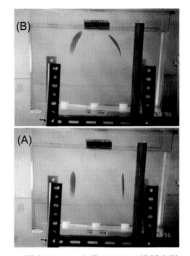

写真18-1　上昇のゼリー模擬実験（増山，1966）。写真は渡辺了による。

この章の最後に付け足しておきたい。スロー地震を本書の射程外としたため，ついつい言及するタイミングを失ったことが一つあった。第14章では，低周波地震，あるいはスロー地震の原因として熱水を挙げた。第17章から本章では誘発地震の原因として熱水を挙げた。同じ熱水なのに違った現象を引き起こす原因は何かを説明出来なければ本当は話は完結しない。

この違いを追求したような既存の研究はないので確実に答えることは出来ないが，粘性の小さな熱水は亀裂を拡大させ，断層面を拡大させる役割を果たして誘発地震となり，シリカをたっぷり含んで粘性の大きな熱水は滑りを抑制して地震を低周波にする役割を果たしたものと筆者は推定している。今後の研究の進展に待ちたい。

参考文献

Aizawa, K, R. Yoshimura, and N. Oshiman, Splitting of the Philippine Sea Plate and a magma chamber beneath Mt. Fuji, Geophysical Research Letters, 31,9, 16.05, 2004.

原田昌武・細野耕司・小林明夫・行竹洋平・吉田明夫，富士山及び箱根火山の膨張歪と地震活動，火山，25，193-199，2010.

広瀬一聖・川崎一朗・岡田義光・鷺谷威・田村良明，1989年12月東京湾サイレント・アースクェイクの可能性，地震2，53巻，11-23，2000.

堀修一郎・海野徳仁・河野俊夫・長谷川昭，東北日本弧の地殻内S波反射面の分布，地震第2輯，56，435-446，2004.

川崎一朗，『スロー地震とは何か？』，NHKブックス，日本放送出版協会，2006.

小菅正裕・野呂康平・増川和真，東北日本で発生する深部低周波地震の震源の時空間分布の特徴と地震波形の多様性，地震研究所彙報，92，63-80，2017.

増山孝行，マグマの上昇に対する地形のつくる応力の影響，富山大学理学部地球科学科卒業論文，1996

村上亮・小沢慎三郎，GPS連続観測による日本列島上下地殻変動とその意義，地震2，57，209-231，2004.

Nakajima, J., A. Hasegawa, S. Horiuchi, K. Yoshimoto, T. Yoshida, and N. Umino, Crustal heterogeneity around the Nagamachi-Rifu fault, northeastern Japan, as inferred from travel-time tomography, Earth Planets and Space, 58, 843-853, 2006.

中村亮一・石瀬素子・杉森玲子・佐竹健治，1855年安政江戸地震に関する中村仲蔵原資料の発見とその意義，JpGU-AGU Joint Meeting 2020, MIS28-P09, 2020.

西村進，有馬温泉の金泉，『温泉と地球化学』大沢・西村編，164-181，ナカニシヤ出版，2016.

鷺谷威・井上政明，測地測量データで見る中部日本の地殻変動，月間地球，25，918-928，2003.

吉田圭佑・長谷川昭，東北地震後に stress shadow で誘発された群発地震の発生機構，日本地震学会講演予稿集2017年度秋季大会，S8-36, 2017.

Yoshida, K., A. Hasegawa, T. Okada, T. Iinuma, Y. Ito and Y. Asano, Stress before and after the 2011 great Tohoku-oki earthquake and induced earthquakes in inland areas of eastern Japan, Geophysical Research Letters, 39, L03302, 2012.

Yoshida, K. and A. Hasegawa, Sendai-Okura earthquake swarm induced by the 2 0 1 1 Tohoku-Oki earthquake in the stress shadow of NE Japan: Detailed fault structure and hypocenter migration, Tectonophysics, 733, 132-147, 2018.

第19章　飛騨山脈で続発する群発地震

§19-1．立山・黒部の群発地震

立山・黒部でも群発地震活動が続いた。図19-1に東北地震以降1年間のM2以上の地震分布を示す。

§16-10で明らかになったように，立山から扇沢は＋4mm/年から＋7mm/年の高速隆起の場である。そこで集中的に誘発群発地震が発生したのである。

東北地震から1か月程，黒部川源流部の上廊下から東沢谷で誘発群発地震（最大地震はM3.9，深度1km）が発生した。本章ではそれを「上廊下・東沢谷群発地震」（図中の3月の添字の長方形）と呼ぶ。この群発地震の分布を北方へ延ばすと立山カルデラの東側を通って立山山頂部の地獄谷や一ノ越断層に至る。

5月から6月には再び東沢谷で群発地震となり，5月17日にはM4.5（深度2km）の地震が発生した。7月には長野県側の赤沢岳と扇沢の間で群発地震が生じた。

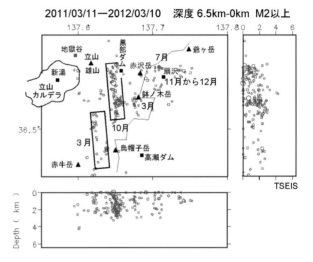

図19-1　立山・黒部地域の東北地震以降1年間のM2以上の地震の3次元分布。赤沢岳が県境線から外れているが，それは県境線が粗いからである。なお，立山雄山と地獄谷を分けて表示するときには，立山雄山には黒三角のシンボルを用いる。

10月には最大規模の群発地震が黒部湖を南北に縦断した（図中の10月の添字のある南北5km程の長方形）。ここではそれを「黒部湖群発地震」と呼ぶ。10月5日の19時頃にM5.4の最大地震（深度1km）が発生した。指数関数的規則性（式14-1）からM5.4の震源断層の長さは5km程なので，群発地震の線状分布は最大地震の震源断層の長さにほぼ対応する。従って，黒部湖群発地震は本震－余震型と群発地震型の混在型と言えよう。

最大地震のとき，震源域に最も近い富山県立山町吉峰や長野県大町では震度3であった。震源断層直近の黒部ダムには気象庁の観測点がないので震度は分からない。しかし，同程度のMの地震の震源近くの観測事例を参考にすれば黒部ダムでは震度は6以上であったと思われる。観光シーズンの昼間であればさぞかし観光客を驚かせたであろう。

1998年飛騨上高地群発地震の8月16日の槍ヶ岳山頂西側の最大地震（M5.6，深度3km）の時には震源近くの蒲田川源流部で岩屑なだれ（写真15-2）が生じた。黒部峡谷地域では，今回は幸い大規模な災害には至らなかったが，今後も注意は必要であろう。

立山雄山直下を掘り抜いた立山トンネルは室堂平から黒部峡谷側の大観峰までほぼ3.7kmである。トロリーバスで10分程で通り抜ける。大観峰（2316m）からは眼下に黒部湖（1455m程）があり，そ

の向こうに赤沢岳（2678m）と鉢ノ木岳（2820m）が眼前に迫ってくる。左手（北方）奥の方に鹿島槍ヶ岳の山頂部が見える。

　大観峰からケーブルで降りると黒部ダム（1470m）である。ダムからは，写真19-1の様に黒部湖と

奥の方に白亜紀花崗岩（有明花崗岩）の赤牛岳（2864m）が眺望できる。ダムからは見えないが，赤牛岳の東側は東沢谷でその向こうに烏帽子岳から野口五郎岳の稜線が伸びており，西側（写真では右側）には薬師岳（2926m）がそびえている。赤牛岳は奥黒部のど真ん中に位置しており，一般の人のアクセスは容易ではなく，知名度も高くないかもしれない。しかし，標高は薬師岳などに匹敵し，筆者は登ったことはないが，そこからの眺望は素晴らしいと聞く。

写真19-1　黒部ダムから望む黒部湖（1455 m）。最奥は赤牛岳（2864 m）。筆者撮影。

　黒部ダムから赤牛岳まで，写真19-1の眺望の奥行き15km程，東西幅5km程の範囲こそが，上廊下・東沢谷群発地震と黒部湖群発地震の現場である。

　図19-1から，上廊下・東沢谷群発地震も黒部湖群発地震も深度発生層の深度は，鉢ノ木岳西側で3kmから0 km，それ以外で2kmから0kmであることが読み取れる。しかし，地震学の常識に従うと，観測点が存在しない立山・黒部地域や槍ヶ岳・穂高岳・上高地地域などの地震の深度の精度は悪い。これ以上の議論に進むことに躊躇するところである。

　しかし，佐藤・他（2016）は，東大地震研の黒部ダム観測点の記録も含めて黒部湖群発地震のM1.5以上の200発程の地震の震源を再決定したが，図19-1とよく似ている。黒部湖群発地震の分布下端が鉢ノ木岳西側で3 km，それ以外で2 km程度であることは間違いない。それらを先取りして，第16章では立山黒部アルペンルート以南の自己閉塞層の深度を3 kmとした。

　佐藤・他（2016）の研究成果が無ければ，第16章，第19章，第21章のような飛驒山脈の地震活動の詳細な議論は躊躇したであろう。

　図19-2は図16-8に図19-1を重ね合わせたものである。この図から，群発地震が黒部峡谷に集中すること，分布下端が3kmであることなどが改めて認識できる。Mの下限を下げると深度3kmより深い微小地震も現れるが，圧倒的多数は深度3km以浅である。従って「自己閉塞層の深度は3km」としてよいであろう。

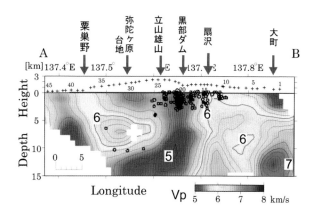

図19-2　図16-8の立山・黒部Ｐ波速度断面図に図19-1の深度分布東西断面図を重ねたもの。矢印は地名の場所のおよその位置。

分布下端が3kmである事実は，アルペンルートより南側の黒部湖群発地震発生域では熱水混合層（§16-1）の自己密閉層の深度が3km程であることを確信させてくれた。第16章では今ひとつ曖昧さが残ったが，東北地震が与えてくれた重要な情報であった。§16-6では，地震が多数発生すれば，その分布下端として自己閉塞層の深度が決まるはずだと述べたが，それが起こったのである。

図19-3は，図16-12の超低密度域（熱水混合層）の深度4kmから3kmの分布図に東北地震以降1年間のM3以上の地震を重ね合わせたものである。この図と図19-2や図21-4などから（1）から（5）の位置関係が読み取れる。

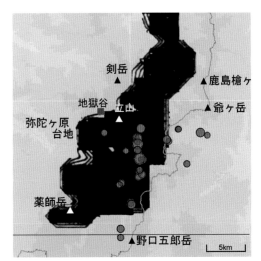

図19-3　気象庁のHPの「震度データベース検索」による東北地震以降1年間のM3以上の地震の震央分布に，超低密度域の深度4kmから3kmの水平分布（源内・他，2002）を重ねたもの。最下部の横補助線は野口五郎岳境界線。

(1) M3以上に限定すると，東北地震当日の11日14時54分頃に赤沢岳山腹南でM4.1（深度0km），同じく15時02分にM3.2（深度1km），15時32分に白馬岳（図の枠の上外）でM3.6（深度0km），12日22時22分頃に立山カルデラ最奥部でM3.5（深度1km），13日4時48分頃に上の廊下でM3.3（深度1km）の地震が発生。多くは超低密度域の上かその縁辺部浅部。

(2) 続いて，3月上廊下・東沢谷群発地震，10月黒部湖群発地震，2017年十字峡群発地震（図21-6）などが超低密度域の上で発生。

(3) 赤沢岳や扇沢の群発地震は超低密度域のほぼ東縁部直上。

(4) 立山弥陀ヶ原火山の地獄谷や立山カルデラは超低密度域の西縁部直上。

(5) 上廊下・東沢谷群発地震の南端は超低密度域のほぼ南縁部直上。

図16-15の超低密度域と黒部川花崗岩体，図16-24の扇沢の高速隆起に，図19-1の群発地震の深度分布を加えれば，「立山連峰と後立山連峰の間の東西幅10km程の黒部峡谷こそが立山・黒部隆起の中軸。深度3kmに自己閉塞層」と言い切っても許されるであろう。第16章の立山・黒部隆起復元像のダメ押しであった。

図19-2と図19-3は，立山・黒部地域の構造とダイナミクス研究の結節点であり，核心である。そこには飛騨山脈縦断重力観測，勝俣による立山・黒部アルペンルート観測，1991年吾妻ー金沢人工地震探査，北陸地震研究会による南北副測線観測，1996年中部山岳稠密観測，奥黒部臨時観測など，過去30年の立山・黒部地域における多くの観測研究の営みが凝集している。図19-2と図19-3がプリンターから出てきたとき，地震計のメインテナンスに行って紅葉の立山を共に見た人々，雲ノ平から薬師岳から北ノ俣岳の夕焼けを共に見た人々，協力してくれた富山大学，金沢大学，京都大学，全国各大学，産総研などの研究者や学生さん達の顔が目に頭に浮かび，筆者は胸が熱くなった。

金沢大学で重力の観測研究に生涯を捧げた河野芳輝は2010年に亡くなった。しかし，次の年に誘発された立山・黒部地域の群発地震は，1984年夏の立山から穂高岳まで縦走した重力観測（§16-5）をはじめとして，重力観測に生涯を捧げた河野芳輝の努力に報いたと思った。もし河野のグループによ

る超低密度域モデルがなければ，立山・黒部地域の構造とダイナミクス理解の主要部分を欠いていたであろう。

「何故黒部湖群発地震が7ヶ月程遅れで発生したのか？」，その原因は分からない。§18-4では，仙台大倉ダム群発地震が数ヶ月遅れになった理由は，シリカを多く熔解させた粘性の高い熱水が集積するのに時間を要したからだろうという推測をのべた。黒部湖群発地震の場合も同様に，図16-16の下部マグマ溜まり（深度17kmから11km）からシリカ濃度の高い高粘性の熱水が狭い熱水脈を上昇し初め，それが半年かかって熱水混合層（深度6kmから3km）に辿り着き，熱水混合層の圧力を高めたからという推測が可能であろう。

§19-2.　槍・穂高・上高地地域の群発地震

次に立山・黒部地域と槍ヶ岳・穂高岳・上高地地域を併せて考慮しよう。

図19-4は最近20年間程の飛騨山脈のM1以上の地震の震央分布の変化である。下限をM1に下げたので，図17-19，図17-20，図19-1に比べて地震数は多い。

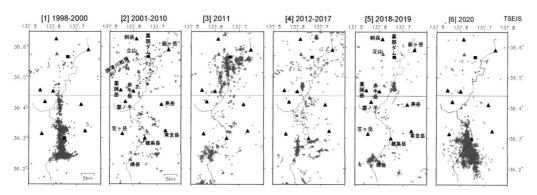

図19-4　飛騨山脈の [1] 1998年から2000年，[2] 2001年から2010年，[3] 2011年，[4] 2012年から2017年，[5] 2018年から2019年，[6] 2020年のM1以上の震央分布。年度の区切りは3月11日から次の年の3月10日まで。横補助線は北緯35.44度の野口五郎岳境界線。

要点は年順に次のように箇条書きできる。

[1] 1998年8月から10月，飛騨上高地群発地震が発生した。

[2] その後は比較的平穏な時期が続いた。

[3] 2011年には大きく様変わりし，各所で群発地震が誘発された。

[4] その後も毎年のように場所を変えてどこかで小規模な群発地震活動が生じた。

[5] 2018年と2019年に烏帽子岳と焼岳西山腹で群発地震活動が活発化した。

[6] 2020年飛騨上高地群発地震が発生した。

いずれの期間も，地震活動は，北緯36.44度（図の横補助線）を境界とするように見える。1998年の飛騨上高地群発地震活動は北上して境界線で止まり，逆に2011年の上廊下・東沢谷群発地震活動の南端は境界線で止まった。第15章で「野口五郎岳境界線」と名付けた所以である。それが超低密度域（熱水混合層）の南端にほぼ対応する（図19-3）ことは，ここまで繰り返し述べてきた通りである。

図19-5は，槍・穂高・上高地地域を東西0.25度（22km
程），南北0.2度（22km程）で切り出して標準の2倍に
拡大し，下限をM1に下げた震央分布である。1998年の
群発地震の発生域（青）を挟んで，東北地震以降10年
間（赤）の群発地震活動域が常念岳と笠ヶ岳の幅15km
の間を西に行ったり東に行ったりしたことが分かる。

槍・穂高・上高地地域の年替わりの群発地震活動域
が互いに重ならないことなどに最初に気が付いたのは
大見・他（2017）であった。初めて図19-5と同様の図
を示されたときには，筆者は目眩がするような気がし
た。

なお，この図では分からないが，これらの群発地震
の3次元分布では東西走向の高角の面状分布をする。特
に顕著な2013年の奥穂高岳から東に延びる群発地震発

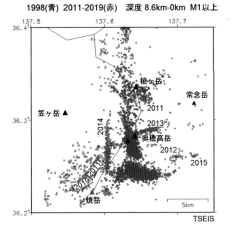

1998(青) 2011-2019(赤)　深度 8.6km-0km M1以上

図19-5　槍・穂高・上高地地域のM1以上の（青）
1998年年年飛騨上高地群発地震，（赤）2011年か
ら2020年の地震の震央分布。

生域は明瞭に東西3km程，深度範囲5.5kmから3kmの鉛直面状分布である。それは熱水が面状に上昇
したことを示唆している。

表層地質との対応は多様である。「槍ヶ岳より南の飛騨上高地群発地震は滝谷花崗岩体」に，「槍ヶ
岳から野口五郎岳まではジュラ紀花崗岩体と白亜紀花崗岩体の境界部」に，「野口五郎岳以北の奥黒部
は白亜紀花崗岩体」に対応する。

§19-3. 白山の地震活動

富山・石川県境の医王山（939m），石川・岐阜県境の白山（2702m），岐阜・石川・福井県境部の経
ヶ岳（1625m），大日ヶ岳（1709m），鷲ヶ岳（1672m），福井県大野盆地の荒島岳（1523m），福井・岐
阜県境の能郷白山（1617m）などの山々は，白山と能郷白山の二つの「白」をとって両白山地と呼ば
れている。

飛騨高原は，旧国名で飛騨に含まれる地域（飛騨市，高山市，下呂市の北半分）にほぼ対応し，南
縁は接峰面図の1000mの等高線とほぼ対応する。飛騨地域の北半の飛騨市（2004年に神岡町，古川町、
河合村、宮川村が合併）は主としてジュラ紀花崗岩が分布するが，高山市や下呂市の大半は白亜紀の
濃飛流紋岩が分布する（§2-5）。

図4-7の中部三角帯の南縁の等高線500mから1000mの辺りの美濃北部（美濃市，関市，美濃加茂市，
可児，御嵩，川辺，八百津など）には美濃帯（ジュラ紀付加体）が分布する。

飛騨高原と美濃北部の西縁が両白山地である。

荒島岳と能郷白山は2000万年前から1700万年前の日本海の拡大期にカルデラ噴火が起こった第三紀
火山の痕跡である。大日ヶ岳，経ヶ岳，鷲ヶ岳は，槍ヶ岳・穂高岳や爺ヶ岳の巨大カルデラ噴火（§
4-2）と同時期の第四紀火山である。活火山は石川県内の白山と金沢郊外の戸室山（548m）の2ヶ所の
みである。

第四紀に入って飛騨高原とともに白山も隆起した。40万年前頃から30万年前頃に最初の火山活動が起こり，14万年前から10万年前，4万年前から3万年前と噴火活動を繰り返してきた。1554年から1556年のマグマ噴火では火砕流が1km程流れ下った（東野，2014）。

白山と飛騨山脈の大局的な地形を比較してみよう。国土地理院の標準標高データファイルには，東西22.5秒（560m程），南北20.0秒（616m程）のグリッドで標高が与えられている。図19-6は，各グリッドから東西に30km以内，南北に30km以内の標高の平均を取った波長60km以上の長波長地形である。大きく均されてしまっているために白山の高度は1300m程度，飛騨山脈の高度は1900m程度しかない。しかし，両者を比較すると，白山は幅広く，飛騨山脈は幅が狭くてより急峻であること，跡津川断層と牛首断層は標高が急変するところに位置することなどが読み取れる。

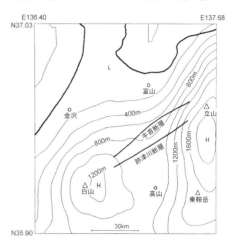

図19-6　国土地理院の標準標高データファイルから求めた長波長地形。コンター間隔は200m。中央部の東北東－西南西に走る2本の実線は牛首断層帯と跡津川断層帯。川崎・他（1990）による。

第四紀に隆起し，最近数10万年前から火山活動が生じたという意味では，白山と飛騨山脈は兄弟と言うべきであろう。それにもかかわらず，長波長地形は図19-6の様に異なるのは，飛騨山脈（特に立山・黒部地域）の熱水混合層は浅く，図16-27の様な座屈の幅が狭いことを示唆している。

牛首断層は，白山東方から，跡津川断層の北側を並走して富山市大山町千垣に至る全長60km程の大活断層である。跡津川断層は，白山東方10数kmの白川村集落周辺から立山に向かって延びている。ここでは1858年飛越地震（M7.0～7.1）が発生した（§15-3）。

白山近傍で発生した大地震としては1961年8月19日のM7.1北美濃地震があった。図19-7に，震源となった鳩ヶ湯断層を示す。断層名は打波川の谷中央部の鳩ヶ湯温泉に由来する。打波川の谷は断層破砕帯に生じたものである。断層線の北東方向は福井・石川・岐阜県境から，白山，白川郷に至る。

Kawasaki（1975）は，南西に170km離れた京都大学阿武山観測所（大阪府高槻市）の佐々式長周期地震計（固有周期28秒）や気象庁の福井と高山の強震動地震計の地震記録と九頭竜川に沿った水準測量の上下変位の解析から，長さ12km，幅10km，断層ずれ2.5mの西に向かって60度で傾く右横ずれ逆断層型の震源断層モデルを求めた。その地表への投影が図中央部の破線四角である。気象庁によって決定された震央（+JMA）は7km程離れた場所地位置するが，

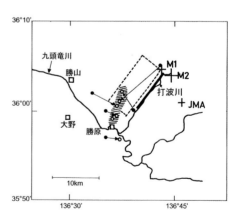

図19-7　中央は打波川と1961年M7.1北美濃地震の震源断層となった打波川断層の地表地震断層（太実線）。+JMAと●は気象庁による本震と余震の震央。+M2と〇はKawasaki (1975)によって再決定された本震と余震の震央。破線長方形は地震断層の地表への投影。東南辺が上端。Kawasaki(1975)の図を修正。

再決定すると鳩ヶ湯断層北端（図中+M2）になった。気象庁による余震（●）は10kmほどの範囲に
ばらつくが，再決定した震央（○）は震源断層南半の斜線部に集中するようになった。これで北美濃
地震の震源となった断層は鳩ヶ湯断層であることは間違いない。筆者の大学院生時代の懐かしい研究
である。

　図19-8に白山地域のM0.5以上の微小地震の3次元分布を示す。白山山頂部の地震活動は2000年頃に
活発化した。2005年8月にはM4.5の地震が発
生し，深度は1kmと浅かったので白山関係
の研究者の間には緊張が走った。東北地震
以降，発生域の上端は2km以深に退いたが，
2013年1月31日にM3.3，2月1日にM3.4（深
度3km）の地震が発生した。

　図19-9左は，白山を南北に横断する断面
における地震波速度の不均質分布である。
白山直下深度10km前後と40km前後でS波
速度（最下図）が5％程減少すること，P波
とS波の速度比（最上図）が小さいことが
分かる。深度40km前後では深部低周波地震
が発生している。

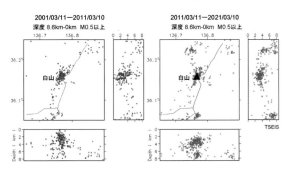

図19-8　白山山頂部周辺の東北地震（左）前10年間と（右）以
降10年間のM0.5以上の微小地震の3次元分布。標準の場合
に比べて2倍に拡大されている。

　この図も加えて，白山直下の地震活動と
構造は次のように整理できる。

　　①深度40kmに低速度層があり，そこから
　　　下部地殻の間に時々深部低周波地震が
　　　発生する。
　　②深度10km前後にマグマ溜まりがある。
　　③深度5kmより浅部で，群発地震活動が
　　　1.5年から2年間隔で繰り返している。
　　④東北地震のときに地震活動は低下した。
　　⑤立山・黒部マグマ溜まりのような熱水
　　　混合層，あるいは熱水貯留層は未確認。
　白山は活動的な活火山としての属性を具

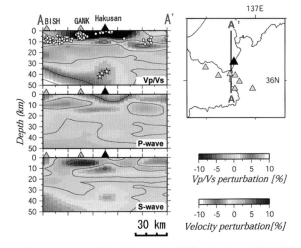

図19-9　右上地図の白山を南北に横断するA'-Aの地震波速
度断面図。下からP波速度，S波速度，P波とS波の速度比，
上図の深度40km前後の☆は深部低周波地震。高橋・他
（2004）による。

えており，立山，焼岳，御嶽山などに比べて現在の地震活動度が低いからと言って油断することなく，
常に警戒が必要な活火山であることは間違いない。

§19-4. 2014年9月木曽御嶽山噴火

1970年以降の御嶽山噴火と南麓の王滝村のM5以上の地震を時間順に列挙すると次のようになる。
　　　1978年10月，M5.4（深度0km）の地震，

1979年10月，御嶽山は長年の眠りから覚めて噴火，

1984年9月，M6.8の長野県西部地震が発生し，1年以内に7発のM5以上の余震，

1993年4月，M5.1（深度8km），

1995年3月，M5.3（深度10km）の地震，

2014年9月，御嶽山で噴火，

2017年6月，M5.6（深度7km）の地震。

この様に列挙すると，どちらかが他方を誘発したのだろうと考えたくなる。しかし，その様な関係にあるのではなく，図15-8に示されてているようなに共通の根があると考えるべきなのである。

　2014年9月，木曽御嶽山の山頂カルデラ南端の剣ヶ峰（3067m）から南に数100m程下った地獄谷で微小地震活動が活発化した。「10日と11日には，50発程の火山性微小地震」が発生した（気象庁地震火山部火山課火山監視・情報センター，2016）。1日に50発もの火山性微小地震は2007年の噴火以来であった。気象庁は11日に「火山の状況に関する解説情報第1号」を出した。10日と11日以降は，火山性微小地震は増えたり減ったりしながら推移した。

　9月27日は秋晴れの日曜日であった。剣ヶ峰から南東3km程の王滝登山口の田の原駐車場（2190m程）は観光客の車であふれていた。山頂カルデラでは多くの登山客が素晴らしい眺望を楽しんでいた。

　午前11時41分頃（図19-10（a）），東京の気象庁火山現業室にテレメーターされている田の原観測点の地震記録に微小な地震動が現れた。剣ヶ峰直下3.5km程で火山性微小地震が起こり始めたのであろう。

　午前11時45分頃（b），田の原観測点の傾斜計記録が動き出し，山頂部が膨張していることを示した。

　午前11時50分頃（c），田の原観測点の傾斜計の動きが大きくなった。微小地震が多発し始めた。

　午前11時52分頃（d），地獄谷噴火口群で水蒸気噴火が起こった。火山灰が猛烈に噴き出して空を覆い，山頂一帯に無数の大噴石が落下した。63名が犠牲になり，雲仙普賢岳噴火を上まわる戦後最大の火山噴火災害となった。

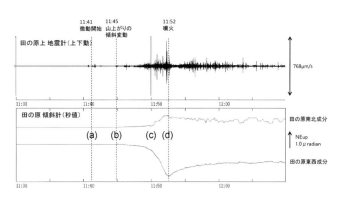

図19-10　2014年9月27日の御嶽山噴火直前の田の原観測点の観測記録。気象庁地震火山部火山課火山監視・情報センター（2016）による。

　噴火からほぼ2週間後，筆者は車で富山から御嶽山に向かった。岐阜県高山から国道361号線を南東に向かい，県境の長峰峠（1350m程）から長野県に入ると開田高原である。そこには蕎麦の小さな白い花が咲いていた。そこから木曽谷に向かって少し下ると九蔵峠展望台（1200m程）に至る。写真19-2はそこから南西方向の御嶽山の眺望である。山頂部左端が剣ヶ峰で，まだ白い噴煙が見えた。山頂部に多くの犠牲者が残されていることを考えなければ，ただ美しい光景であった。噴火の前はここに立ち寄るたびに若者の騒声を耳にしたが，この日は立ち寄った総ての人々が黙って山に向かって合掌し

ていた。

図19-11は，2014
年の噴火前と噴火
後の各1年のM0以
上の地震の3次元
分布である。M0以
上と言っても，ほ
とんどはM1以下の
極微小地震であ
る。御嶽山山頂部
に先行的な微小地
震活動があったか

写真19-2 噴火からほぼ2週間後，国道361号線の九蔵峠（1200 m程）の展望台から南西方向に望んだ御嶽山。剣ヶ峰南山腹からはまだ白い噴煙が見える。筆者撮影。

のではないかと思ったので微
小地震に絞ってプロットして
みたが，不思議なことに図
19-11（左）には上述の「9月
10日から11日の50発ほどの火
山性地震」はない。実は，こ
の時期には，御嶽山には気象
庁の観測点は2点しかなく，
火山性微小地震の震源位置は
決まっておらず，一元化震源
には含まれていない。「10日
と11日の火山性微小地震」

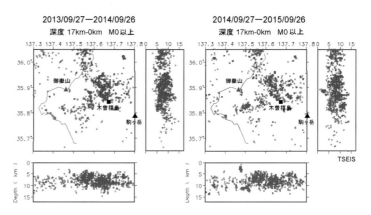

図19-11 2014年9月27日の御嶽山噴火（左）前1年と（右）以降1年のM0以上の地震の3次元分布。図15-7と同じ範囲。

は，気象庁田の原観測点（2196m）の記録のS－P時間が短い微小地震の震源を山頂近くと見なして発生数を数えたものであった。

このことは，20km程の間隔の防災科学技術研究所のHi-netを中核とする基盤観測網に山体近くの2点程度の観測点を加えるだけでは，火山防災という意味でも，噴火ダイナミクスの理解という意味でも十分ではないことを意味している。といっても，基盤観測網をけなしている訳ではない。日本の基盤観測網は，全国一律に20km間隔で目を配る，世界に誇れる観測網であることは間違いない。ただ，20km間隔の観測網で数kmの小スケールのマグマや熱水の上昇などの兆候である微小地震の監視を兼ねるのは無理なのである。残念ながら，2014年の御嶽山は，火山防災という意味では1991年の雲仙普賢岳より後退していたように見えた。

御嶽山噴火による犠牲者の規模を左右するポイントが幾つかあった。

2014年9月10日と11日に地獄谷直下で50発程の火山性微小地震が発生した時に警戒レベルを2に上げてもおかしくなかった。もし警戒レベルが2になっていれば，登山者数は減っていたであろう。

観測態勢が充実し，観測データの異変をリアルタイムで把握し，直ちに登山者に伝える情報基盤が

整っていたら，そして避難小屋が幾つかでもあれば，犠牲者は相当少なくできたはずであった。

　これらの教訓の元，気象庁は御嶽山に観測点を増設した。2017年4月，名古屋大学に御嶽火山研究室が付置され，7月から，木曽町三岳支所内で，専任の研究者と技術職員の2人体制で観測研究活動が始まった。

§19-5.　2018年本白根山噴火と志賀高原群発地震

　長野県北部の志賀高原は温泉やスキー場に恵まれた大変魅力的な地域である。同時に，多彩な地震活動や火山活動の場所でもある。むしろ，多彩な地震活動や火山活動によって草津白根や志賀高原の自然の魅力は形作られてきたというべきであろう。

　横手山，笠ヶ岳，焼額山，岩菅山などの志賀高原一帯の第四紀火山は一括して志賀高原火山群と呼ばれている。活動時期は270万年前から70万年前である。長野・群馬県境の志賀山は，活動時期は5万年前頃から1万年前頃の第四紀火山とされているが，1万年前以降に活動した可能性も示されている。この地域で唯一の活火山は志賀山から南に5km程の草津白根山（2161m）（活動時期は60万年前から現在まで）である。

　草津白根山東山腹の湯釜池では江戸時代から小規模な水蒸気噴火を繰り返してきた。最近では1982年から1983年に水蒸気噴火があった。それ以降も，湖水面の変色，噴気，微小地震活動などがあった。東京工業大学火山流体研究センターはここに観測網が展開してきた。

　図19-12の範囲は長野県北東部から群馬県北西部である。

　東北地震の次の日の早朝にM6.8の地震が長野県最北部の栄村，野沢温泉，飯山市一帯を襲い，2日後に苗場山（第四紀火山）の長野県側を東西に線状に延びる苗場山南西側山腹の群発地震（図18-2平面分布図の下半）が生じた。なお，苗場山の南東側（新潟県側）では，2005年9月から12月，2008年5月（深度5kmから4km）などの群発地震が繰り返してきた。

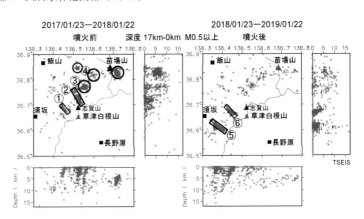

図19-12　草津白根山周辺の2018年1月23日の（左）噴火前1年と（右）以降1年間のM0.5以上の地震の3次元分布。群発地震活動が盛んだった時期は，①2017年3月，②同5月，③同8月，④同12月，⑤2018年7月，⑥同10月。

　一方，草津白根山周辺と群馬県側では東北地震前も以降もM2以上の地震は乏しいので，Mの下限を0.5に下げて本白根山の噴火前1年と噴火以降1年に限定してプロットしたのが図19-12である。すると，驚くような移動現象が見える様になった。2017年4月，苗場山南東側の山腹（新潟県側）を活動域とする群発地震（深度4kmから5km。最大地震はM3.9。図19-12の右上端の○）が発生した。そのあと，以下の様に，活動域が草津白根山北西①から2011年苗場山④に向かって時計回りに移動するよう

305

になった。

　2017年

　　4月に草津白根山北西山麓①（M2以上の地震はなし），

　　5月に志賀山（2037m）を南端として館山周辺②（最大地震はM4.4，深度0km），

　　8月に焼額山周辺③（同M3.8，深度0km），

　　12月には2011年苗場山南西麓④（M2以上はなし），

　2018年

　　1月23日に草津本白根山が噴火，

　　7月から8月に米子山周辺⑤（同M3.7，深度0km），

　　10月に五色温泉周辺⑥（同M2.0，深度6km）。

　群発地震活動域が草津白根山近くの①から④に北上し終わったタイミングで本白根山の噴火が起こり，あらためて群発地震活動域が南端⑤（2018年7月）から北上して草津白根山近く⑥（2018年10月）へ戻ったのである。

　経過時間は1年程であるが，空間規模は1998年飛騨上高地群発地震と同程度である。しかし，地震の規模では，M4以上の地震が飛騨上高地群発地震は7月末までほぼ4ヶ月で21発，志賀高原は1発しかない。とはいえ，月替わりの各群発地震が時空間的に分離すること，各群発地震が鉛直面状分布をすること，図19-13のように5kmから10km離れたところに深部低周波地震の分布が存在するなど，主要な要素は共通である。志賀高原の群発地震は「上高地型群発地震」であると言えよう。

　図19-12の様な地震活動域の移動から，②の頃に南端の志賀山で噴火しても，④の頃に苗場山で噴火しても，長野側の志賀高原のどこで噴火が起こっても不思議とは思わなかったであろう。ところが，2018年1月23日10時頃，草津白根山の南の本白根山（2171m）東側山腹で水蒸気噴火が起こり，近くのスキー場で雪中訓練を行っていた自衛隊員の1人が噴石に当たって落命し，10名を越す負傷者を出した。落石がスキー場に降り注ぐ映像が繰り返しテレビに流れた。

　極端に言えば，草津白根山であろうと本白根山であろうと，突然噴火が起こっても，自然現象としては不思議ではない。しかし，群発地震活動が活発であった長野県側ではなく，数100年間異変を起こし続けてきた県境の草津白根山でもなく，静かだった本白根山で噴火が起こったのは人間社会から見れば大きな驚きであった。

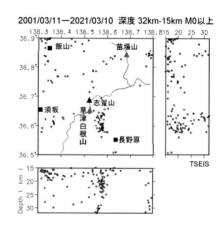

図19-13　草津白根山周辺の2001年から2020年まで20年間の深度32kmから15kmのM0以上の深部低周波地震の3次元分布。

　本白根山の水蒸気噴火は「現在異変がない場所でも突然噴火が起こりうる」という点で，火山防災の重要な教訓であった。しかし，活動的な場所を中核に観測点を展開することが無駄だということではない。防災に特効薬はない。現実に異変がある場所を重点に観測網を展開し，地道に観測研究を続けることが犠牲を減らす基本であることは間違いあるまい。ただ，「観測網は広めに展開しておくこと

が大切だよ」と自然が将来の防災のためにアドバイスしてくれたのだと受け止めたい。

また、逆に言うと、志賀高原では図19-12のような群発地震活動が起こっているにもかかわらず、志賀山を除いて最近数10万年に噴火がなかったのも不思議である。

§19-6. 2020年飛騨上高地群発地震

2020年4月、驚いたことに飛騨上高地群発地震（§15-8）が再来した。図19-14は、7月末現在までのM3以上に絞った地震の震央分布である。

なぜ驚いたのかと言うと大地震の余震でもないのに数ヶ月で10数発のM4以上の地震と数発のM5以上の地震を発生させる激しい群発地震がそもそも珍しいのに、それがたった22年で再来したからである。

22年で再来したことは重要なことを意味している。それは「群発地震の原因は熱水」だということである。活断層における地震の再来間隔は数1000年である。それに比べて極めて短い22年で再来した原因として断層を滑りやすくする熱水が供給されたこと以外に考えられない。

問題は、「熱水が、どこから、どの様に供給されたのか？」である。それを頭に置いて、時間区切りに注意を払いながら図19-15によって活動域の時空間的遷移を追って行こう。

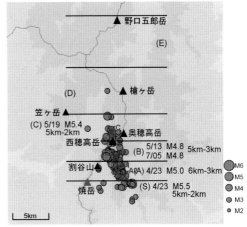

図19-14 2020年4月から7月末までのM3以上の地震の震央分布。「震度データベース検索」によって作図した震央分布に加筆。区間区切りは図15-13と同じ。区間名に添えられているのは、各区間の最大地震の発生日、M, M2以上の地震の深度範囲。

時空間【[1]、S】：4月22日に日付が変わった頃、徳本峠近くで群発地震活動（地震発生層の深度5kmから2km）が始まった。23日の13時44分、2020年の群発地震の中で最大のM5.5（深度3km）の地震が発生した。M5.5を考慮すると、この時空間では本震ー余震型である。

時空間【[2]、A】：23日13時57分にXA2でM5.0（深度5km）が発生してから半日程で西穂高岳（写真4-1）に向かって延びた。【[1]、（S）】のM5.5と【[2]、（A）】のM5.0の時間差はたった13分であった。

時空間【[3]、A】：26日2時22分にM5.0の地震が発生し、そこから南に0.7km程のXA1で27日11時32分にM4.8の地震が発生した。

時空間【[4]、A/B】：やや沈静化し、地震は散発的になった。

時空間【[5]、B】：5月13日に活動的になり、7時4分にM4.6（深度2km）、10時28分にXBでM4.8（深度3km）の地震が発生し、その後に沈静化した。

時空間【[6]、C】：5月19日の午前中の地震活動は西穂高岳尾根部に停留し、午後に入って一気に（C）に移動した。13時12分に西穂高岳山頂北側でM5.4（深度3km）の地震が発生し、そこから北に向かって14時23分にXCでM4.7（深度3km）、16時55分にM4.7（深度2km）の地震が続いた。この時空間が活動的であったのは6時間程だけであった。

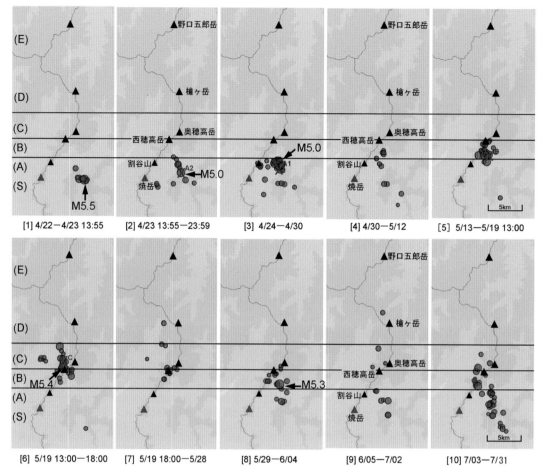

図19-15　2020年飛騨上高地群発地震の期間 [1] から [10] のM2以上の地震分布。他は図15-14と同じ。

　時空間【[7]，C/B】：5月19日の18時以降はやや沈静化し，西穂高岳尾根部に停留した。

　時空間【[8]，B】：5月29日19時5分にM5.3（深度4km）の地震が発生し，（B）が再活発化した。このM5.3の地震の震央は1998年のXBの地震の震央と東に0.5km程（0.4分）離れているので表19-1には含まれていないが，時空間【[5]，B】のXBの地震の震央とは東西に0.44km程（0.3分）しか離れておらず，ほぼ同じ場所である。

　時空間【[9]，A】：（A）を中心としながら，ほぼ沈静化した。

　時空間【[10]，C/B/A/S】：7月5日に（C）南端で4時10分にM4.4（深度4km），7時1分にM4.0，（B）南端で15時9分にM4.8と連発した後，（A）から（S）で地震が散発するようになった。

　以上から，全体として，活動域は（S）→（A）→（B）→（C）→（B）→（A）と移動したことがわかる。

　さて，ここまで，（S）から（E）の区間分けの意味を説明しないで用いてきたが，ここではその所以を述べよう。

　2020年飛騨上高地群発地震が再来してから1ヶ月程経った頃，最も基本的な事実を抑えておこうと思

って図19-16と同様のM4以上の震央分布をプロットしてみたところ，1998年と2020年の分布は全体として相補的であったことが分かった。それに加えて一つのことに気が付いた。左右の分布図には交差する部分がある。そこで，震央の緯度の差が0.2分（0.37km程）以内，経度の差も0.2分（0.30km程）以内のM4以上の1998年と2020年の地震の組み合わせを探すと，表19-1の様に（A）にXA1とXA2，（B）にXB，（C）にXCの4点が存在した。ほぼ同じ場所で22年を隔ててM4以上の地震が繰り返した地点が4箇所もあったのである。

　といっても，地震波の観測時刻から決定された震源は断層滑りが始まった場所であって，同じ震源断層が滑ったことを意味しない。断層滑り域は別の方向に拡大したと考えると，M4以上の分布の相補性とは必ずしも矛盾はない。

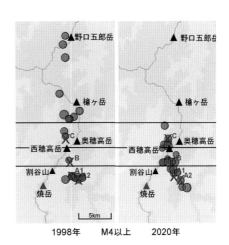

図19-16　（左）1998年と（右）2020年の群発地震のM4以上の地震分布。区間の境界線を全部書き込むと煩瑣になるので，（B）と（C）の境界線のみを示した。

例えば，1998年には図15-14の【[1]，A】と【[6]，A】の活動域はXA1とXA2から東西に延びたが，2020年には図19-15の【[2]，A】と【[3]，A】の様に北から北西に延びた。XA1やXA2で初期破壊が発生したが，そこから異なる断層に沿って

	発生日	時刻	北緯	東経	深度	M
XA1	1998/08/09	12:45	36°14.5′	137°38.3′	4km	M4.6
	2020/04/27	11:32	36°14.7′	137°38.3′	5km	M4.8
XA2	1998/08/12	09:40	36°14.2′	137°39.0′	4km	M4.6
	2020/04/23	13:57	36°14.1′	137°39.0′	5km	M5.0
XB	1998/08/14	23:52	36°15.8′	137°38.0′	5km	M4.0
	2020/05/13	10:28	36°15.7′	137°38.1′	3km	M4.8
XC	1998/08/14	14:06	36°17.8′	137°37.6′	3km	M4.2
	2020/05/19	14:23	36°17.6′	137°37.7′	3km	M4.7

表19-1　緯度が0.2分（0.37 km），経度も0.2分（0.30 km）以内で，1998年と2020年に発生したM4以上の地震の組み合わせ。

地震が発生したことを示唆している。興味深いことに，XA1からXCの地震の多くが該当する期間と区間区切りの中で最初のM3以上の地震であった。

　これらの事実から発想が飛び，1998年と2020年の各250発程のM2以上の地震分布を様々に時間的空間的に区切る試行錯誤を行い，区切り時刻を必要に応じて「時」から「10分」に下げると時空間的に分離するという意外な発見に導かれた。区間境界の緯度は，南から，36度14.0分，36度15.5分，36度16.6分，36度18.8分，36度22.3分，36度26.4分である。

　写真19-3は，左から西穂高岳，奥穂高岳，奥穂高岳の眺望である。この眺望が区間（A）の西半分から（B）の範囲に対応する。

　もう一つ驚かされたのは，（B）と（C）の区間境界の西穂高岳尾根部の際だった特異性であった。図15-14の【[2]，C】から【[3]，B】に飛び移ったときにも，図19-15の【[5]，B】から【[6]，C】に飛び移った時にも，西穂高岳尾根部は明瞭な空間境界であった。

　さらに驚かされたことは，西穂高岳尾根部をまたいで，（C）における活動時間が半日程に過ぎず，（B）が1日程に過ぎなかったことである。1998年も2020年もそうであったことは，偶然的要因による

のではなく，構造的要因があるはずである。西穂高岳は火山でもなく，何かの異変が知られている場所もない。地震発生層の深度に取り立てて段差があるわけでもない。大変不思議である。

写真19-3　5月の上高地。ここが飛騨上高地群発地震の南半の舞台である。筆者撮影。

第15章の繰り返しになるが，「時空間的に隣接しながらも分離され，一定の時間で活動を終えるような区間別群発地震が時間と場所を変えて断続的に発生する」ような群発地震を，改めて「上高地型群発地震」と名付けたい。

「空間的に分離」する事実は，地震発生層において，区間区切りの位置に熱水を通さない壁が存在することを意味している。

「時間的に分離」する事実は，区間別の群発活動を誘発する原因が時間的に不規則に生じたことを意味する。1998年には（A）→（C）→（B）と移動したが，2020年には，（A）→（B）→（C）と順が異なったこと，1998年には一気に（C）→（B）に移動したが，2020年には（B）→（C）と移動するのに5日ほど要したことなどはこの不規則性の一つの表れと言えよう。

ほかにも重要な事実を幾つか挙げておこう。

2020年群発地震と地質の分布の対応は図15-15と同じようになるので改めて示さないが，主要部分の（B）から（D）は滝谷花崗岩体の内部になることである。第15章では図15-15を参照しながら1998年群発地震の主要部分は滝谷花崗岩体の中で生じたと述べた。図19-5の笠ヶ岳と常念岳の間を西に行ったり東に行ったりしたの群発地震活動も，2020年飛騨上高地群発地震も，主要部分は図4-1でマグマ溜まりとされている部分の直上滝谷花崗岩体の中で生じたと考えられる。原山・山本（2003）が描いた傾斜構造概念図（図4-1）は生きた構造図であることが実証されたのである。

気象庁のＨＰの「発震機構（精査後）」には，M5以上の地震はほとんど，M4クラスでも多くの地震のメカニズムが示されている。そこに記載されている限りでは，飛騨上高地群発地震のメカニズムは，1998年も2020年も，ほとんどは東西または南北走向の鉛直断層面の南東－北西の圧縮応力の横ずれ断層型である。

また，2020年の群発地震では，（S）は明らかに本震－余震型で，中央部の（A），（B），（C）では本震－余震型と群発地震型の混在型であった。1998年に較べて全体的に地震のMが大きくなっており，本震－余震型の性質が強まった様に思われる。

一方，5月中旬の期間［6］から［8］の頃にGPSデータに異変が生じた。

焼岳東側の太兵衛平（大正池南），焼岳山頂，尾根部の中尾峠，焼岳西側の穂高砂防観測所，栃尾な

ど焼岳周辺にGPS観測点がある。京都大学防災研究所（2020）によると，5月18日頃から6月初め，これらのGPS観測点すべてが南西に向かって1cm程動いた。彼らは，それを，西穂高岳直下を中心に（A）から（C）にまたがる北西−南東走行の2枚の板状マグマ岩体の上昇と解釈した。大きい方の（C）の板状マグマ岩体は，上端の深さ1km程，長さ3.4km程，幅2.8km程，厚さ24cm程と推定されている。板状マグマ岩体の深度（3.8kmから1km）は群発地震の地震発生層（深度5kmから2km）よりやや浅い。図18-15に従えば，板状のマグマ岩体の走向が北西−南東であることは，槍・穂高・上高地地域が北西−南東方向の圧縮応力場であることを意味している。

　群発地震と板状マグマの上昇の関係は，現時点では，「時空間【[6]，C】と時空間【[8]，B】の間」という以上のことは分かっていない。今後の課題である。

　議論の見通しを良くするために，結論の骨格を先取りすることになるが，図19-17に，1998年飛騨上高地群発地震の（上）水平分布と（下）深度分布を示す。2020年の群発地震は（D）以北にはほとんど分布しないので，1998年の群発地震分布を用いる。

　図19-17の地震分布と第16章の立山・黒部マグマ溜まりモデルを参考に，ここまで述べた観測事実と矛盾のないものとして，次のような群発地震像を提起したい。

　図の様に，滝谷花崗岩体の中の群発地震発生層の区間区切りに大まかに対応する様に滝谷花崗岩体の下に熱水貯留層が分布するとする。図16-13に従えば，溶解度の逆転による熱水混合層は深度4km辺りまでしか存在しないので，図の様な熱水貯留層が熱水混合層かどうかは分からない。

　熱水貯留層の頂部の綻びから熱水が滝谷花崗岩体に溢れ出し，M4クラスの地震を発生させた。ひとたびM4地震が発生すると，今度は熱水がその断層面に沿って拡散して行きながら断層面と周辺に群発地震を引き起こした。M5クラスの震央直下や，XA1，XA2，XB，XCなどの直下は綻びの場所の有力候補である。

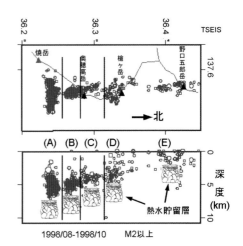

図19-17　（上）1998年飛騨上高地群発地震のM2以上の地震の水平分布。右が北。（下）同鉛直分布と熱水混合層分布の概念図。

　群発地震発生層のある区間が活動的になると他の区間が静穏化するのは，各区間直下の熱水貯留層が基本的には孤立していながら図18-16のように熱水脈で細々と連結して水圧は伝えているからであろう。ある区間の頂部の綻びから熱水が溢れ出すと熱水貯留層の圧力は全体として低下し，他の区間の綻びは閉じてその上の群発活動は一旦終息する。

　地震発生層より浅い部分で発生しなかったのは，上昇してきた熱水から析出したシリカが群発地震発生層の上端あたりで断層面を閉塞させてしまったからであろう。

　この群発地震像の背景として，図14-10の様に焼岳西山腹直下深度40kmから15km程には顕著な深部低周波分布がある。そこから22年の間隔で上昇してきたマグマか熱水が図16-16のような通路を経て上高地の（A）や（S）の下に達し，熱水貯留層となっているものと推測できる。

　いずれにせよ，地震発生層に熱水が充満しているようなモデルでは時空間分離は説明出来ない。図

19-17の様なモデルを基本としなければ，図15-14の【[2]，C】や図19-15の【[6]，C】の様に半日ほど活動的であった後に一気に静穏化するような活動域の時空間分離を説明することは困難であろう。

1998年の場合（図15-14）も，2020年の場合（図19-15）も，（A）から（D）の区間を空間的な単位とし，群発地震は「時空間的に隣接しながらも分離していた」のである。視点を変えると，群発地震の見かけの無秩序の中に秩序，あるいは偶然性の中に地殻内のダイナミクスが混在していたのである。

熱水貯留層には二つの可能性がある。

一つ目は，図16-13のような溶解度の逆転現象が深度6kmまで存在し，図19-17の熱水貯留層は立山・黒部マグマ溜まりと同様に半恒久的な熱水混合層である可能性である。

京都大学上宝観測所や名古屋大学高山観測所の観測データのトモグラフィーからは，焼岳・穂高岳尾根部でも深度7kmから11km程ではP波速度が5%〜10%低下している（Mikumo et al., 1995）ことが示されている。

奥飛騨温泉郷の深さ700m程の地熱調査井の変質鉱物組成，温泉水の化学組成，酸素・炭素同位体比の研究（水谷・他，1983）によると，温泉水自体は天水起源であるが，調査井深部の温泉水成分には，高圧下における岩石と水の間の同位体交換による酸素18が濃縮していた。

そこから5km程東側の焼岳の山頂からは160℃程の水蒸気と火山ガスの混合物が噴き出しており，ヘリウム3/4比からもマグマ起源であることが示されている。

これらの研究は，滝谷花崗岩の下に半恒久的に熱水貯留層が形成されているとする一つ目の可能性の状況証拠の様にも思われる。

二つ目は，上昇してきたマグマに伴って熱水

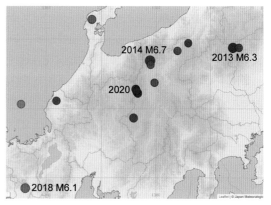

図19-18　中部日本の2012年3月11日から2021年3月10日までのM5以上の地震の震央分布。M6.3は2013年の群馬県北西端の地震，M6.7は2014年神城断層地震，M6.1は大阪府北部地震。基図は「震度データベース検索」によって作図。

も上昇してきて，一時的に熱水貯留層を作っている可能性である。5月中旬の期間 [6] から [8] の時期にGPSデータに異変が生じ，板状マグマ岩体の上昇が捉えられたことはこの可能性を示しているようにも思われる。

残念ながら，槍・穂高・上高地地域については，1991年吾妻－金沢人工地震探査や1996年立山黒部アルペンルート観測の様な観測研究による地震波速度断面図や重力異常データによる低密度域のような地殻構造の裏付けはなく，これ以上議論を詰めることは困難である。

M2より小さな地震では，4月の初めから徳本峠や前穂高岳などで小規模な群発地震が発生していたし，図15-14や図19-15の時空間の境界を越えて発生する地震が分布する。しかし，M2以上の地震分布から描いた上述の群発地震像は大局を外してはいないだろう。

「上高地型群発地震」と逆の例は1960年代後半の松代群発地震である。筆者が検討した限りでは，活動域の時空間分離は見いだせなかった。この様に無秩序な群発地震の場合は，地震発生層に熱水が満たされているか，それに近い状態なのであろう。

　ここで，２枚の図によって飛騨上高地群発地震が例外的な事件であることを示したい。

　図19-18は，東北地震１年後の2012年から2020年７末までの中部日本のM4以上の地震の分布である。図の範囲内のM4以上の地震は東北地震以降9年間で93発（年間10発ほど），シンボルが集中しているので認識しにくいが，2020年飛騨上高地群発地震が再来してから7月末までで21発である。M5以上の地震に絞っても，東北地震以降9年間で11発，飛騨上高地群発地震では7月末までで5発も発生した。飛騨上高地群発地震では，M4以上でもM5以上でも，桁違いに発生密度が高かったことがわかる。

　図19-19は，同じ空間スケールで桜島，槍・穂高・上高地，箱根山のM3以上の地震の震央分布を比較したものである。

　桜島は最近時々噴火活動を繰り返してきたが，不思議なことに，過去9年間，山体周辺にM3以上の地震はない。箱根山もM3以上の地震活動は乏しい。この事実は，もちろん，桜島も箱根山の噴火リスクが小さいことを意味する訳ではない。ただし，逆は言えそうである。飛騨上高地地域の繰り返す激しい群発地震活動は，地下に大きな災害リスクが潜在する状況証拠であろう。

　では何故1998年と2020年という時期にマグマが上昇してきたのか，今の時点では分からないし，今後分かるかどうか心もとな

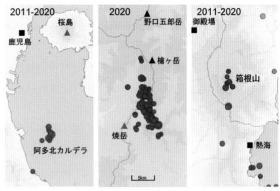

図19-19　同じ空間規模で比較した（左）桜島，（中央）槍・穂高・上高地地域，（右）箱根山地域のM3以上の地震の震央分布。

いい。何故なら，穂高岳周辺の地震やGPSの観測体制は心細いからである。

　焼岳の周辺5km程には10点ほどの地震とGPSの観測点が分布する（図21-8左）。それは噴火の最終段階（図14-13や図19-10）を捉えるには威力を発揮するだろう。

　しかし，群発地震の要の西穂高岳は焼岳の観測網からは外れている。Hi-netの観測点は東に20km程の新島々（観測点名は松本安曇），南東に15km程の奈川，西に7kmから8kmの栃尾（観測点名は上宝），その向こうは神岡や高山の中心部近くにしかない。GEONET観測点は東に20数kmの松本市立梓川小学校，奈川，西に20km程の上宝町本郷，南に20km程の乗鞍岳山頂部しかない。今は上宝観測所関係の少数の研究者の努力でしっかりとした現状把握が行われているが，西穂高岳を中心とする飛騨上高地群発地震とマグマの上昇を的確に把握するには必ずしも十分な観測点分布ではない。年間100万人を越える観光客を守るために観測体制を強化することは国の責任であろう。

　次に割谷山の問題にも手短に言及しておく。

　焼岳から北東2km程の割谷山（2224m）は7万年前頃に噴火した第四紀火山である（及川，2002）。しかし，山体の多くがその後の焼岳の火山堆積物に覆われ，7万年前の噴火の詳細は分かっていない。

　図19-20に，焼岳や割谷山の2011年，2014年，2019年の群発地震に加え，2020年飛騨上高地群発地震の7月のM2以上の地震の震央分布を示す。その概要は次のようになる。

　［2011年3月］東北地震発生9分後の14時57分に割谷山の山頂1kmほど西側でM4.7（深度2km），21日にM4.8（深度3km）の地震が発生し，尾根部と蒲田川の間で群発地震（同図の赤）になった。

地震発生層の深度は3kmから2kmである。

［2014年5月］同月3日の10時2分，穂高岳西方3km程（同図中央の2014の南北方向の分布の北端）でM3.8の地震が発生し，活動域は6時間ほどで南端まで達し，15時26分に割谷山山頂部直下でM3.8（深度3km）の地震が発生して群発地震（青）となり，次第に終息した。地震発生層の深度は4kmから3kmであった。

［2018年11月］焼岳西麓で2011年の発生域の空白域に群発地震（青）が発生した。最大地震はM3.1（深度は4km）で小規模な群発地震であった。

［2020年4月］飛騨上高地群発地震が割谷山に波及し（図19-15［3］），25日にM2.6（深度4km），26日に2.4（深度4km）の地震が割谷山直下で発生した。

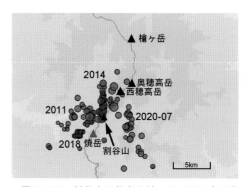

図19-20　割谷山に焦点を絞った，2011年3月（赤），2014年5月（青），2018年11月（青），2020年7月のM2以上の地震の震央分布。「震度データベース検索」でプロットした分布図を重ね合わせたもの。

［2020年7月］2020年群発地震発生域の西縁，割谷山から数km以内で地震が散発するようになった。

この様に整理すると，7万年前に噴火した割谷山も，現在，注意を要する火山と思えてならない。

ここまで，各地の誘発地震について語ってきた。未解決の課題も多いとは言え，立山・黒部地域で得られた知見が重要な役割を果たしていることが分かる。その様な知見が得られたのは，標高3000mもの山岳脊梁部での重力観測，1991年年吾妻－金沢人工地震探査，勝俣や1996年中部山岳合同地震観測に伴う立山・黒部アルペンルート観測などが蓄積されてきたからだと思うのである。繰り返しになるが，「ダイナミクスの理解に構造が不可欠であること」，あるいは「構造とはダイナミクス」なのである。

参考文献

Kawasaki, I., The focal process of the KitaMino earthquake of August 19, 1961, and its relationship to a quaternary fault, the HatogayuKoike fault, J. Phys. Earth, 23, 227250, 1975.

川崎一朗・松原勇・川畑新一・和田博夫・三雲健，跡津川－牛首断層系と長波長地形，京都大学防災研究所年報，33，B-1，75-84，1990.

木股文昭，『御嶽山 静かなる活火山』，信濃毎日新聞社，2010.

気象庁地震火山部火山課火山監視・情報センター，御嶽山の火山活動（2014年5月〜2014年10月13日），火山噴火予知連絡会会報，第119号，42-66, 2016.

京都大学防災研究所，焼岳周辺（飛騨山脈）の群発地震に伴う地殻変動，第146回火山噴火予知連絡会資料，気象庁ＨＰ。

Mikumo, T., K. Hirahara, F. Takeuchi, H. Wada, T. Tsukuda, I. Fujii and K. Nishigami, Three-dimensional velocity structure of the upper crust in the Hida region, central Honshu, Japan, and its relation to local seismicity, Quaternary active volcanoes and faults, Journal of Physics of the Earth, 43, 59-78, 1995.

水谷義彦・秋山伸一・木村美紀夫・日下部実・佐竹洋・臼井和人・前田伊通子，岐阜県中尾地区の地熱調査井

54-NK-1における岩石変質と変質鉱物の同位体地球化学，日本地熱学会誌，5, 121-138，1983.

大見士朗・井口正人・飯尾能久，飛騨山脈焼岳火山の研究監視観測網の現状，京都大学防災研究所年報，60B，402-407，2017.

及川輝樹，焼岳火山群の地質－火山発達史と噴火様式の特徴，地質学雑誌，108，615-632，2002.

佐藤和悦・金亜伊・大見士朗，2011年に観測された黒部湖周辺における地殻構造変化と活発化した地震活動の関係，日本地震学会講演予稿集201年秋季大会，S08-P15，2016.

高橋直季・根岸弘明・平松良浩，白山火山周辺の三次元地震波速度構造，火山，49，6，355-365，2004.

東野外志男，「新編 白山火山」，石川県白山自然保護センター，2014.

ＨＰ
気象庁「国内で発生した顕著な地震の震源過程解析結果」
　https://www.data.jma.go.jp/svd/eqev/data/sourceprocess/index.html

第20章　東北地震後の地震・火山活動

§20-1. 東北地震後の静穏化

東北地震から数年経って§17-8の「1000年来の激烈な地震波に直撃されたので大地震も火山噴火も多発する」という中期予測が外れたことがはっきりした。現在では東北地震から10年近く経過し，観測データも蓄積されてきたので地震活動度の大勢の変化を検討しよう。

図20-1は，気象庁一元化震源の範囲内の10年ごとの70km以浅のM7以上の大地震の震央分布である。表20-1はその整理で，参考までにM6.5以上の場合も含めた。

2011年を除いて，東北地震以降のM7以上の大地震の年間発生数は東北地震前に比べて3分の1になった。（A）東北地震の20年前から10年前は千島から台湾まで広範に地震が発生したが，（B）10年前から次第に震源域に集中するようになり，（C）東北地震以降は東北沖以外ではほとんど発生しなくなった。明らかに，M7以上では，東北地震前10年には「震源域での先行的な地震活動の集中化」が生じ，以降には「震源域以外での驚くような静穏化」が生じたのである。

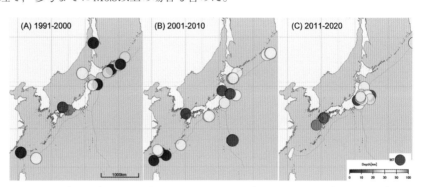

図20-1　左から右に，1991年3月11日から2001年3月10日の10年間，2001年3月11日から2011年3月10日の10年間，2011年3月11日から2021年3月10日の10年間，M7以上，深度70kmから0kmの地震分布。「震度データベース検索」によって作図。

	M7.5以上	M7以上	M6.5以上
1991 − 2000	5	14	49
2001 − 2010	4	22	63
2011	3	7	34
2012 − 2020	1	8	32

表20-1　1991年から2020年の4期間の図20-1の範囲内の地震の発生数。年の区切りは3月11日から次年度の3月10日。

こう書くと，1000年に一度の圧縮応力の低下が生じたので当たり前という気もする。しかし，専門家としては釈然としない。断層面の摩擦に抗して地震を引き起こす剪断応力は数10MPaである。東北地震による応力低下は，奥羽山脈辺りで1MPa，中部地方や北海道で数100kPaレベルである。第一感，その程度の応力低下によって図20-1の様な大きな変化を生じるとは思えないのである。

しかし，理屈より事実の方が重要である。将来，上部マントルまでの粘弾性的な反応までも含めて理論的に解明されるのを待ちたい。

表15-1では869年貞観地震以降の内陸型地震が少ないように見えたが，「それは実際に少なかったのか，歴史的な資料に欠くからなのかは分からない」と述べた。図20-1からの類推を許せば，貞観地震以

降は内陸型地震は実際に少なかったのであろう。しかしそれは安心材料ではない。表15-1の貞観地震9年後の関東諸国地震に対応する首都圏直下型地震，18年後の五畿・七道の地震に対応する南海トラフ巨大地震の現実感はむしろ高まったと言えよう。将来の議論の礎となるように，東北地震の前数10年の地震現象や火山現象にまとめておこうと思ったのが第15章と第20章である。

　M7以上の深発地震（深度700kmから100km）は全部で23発であるが，数が少なく，有意な比較は出来そうもない。ただ，東北地震前はM8を越える深発地震はなかったが，東北地震以降，2015年5月30日には小笠原諸島西方沖でM8.1（深度682km）の巨大深発地震が発生し，日本列島全体を震わせ，震度3から4の地震動が首都圏を襲った。図20-1の範囲から外れるが，2013年5月24日にはオホーツク海でM8.3（深度598km）の巨大深発地震が発生した。

　次に，東北地震余震域，南関東，東北地方，西日本に分けて地震数の変化を検討しよう。

　図20-2（左）は東北地震余震域のM5以上の地震の震央分布，（右）はその年別発生数柱状グラフである。東北地震前の年間発生数は10発から30発程度であったが，2011年に約600発，2012年には80発程に達した。それ以降は次第に減少し，2020年の時点では2011年前のレベルに戻った。

　なお，念を押しておくと，Mと地震発生数のグーテンベルグ・リヒターの法則の指数関数的性質（式14-3）から分かるように，M5以上の地震の多くはM5からM6の地震である。

　図20-3は南関東のM3以上の地震の場合である。東北地震前は年間発生数は50発から100発であったが，2011年には440発程に達した。2012年以降は100発から150発程度で2020年の時点では活動度がやや高い状態が継続している。

　図20-4は東北地方のM3以上の場合である。2003年M7.1宮城県北部地震や2008年M7.2岩手・宮城内陸地震などの大地震

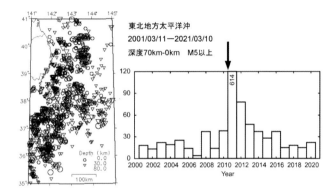

図20-2　東北地震余震域の（左）2001年3月11日から2021年3月10日まで20年間のM5以上，深度70kmから0kmの地震分布。（右）年別発生数柱状グラフ。矢印は東北地震発生時期を示す。

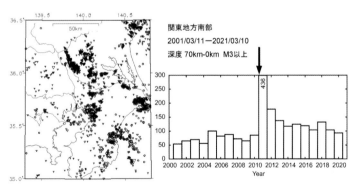

図20-3　南関東の（左）2001年3月11日から2021年3月10日まで20年間のM3以上，深度70kmから0kmの地震分布。（右）年別発生数柱状グラフ。

が発生すると余震が多数発生するため，地震数の変化の判断が難しい。単に平均をとれば東北地震以降は沈静化したということになり，大地震の余震を除けば同じようなレベルである。大局的には「特に有意な差はなし」である。

図20-5は日本列島の東経135度から140度のM4以上の地震の場合である。2011年には急増したが，2012年には東北地震前のレベルと変わらなくなった。東北地方の場合と同様，2004年中越地震や2016年熊本地震などの大地震が発生すると急増する。しかし，ここでも，「M4以上では全体として見れば特段の変化なし」と言えるであろう。

まとめると，M3からM4レベルでは，「東北地震発生後1年間はどこでも地震活動は高まっ

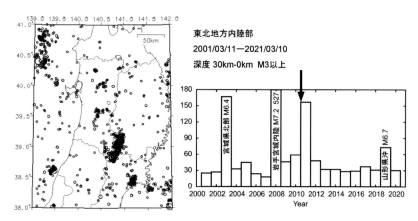

図20-4 東北地方（北緯38度以北）の（左）2001年3月11日から2021年3月10日まで20年間のM3以上，深度30 kmから0 kmの地震分布。（右）年別発生数柱状グラフ。

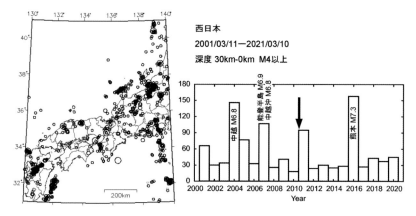

図20-5 日本列島の東経135度から140度の（左）2001年3月11日から2021年3月10日まで20年間のM4以上，深度30 kmから0 kmの地震分布と（右）年別発生数柱状グラフ。

た。それ以降は，全国的に見れば東北地震の前に較べて有意の増減はない。地域別に見れば，南関東では活動的な状態が継続しているが，それ以外の地域では東北地震前以前に比べて特に有意な変化はない」といえよう。

上記のことを頭に置いて比較的大きなM6以上の地震や火山活動の推移を見ると，2013年に変化が起こり始めた様に思われる。同年2月25日に，2012年以降では日本列島で最初のM6以上の地震である栃木・群馬・福島県境部でM6.3の地震が発生し（図17-21右），4月13日には淡路島南部でM6.3の地震が発生した。

2014年4月から5月，立山カルデラ新湯が突然干上がり，1週間から3週間の不規則な間隔で干満を繰り返すようになった（福井・他，2018）。この現象には§21-1で改めて言及する。

2014年9月には御嶽山（3067m）で水蒸気噴火が起こり，11月22日にはM6.7長野県神城断層地震が発生した。2012年以降日本列島で初めてM6.5を越える地震であった。

それ以降，内陸型の地震や火山噴火で驚かされることが多くなった。

§20-2. 2014年11月長野県神城断層地震

　2014年11月22日の夜10時頃,「長野県白馬村で地震が発生した」との速報がテレビに流れた。最初は地震調査委員会によって30年発生確率が0.008％から15％と評価されている糸魚川―静岡構造線断層帯北部区間のM7.7の大地震が発生し,激甚な被害が出ているのではないかと不安を感じたが,今回は一回り小さなM6.7の地震であった。長野県は地震が発生した断層の名前をとって神城断層地震と名付けた。

　図20-6は余震分布である。M2クラスの余震は小谷周辺に集中的に分布しているが,M2以下も加えると図中の長方形のように青木湖近くにまで及んでいる。余震の深度範囲は10kmから0kmであった。

　マスコミ報道では,震源に近い白馬村北城で震度5強,そこから北へ10km程の小谷村中小谷と,糸魚川に向かって流れ下る姫川と長野市中心市街地までの山間部で震度6弱であった。

　次の日,白馬村役場から南に5km程,姫川東岸側の堀之内地区と三日市場地区に激甚な被害が生じているとのニュースが流れた。活断層図「大町」(東郷・他,1999)を見ると,堀之内地区と三日市場地区は中位段丘とされていた。中位段丘なら地盤は良いはずである。筆者は不思議だと思った。

　11月30日,新潟大学,富山県立大学,京都大学の地滑り研究者の合同調査チームに合流して現地に向かった。最初に驚いたのは,震度5強から震度6弱の地震動に襲われたにもかかわらず,白馬村(標高700m程)の姫川西岸側には,国道148号線を走る車の中から見ていて気がつくような被害はほとんどなかったことであった。耐震基準が上がって日本の家屋の強度が一般的に強くなったこと,この地域が豪雪地帯なので家屋が強く作られていることなどが原因なのであろう。

　逆に,姫川から東に1.5kmほど離れた地盤が良いはずの堀之内地区(標高750m程)(図20-7)に入って多くの家屋

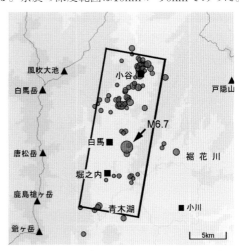

図20-6 2014年11月22日M6.7長野県神城断層地震の最初の10日間のM2以上の余震の震央分布。「震度データベース検索」によって作図。

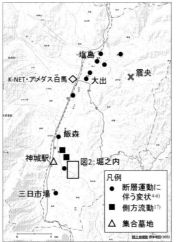

図20-7 (左)白馬村役場から南に5km程の堀之内地区の位置と(右)集落北側斜面の調査地点。土井・他(2015)による。

が倒壊あるいは傾く苛酷な状況に驚かされた。墓石の転倒率はほぼ100%であった。

　筆者達は，堀之内地区の集落東端から50m程登って背後の城峯神社（図20-7（右）中央。標高790m程）の地震によって傾いた本殿を外側から拝見した後，北側斜面の調査を行い，主として北北東−南南西走向の多くの開口亀裂（二重波線）や段差亀裂を見つけた。

　それに加えて，思わぬ発見があった。上下方向の地震動によって地面から飛び出したと思われる長さ数10cmの丸太を発見したのである（（右）の◆）。その丸太が跳び出した後と思われる30cm程離れた形も丸太と良く合う窪地は新鮮で，比較的最近大気に曝されるようになったことがわかる（土井・他，2015）。これらのことから，丸太が1g以上の地震動で窪地を飛び出したことが分かる。なお，1gは重力加速度である。

　この調査から次のような結論が得られた。この周辺の地震動は1g以上の激烈なものであった。堀之内集落の基盤は中位段丘とは言え，表面部分は北側背後斜面から崩落してきた比較的新しい堆積物で覆われており，地震に対しては軟弱である。活断層の研究者からは，神城断層から枝分かれした支断層が堀之内地域の下を走っており，それが原因という考えも出されている。これらが複合したことが堀之内集落を襲った1gを越える地震動となったと思われる。

　堀之内地域の調査の後に南へ1km程の三日市場地域に立ち寄ったが，ここも過酷な状況であった。

　三日市場地域には，1588年（天正十六年）に地元の豪族によって造営され，現在では重要文化財に指定されている神明社が存在する。本殿は，弥生時代の曽根池上遺跡の高床式掘立柱建物（§10-4）から，古墳時代の纒向王宮の神殿（§11-1），伊勢神宮の外宮と内宮の正殿と継承されてきた「独立棟持柱」を特徴とする神明造りである。外から見る限り，特に被害を受けた様子はなかった。その後の専門家の調査でも，不幸中の幸い，本殿は礎石から少しずれる程度の被害であったようである。

§20-3. 2015年前後の南九州の事件簿

　本節では，話は九州に飛び、東北地震以降，大規模な地震や火山噴火が九州南部から回復し始めた様子を示す。

　図20-8は薩摩半島西方沖のM3以上の地震の震央分布図である。薩摩半島から30km程南には，7300年前頃に超巨大噴火が起こり，火山灰が九州を覆い尽くして九州の縄文社会を崩壊させた鬼界カルデラが位置している。超巨大噴火以降にカルデラの外輪山で生長したのが鬼界火山（704m）を中心とする薩摩硫黄島である。そこは，平安時代末に俊寛が流されてきた鬼界ヶ島である。最近では，2013年6月3日に小規模な噴火が起こった。なお，三島村は，鬼界カルデラ外輪山上の薩摩硫黄島と竹島，鬼界カルデラとは別の第四紀火山である黒島からなる世界で最小の「三島村・鬼界カルデラジオパーク」である。

　2015年5月29日，口永良部島で爆発的な噴火が起こり，灰色の噴煙が9000mまで達した。

　同年8月15日，桜島クライシスが起こった（次節）。

　同年11月14日には，枕崎西南西170km沖でM7.1薩摩半島西方沖地震が発生した。図中の（A）長方形は，M2以下の地震も含めた余震分布域である。東北地震以降，日本列島で最初に発生したM7以上の大地震であった。北西-南東方向の圧縮応力の北北東−南南西走向の高角断層面の右横ずれ断層型

である。

　そのあと一旦静穏化した後，15日後に（B），翌年2月には北に飛んで（C），3月には南に戻って（D）で群発地震となった。深度範囲は（C）のみが29kmから17kmであるが，他は17kmより浅い。5ヶ月後あと2016年4月，薩摩半島西方沖地震の余震分布の北東延長上でM7.3熊本地震が熊本を直撃した（次々節）。

　同年末，鹿児島湾南部の阿多北カルデラで異変が生じた。阿多カルデラは11万年前頃の巨大噴火によって形成された海底の第四紀火山である。そこで突然地震活動が活発化した。2017年7月11日にはM5.3（深度10km）の地震が発生し，鹿児島市は1928年6月3日薩摩半島西方沖地

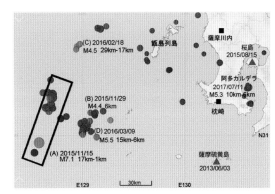

図20-8　2015年3月11日から2021年3月10日まで6年間の薩摩半島と西方沖のM3以上の地震の震央分布。左端の長方形は，M2以下も含めた場合の2015年薩摩半島西方沖地震の余震域。それぞれの領域の最大地震の発生日，M，余震の深度範囲が付記されている。「震度データベース検索」によって描いた分布図に加筆。

震（M6.6）以来ほぼ90年ぶりの震度5になった。余震分布は，深度10kmから6km，南北方向に5km程，2km程離れた2面の高角の面状分布である。

　薩摩半島南端の阿多南部カルデラ（活火山の開聞岳と池田，第四紀火山の指宿）の指宿（活動時期は110万前から3万年前）が2日後にM3.4（深度6km）の地震で呼応，それ以降も地震が続発した。

　不思議なことに，日本地震学会秋季大会が鹿児島市で開催されていた10月前半には静穏化し，地震学会が終わると11月に再び活性化したのち，年末に至ってほぼ終息した。

　以上が，2015年前後の南九州の事件簿である。

§20-4. 霧島山と桜島

　霧島山から桜島地域には，かって巨大噴火を起こした5ヶ所の巨大カルデラ（加久藤，小林，姶良，阿多，鬼界）と7ヶ所の活火山（霧島山，米丸・住吉池，若尊，桜島，池田山川，開聞岳，薩摩硫黄島，口永良部島）が密集している。

　霧島山の北西に，50万年前から40万年前の巨大噴火で形成された直径20km程の円形地形の小林カルデラがあり，北東には35万年から30万年前の巨大噴火で形成された加久藤カルデラがある。加久藤カルデラの巨大噴火は『死都日本』（石黒耀，2002）のモデルになった。

　霧島山は韓国岳（1700m），新燃岳（1421m），高千穂峰（1573m）などが連なる，30万年前頃に活動を始めた活火山である。過去1万年の最大の噴火は，高千穂峰の東方4km程，直径1km程の御池マールを作った4600年前頃の噴火とされている。マールとは円形の噴火口を指す。

　霧島山は有史以来も噴火を繰り返してきたが，近世に入って，多数の死者を出した1566年の永禄の噴火，5名の死者を出した1716年の享保の噴火，1名の死者を出した1923年の大正の噴火，1991年から1992年にかけての水蒸気噴火などがあった。1968年2月には加久藤カルデラ内でM6.1のえびの地震が発生し，3名の犠牲者を出した。

最近では，2011年1月27日，新燃岳で爆発的噴火が起こり，溶岩が噴出した。東北地震2日後の3月13日の噴火では降灰は日向灘にまで達した。実は，この噴火は，§17-8の【可能性1】を筆者が確信するようになってしまった原因の一つであった。

　鹿児島湾北半分の姶良カルデラは2.9万年前〜2.6万年前に超巨大噴火を起こし，九州南部は火砕流に飲み込まれた。火砕流が分厚い堆積層として残されたのがシラス台地である。同時に噴出した膨大な火山灰は全国に姶良Tnテフラを残した（図7-2）。

　2.2万年前頃，姶良カルデラの南縁で桜島（1117m）の噴火が始まり，桜島の骨格が形成された。歴史時代には，1779年から1782年の安永噴火，1914年の大正噴火など，大規模な噴火を繰り返してきた。その間に，頻繁に小規模な噴煙活動を繰り返し，鹿児島市と周辺に火山灰を降らせて来た。

　最近では，2009年以降に小規模な爆発的噴火が急増し，2013年8月18日の噴火では5000m，2014年7月24日の噴火では8000m，2019年11月8日の噴火では5500mまで噴煙を噴き上げた。

　たびたび噴火のニュースが流れる割には，不思議なことに，M3以上の地震活動はほとんどない（例えば図19-18（左））。

　しかし，下限をM1に下げると，図20-9（左）のように韓国岳西山腹に深度3kmから0km程の浅い群発微小地震の発生域が現れる。桜島南西，南東，若尊，霧島新燃岳（1421m）直下には深度10kmから5kmに定常的な微小地震活動がある。

　M0まで下げると，同図（右）の様に，霧島新燃岳，若尊，桜島のいずれにも，地殻浅部の定常的な微小地震分布の下に深度30kmから20kmに顕著な円筒状の深部低周波地震分布があらわれる。

　しかし奇妙なのである。図20-9（右）の様に，桜島にも，霧島新燃岳にも，活動的な火口の下にマグマや熱水の上昇を示唆すると思われるの筒状分布の深部低周波地震発生域がある。その直上，火口直下の深度6kmから5kmあたりにマグマ溜まりが生じ，そこから噴火したとすると分かりやすい。ところが，不思議なことに，図20-10の様に，主マグマ溜まりは，桜島の場合は火口から北に10km程，霧島新燃岳の場合は火口から西へ5km程離れている。原因は分からない。

　若尊は，姶良カルデラ東側斜面に1.9万年前頃に形成された高さ100m程の溶岩ドーム状の海底地形である。

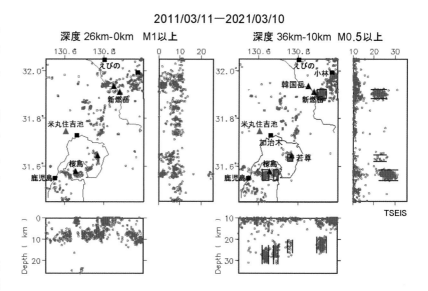

図20-9　桜島から霧島山地域の東北地震以降10年間の（左）M1以上，深度26kmから0km，（右）M0.5以上，深度36kmから10kmの地震の3次元分布。図の東西幅は標準の3次元分布と同じ0.5度。

過去1万年以内に噴火した物証はは見出されていないが，噴気活動が活発なので活火山とされている。若尊は、桜島や霧島山に較べると活動度は低く、しかも海面下にあって目立たないが，図20-9の様に山体直下の浅い微小地震や深度30kmから20kmの深部低周波地震など，活動的な活火山の属性は具えている。

　2015年8月15日，桜島で事件が起きた。午前7時頃，深度3kmから1kmで火山性のＡ型微小地震が多発するようになった。桜島火山観測所のデータでは，通常はＢ型微小地震が多発しており，Ａ型微小地震は年間100発以下しかない。ところが，15日にはＡ型微小地震が900発程に達し，観測所の研究者達を驚かした。それはマグマの上昇を意味するからである（京大防災研桜島火山観測所のＨＰ）。

　傾斜計記録と伸縮計記録も山体の膨張を示す急激な変化を示した。気象庁は，10時過ぎ，桜島の噴火警戒レベルを4（避難準備）に引き上げた。

　その後の解析からは，200万立方メートルもの岩脈状のマグマが上昇し，上端は深度1km程まで達したことが分かった。数年に一度，時々起こる小規模噴気活動の時にくらべて遙かに大量のダイク状のマグマが急速に上昇したのである。研究者達は，それを「桜島クライシス」と呼んだ。

　図20-10は桜島のマグマ供給系の概念図である。それは，（A）「姶良カルデラの地下10数kmの主マグマ溜まり」，（K）「北岳下の副マグマ溜まり」，（M）「南岳下のマグマ溜まり」，「火口へつながる火道」の4要素から構成されている。今回上昇したダイク状マグマの位置はMよりやや南側の「新規マグマ貫入」とされている部分であった。

　図20-11に8月15日のほぼ300発のM0以上の微小地震の3次元分布を示す。その日の内に，10時47分にM2.2，14時46分にM2.2の地震が発生した。いずれも深度は1kmであった。それ以外は，ほぼ全部がM2以下の微小地震である。

　東北地震以降に日本列島で起こった火山噴火は，本書で扱った範囲内で，2011年霧島山新燃岳，2014年御嶽山（図19-10），2018年草津本白根山（図19-11）などがあるが，いずれも水蒸気噴火で，噴

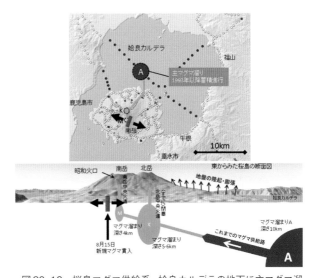

図20-10　桜島マグマ供給系。姶良カルデラの地下に主マグマ溜まり（A，深度10 km），北岳下の副マグマ溜まり（K，5 kmから6 km），南岳下のマグマ溜まり（M，4 km）から火口へつながる火道から構成されている。京都大学防災研究所のＨＰの「2015年桜島クライシス―噴火警戒レベル4」による。

火に先行する地震活動は少なかった。一方，マグマが上昇した桜島クライシスの時には，噴火に至らなかったが図20-11のように地震活動が記録された。

　桜島クライシスは幸い大噴火には至らなかったが，次のことを痛感させた。

　一つ目は，自然は複雑で気まぐれで，今回の事件を含む多様なインシデントを何回も繰り返した後に大噴火に至るということである。研究者の側から噴火のリスクが警告されながら噴火が起こらなかった場合は研究者の失敗とみなされるかもしれない。しかし，噴火現象は多様で複雑な自然現象であ

る。データが異常を示しても，噴火に至らないインシ
デントで終わる場合が多いのが自然であろう。むしろ，
しっかりした観測網があり，自然に対する造詣の深い
専門家がいたからインシデントに気が付くことが出来
て，リスクの正体に迫ることが出来たと言うべきであ
ろう。このようなインシデントをしっかり把握し，そ
の知識を蓄積していくことが，将来の噴火予測と防災
に繋がっていく。それは，航空機事故の防止と同じで
ある。

　二つ目は，桜島火山観測所の観測網のデータと研究
者達がいなければ，その様なインシデントのリアルタ
イムでの的確な認識は不可能だったということである。

　桜島で火山噴火が起こり，大規模な火砕流が発生す
れば，西麓の桜島火山観測所は火砕流に飲み込まれ

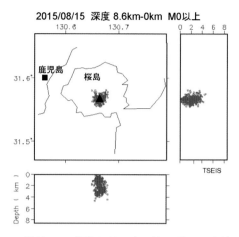

図20-11　桜島の2015年8月15日のM0以上
の地震の次元分布。東西幅は0.25度で，標準の
半分。

る。火山噴火による住民の犠牲を限りなく少なくするためには，危険を覚悟で噴火口に近い場所で記
録を取りたいからである。他の火山観測所同様，医者の不養生ではない。

§20-5.　2016年4月熊本地震

　図20-12は，主要活断層帯の長期評価「布田川断層帯・日奈久断層帯の評価（一部改訂）」（2013）に
よる日奈久断層帯と布田川断層帯の位置図である。

　2016年4月14日21時26分，日奈久断層北端で熊本地震の
前震（M6.5）が発生し，益城町で震度7を記録した。16日
1時25分，今度は布田川断層東部でM7.3熊本地震が発生
し，益城町と西原村で震度7を記録した。地震動記録に基
づいて震度7が記録された6発の地震（図15-17）の内の2発
である。

　メカニズムは，北北西に高角に傾く断層面の西北西－東
南東方向の圧縮応力による右横ずれ断層型に多少の北下が
りの正断層成分が加わったものであった。断層ずれの大き
さは1mから2mであった。

　図20-13は，4月16日の本震発生後1時間以内のM2以上の
余震分布である。熊本県内の余震発生域の西半分は日奈久
断層と布田川断層に対応し，そこから阿蘇山北麓に伸び，
大分県由布岳に飛んだ。前震，本震，余震を併せて，震度
6弱以上の地震が2日間で7発も発生し，住民を不安に陥れ
た。全壊家屋は8600棟を超え，犠牲者は273人に達した。

図20-12　主要活断層帯の長期評価「布田川
断層帯・日奈久断層帯の評価（一部改訂）」
（2013）による日奈久断層帯と布田川断層帯
の活断層位置図。断層帯名を加筆。

特に益城町は激甚な被害を受け，いたるところで家屋が倒壊した報道写真は国民を驚かせた。

　熊本市域全体でみると，市街地南側を西に向かって島原湾に流れ下る白川流域の低地部で被害が大きく，低位段丘面上の市街地中心部（熊本駅で標高10m程）は被害は相対的に小さかった。地盤と被害の関係は明瞭であった。

　ところが，通常は地震に強いとされている中位段丘面上の益城町で激甚な被害が生じた。その原因は，地表地震断層となった布田川断層が益城町を東西に縦断することである。普通の意味で地盤が良

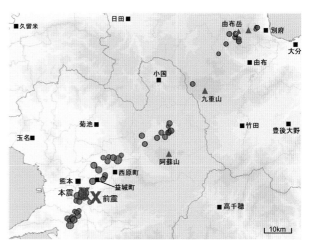

図20-13　2016年4月16日M7.3熊本地震から1時間以内のM2以上の余震分布。青のＸは前震と本震の震央。基図は「震度データベース検索」によって作図。

くても，断層直近（益城町の激甚被災地の場合は地表地震断層から2km程以内）では激烈な地震動の直撃を受けて激甚な被害をもたらす事実を痛感させられた。

　主要交通網は全面的に不通になったが，ＪＲ鹿児島線は4月21日，九州新幹線は4月27日に全面開通，九州自動車道は4月29日に全面復旧した。熊本と大分を東西に結ぶＪＲ豊肥線は2020年8月にようやく開通した。

　図20-14は，熊本地震余震域の地震前5年間と地震以降1年間のM0以上の地震分布である。熊本地震前には，活火山の阿蘇山，九重山，由布岳の下に深部低周波地震の活動域が存在すること，それらと上部地殻内の地震分布域との間に隙間が存在することなどが読み取れる。熊本地震直後に深部低周波地震がなくなり，熊本地震1年後以降の図は示していないが深部低周波地震は復活した。

　本震のとき，不思議なことが生じた。震源から80kmも離れた大分県別府市と由布市（図20-13の右

上端）で，震源から遠い割りには異常に大きい震度6弱を記録したのである。図200-15（上）はK-NET湯布院観測点の加速度記録，（下）は4秒から100秒までのバンドパスフィルターをかけ，長周期成分を取りだしたものである。詳細は省くが，この様な解析から，熊本地震からの地震波の主要動が通り過ぎた後にMw5.9に匹敵する地震が湯布院周辺で誘発され，それが震度6弱の原

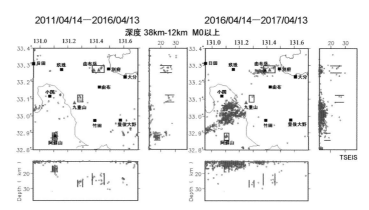

図20-14　熊本地震余震域東半における（左）2011年4月14日から2016年4月13日まで5年間，（右）2016年4月14日から2017年4月13日まで熊本地震以降1年間の深度38kmから12kmのM0以上の地震の3次元分布。東西幅は7.5分で，標準的なサイズの1.5倍。

因であったことが分かった（Miyazawa, 2016）。ただし，この誘発地震の震源の位置は湯布院周辺という以上のことは分からない。

　なお，1955年に由布院町と湯平町が合併して湯布院町が誕生し，さらに2005年に広域合併で由布市となった。活火山は由布岳（9万年前から現在。1583m），温泉は湯布院温泉である。由布岳から3km程東の鶴見岳（9万年前から現在）も活火山である。

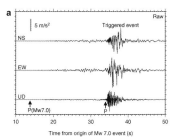

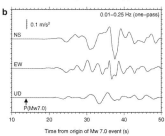

図20-15　震源から80kmも離れたK-NET湯布院の（上）加速度記録と（下）4秒から100秒のバンドパスフィルターに通して長周期成分を抽出したもの。左端のP(Mw7.0)の矢印は，本震からのP波の到達時刻。Miyazawa (2016) による。

§20-6.　2018年9月北海道胆振東部地震

　2015年M7.1薩摩半島西方沖地震，2016年M7.3熊本地震，M6.6鳥取県中部地震とM7クラスの地震が東遷したので次は近畿地方か中部地方かと思っていたら，2016年11月22日，福島県50km沖でM7.4の地震が発生した。2012年以降では，東北地震余震域最大の地震であった。

　そのような状況の中，さらに北に飛んで，2017年7月1日，勇払郡安平町のコンラッド面周辺，深度27kmでM5.1の地震（図20-16の（A）の安平町の北東）が発生し，余震は1ヶ月程続いた。ここではこの地震を安平町地震と呼ぶ。

　筆者は2つの理由で安平町地震に着目した。安平町地震の発生域南方の海岸部の勇払低地は『日本海成段丘アトラス』（小池・町田編，2001）で1m／千年を越える異常な沈降場所として挙げられた8ヶ所の内の1カ所ある。着目した理由の一つは，安平町地震から砺波平野の異常沈降の原因を考えるヒントが得られるかもしれないと思ったことであった。もう一つの理由は，東北地震の次の日に発生した東京湾北部下部地殻群発地震（§18-1-2）を理解するヒントが得られるかもしれないと思ったことであった。とはいえ，当時は下部地殻ではM5.1よりも大きなの地震が発生する可能性は小さいと思ったし，年末には地震活動は低下したので年が明けると筆者も忘れてしまった。

　図20-16は，（B）2018年9月1ヶ月の胆振東部地震の深度50kmから30kmのM3以上の余震分布に，（A)安平町地震の余震と（C）胆振地震の深度30kmから0kmのM2以上の1ヶ月の余震分布を重ねてプロットしたものである。深度によってMの下限が異なるのは不規則な図の描き方であるが，30kmより浅い部分と深い部分で

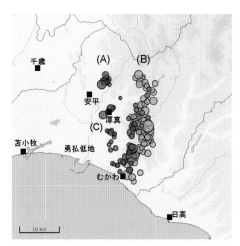

図20-16（A）は2017年7月の安平町地震の余震，（B）と（C）は2018年9月胆振東部地震の1ヶ月以内の余震。赤色は30km以浅，M2以上，黄色は30km以深，M3以上の地震を示す。「深度データベース検索」による。

はあまりにも地震数が異なるので，それぞれの特徴が把握しやすいようにあえてこの様な図を描いてみた。

2018年9月6日の真夜中の3時頃，驚きの地震が発生した。M6.7の胆振東部地震（深度37km）である。犠牲者は43人に達した。

第1報に接したとき，常識的に「安平町地震の余震域から上方に上昇した水によって上部地殻で発生した地震だろう。従って，余震分布は安平町地震の震源を含めた高角な面状」と予想した。しばらくして気象庁から情報が発信され，余震分布の主要部分（B）は安平町地震から10km程東に外れた下部地殻から上部マントルの高角面（図20-17）であることが分かった。筆者の予想は外れた。

図20-17は，余震の主要部分（B）に対応する胆振東部地震の震源断層の概念図である。南北走向の高角断層面の東上がりの縦ずれ断層型である。余震の多くはモホ不連続面より下のマントル内であった。

「驚きの地震」と思ったのは，「下部地殻からマントルでは突発的な破壊現象であるM7クラスの大地震は基本的に発生しない」とされており，例外は1982年3月21日に発生したM7.1浦河沖地震（深度40km。余震の深度は40kmから20km），2007年7月16日の中越沖地震（深度17km。余震深度は23kmから14km）ぐらいしかなかったからである。

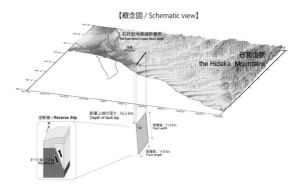

図20-17　2019年北海道胆振地震の断層の概念図。国土地理院のHPの「平成30年北海道胆振東部地震の震源断層モデル（暫定）」による

突発的な破壊現象である地震が発生するには「固い」こと，あるいは「温度が300℃〜400℃より低い」ことが必要条件であることは繰り返し述べてきた。水があり，高圧になると温度条件は変化する。いずれにせよ，1982年浦河沖地震の震源域から2018年胆振東部地震の震源域にかけての地域のプレート境界面から離れた下部地殻から直下の最上部マントルが例外的に低温であるか，熱水の存在状況によっては多少高温でも地震が発生する可能性があるのかいずれか，あるいは両方であろう。

興味深いことに，それと並行に，（A）の安平町地震余震域から南方に延びる30km以浅の分布が生じたのである。M4以上の地震は厚真町の（C）の部分の9月11日のM4.3と9月17日のM4.6の2発のみである。指数関数的規則性（式14-3）からM4.6の地震の震源断層の長さは3kmほどのはずなので，図中の厚真町の（C）の数発の地震分布がそれに対応する。筆者の予想は少しは当たったのかもしれない。

いずれにせよ。胆振東部地震は，「M5クラスの普通の地震が発生している地域の下部地殻では，M7クラスの地震も発生する可能性がある」ことを例示したのである。

§20-7. まとめ：東北地震後の日本列島

東北地震以降10年近くを振り返ると，日本列島は，大自然が行った1000年に一度の地震現象の巨大な実験場であった。第17章のコーダ波時間帯から地球周回表面波時間帯の中部地方から関東地方の活

火山地域のM2以上のレベルの群発地震の誘発，第18章の東北地方の非火山地域の日遅れ・月遅れの10km以深の誘発群発地震，第19章の飛騨上高地群発地震の活動域の時空間分離，本章の震源域以外のM7以上の地震活動の顕著な静穏化，下部地殻から上部マントルの2018年胆振東部地震など，地震及び関連現象は実に多様であることを痛感させられた。

　それらを手掛かりに，第16章の「立山・黒部マグマ溜まり」，「第四紀後半の急激な立山・黒部隆起」，第17章の「地球周回表面波による余震域のM6クラスの余震の誘発」，第19章の「飛騨上高地群発地震発生層直下の熱水貯留層」などの仮説を提起してきた。筆者は，それらを，現時点で正しいと主張する積もりはない。科学の常道に従えば，理論，仮説，モデル計算などが正しいと見なされるのは，直接的に証明する物証やデータが得られたときである。あるいは，アインシュタインの相対性理論の例に倣えば，理論，仮説，モデル計算から重力レンズ効果のような未知の現象を予言し，それが観測的に証明されたときである。

　第16章から第19章の仮説について現在の時点で議論できるのは，既存のデータと矛盾は無いか？論理的に矛盾は無いか？　どれだけ多くの研究によって下支えされているか？などである。その様な意味で，上記の諸仮説は，今後の研究によって批判的に検討されるべきであろう。それにも関わらず，筆者は，今後の議論や研究の叩き台として大いに生産的であろうと確信している。

　ここまで，「分からない」とか「将来の課題」とかを連発した。原因は筆者の知恵不足である。言い訳をすると，水は自ら地震波や電磁波の様なシグナルを出さないし，飛騨山脈，志賀高原，奥日光など観測網の過疎地あるいは空白域の熱水混合層，熱水貯留層，孤立的な熱水脈などを地震波の解析から見出すことは困難だからである。その様な研究は，東北大学のグループによるS波反射面の研究（例えば，堀・他(2004)）など少数しかない。1000年に一度の地震現象の中に，150年の歴史の地震学には理解出来ず，未解決なまま取り残されたことが多いことは不思議ではない。

　それにも関わらず，次の様な基本認識に至ったと言うこともできる。

（基本認識１）東北地震後も，日本列島は，北上山地，福島県浜通りから北茨城などを例外として東西圧縮の応力場であった。しかし，1000年に一度の東西圧縮応力の低下（奥羽山脈脊梁部で1MPa程度）は地震活動に大きな影響を及ぼした。

（基本認識２）重要な事実は，日本列島（図17-17の斜線より西側）では，一部の活火山地域の誘発地震を除いて，周期70秒から200秒の巨大地震動に即応してM2以上のレベルの地震はほとんど誘発さなかったことである。断層面の摩擦に抗して断層滑りを引き起こすのに必要な剪断応力は数MPa〜数10MPaである。数MPaの巨地震波で揺らしただけでは新たな地震を誘発する可能性は基本的にない。

（基本認識３）一方，立山・黒部などの活火山地域でコーダ波時間帯に誘発群発地震が生じたのは，下部地殻に深部低周波地震の分布域があり，上部地殻に熱水混合層が分布するなど，東北地震の前からM2以上のレベルで誘発地震が発生しやすくなっていた場所だからである。

（基本認識４）また，プレート境界面の余震域では，東北地震の激烈な断層滑りによって普段は孤立的に分布する熱水を満たした空隙が連結的になって熱水の移動が容易に起こりやすい状態になっていたことがM6クラスの余震が誘発された原因であろう。情緒的な表現をすれば，ガサガサになり，極めて不安定な状態になっていたので，振幅100kPaレベルのコーダ波や数kPaレベルに過ぎない地球周回長周期地震波でも余震が誘発されたということであろう。

（基本認識５）基本認識というより推測に過ぎないと言うべきかもしれないが，高粘性の熱水の移動速度が小さいことが第18章の誘発現象の日遅れ・月遅れの原因である可能性を挙げておきたい。

以上を一言で言い切ると，誘発の原因として，熱水環境が「主」，応力の変化は「従」である。

弾性力学的にアプローチする研究では応力変化ですべてを説明しようとしがちである。統計からアプローチする研究ではすべてを確率過程として記述しようとしがちである。いずれも誤りというべきであろう。多様性と系統性，無秩序と物理的・地学的プロセスの混在の中から両者を整理・分類し，併せ考察することが重要であろう。その重要性をつくづくと再認識させられたのが1000年に一度の多くの地震現象であった。

最後に，この10年程の日本列島の大枠を次のように簡明に整理しておきたい。

東北地震以降，日本列島では，活火山周辺でなくても熱水が上昇して地震発生の偶然的な確率は増大したが，「熱水から析出するシリカによる自己閉塞作用」が「低下した東西圧縮応力」に勝り，断層滑りとして拡大して大地震になるチャンスはむしろ減少した。そのため，東北地震以降，

【M7以上のレベル】静穏化（図20-1），

【M3からM5のレベル】特段の変化なし（図20-4，図20-5），

【M2のレベル】脊梁山脈などにおける群発地震の増加，

という系統的変化となった。それが，この10年程の日本列島（余震域は除く）であった。

参考文献

土井一生・川崎一朗・釜井俊孝，長野県神城断層地震による堀之内地区の斜面変状，自然災害科学 J.JSNDS，34-1，7-14，2015.

藤原治，第四紀構造盆地の沈降量図，小池一之・町田洋編『日本の海成段丘アトラス』，東京大学出版会，2001.

福井幸太郎・菊川茂・飯田肇，立山カルデラの新湯で発生している激しい水位変動，立山カルデラ研究紀要第15号，2018年.

堀修一郎・海野徳仁・河野俊夫・長谷川昭，東北日本弧の地殻内S波反射面の分布，地震2，56，435-446，2004.

小池一之・町田洋編，『日本の海成段丘アトラス』，東京大学出版会，2001.

Miyazawa,M., An investigation into the remote triggering of the Oita earthquake by the 2 0 1 6 Mw 7 .0 Kumamoto earthquake using full wavefield simulation, Earth, Planets and Space, 68-205, 2016.

東郷正美・池田安隆・今泉俊文・澤祥・松多信尚，都市圏活断層図「大町」，国土地理委院資料，D･/1-N0.368，1999.

HＰ

国土地理院の「平成30年北海道胆振東部地震の震源断層モデル（暫定）」，http://www.gsi.go.jp/cais/topic180912-index.html

京都大学防災研究所の「2015年桜島クライシス―噴火警戒レベル4」，https://www.dpri.kyoto-u.ac.jp/news/5588/

地震本部の「主要活断層帯の長期評価」の「布田川断層帯・日奈久断層帯の評価（一部改訂）」
https://www.jishin.go.jp/main/chousa/katsudansou_pdf/93_futagawa_hinagu_2.pdf

第21章　立山・黒部の現在

§21-1. 立山地獄谷と立山カルデラ新湯

　本章では立山・黒部の現在について述べたい。「現在」の意味は，本章では東北地震以降とする。焦点は立山地獄谷の水蒸気噴火のリスクである。地獄谷は，南北1km程，東西1.5km程の室堂平の北端の落差100m程の谷地形である（図21-1）。

　飛騨山地と長野県北部から北陸一帯の地震活動と火山活動の行方に不安を感じたので地震活動について一般書としては詳細に言及してきた。中でも高速隆起の中軸である黒部峡谷と立山の今後には一層の不安を感じるので，以下では，これらの地域のM2以下の地震活動にも言及する。将来に異変が生じたときには，本章の記載が議論の礎として役に立つだろう。

　§7-5で述べたように，弥陀ヶ原台地も室堂平も立山火山の9万年前から4万年前の第Ⅲ期の活動期に流れ出た溶岩と火砕流によって形成された。4万年前頃に活動期は第Ⅳ期に入り，主として室堂平で水蒸気噴火を繰り返すようになった。みくりが池など室堂平の多くの窪地はその火口跡である。写真21-1は奥大日山尾根部の室堂乗越から撮った全景である。現在，地獄谷からは硫黄化合物を含む火山ガスを噴き出している。

　表21-1に最終氷期以降の大規模水蒸気噴火の時期と跡津川断層で大地震が発生した時

図21-1　立山室堂平と地獄谷の地形図。「国土地理院地図」に地名を加筆。

写真21-1　奥大日山尾根部の室堂乗越から撮った地獄谷。中央奥の白い建物は室堂バスターミナル。丹保俊哉撮影。

地獄谷水蒸気噴火	跡津川断層の地震	牛首断層の地震
① 2500 年前	① 1858 年 ② 4300 年前 -1858 年	① 11 世紀 -12 世紀
② 4800 年前	③ 5300 年前 -4000 年前	② 5600 年前 -4900 年前
③ 7800 年前	④ 8100 年前 -7500 年前	
④ 9300 年前	⑤ 11000 年前 -9300 年前	③ 15000 年前 -11000 年前
	⑥ 11000 年前	

表21-1　地獄谷における最終氷期以降の大規模水蒸気噴火の時期（石崎, 2015）と，跡津川断層と牛首断層で大地震が発生した時期（「跡津川断層帯の長期評価について」, 2004）にもとづく。

期を示す。跡津川断層では2500年程に一度の間隔で大地震を繰り返し，地獄谷も2500年程に一度の間隔で大規模水蒸気噴火を繰り返してきた。重要なのは，跡津川断層の大地震②，④，③，⑤と，地獄谷の大規模水蒸気噴火の①，②，③，④がおおむね対応していることである。原因は，図16-14に端的に示されているように共通の根があるからであろう。

　大規模水蒸気噴火の間には小規模水蒸気噴火を繰り返した。石崎泰男（2015）によると，2400年前の水蒸気噴火以降，3回の小規模水蒸気噴火の痕跡が見い出された。

　歴史資料からは，地獄谷では，1836年（天保七年）にごく小規模な水蒸気噴火があった。それが最新の水蒸気噴火である。

　1914年，日本アルプスの名前を世界に広めたウオルター・ウエストンが立山に登った。そのとき，立山温泉から立山カルデラの壁を上って弥陀ヶ原台地に出て，室堂平では地獄谷に立ち寄った。『日本アルプス』（岡村訳，1995）には，地獄谷（同書の中では大地獄と呼ばれている）について次のように記述されている。

　「丘の上から谷底におりて行くには，蜂の巣のような土の上を歩くのだが，それは非常に注意を要する。... 硫黄と白い岩との混合物からできた小さな丘の側面の割れ目からは，蒸気と硫化水素が，耳をつんざくような響きを立てて噴き出し，... 二，三の硫黄の池からは，暗緑色または黄色の熱湯が4，5メートルも高くほとばしり…。こうした池のいくつかはその温度がほとんど93度だった。」

　この記述から，1914年には，谷底には93℃の高温の温泉水が湧き出していたこと，硫黄が噴き出ていたこと，しかし，噴煙は現在ほど激しくはなかったことなどが分かる。

　2006年頃に噴気活動が活発化し，2010年5月には溶融硫黄が流出し，20m程の硫黄溶岩流の地形が出来た。現在の噴気活動は，筆者が初めて地獄谷を訪れた1970年代後半と比べて明らかに激しく，筆者は強い不安を感じている。筆者以外でも，数10年前から地獄谷を知る人々は同様であろう。

　このような状況を踏まえ，気象庁によって「火山防災のために監視・観測態勢の充実等の必要がある火山」の50の一つに選ばれた。

　Kobayashi(2018)の衛星データによる地殻変動の研究によれば，2007年から2010年にかけて，地獄谷の東西500m程，南北250mの範囲が最大4cm/年もの速度で隆起した。深部から熱水が地獄谷に上昇していたことは明らかである。

　東京工業大学火山流体研究センターの研究グループは，2013年と2014年に地獄谷周辺に30点程の地電位観測点を展開して地磁気地電流法探査を行い，図21-2（左）の様な比抵抗構造を求めた。地表の厚さ50mから100mの粘土層の蓋の下には，地下500m（標高1800m）程まで，東西1km程にわたって，ガス溜まり，熱水溜まり，熱水混合層が分布している。図21-2（右）は立山地獄谷地熱流体研究グループ（2017）による解釈図である。彼らは，この構造を「裏返しにした洗面器に熱水とガスが溜まった状態」と巧みに一掴みにしている。地獄谷の基本的枠組みである。

　高温の熱水は厚さ100m程の粘土層の蓋などたちまち溶かしてしまいそうな気がする。そうならないのは，「地表近くの年度層にも自己閉塞層のような強力な蓋を形成するメカニズムが存在する」のか，「熱水が時間をかけて上昇・蓄積してきた噴火直前の段階」なのか，どちらかであろう。

　上記の研究が行われたのは2013年から2014年であるが，この様な構造が短期間に大きく変化するとも思えないので，少なくとも地獄谷の噴気活動が盛んになった噴気活動が激しくなった以降は同様で

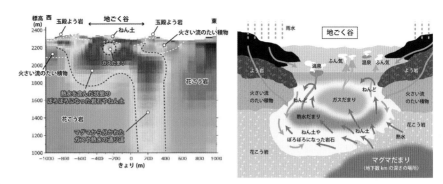

あったと考えても間違いはないだろう。

2007年から2010年にかけての隆起も考慮すれば，明らかに，東北地震の前には，早い機会に大規模水蒸気噴火が起こると考え，警戒態勢に入るべき状況であった。

図21-2(右)立山地獄谷地熱流体研究グループ（2016）による地獄谷地下構造の推定図。(左)推定図の元になった東京工業大学火山流体研究センターの研究グループの地磁気地電流法探査（MT探査と略称）による地獄谷地下の比抵抗構造。赤色が流れやすく，青色が流れにくい部分。

次に福井・他（2018）を参考に新湯について手短に述べる。

立山カルデラ中央部の立山温泉跡と尾根部のザラ峠の間の標高1660m程の場所に，立山火山の活動期の第Ⅳ期の水蒸気噴火の火口である直径30m程のすりばち状の窪地がある。室堂平以外では水蒸気噴火の候補の一カ所であろう。その底が「新湯」と呼ばれていている水深5m程の温泉で（場所は図7-6），その底には，直径50cm程の温泉水の湧出孔がある。

新湯はもともと冷水の池であったが，1858年の飛越地震の時に温泉が湧き出すようになった。温泉水は沸点（標高1660m程なので95℃）に近い。酸素・水素同位体比（Sato et al.,2013）からは，温泉水は立山・黒部マグマ溜まりから上昇してきた熱水である。それは立山・黒部マグマ溜まりの情報を含んでいるので大変重要である。

赤羽・古野（1993）によれば，たっぷり溶かし込んでいるシリカのために新湯は玉滴石や珪化木などの極めて興味深い自然の実験場になっている。

温泉水中にはシリカの球状体が析出し，それが集積して世界的にも美しい玉滴石が生み出されており，2013年に新湯は国の天然記念物に指定された。玉滴石はオパールの仲間である。

珪化木とは，通常は，数百万年，数千万年という長い時間をかけて，地中に残された植物遺骸の炭素が珪素に置き換わり，化石化してしまったものを指す。

新湯からあふれ出た温泉水が湯川に流れ出すところで，小枝から長さ150cm程に至る様々なサイズの倒木が発見され，重量比で10%〜40%は炭素が珪素に置き換わっていることが分かった。炭素14法による年代決定は若すぎて適用不能であったが，原爆実験による異常値が出たので，これらが倒木になったのは1955年以降であることが分かった。つまり，シリカをたっぷり含んだ熱水の中では，時間を何桁も圧縮した速度で珪化木化が進行していることが分かったのである。

§21-2. 東北地震後の立山・黒部地域の地震活動

2011年3月11日，東北地震が発生し，巨大地震波（図17-16）が立山・黒部を席巻した。普通の感覚では，激しく揺り動かされてマグマや熱水の一部が地表にあふれ出して噴火となっても不思議ではな

い。しかし地獄谷でも新湯でも噴気活動や湯量の変化などの有意な反応は生じなかった。他の活火山も同様である。何故だろうか？

それは§17-4の短周期先行津波の節で述べたことと同じである。巨大地震波の周期は70秒から200秒，波長は300kmから800kmなので，数10kmの広がりで地殻は一体となって動く。図16-16の立山・黒部マグマ溜まり全体も地殻と一体となって揺れ動くので，巨大地震動はマグマ溜まりや熱水混合層への特段の刺激にはならなかった。周期1秒程の短周期地震動の強さを表す震度は立山周辺で2から3でしかなかった。立山・黒部では，地震性地殻変動によって東西圧縮の地殻応力が低下してマグマや熱水の上昇圧力を下げ，むしろ危機は先送りにされた。

ただし，「東北地震の時に噴火は誘発されなかったので，M9クラスの南海トラフ巨大地震の時にも噴火は誘発されない」と考えるのは早計であろう。

巨大地震波とは別の視点がある。図16-16のように熱水混合層の厚さを3kmとし，粘性を無視すると，水の中のP波（音波）の伝搬速度は1.5km/秒なので，熱水混合層の固有周期は4秒（P波が厚3kmの熱水混合層を上下する時間）である。

周期4秒と言うと，超高層ビルを揺らす長周期地震動の周期帯である。東北地震の時，テレビに流れた超高層ビルが揺れる映像を思い出し，たいしたことは無かったと思う人は多いかもしれない。しかし，それは，M8やM7クラスの経験を外挿してM9の巨大地震に対して予想されていた長周期地震動周期帯の揺れよりずっと小さかったのである。

1854年安政東海地震と南海地震の時にも，1944年の東南海地震と1946年の南海地震の時にも，富士山は噴火しなかった。一方，1707年10月28日（宝永四年十月四日）M8.6宝永地震の49日後には富士山の宝永噴火が起こった。この違いは，地震波がマグマ溜まりや熱水混合層の固有周期帯の成分を多く含んでいたの，そうで無いかの違いなのかもしれない。

次のM9クラスの南海トラフ巨大地震の時には東北地震よりも強い長周期地震動が発生し，超高層ビルが被害を受けるかもしれないと危惧されている。単純すぎる考え方かもしれないが，都会で超高層ビルが被害を受けているとき，立山のマグマ溜まりで共鳴が生じ，噴火に至っているかもしれない。

さて，地獄谷にとっての問題は，「先送りにされた危機が，再び，いつ，どの様に顕在化するか？」である。しかし，既存の知識の範囲内では2500年に一度の噴火現象について，今後数年から10数年の推移の見通しをつけることはむつかしい。

以下では，噴火活動の見通しを探る場合にはバックグラウンドとなる地震活動の検討を行う。

まず，第19章と一部重複するが，2011年以降の地震活動を簡単に時間順に追う。

2011年3月11日，巨大地震波に続いて14時54分頃に赤沢岳（2641m）山頂部南側でM4.1（深度0km），15時32分頃に白馬岳でM3.6（深度0km）の地震が発生した。

3月中に上廊下・東沢谷群発地震が生じた。

5月17日，東沢谷でM4.5（深度2km）の地震が発生した。

10月5日，黒部湖直下でM5.4の最大地震（深度1km）が発生し，黒部湖群発地震となった。

2012年以降は予想外に静穏化した。

図19-1では規模の小さな群発地震は見えないので下限をM1に下げたのが図21-3である。この図によって，2014年4月東沢谷，2016年9月十字峡，2019年2月烏帽子岳の群発地震などが見えるようになっ

た。

　　立山カルデラ南壁の鳶山直下の深度4km程度の活動度の低い小規模な地震発生域が存在することも分かるようになった。図21-3の（左），（中央），（右）で期間の長さが異なるが，（左）鳶山直下の群発地震は東北地震前から存在したが，（中央）東北地震から1年後以降地震活動は低下し，（右）それ以降再び活発化したことも分かる。

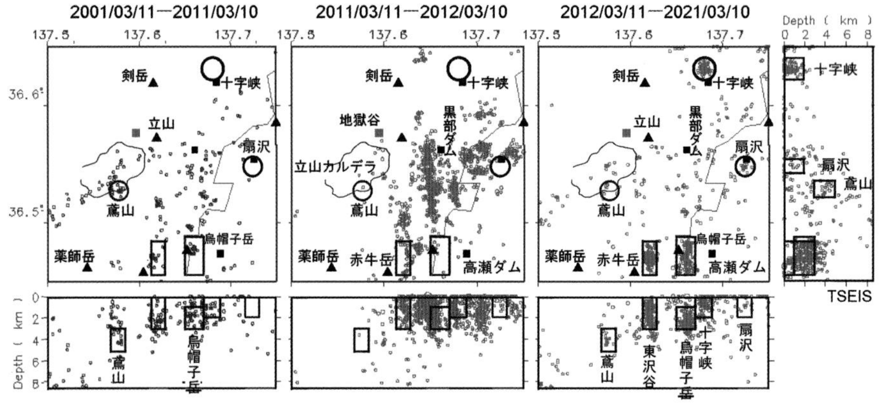

　　そのほか，次のことを

図21-3　立山・黒部地域の(左)2001年3月11日から2011年3月10日まで10年間，(中央)2011年3月11日から2012年3月10日まで1年間，(右)2012年3月11日から2021年3月10日まで9年間の8.6 km以浅のM1以上の地震分布。東西幅は標準の半分の0.25度。位置関係が分かりやすいように，2014年5月東沢谷，2016年9月十字峡，2019年2月烏帽子岳，鳶山直下の微小地震発生域を示す□と○を他の期間の分布図にも書き込んだ。

認識することができる。東北地震前（左）から，東沢谷，烏帽子岳，鳶山でも微小地震が散発的に発生していた。ただし，図の範囲内では，M3以上の地震は，2009年4月18日の烏帽子岳北側のM3.1（深度2km）一発しかない。

　　東北地震以降1年間（中央）の主たる地震活動が立山と赤牛岳を結ぶ尾根部（東経137.6度）と後立山連峰尾根部の南への延長部（東経137.75度）の幅10km程の間にあり，特に立山－赤牛岳尾根部と赤沢岳－鉢ノ木岳尾根部（東経137.67度）の間の幅5km程の部分が活動的であった。

　　東沢谷や烏帽子岳の地震分布下端は見かけ上深度4kmほどであるが，分布密度は深度3kmまでが圧倒的に大きい。自己閉塞層の深度はM2以上で判断したときと同様に3km程と考えていいだろう。つまり，2011年3月の上廊下・東沢谷群発地震，10月の黒部湖群発地震，2014年東沢谷群発地震，2019年烏帽子岳群発地震のすべてにおいて，分布下端，従って自己閉塞層の深度は3km程であったと見なせる。

　　図16-14や図16-15の超低密度域は一体として描かれているが，本当は図19-16の概念図のように立山・黒部地域も自己閉塞層の上の地震発生層の群発地震に対応するように分かれているのだろうか？残念ながら，超低密度層を取り巻くような観測ルートでは確実に5kmサイズの小規模な熱水混合層に分ける分解能はない。それ以上のことは現時点では分からない。

　　不思議なことに，図21-3の範囲内では，跡津川断層とその北東への延長上より北側では地震は乏しく，M3以上の地震は一発もない。

　　中部地方の2012年以降のM5以上の地震をプロットしたのが図19-18，立山・黒部地域とその周辺のM4以上の地震をプロットしたのが図21-4である。南関東や伊豆半島などではM4の地震は時々発生しているかもしれないが，日本列島で図21-4のような頻度でM4以上の地震が続発するのは例外的であ

る。

　図21-3と図21-4を併せ参照すると，2014年頃から次のように立山・黒部周辺でM4以上の地震が多発するようになった。

　2014年4月，東沢谷で小規模な群発地震が発生した。

　5月の初め，焼岳北東の割谷山で群発地震が発生した（図19-19）。

　同じ頃，戦後以降ずっと満水状態が続いていた新湯が突然干上がって間欠泉になった。福井・他（2018）はこの時期から新湯で湧出量の観測を行ってきたが，それによれば，1週間から3週間の不規則な間隔で干満を繰り返すようになり，噴出期間には1分当たり500リットル程の熱水が湧き出している。

　9月27日，御嶽山で水蒸気噴火が起こった。

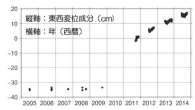

図21-4　飛騨山脈と周辺の2014年3月11日から2021年3月11日まで30 km以浅のM4以上の地震の震央分布。大きな□は2014年神城断層地震の余震域。他の□は本文で検討の対象にした群発地震。基図は「震度データベース検索」によって作図。

　11月22日，長野県神城断層地震（M6.7，深度5 km。余震の深　度は10 kmから0 km）が発生した。東北地震以降のGPSによる地殻変動は複雑でよく理解されていない。

　一例を挙げよう。

　立山室堂バスターミナルから南東方向の登り斜面には氷河によって削り取られた基盤の飛騨花崗岩類（船津花崗岩）の羊脊岩が点在している。その1km程向こうの浄土山山頂（2831m）近くの浄土山山頂近くに富山大学の立山研究施設の小屋が建っている。

　富山大学の竹内のグループは1996年以来，東北地震以前には年に一度，以降には入山可能な期間に，立山研究施設で繰り返しGPS観測を行ってきた。その成果の一部は図16-22になり，立山・黒部隆起を理解するための貴重なデータとなった。図21-5は2005年以降の記録である。

　東北地震を挟むこの図の時間変化は，主として，（1）立山・黒部隆起，（2）東北地震の巨大地震波に伴う地震性地殻変動による東への水平変位30cm程と隆起2cm程，（3）その後の東北地震の余効変動による20cm程の東への水平変位，（4）図16-23のような非永年的な一時的広域変動，（5）黒部湖群発地震による地震性地殻変動の5要素からなっている。

　難題は（5）である。ただし，黒部湖群発地震の影響と言っても，浄土山からたった3km程東で発生した2011年10月5日18時59分のM5.4（深度1km），19時6分のM5.2（深度0km）の2発によってほとんど決まる。問題は，2発による

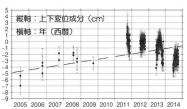

図21-5　富山大学の竹内のグループによる，東北地震以前は年に一度，以降は入山可能な期間，浄土平の立山研究施設で行った10年間のGPS繰り返し観測の結果。上は水平成分，下は上下成分。富山大学理学部HPの「立山浄土観測点でのGPS観測結果について」による。斜め破線は，4 mm/年の隆起の傾きを示す。

地震性地殻変動が評価困難だと言うことである。

　単純に推測して，M5.4とM5.2の震源断層のサイズは3kmから5km，地震性断層ずれは20cm程，従って浄土平の地震性地殻変動は水平変位が5cmから10cm程，上下変位は数cm程のはずである。

　地震学の手順としては，理論的に合成された地殻変動とGPS記録を対照して震源断層のサイズ，傾斜，断層の上端と下端の深度，地震時の断層ずれなどの断層モデルを決定する。しかし，観測点が震源断層から3kmと近いと断層の上端と下端の深度などが1kmでも変わると理論的に合成された地殻変動は大きく変わる。そのため，断層モデルを精度良く決定するには断層近くの複数の観測点のデータが必要であるが，浄土平以外にはGEONET観測点の立山室堂と扇沢しかない。つまり，最大の撹乱要因である（5）を取り除いて（1）から（4）を議論の対象とするのは無理なのである。§16-11で言及した東北地震以前の槍・穂高・上高地地域の場合もそうであった。

　とはいえ，山は不動ではなく，1000年に一度のM9クラスの超巨大地震が発生すれば水平に30cm程も動き，数cmは隆起あるいは沈降することを現地の観測データで目で見るようにした図21-5の意義は大きい。筆者は初めて見たときには感動した。

　結論としては，残念ながら，地獄谷における今後の水蒸気噴火の見通しを付けるような簡明な素材はない。ただ，最終氷期以降に跡津川断層の大地震と連動してきた（表21-1）こと，立山・黒部と周辺でM4以上の地震が多発するようになったことなどを考慮するとなど，東北地震によって先送りにされた危機は再び頭をもたげてきたと考えるべきであろう。

§21-3. 十字峡群発地震と2016年以降の地震活動

　2016年に入って，飛騨山脈と周辺でM4以上の地震が頻発するようになった。

　2月3日，野口五郎岳の南側（長野県側）でM4.4（深度0km）の地震が発生した。

　6月25日，白馬岳北東9km程の尾根部の風吹大池でM4.8（深度0km）の地震が発生し，年末までM2クラス（ほとんどが深度0km）の地震が続発した。原山・山本（2003）によれば，風吹大池は7万年前の噴火口である。

　8月から11月，十字峡から仙人ダムの黒部川西岸側で浅い群発地震が生じた。最も激しかったのが9月だったので，ここでは2016年9月十字峡群発地震と呼ぶ。十字峡，仙人ダム，黒部川第四地下発電所の周辺を切り出して図21-3の縮尺を2倍に拡大し，下限をM0.5に下げたのが図21-6である。同図（左）から，東北地震の後はしばらく静穏であったことが分かる。

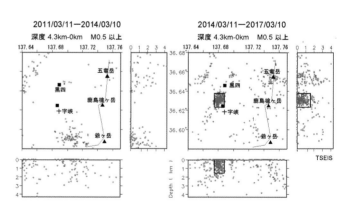

図21-6　十字峡から仙人ダムの周辺を切り出した（左）2011年3月11日から1年間と，（右）2014年3月11日から2017年3月10日まで3年間の微小地震の3次元分布。東西幅は0.125度。

（右）では，見かけ上は深度2km程まで地震は分布しているが，圧倒的に分布密度が高いのは深度1.5km程までなので，第16章では分布下端を1.5km程，従って自己閉塞層の深度を1.5km程とした。

黒部峡谷鉄道（トロッコ電車）で宇奈月から欅平（580m程）まで行くことができる。そこから先は関電黒部ルートである。新黒部川第三発電所の竪坑エレベーターで200m程上昇した後，トロッコで4.5km程行って阿曽原の谷に顔を出し，さらに1km程南で仙人ダムに出て（860m程），さらに1km程で地下の黒部川第四発電所（870m程）に至る。ここからインクラインで450m程上昇し，トロリーバスに乗り換え，十字峡を経てトンネル内を10km程走ると黒部ダム（1470m程）に至る。十字峡近くでは脇トンネルを少し歩いて山腹に出て，黒部峡谷の7km程西向こうに剣山を眺望することが出来る。

1936年（昭和十一年），欅平の少し上流で黒部川第三発電所建設工事が始まった。軌道用に試掘されたトンネルが仙人ダムの南側を掘り進んだ所で，後に高熱隧道と呼ばれるようになった場所にぶつかった。『高熱隧道』（吉村昭，1967）によると，仙人ダム山腹からたった30m程で65℃，60m程で85℃，100mで107℃を記録し，その奥の切端の岩盤の中ではダイナマイトが自然発火して8人の人夫が犠牲になった。事故のあと駆けつけた警察官が測ると120℃であった。水平方向であるが，地温勾配は100℃/100m程である。

これほどではなくとも，群発地震の分布下端を1.5kmとし，その深さに自己閉塞層があるとすると，図16-1に従えば，十字峡周辺では深度1.5kmで400℃程，温度勾配は30℃/100m程である。

十字峡はこの様な熱的環境下にあるので，十字峡群発地震の時，高熱隧道周辺で1995年中ノ湯の様な水蒸気噴火が起こるのではないかと不安を感じたが，M2を超える地震はほとんどなく，大事には至らないで終息した。

十字峡群発地震後は次のような経過をたどった。

2016年12月には乗鞍岳西麓の高根でM4.5（深度5km）が発生し，群発地震となった。

2017年には新湯の水面を浮遊硫黄が漂うようになった（福井・他，2018）。つまり熱水混合層から硫黄が多く上昇してきたのである。

12月6日に長野県安曇野辺りでM5.3（深度10km）が発生した。

2018年5月12日に青木湖近くでM5.2（深度11km）発生した。

11月後半，焼岳・穂高岳西麓で再び群発地震が発生した。

12月20日に有峰湖周辺でM4.3（深度6km）の地震が発生した。

2019年1月から2月にかけて乗鞍岳で群発地震（最大地震はM3.7，深度8km）が生じた。

2月19日には烏帽子岳東側でM4.7（深度0km）の地震が発生し，群発地震となった。

2020年4月，飛騨上高地群発地震が再来し，7月末までたった4ヶ月の間に21発のM4以上の地震が発生した。非常に激しい群発地震活動であった。

以上の地震活動の全体的な傾向として次の二点を挙げておきたい。

第一は，やはり，2014年以降，明らかに飛騨山脈とその周辺の地震活動は高まってきていることである。

第二は，図19-4に関連して，「野口五郎岳境界線を境に，以南と以北で活動時期が異なる，言い換えると連動しない」と述べた。しかし，東北地震以降は南と北で連動するようになった様に見えることである。共通するのは，南で先に発生することである。連動の時間幅は広いし，群発地震のほとんど

はM2以下でエネルギー的には小さい。しかし，想像をたくましくすれば，立山・黒部の熱水混合層と図19-16の様な槍・穂高・上高地地域の熱水混合層の水平方向のネットワークが野口五郎岳境界線を越えてより連結的になったことを意味しているのではないだろうか。連結的とは，ここでは，個別の熱水混合層を結ぶ熱水脈の幅が拡がり，水圧が伝わりやすくなったという意味である。

　なお，東沢谷や十字峡などの群発地震にも言及してきたが，立山・黒部地域の地震活動を細かく見ればより小規模な地震活動は頻繁に消長を繰り返している。ここで言及したのは，その中でもM2前後の地震が幾つか発生している比較的活動的と思われる時期のみを取り出したものであることをお断りしておく。

　また，円筒分布や面状分布を強調してきたが，この地域は地震観測網から遠く離れており，深度の精度は悪いと考えるべきで，円筒状か面状分布かは必ずしも確実ではない。しかし，§19-1で述べた様に，気象庁一元化震源による黒部湖群発地震の深度分布は悪くない。確実かどうかは留保はしながらも，飛騨山脈の群発地震の分布は，円筒状，または面状としておく。

§21-4. 水蒸気噴火シミュレーションと火山防災

　2018年9月，弥陀ヶ原火山防災協議会は地獄谷における水蒸気噴火のハザードマップを公表した。そこでは，小規模水蒸気噴火と，大規模水蒸気噴火（図21-7）の二つの場合について，水蒸気噴火シミュレーション結果が示されている。小規模水蒸気噴火は噴出量が5万m³，大規模水蒸気噴火は噴出量が500万m³程が目安である。2014年御嶽山水蒸気噴火は25万m³程であった。

　小規模水蒸気噴火の場合，直径50cm以上の大噴石が室堂平一帯に落下し，小さな噴石や降灰が立山尾根部から関西学院ヒュッテ辺りまで，東西5km程の範囲に降り注ぐ。

　大規模水蒸気噴火の場合は立山尾根部から関西学院ヒュッテ辺りまで大噴石が落下し，小さな噴

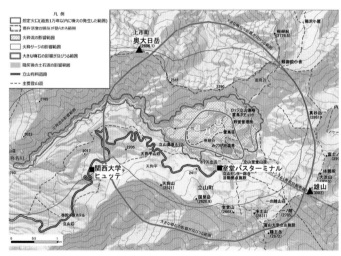

図21-7　2018年9月に公表された弥陀ヶ原火山防災協議会によるハザードマップ。橙色は，大規模水蒸気噴火の場合の大噴石（直径50 cm以上）の落下域。富山県のＨＰの「Ｈ30.8.1弥陀ヶ原火山防災協議会の開催結果概要」による。

石や降灰は，東は大町から白馬ほぼ全域，西は上市まで降り注ぐ。同時に，火砕流が称名川の谷筋を称名の滝まで流れ下る。

　積雪期に大規模水蒸気噴火が発生すると，積雪が溶けて大量の水が発生し，河床の土砂を巻き込みながら融雪泥流が称名川を岩峅寺あたりまで流れ下る。単純化すると，小規模水蒸気噴火の場合には室堂平が2014年水蒸気噴火の時の御嶽山山頂部のような状態になり，大規模水蒸気噴火の場合は，立

山尾根部から関西学院ヒュッテ辺りまで広範にそうなるという想定である。

　問題は観測監視体制であるが、まず他地域の例を参照しよう。

　1991年雲仙普賢岳噴火の時には、九州大学島原地震火山観測所の観測網によって、図15-9の様に千々石湾の深度10km程の群発地震が時間をかけて普賢岳に向かって上昇し、噴火寸前には山頂部まで達していることがリアルタイムで把握されていた。

　2000年の北海道洞爺町有珠山噴火の場合は劇的であった。3月27日頃、北海道大学有珠火山観測所の地震観測網のデータが有珠山で微小地震が急増していることを示した。同月28日には深度8kmから4kmでM2以上の地震が激発するようになり、北海道大学附属地震火山研究観測センターの岡田弘が記者会見して「噴火の前兆が始まっている」との見解を発表した。29日には気象庁は緊急火山情報が出し、周辺自治体は住民への避難勧告をおこない、1万人を超える住民が慌ただしく避難した。31日午後1時過ぎ、マグマ水蒸気噴火が起こり、噴煙は3000m程の高さまで達したが、人的被害はなかった。テレビで全国に放映されている中での5日間の出来事であった。

　迅速な対応が可能であったのには幾つかの基本がある。第一は、有珠山が何度も噴火を繰り返し、住民に有珠山は活火山だという意識が受け継がれていたことであろう。それに加え、火山周辺にしっかりした地震観測網があること、その記録から噴火の数日前の異常が把握出来たこと、長年有珠山を研究対象にしてきた専門家である岡田弘を中心とする研究グループ（つまり有珠火山のホームドクター）が異常の意味を理解したことであろう。いずれにせよ、基本は観測である。

　立山火山の場合に戻ろう。

　火山によって個性が強く、噴火前に起こる現象は様々である。しかし、雲仙、桜島、御嶽山などを参考にすると、次のような順に異変が起こるものと思われる。

[1] 深度15kmから10km、つまり図16-16でマグマ溜まりとされているTK1の上側で微小地震が起こり始め、黒部峡谷に向かって次第に浅くなる。

[2] 地獄谷直下の熱水混合層（TK3）周辺で微小地震が多発するようになり、GPSや傾斜計が緩やかな変化を示すようになる。

[3] 標高1500m以高の地獄谷周辺（図21-2左でガス成分の通り道とされている部分）で微小地震や低周波地震が発生するようになり、噴気が激しくなる。

[4] 直前には熱水混合層周辺で微小地震や低周波地震が多発するようになり、GPSや傾斜計が図19-10（C）の様な急激な変化を示す。

　もちろん、どれかを欠く場合も、[4] だけの場合もあるかもしれない。2014年御嶽山水蒸気噴火の場合は [3] から [4] だけであった。

　図21-8の■は（左）焼岳と（右）立山・黒部の既存の観測点である。立山・黒部では、東北地震以前は、テレメーターされている観測点は、称名川右岸の京都大学防災研の雑穀谷とHi-netの大町観測点（七尾ダム）しかなかった。気象庁は、2012年に地獄谷縁に地震計を設置し、2016年に、地獄谷周辺に短周期地震計、広帯域地震計、傾斜計、GPSなどを増設した。地獄谷縁のエンマ台の環境省の火山ガス情報ステーションでは火山ガスの測定を行うようになった。それは最終段階の [4] の現象を捉えるには有効であろう。大きな一歩前進であったことは間違いない。

　しかし、焼岳と比較するとまだまだ弱体であることは一目瞭然である。たとえば、深度5km程度の

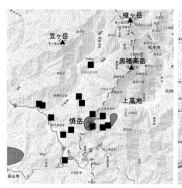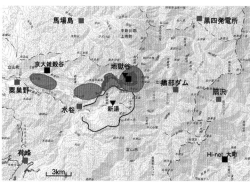

微小地震活動を捉えるには，半径5km程度の拡がりにそれなりの数の地震観測点が必要である。焼岳はそれに近いが，立山・黒部地域の観測点網では，地下で

図21-8　（左）焼岳周辺と（右）立山・黒部地域の既存の観測点（■）。（右）の■は筆者が期待する観測点分布。ただし，地獄谷の観測点は1点で代表させている。基図は「火山活動による地形」。

進行する［1］から［3］の異変を把握するのは難しい。加えて，噴火前に，硫黄酸化物（硫酸など）による観測機器の腐食が進み，肝心の時に地獄谷周辺の多くの観測機器が機能停止するという事態もありえる。この意味でも，地獄谷から数km離れた数点の観測点が望ましい。

　観測網を展開するには商業電源と情報基盤が必要条件である。そのため室堂平から5km以内には観測網を展開できる適地に乏しい。その代わりに室堂平から15km以内でその条件を満たす場所を探すと，図21-8（右）の■のように，馬場島（早月川上源流部），有峰，水谷（立山カルデラ入り口），黒部ダム，黒部川第四発電所，扇沢などがある。この様な観測網になれば，新湯，東沢谷，十字峡などで想定外の異変が生じても検知可能である。広く観測網を張っておくことは2018年草津本白根山噴火の教訓であろう。

　今後，立山火山を大きく取りまく観測監視体制を整備し，微小地震などのリアルタイムの観測データに注意を怠らず，異常が出現したときは早めに入山規制を行い，既に室堂平や周辺にいる人々には情報を迅速に伝達し，いざと言う時には避難小屋，山小屋，室堂ターミナルに逃げ込めるようにしておけば，犠牲を大幅に減らすことが出来るだろう。

　特に富山では，小学校6年生になると遠足で立山雄山に登る文化がある。この子供たちのためにも，観測網の整備と平行して，避難シェルータの整備も期待したい。

　名古屋大学御嶽火山研究施設の國友（2018）が御嶽山噴火の教訓として提唱している全員参加型の防災体制を立山・黒部に置き換える次のようになる。

　①気象庁は，関連大学や研究機関と協力して観測監視体制を整備し，噴火のリスクを的確に評価して情報発信できる能力を高める。

　②富山県など地元自治体と立山黒部貫光は，気象庁などから発信される火山情報を読み解く力量を強化し，観光客への情報提供や，立山・黒部アルペンルートの運行停止も含めて，的確な入山規制を行えるようにする。

　③観光客は，突然水蒸気噴火するリスクがあることを常に頭に置いて自ら気象庁や県などから発信される情報の収集に努め，現地では，地震動や噴気などの異変が生じた場合は，たとえ自治体の規制がなくとも，みずから危険な場所から遠ざかる。

　最近は国内外の多くの観光客がジオパークを訪れるようになった。槍・穂高・上高地地域の場合で

述べたことを繰り返すが，その人々の安全を守るための最小限の観測監視体制を整備することは国の責任であろう。それなしにジオパーク運動の発展も観光立国もあり得ない。

§21-5.「立山・飛騨ブロック」の提唱

ここでは「立山・飛騨ブロック」を提唱したい。

薬師岳に登るには，太郎平小屋から北に向かって尾根伝いに山頂を目指す。立山室堂平から尾根伝いに南に向かう場合もある。いずれにせよ富山県側から入る。笠ヶ岳に登る場合は，昔は神岡の双六渓谷や笠谷から入ったが，今は東側の新穂高温泉側から登るのが普通になった。いずれにせよ岐阜県側から登る。

しかし，薬師岳と笠ヶ岳の距離（17km程）は，薬師岳と黒部ダムの距離（15km程）とあまり変わらない。立山と穂高岳の距離は30km程度である。一方，この地域の深部低周波微小地震の根は深度50km程である。図14-10や図19-4を俯瞰的に見ると立山・黒部と槍・穂高・上高地地域を一つの枠組みでとらえた方が素直で自然であろう。

ここでは，本書で述べた知見を踏まえ，図21-9の長方形の「立山・飛騨ブロック」を提唱したい。

北は黒部から南は乗鞍岳周辺まで，白亜紀の兄弟火山である薬師岳から笠ヶ岳を西縁（東経137.55度）とし，後立山連峰から常念岳を東縁（東経137.75度）とする東西幅15km程の部分である。飛騨山脈の標高2500m以上の山々のほとんどはこのブロックの中に入る。

御嶽山を含めない理由は特にない。あえていうなら，乗鞍以北では火山以外の尾根部の標高がおおむね2500m以上であるが，それ以南ではおおむね2000m以下であることくらいであろうか。もう一つは，御嶽山の位置は5km程西にずれていることである。原因は分からない。

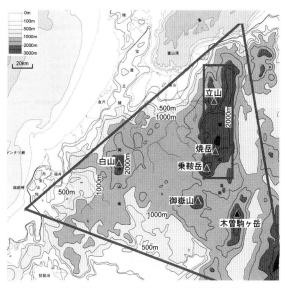

図21-9　図4-8の中部三角帯に立山・飛騨ブロックを加えたもの。基図は絈野・三浦・藤井（1992）の接峰面図。元は岡山（1988）。

「立山・飛騨ブロック」では，急速隆起する黒部川花崗岩体と滝谷花崗岩体，北から南に直線上に浅い群発地震（図19-4），北から南に深度50kmから15kmの深部低周波微小地震（図14-11）などの一体的な構造とダイナミクスが展開している。

この様な構造とダイナミクスによって，飛び抜けた2000m以上の接峰面が維持され，地震波のブロック（図16-7）の様な現象が生じている。ブロックには「塊」という意味と同時に「邪魔をするもの」という意味もあるので，地震波のブロックから地殻構造の研究が始まったこの地域を指す名前としてふさわしい。

「立山・飛騨ブロック」は一体的なのに，富山平野と飛騨高原の顔つきは大きく異なる。それは，飛騨山脈隆起に随伴して飛騨高原が1km程隆起したのに，富山平野の海寄りは，北に傾動するように大きく沈降して来た（第6章）からである。

古くは，富山平野から飛騨高原は連続的につながり，ステゴロフォドン（ゾウの仲間）や，デスモスチルスなども闊歩していたに違いない。ただし，彼らの化石を含むはずの当時の地層は，隆起にともなう侵食や沈降による埋没によって地表部から失われてしまったので確証はない。

§21-6. 心の底の山と共に生きた人々

第2章では，島崎藤村（1872-1943）の小説『家』や『夜明け前』と恵那山，臼井吉見（1905-1987）の小説『安曇野』や彫刻家萩原守衛と常念岳に言及した。第7章では，江馬修（1889-1975）の小説『山の民』や『本郷村善九郎』と焼岳に言及してきた。

深田久弥は，『日本百名山』（1964）の中で「日本人の心の底にはいつも山があったのである」と述べている。上記の人々が，心の底の山と共に生きた人々であり，山が彼らの感性に強く影響していたことは間違いない。

家持は越中に在住したのは5年に過ぎないので，上記の人々と同列に受け取ることは出来ないかもしれない。しかし，越中での生活が家持に新たな境地を開かせたことは多くの人が認めるところであろう。

755年（天平勝宝七年），東国から九州に向かう防人を難波に迎える任務の中で，進上された防人達の歌を受け取り，彼らの生の声に家持は心を動かされ，80首以上の歌を万葉集の最終巻に収録した。そして，自らも，「防人の悲別の心を痛めて作る歌」を詠んだ。その痛む心を育んだのは，「古代歌のコスモス」から離れた越中の地において，山や大地と共に生きる人々に直接ふれる機会が多かったからではないだろうか。

面白いことに，「立山・飛騨ブロック」とその周辺には，東京大学の宇宙船研究所（スーパーカミオカンデ・KAGURA），京都大学の上宝観測所，穂高砂防観測所，飛騨天文台，信州大学の山岳科学研究所の上高地ステーション，自然科学研究機構の乗鞍観測所（元国立天文台乗鞍コロナ観測所），名古屋大学の御嶽火山研究室などが存在する。ここで働き，住んでいる人々は，現代科学版の「心の底の山と共に生きている人々」と言えるかもしれない。

太宰治は『富嶽百景』で「富士には月見草がよく似合う」と書いた。立山によく似合うのはどの花なのだろうか。家持の歌に詠まれている「忘れ草」の仲間のキスゲを筆者は推したい。写真21-2の様に少数の花弁がすっと伸びている。富山平野に多い「卯の花（ウツギ）」の方がいいと思う人の方が多いかも知れない。家持が繰り返し詠んだ「女郎花（オミナエシ）」がいいかもしれない。

写真21-2　キスゲ。富山県立中央植物園で筆者撮影。

参考文献

赤羽久忠・古野毅，形成されつつある珪化木：富山県立山温泉「新湯」における珪化木生成の一例，地質学雑誌，99(6)，457-466，1993年．

福井幸太郎・菊川茂・飯田肇，立山カルデラの新湯で発生している激しい水位変動，立山カルデラ研究紀要第15号，2018年．

深田久弥，『日本百名山』，新潮出版，1964．

石崎泰男，弥陀ヶ原火山の完新世噴火履歴解明，平成27年度富山県受託研究，2015年．

絈野義夫・三浦静・藤井昭二，北陸の気象と地形・地質，特集「北陸の丘陵と平野」，URBANKUBOTA，2-15，1992．

Kobayashi, T, Locally distributed ground deformation in an area of potential phreatic eruption, Midagahara volcano, Japan, detected by single-look-based InSAR time series analysis, Journal of Volcanology and Geothermal Research, 357, 213-223, 2018.

國友孝洋，御嶽山からの教訓，特集「飛騨山脈とその周辺の自然災害リスクを考える」，自然災害科学，J.JSNDS，37-1，5-92，2018年．

岡山俊雄，『日本列島接峰面図』，古今書院，1988．

Sato, Y., M. Kometani, H. Satake, T. Nozaki, M. Kusakabe, Calcium-sulfate rich water in landslide area of Tateyama Caldera, northern central Japan, 46, 6, 609-623, 2013.

立山地獄谷地熱流体研究グループ（丹保俊哉・神田径・小林知勝・関香織），『立山地獄谷　地熱活動のひみつを探る』，コーズ，2017年．

吉村昭，『高熱隧道』，新潮社，1967．

ＨＰ

地震本部のＨＰ「跡津川断層帯の長期評価について」

https://www.jishin.go.jp/main/chousa/katsudansou_pdf/47_atotsugawa.pdf

富山県の「H30.8.1弥陀ヶ原火山防災協議会の開催結果概要」，
　http://www.pref.toyama.jp/cms_sec/1004/kj00017473-001-01.html

富山大学理学部の「立山浄土観測点でのGPS観測結果について」
　http://www.sci.u-toyama.ac.jp/topics/topics59.html

あとがき

　本書は，家持の立山の歌の一首（17-4001）の「神からならし」の地球科学的側面を探り，紹介する試みであると思っている。とはいえ，深部構造とダイナミクスを暴き立てると立山の神秘性と宗教性が希薄化されると残念に思う人々は少なくないかも知れない。しかし感動は人の心に中に響き合うものを持っているから生じる。響き合う要素を増やすことによって立山への感動はより深まり，神秘性も宗教性もむしろ深まるものと筆者は信じている。大地がダイナミックに変動し，人が歴史を重ねてきたことを知っていることが感動の源（みなもと）になっていると思うからである。

　しかし，その目的は達していないかもしれない。言い訳をすれば，内陸の地殻ダイナミクスが面白い場所に限って観測網の隙間になっており，データが乏しいと言うことも出来る。しかし，乏しいこそ，様々な手掛かりを元に立体的構造を推理し，時空間像を復元する試みには喜びが満ちているとも言えよう。

　各地の地殻構造と地殻変動，各地震，各活断層には多くの優れた研究が蓄積されている。しばしばそれらの研究に言及したいという誘惑に駆られたが，それらを簡明に解きほぐして語るには骨が折れるし，本書が膨大になりすぎると思い，自分がこだわりたいテーマの場合を除いて諦めた。むしろ，できるだけ同じスケールの地図，同じM，活断層の長期評価など標準的なものに揃える事などによって，各地の地震現象を同じ土俵で比較しやすいようにする道を選んだ。

　振り返ると，1978年に新設の富山大学地球科学教室に着任したとき，立山連峰の眺望に圧倒された。天気の良い日には，研究室の窓から立山連峰を胸躍る思いで眺め続けた。

　それ以来，京都大学上宝観測所長であった三雲健（京都大学名誉教授），現地の観測所で地震観測に情熱を傾けた和田博夫，和田安男と北陸地震観測所の平野憲夫などに地震活動について，金沢大学で重力異常の観測・研究に生涯を捧げた故河野芳輝（金沢大学名誉教授）には重力異常について，富山大学の故広岡公夫には古地磁気学について多くのことを教えて頂いた。1960年代から1980年代の飛騨山脈から北陸の地球物理的な観測・研究について創成期には多くの方々が汗を流したが，筆者としては，特に上記の方々を，感謝の気持ちと共に，地球物理学分野で最初に井戸を掘った人々として挙げておきたい。

　1991年吾妻―金沢人工地震観測の代表であった吉井敏剋（東京大学名誉教授），1996年集中観測の代表であった平田直（東京大学名誉教授），さらに伊藤潔（元京都大学）をはじめとして，北陸地震研究会，富山地方気象台，産総研，各大学の大学院生など，多くの人々が立山と飛騨山脈の観測研究に携わった。多くの場合，筆者は地元世話役としてかかわった。

　これらの観測・研究から，立山と飛騨山脈の構造とダイナミクスが明らかにされてきた。画期的な前進であった。それ以来，ずっと，それらを本にまとめたいと思いながら，重要な断片が欠けているという思いが抜け切れなかったことや，京都大学に移動したことなどもあり，今日に至ってしまった。

　「はじめに」でも述べたが，2011年東北地震発生以降は，日本列島は地震現象の実験場になった観がある。その10年程は筆者の定年退職後のサイエンス・スピリットにとって貴重な時間でもあった。

　2010年から2016年まで特任教授として仕事をさせて頂いた立命館大学歴史都市研究センター（現在は歴史都市研究所）では，歴史都市の1000年の時間スケールの自然災害の議論をする中で，吉越昭久（立命館大学名誉教授），北原糸子（立命館大学歴史都市研究所）を始めとする多くの方々に，第8章から第13章に関わる課題について多くのヒントを頂いた。

　東北地震発生直後は，余りにも大きな衝撃のため，しばらくは呆然としていた。その後，客員研究員として席を置いていた東濃地震科学研究所で佐野修（東京大学名誉教授）をはじめとする同僚達と「地震後の1年は別にして，その後は余震域を除いて日本列島は不思議な静穏状態にある。しかし，このまま推移するはずがない」という問題意識を共有するようになった。2014年11月，内陸部では東北地震以降最初のM6.5以上の長野県神城断層地震（M6.7）が発生したが，地震調査委員会によって想定された規模の地震ではなかった。これらの地震現象の意味を理解したいと思ってTSEISで多くの図を書き，セミナーで議論してもらった。それは本書の第17章から第21章の中核になった。その中で，立山・黒部の構造とダイナミクスについて，欠けていると思っていた幾つかの断片が見つかった。

　このような議論の成果を，地元の「富山湾を学ぶ会」では主として地球科学系の関係者に，「富山地震防災研究会」では主として工学系の方々に聞いてもらい，多くの意見を頂いた。

　あるとき，富山県埋蔵文化センターの高梨清志から「6000年前と思われる小竹貝塚の最上部の標高が1m程度しかない」という話を聞き，衝撃を受けた。ほぼ同じ時期の氷見海岸の大境の海食洞の床面の標高5m程とは完全な矛盾である。それは第5章と第6章の煩わしい作業を行ってみようという強力な駆動力になった。

　振り返ると，立山・黒部の構造とダイナミクス理解には，その一翼として富山平野の第四紀地殻変動が不可欠で，富山平野の第四紀地殻変動理解のためには近畿地方中央部の第四紀地殻変動の検討成果が背景として必要であった。立山・黒部の構造とダイナミクス理解のためには，そのように大きく繋がる論理の組み立てが必要だったのである。

　2016年の秋頃，藤井昭二（富山大学名誉教授）と雑談する機会があった。本を書きたいと思っていることを話題にすると急に真剣な顔になって，「それは是非書きなさい」と強く背中を押された。地質について疑問点が出てくると質問するつもりでいたが，その後体調を崩され，2017年6月，惜しくも亡くなられた。富山の地質について造詣の深い相談相手を失ったことは，地質については門前の小僧に過ぎない筆者にとって痛手であった。

　原稿を書き終わって，半ば壮快な気分である。長年まとめたいと思っていた素材をまとめて文章として吐き出してほっとしたからである。

　筆者は地震学の専門家であるが，地質学や活断層学については門前の小僧で，考古学・古代史・古代史についてはアマチュアファン，あるいは聞きかじりである。それらについては大きな壁にぶつかり，おのれの無知と力不足を否応なく思い知らされてしまった。そのため，予想していたとはいえ，半ば憂鬱な気分になってしまった。筆者の無知と力不足についてはお許しを頂くほかはない。

　本書をまとめる過程において，多くの方々にヒントを頂き，アドバイスを頂き，筆者の知識不足と力不足を補って頂いた。中でも，日下部実（岡山大学名誉教授）には専門とする地球化学，大見士朗（京都大学上宝観測所）には飛騨山脈の地震活動について多くの教示を頂くとともに，多くの点で相談に乗って頂いた。地殻構造については平田直（東京大学名誉教授）と松原誠（防災科学技術研究），海

洋の地球物理については末広潔（海洋研究開発機構），重力については平松良浩（金沢大学），列島史については大藤茂（富山大学），活断層について岡田篤正（京都大学名誉教授）と竹内章（富山大学名誉教授），火山については石崎泰男（富山大学），京都盆地の歴史について諏訪浩（元京都大学），富山の地質については菊川茂（立山カルデラ博物館），考古学について高梨清志（富山県埋蔵文化財センター），古代史について高橋昌明（神戸大学名誉教授）の方々には原稿を読んでご意見を頂き，誤りを正し，内容を充実させることができた。西村卓也（京都大学防災研究所）にはGPS地震記録について便宜を図って頂き，それに関連して貴重なアドバイスを頂いた。工藤雄一郎（学習院女子大学）には較正年代について，末岡茂（日本原子力研究開発機構）には同位体年代について多くの情報を頂いた。表紙カバーの写真は山梨県富士山科学研究所の本多亮から提供して頂いた。

　ただし，頂いたアドバイスや批判から新たな着想を得て大幅に改稿したので新たに多くの誤りが生じたかもしれない。それはもちろん筆者の責任である。

　東濃地震科学研究所の石井紘（東京大学名誉教授）と浅井康広には応力記録，田阪茂樹（岐阜大学名誉教授）には割石温泉湧出量記録，気象庁には潮位記録の使用を許可して頂き，多くの関係者には引用した図の原図を頂いた。そのほか，小林洋二（元筑波大学），小畑正明（京都大学名誉教授），酒井英男（富山大学名誉教授），古本宗充（名古屋大学名誉教授），岡本和夫（福井工業高等専門学校）などの方々との交流も本書のバックボーンになっている。余りにも数が多くなるので，富山大学や京都大学の現役の関係者の方々や卒業生については省略した。

　逆に，本書は上記の方々との交流の集大成と言うこともできる。これらの方々はもちろんのこと，ご協力頂いた多くの方々に深甚なる感謝の意を表したい。

　桂書房の勝山敏一には多くのアドバイスを頂き，この本を出す機会を頂いた。

　以下の機関と個人の方々に原図や写真を提供して頂いた。

　秋吉台科学博物館（図1-9），諏訪浩（写真2-1，写真13-1右），フォッサマグナミュージアム（図3-9），サンライズ出版（図5-19），立山カルデラ砂防博物館（写真7-3），工藤雄一郎（図8-1），富山市教育委員会（図8-4，図10-4），小矢部町教育委員会（写真9-1），守山市教育委員会（図10-3），奈良文化財研究所（図13-1），高岡市万葉歴史館（図13-3），山岡耕春（図14-11），木股文昭（図15-8），渋谷拓郎（図15-18），松原誠（図16-8，図16-9），源内直美（図16-12），大和田道子（図16-17），西村卓也（図16-20，図16-23，図16-24），村上亮（図16-21），道家涼介（図16-22），渡辺了（写真18-1），丹保俊哉（写真21-1，図21-2）。

　以上の方々，組織に深く感謝すると同時に，敬称を省略したことを深くお詫びしたい。

筆 者 略 歴

川崎 一朗（かわさき いちろう）

1946 年 大阪府大阪市生まれ

1970 月 3 月 東京大学理学部地球物理学科卒, 1976 年 3 月 東京大学理学研究科地球物理学専攻博士課程修了学位取得, 1978 年 4 月 富山大学理学部地球科学教室助教授, 1993 年 4 月 富山大学理学部地球科学教室教授, 2002 年 2 月 京都大学防災研究所教授, 2005 年 4 月〜 2007 年 3 月 京都大学防災研究所副所長, 2007 年 4 月〜 2009 年 3 月 京都大学防災研究所地震予知研究センター長, 2010 年 3 月 京都大学定年退職京都大学名誉教授, 2010 年 4 月〜 2013 年 3 月 立命館大学歴史都市防災研究センター特任教授, 2010 年 4 月〜 東濃地震科学研究所客員研究員, 2014 年 4 月〜 富山県立大学客員教授

この間, 1979 年 8 月〜 1980 年 8 月 マサチューセッツ工科大学地球惑星大気科学客員研究員, 1984 年 9 月〜 1985 年 8 月 コロラド大学環境科学共同研究所客員研究員

著 書

川崎一朗・島村英紀・浅田敏, 『サイレント・アースクエイク』, 東京大学出版会, 1993.　川崎一朗, 『スロー地震とは何か』, 日本放送出版協会, 東京, 2006.　日本地震学会地震予知検討委員会, 『地震予知の科学』, 東京大学出版会, 東京, 2007.　川﨑一朗, 『災害社会』, 京都大学学術出版会, 京都, 2009　座小田豊・田中克・川崎一朗, 『防災と復興の知 3・11 以後を生きる』, 大学出版部協会, 東京, 2014

学 会 活 動

1989 年〜 1990 年 地震学会誌「地震」編集委員長, 1990 年〜 1997 年 Journal of Physics of the Earth 編集委員　2004 年〜 2008 年 日本地震学会理事　地震予知検討委員会担当, 2012 年〜 2016 年 日本地震学会監事。地震学会評議員, 代議員, 測地学会代議員などは省略。

立山の賦

― 地球科学から ―

2021年11月15日　初版発行

定価 3,000円＋税

著　者　　川崎一朗
発行者　　勝山敏一
発行所　　桂書房
　　　　　〒930-0103　富山市北代3683-11
　　　　　TEL 076-434-4600／FAX 076-434-4617

印刷・製本／株式会社シナノ

ISBN 978-4-86627-106-4

地方小出版流通センター扱い